"十二五"普通高等教育本科国家级规划教材

鞣 制 化 学

（第 四 版）

陈武勇 李国英 主编

中国轻工业出版社

图书在版编目（CIP）数据

鞣制化学/陈武勇，李国英主编. —4版. —北京：中国轻工业出版社，2023.2

"十二五"普通高等教育本科国家级规划教材

ISBN 978 – 7 – 5184 – 1859 – 6

Ⅰ.①鞣… Ⅱ.①陈…②李… Ⅲ.①鞣制化学—高等学校—教材 Ⅳ.①TS513

中国版本图书馆CIP数据核字（2018）第030673号

责任编辑：李建华　杜宇芳　　　责任终审：劳国强　　整体设计：锋尚设计
策划编辑：李建华　　　　　　　责任校对：吴大朋　　责任监印：张京华

出版发行：中国轻工业出版社（北京东长安街6号，邮编：100740）
印　　刷：三河市万龙印装有限公司
经　　销：各地新华书店
版　　次：2023年2月第4版第2次印刷
开　　本：787×1092　1/16　印张：21
字　　数：480千字
书　　号：ISBN 978 – 7 – 5184 – 1859 – 6　　定价：79.80元

邮购电话：010 – 65241695
发行电话：010 – 85119835　传真：85113293
网　　址：http://www.chlip.com.cn
Email：club@chlip.com.cn
如发现图书残缺请与我社邮购联系调换
230167J1C402ZBW

第四版说明

《鞣制化学》(第三版)自 2011 年 5 月出版以来,作为轻化工程专业教材在四川大学、陕西科技大学、齐鲁工业大学、齐齐哈尔大学、嘉兴学院等轻化工程皮革方向本科教学中广泛采用,在培养皮革专业人才方面起到了重要作用。2011 年 11 月,教育部对"十一五"国家级规划教材开展精品教材评选工作,经中国轻工业出版社申报和教育部专家评审,《鞣制化学》(第三版)被评为国家级精品教材(教高司函〔2011〕195 号)。2013 年"鞣制化学"被评为国家级精品资源共享课程,《鞣制化学》(第三版)作为配套教材使用。

《鞣制化学》(第三版)出版以来,已经过去 6 年多,在此期间,鞣制化学理论和实践方面出现了许多重要的研究成果,如基于清洁生产和绿色环保理念的植鞣废液循环利用关键问题、鞣后湿操作工序中铬的释放、皮革中六价铬的形成机制和防止;基于交叉学科方面的鞣制机理多元化应用;基于无铬鞣轻革的鞣制和复鞣技术等。为了保证教材的先进性和新颖性,需要对本教材再次修订,以适应教学改革和教材建设的需要。令人欣喜的是本教材 2014 年列入"十二五"普通高等教育本科国家级规划教材书目,并得到中国轻工业出版社的大力支持,纳入出版计划,使本书得以再版。

在第三版的基础上,本教材通过内容精选和体系安排,突出对学生基本知识、基本技能和创新思维的培养。同时,进一步突出鞣制理论对皮革生产技术的指导和服务作用,新增鞣制机理和鞣制技术在相关学科或交叉学科中的多元化应用,以激发读者将鞣制方法多元化应用的灵感。在原有内容和体系的基础上,第四版增加了以下内容:①配位化合物的配位场理论及其对鞣剂配位化合物鞣性差异的解释;②铬鞣废液回收利用控制原理和碱沉淀铬饼回收利用;③铬鞣废液直接循环利用需解决的技术问题;④鞣后湿操作工序中铬的释放;⑤皮革中六价铬的形成因素、预防及监测方法;⑥鞣质相对分子质量测定方法,平均相对分子质量与鞣制胶原热稳定性的关系;⑦植物鞣废液成分及处理方法;⑧植物鞣剂在皮中的渗透过程;⑨植物鞣法在轻革中的应用实例;⑩植-钛结合鞣;⑪鞣质的生物降解;⑫树脂鞣剂原位生成鞣革方法;⑬无铬鞣皮革复鞣;⑭复鞣对皮革静电性能和皮革热解特性的影响;⑮充实复鞣工艺实例。鞣制是将皮转化为革的基本化学反应,植鞣、醛鞣和无机鞣等鞣法已有数千年的应用历史。近几十年,这些鞣制方法的主要化学机理被揭示出来,极大提高了皮革制造的技术水平。同时,这些机理所涉及的科学实质也激发了人们通过将鞣制方法多元化应用,来创造基于皮胶原新型功能材料的灵感。修订版新增了第六章鞣制机理的多元化应用,主要介绍了基于鞣制机理的巧妙应用及应用原理,如:基于植鞣原理制备可从植物提取物中选择性去除鞣质的新型吸附材料;基于植-醛结合鞣机理,制备固定化鞣质吸附材料和膜材料;基于无机金属鞣机理,制造功能材料和特殊载金属胶原纤维和载铬皮革废料吸附剂;基于多功能无机-有机结合鞣原理,制备可控介孔结构的新型金属纤维和碳纤维材料;基于胶原与鞣质结合的抑制原理,获得植物多酚-蛋白复合皮革填充材料等。

课程网站建设无疑是展示和介绍"鞣制化学"课程的最好窗口。自四川大学"鞣制化学"被评为国家级精品课程（2005 年）和国家级精品资源共享课程（2013 年）以来，《鞣制化学》作为精品课程和精品资源共享课程的配套教材，已有完善的网络教学资源，提高了教材的使用效果。近年来，根据国家级精品资源共享课程建设的技术要求，上线教学录像、演示文稿、习题作业、试卷、教学课件等教学资源 110 个。按照"爱课程"平台要求，教学团队每年会对这些基本资源维护和更新，补充鞣制化学方面的科研进展和教学案例，更新研究生入学考试题等。精品资源共享课程于 2013 年 9 月上线，到 2015 年 10 月，经网站统计有 8608 人次访问了本课程，学生评论数和老师评论数分别为 160 和 132；学生提问数和老师答疑数分别为 991 和 669。访问本课程网站或利用网站进行学习的有专科生、本科生和研究生，分别来自四川大学、陕西科技大学、齐鲁工业大学、齐齐哈尔大学、嘉兴学院、四川理工学院、西南民族大学等 10 多所院校，有效实现了课程资源和教材学习的共享。读者可以进入国家级精品课程"爱课程"网站（www.icourses.edu.cn），获得与本教材相关的更多的信息和资料，以提高教材的使用效果。

本教材是在陈武勇、李国英主编，中国轻工业出版社 2011 年出版的《鞣制化学》（第三版）基础上修订的。本次修订由陈武勇教授（修订第三、四章，新编第六章）、李国英教授（修订绪论和第一、二章）和何有节教授（修订第五章）完成。第六章主要取材于石碧院士在美国 ALCA 年会上的特邀报告和发表在 JALCA 上的论文，从某种意义上说，本章是由石碧院士和陈武勇教授共同编写的。第六章的编写体例和系统与其他章节有所不同，按照提出和思考问题（背景和构想）、解决问题的方法与实践（材料制备方法和应用案例）安排的，符合学习思维和问题认知，有利于培养学生思考问题的能力和创新能力。同时，基于鞣制机理巧妙应用及应用原理的思想，也为交叉学科的科技工作者解决与鞣制相关问题提供了有益的借鉴。修订内容和新编章节在四川大学轻化工程专业的教学中执行过，根据教学要求和学生反馈意见作了适当调整。

《鞣制化学》（第四版）编写过程中承蒙教育部列入"十二五"国家级规划教材；编者所在四川大学的教务处和轻纺与食品学院在资金和工作安排等方面给以支持并列入学校教材编写计划；中国轻工业出版社李建华编辑在修订大纲、内容等方面提出有益的建议；四川大学、陕西科技大学、齐鲁工业大学、齐齐哈尔大学、嘉兴学院的老师对本书的修订提出了宝贵意见；博士生吴佳城和张金伟，本科生方玉婷和张宇彤参与部分英文资料的翻译和书稿的整理，并对原版书中的疏漏提出订正建议。本修订版参考了近期出版的文献和相关企业的技术说明书。值此《鞣制化学》（第四版）问世之际，作者谨向所有关心、支持本书出版的同事、朋友和同学们表示衷心的感谢！

陈武勇　李国英
2017 年 11 月于四川大学

目 录

绪论 ··· 1

第一章 配位化合物鞣剂及鞣革性能 ··· 5
第一节 配位化合物鞣剂的特性 ··· 5
一、配位化合物鞣剂在溶液中的状态 ··· 5
二、配位化合物鞣剂的配位体与鞣制原理的关系 ··· 23
第二节 配位化合物的价键理论及其对鞣剂配位化合物鞣性差异的解释 ····················· 33
一、价键理论的基本内容 ··· 33
二、价键理论对成革收缩温度和耐水洗能力差异的解释 ···································· 38
三、价键理论对鞣革配合物反应活性的解释 ··· 41
第三节 配位化合物的配位场理论及其对鞣剂配位化合物鞣性差异的解释 ···················· 42
一、配位场效应 ··· 43
二、配位场理论对配合物鞣剂鞣革性能差异的解释 ·· 47
复习思考题 ··· 53
参考文献 ··· 54

第二章 鞣液组成与鞣制性能的关系 ··· 55
第一节 鞣液组成的研究方法 ··· 55
一、鞣液中配位化合物组分的分离分析法 ··· 55
二、鞣革配位化合物的结构研究方法 ··· 56
第二节 铬鞣液组成与鞣制性能的关系 ··· 59
一、硫酸铬、氯化铬、硝酸铬鞣液的组成 ··· 60
二、糖还原硫酸铬、氯化铬、硝酸铬和高氯酸铬鞣液的组成 ······························ 67
三、铬鞣液组成与鞣制性能的关系 ··· 79
第三节 鞣剂的改性 ··· 81
一、无机鞣剂改性的途径 ··· 81
二、无机鞣剂改性的实质 ··· 86
第四节 铬鞣法 ··· 92
一、铬鞣液的配制方法和铬鞣剂的制造方法 ··· 92
二、一浴铬鞣法 ··· 94
三、影响铬鞣的因素 ··· 96
四、变型二浴鞣法 ·· 100
第五节 清洁化铬鞣 ·· 100

一、铬资源及铬污染现状 …………………………………………………………… 100
　　二、高吸收铬鞣原理 ………………………………………………………………… 101
　　三、不浸酸铬鞣法 …………………………………………………………………… 108
　　四、铬鞣废液回收利用控制原理 …………………………………………………… 110
　　五、含铬废渣利用的原理及方法 …………………………………………………… 114
　　六、铬鞣革在鞣后湿操作工序中铬的释放 ………………………………………… 115
　　七、皮革中六价铬的形成因素、预防及监测方法 ………………………………… 117
　复习思考题 …………………………………………………………………………………… 120
　参考文献 ……………………………………………………………………………………… 120

第三章　植物鞣质化学与植物鞣法 …………………………………………………… 123
第一节　植物鞣质 …………………………………………………………………… 123
　　一、鞣质分类 ………………………………………………………………………… 123
　　二、鞣质的组成与结构 ……………………………………………………………… 125
　　三、鞣质的相对分子质量与鞣性 …………………………………………………… 137
　　四、鞣质的化学性质 ………………………………………………………………… 139
　　五、鞣质的分离与结构鉴定简介 …………………………………………………… 144
第二节　植物鞣剂 …………………………………………………………………… 147
　　一、植物鞣料 ………………………………………………………………………… 147
　　二、栲胶生产过程简介 ……………………………………………………………… 149
　　三、栲胶的改性 ……………………………………………………………………… 151
　　四、栲胶的组成 ……………………………………………………………………… 158
　　五、栲胶颜色与 pH 的关系 ………………………………………………………… 161
　　六、栲胶组成与鞣性差异 …………………………………………………………… 161
第三节　植物鞣液的性质 …………………………………………………………… 162
　　一、栲胶的溶解性 …………………………………………………………………… 162
　　二、鞣液的黏度 ……………………………………………………………………… 162
　　三、鞣质的扩散作用 ………………………………………………………………… 164
　　四、鞣液表面的吸附现象和表面张力 ……………………………………………… 165
　　五、鞣液的电化学性质 ……………………………………………………………… 166
　　六、鞣质微粒在溶液中的变化 ……………………………………………………… 170
第四节　植物鞣制 …………………………………………………………………… 171
　　一、植物鞣革理论 …………………………………………………………………… 171
　　二、影响植鞣的主要因素 …………………………………………………………… 178
　　三、植物鞣革的等电点及表面电荷 ………………………………………………… 186
第五节　植物鞣剂渗透过程及废液分析 …………………………………………… 187
　　一、植物鞣剂在皮中的渗透过程 …………………………………………………… 187
　　二、植鞣废液的成分及处理 ………………………………………………………… 191
第六节　植鞣方法 …………………………………………………………………… 193

一、植鞣方法的一般介绍 ……………………………………………… 193
　　二、植鞣方法分类 ………………………………………………………… 194
　　三、植鞣方法举例（以植鞣底革为例） ………………………………… 194
　　四、植鞣革鞣后处理 ……………………………………………………… 196
　　五、植鞣革的常见缺陷及其防止方法 …………………………………… 203
　第七节　植结合鞣法 …………………………………………………………… 204
　　一、植-铝结合鞣法及其机理 …………………………………………… 204
　　二、植-醛结合鞣法及其机理 …………………………………………… 207
　　三、植-钛结合鞣 ………………………………………………………… 209
　　四、植物鞣剂的应用及发展趋势 ………………………………………… 211
　复习思考题 ……………………………………………………………………… 212
　参考文献 ………………………………………………………………………… 213

第四章　有机鞣制化学 …………………………………………………………… 217
　第一节　合成鞣剂 ……………………………………………………………… 217
　　一、合成鞣剂的分类 ……………………………………………………… 217
　　二、合成鞣剂制造工艺简介 ……………………………………………… 218
　　三、合成鞣剂制造举例 …………………………………………………… 222
　　四、合成鞣剂的鞣性及其与胶原的反应 ………………………………… 230
　　五、合成鞣剂在制革中的应用 …………………………………………… 235
　第二节　树脂鞣剂 ……………………………………………………………… 236
　　一、氨基树脂鞣剂 ………………………………………………………… 236
　　二、丙烯酸树脂鞣剂 ……………………………………………………… 245
　　三、乙烯基型聚合物 ……………………………………………………… 251
　　四、聚氨酯树脂鞣剂 ……………………………………………………… 252
　　五、超支化聚合物鞣剂 …………………………………………………… 253
　第三节　醛鞣 …………………………………………………………………… 257
　　一、醛鞣剂 ………………………………………………………………… 257
　　二、醛鞣机理 ……………………………………………………………… 262
　　三、醛鞣的控制 …………………………………………………………… 263
　第四节　油鞣 …………………………………………………………………… 265
　　一、油鞣剂 ………………………………………………………………… 265
　　二、油鞣机理 ……………………………………………………………… 266
　　三、油鞣法 ………………………………………………………………… 268
　复习思考题 ……………………………………………………………………… 269
　参考文献 ………………………………………………………………………… 269

第五章　复鞣 ……………………………………………………………………… 271
　第一节　复鞣与成革性质 ……………………………………………………… 272

  一、复鞣对成革理化性质的影响 ………………………………………………………… 272
  二、复鞣剂的综合影响 …………………………………………………………………… 273
 第二节 复鞣的控制 ……………………………………………………………………… 278
  一、影响复鞣的主要因素 ………………………………………………………………… 278
  二、复鞣合理化 …………………………………………………………………………… 286
  三、复鞣的生态问题 ……………………………………………………………………… 289
  四、复鞣对皮革燃烧性能的影响 ………………………………………………………… 289
  五、复鞣对皮革静电性能的影响 ………………………………………………………… 292
  六、复鞣对皮革热解特性的影响 ………………………………………………………… 293
 第三节 复鞣机理及其应用 ……………………………………………………………… 294
  一、复鞣的一般原理 ……………………………………………………………………… 294
  二、复鞣剂在革内的分布与皮革性质 …………………………………………………… 295
  三、复鞣工艺举例 ………………………………………………………………………… 302
 复习思考题 …………………………………………………………………………………… 308
 参考文献 ……………………………………………………………………………………… 308

第六章 鞣制机理的多元化应用 ……………………………………………………… 311
 第一节 植鞣机理的应用 ………………………………………………………………… 311
  一、背景和构想 …………………………………………………………………………… 311
  二、胶原纤维吸附剂的制备 ……………………………………………………………… 312
  三、应用案例 ……………………………………………………………………………… 312
 第二节 植－醛结合鞣机理的应用 …………………………………………………… 314
  一、背景和构想 …………………………………………………………………………… 314
  二、固定化鞣质材料的制备 ……………………………………………………………… 315
  三、应用案例 ……………………………………………………………………………… 316
 第三节 无机金属鞣机理的应用 ………………………………………………………… 319
  一、背景和构想 …………………………………………………………………………… 319
  二、金属负载胶原纤维的制备 …………………………………………………………… 319
  三、应用案例 ……………………………………………………………………………… 319
 第四节 金属－有机结合鞣机理的应用 ……………………………………………… 321
  一、背景和构想 …………………………………………………………………………… 321
  二、应用案例 ……………………………………………………………………………… 321
 第五节 蛋白质与植物鞣剂结合逆反应的应用 …………………………………… 324
  一、背景和构想 …………………………………………………………………………… 324
  二、植物多酚－蛋白复合填充剂的制备 ………………………………………………… 324
  三、应用案例 ……………………………………………………………………………… 325
 复习思考题 …………………………………………………………………………………… 325
 参考文献 ……………………………………………………………………………………… 326

绪 论

准备是基础，鞣制是关键。使生皮变为革的质变过程称为鞣制，鞣制所用的化学材料称为鞣剂。鞣剂有很多种，如常用的有铬鞣剂、锆鞣剂、铝鞣剂、植物鞣剂、合成鞣剂、树脂鞣剂，以及无机鞣剂与有机鞣剂，如合成鞣剂、结合或配位化合的鞣剂等。

虽然鞣剂的种类很多，但可分为三大类：无机鞣剂、有机鞣剂、无机与有机结合或配位化合的鞣剂。由于无机鞣剂 Cr^{3+}、Zr^{4+}、Al^{3+}、Ti^{4+}、Fe^{3+}、RE^{3+} 等在溶液中都是以配合物的形态存在的，故上述无机鞣剂又称配合物鞣剂，简称配合鞣剂，或称鞣革配合物。

使用不同的鞣剂鞣革就产生了不同的鞣法。一般，如用铬鞣剂鞣制的方法就称为铬鞣法，所鞣成的革就称为铬鞣革；用植物鞣剂鞣制的方法称为植鞣法，鞣成的革称为植鞣革；同理，用铬与铝结合鞣制的方法称为铬铝鞣法，相应的革就称为铬铝鞣革。依此类推，现归纳如下：

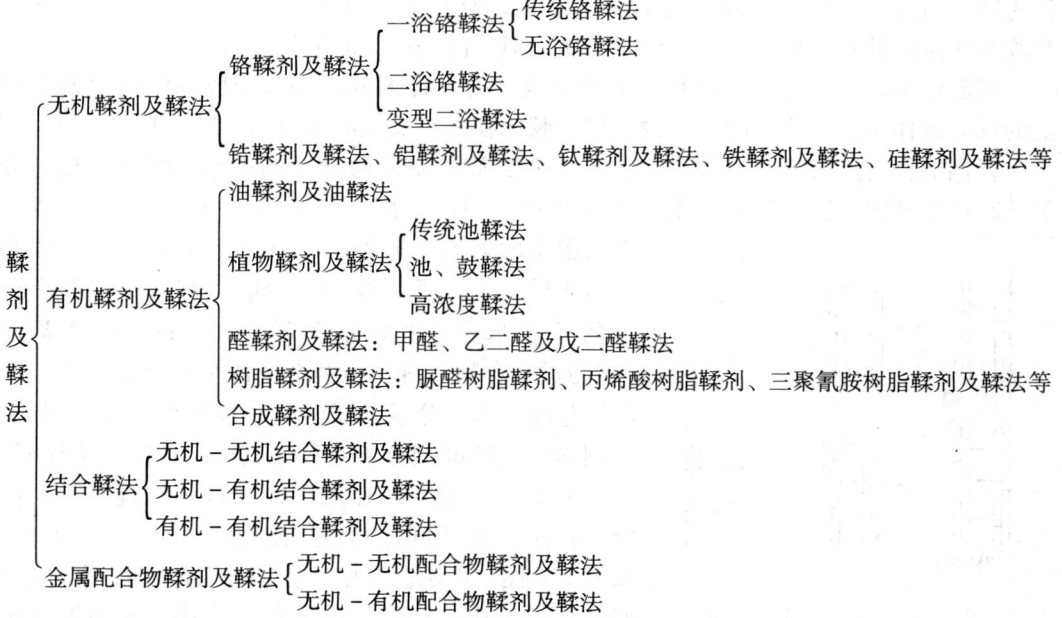

鞣制是鞣剂分子向皮内渗透并与生皮胶原分子活性基结合而发生性质改变的过程。生皮在鞣制以前虽经过一系列化学和机械的处理，主要剩下由胶原构成的纤维网了，但还不是革，还是生皮。鞣制后的革与未鞣制过的生皮不同，革遇水不会膨胀，不易腐烂、变质，较能耐蛋白酶的分解，有较高的耐湿热稳定性并具有一定的成型性、良好的透气性、耐弯折性和丰满性等，所以革有很好的使用价值，可用于制造鞋靴、服

装、家具、箱包等；而未鞣制的生皮，包括血光皮、定音鼓皮等，虽具有专门用途（甚至是革不能代替的），但不能称之为革，因为它们不过是失水干燥了的生皮，其性质并未改变。

裸皮用硫酸盐溶液、浸酸液、有机溶剂脱水或冰冻干燥等，都能使胶原获得革的多孔性、成型性、耐弯折性等，但遇水处理后，这种效应就完全消失，所以这不是真正的鞣制作用，相对地说，真正的鞣制作用是不可逆的。例如，用水处理不会再变为裸皮；用特殊的化学剂处理，虽能去掉部分鞣剂，但除非是个别情况下，是不会完全脱鞣的。

鞣制过的革，既保留了生皮的纤维结构，又具有优良的物理化学性能。尽管各种鞣剂与胶原的作用不同，作用程度不一，但鞣制后所产生的效应是一致的。鞣制效应为：

① 增加纤维结构的多孔性；
② 减少胶原纤维束、纤维、原纤维之间的黏合性；
③ 减少真皮在水中的膨胀性；
④ 提高胶原的耐湿热稳定性；
⑤ 提高胶原的耐化学作用及耐酶作用，以及减少湿皮的挤压变形等。

如果仅具备上述的某些特性，还不能称为革，只有具备上述大部分特性的皮才能称为革。另外，某种鞣剂鞣制的革，也可能缺少上述个别性质。例如磷钨酸等，就它和胶原作用后的总效果来说，可能是鞣制，但不能提高胶原的收缩温度。

鞣制作用的一个必要条件是，把皮变成革时，鞣剂分子必须与胶原结构中两个以上的反应点作用，生成新的交联键，只与胶原在一点反应的化合物不算是有鞣性的。

鞣剂能否与皮胶原很好地发生交联，受到胶原氨基酸分子的排列、蛋白质相邻分子链间活性基团的距离以及鞣剂分子中活性基团的距离、分子的大小、空间排列等各方面因素的影响。此外，鞣剂必须是一种多活性基团的物质，其分子结构中至少应含有两个或两个以上的活性基团，例如铬鞣剂、锆鞣剂、植物鞣剂（多酚类化合物）等都有两个或两个以上的配位点或活性基团，作为分子交联缝合改性的作用点，因此，鞣制作用能使鞣剂分子在胶原细微结构间产生交联。不同的鞣剂与胶原的作用不同，鞣制机理不一，但能在胶原分子链间生成交联键这点，则是一致的，如图1和图2所示。其中，辅助性合成鞣剂不能在胶原结构中生成交联键，故无鞣制作用，收缩温度也无明显升高。

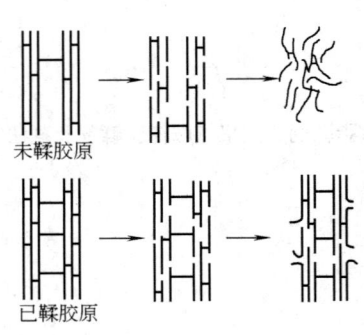

图1　胶原在鞣制前后受湿热作用的变化

总之，鞣制作用就是交联缝合作用，即在胶原结构中形成新的分子间键，使胶原的物理化学性质发生改变。如湿皮的压缩变形性减小，胶原纤维束的强度增加，收缩温度升高，吸水性和水合作用减小以及能减少胶原因机械作用所引起的变形和干燥时产生的收缩等。

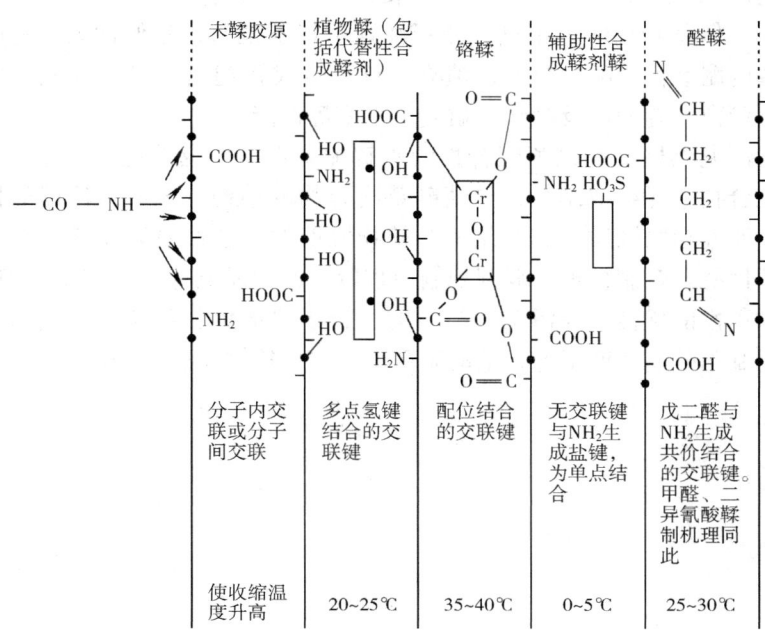

图 2　各种鞣剂与胶原的作用

所以说，鞣制是制革的一个重要转折点，是关键。鞣制是否成功，除感官评价外，一般是以收缩温度为标准的。所谓收缩温度，是指皮或革在润湿状态下，随着温度的升高，发生收缩变形时的温度，它能表征革的耐湿热稳定性。在各种无机鞣剂中，最优良的是铬盐。德国的 F. L. Knapp 早在 160 多年前就首次发现铬盐具有优良的鞣性，铬盐作为鞣剂以来，就成为制革工业，特别是轻革的主要鞣剂。铬鞣革的耐热性好，从生皮及现有各种鞣制方法所得成革的耐湿热温度来看：生皮 65℃、油鞣革 60～70℃、植鞣革 75～85℃、甲醛鞣革 80～85℃、铝鞣革 70～75℃、锆鞣革 90～95℃、铬鞣革 100℃以上，铬鞣革居于首位。不仅如此，铬鞣革耐水洗能力强，柔软、丰满、弹性和延伸性好。铝盐和铁盐是使用最早的无机鞣剂，公元前 2500 到公元 800 年，人类已经会用明矾鞣革了。铝鞣革的特点是比较柔软，但扁薄不丰满，而且不耐水洗，不耐湿热。铁在地壳中蕴藏量很大，用铁盐来鞣革，早在 18 世纪已经开始了。但是，铁鞣革的性能与铝鞣革类似，而且铁鞣革不耐贮存，会因为缓慢地氧化而变硬变脆，这是铁鞣难以推广的原因。锆鞣和钛鞣也有 70 多年历史了，锆盐有较大的填充能力，鞣性在无机鞣剂中仅次于铬盐，钛盐鞣性比锆盐稍差，但锆盐、钛盐无毒。

植物鞣法是制革鞣法中历史最悠久的。最原始的植物鞣法，是将皮在植物鞣料的水溶液里浸泡，所需时间很长，甚至要达 1 年之久。后来，发明了植物鞣料的固体浸膏——栲胶，但早先的植物鞣制工艺仍需 1 个月以上，随着栲胶的鞣革性能得到不断改进，配合无液快速鞣制工艺，使植物鞣制时间已缩短到 2～3d。其他有机鞣法如醛鞣法、油鞣法、树脂鞣剂鞣法和合成鞣剂鞣法能赋予革一些特殊的性能，如醛鞣革，其突出的优点是耐水洗、耐汗、耐溶剂、耐氧化，革干燥后变形性小，能保持原有的延伸性而不变硬，但革身扁薄，丰满性差；油鞣革特别柔软，延伸性大，耐碱洗；树脂鞣剂能改善革的耐磨性，减少松面，填充性好；合成鞣剂具有分散栲胶、促进栲胶的溶解和渗透、漂白、匀染以及赋予革耐光坚牢度等性能。

  鞣制化学研究无机金属鞣革配合物的水解配聚性、配位键性能、分子大小、电荷性能，确定配合物内界组成结构，弄清鞣革配合物的结构、形成配位键的性能与鞣制性能的关系；研究植物鞣质组分与结构、植物鞣液的化学性质以及其他有机鞣剂的合成原理、鞣革性能及鞣制机理、鞣制控制原理等。在此基础上进一步对鞣剂进行改性，研制开发出鞣革性能优良、少污染无污染的适合于清洁化制革鞣制工艺的优良新型鞣剂及其清洁化制革鞣制生产工艺，推动制革工业的可持续发展。

第一章 配位化合物鞣剂及鞣革性能

配位化合物有简单配位化合物、螯合物、多核配位化合物、多酸多碱配位化合物、分子氮配位化合物、羰基配位化合物、异核配位化合物等。配位化合物还有均一型和混配型等。配位化合物简称配合物。在配位体大致相同的情况下，常用几种鞣剂的鞣革性能见表 1 – 1。

表 1 – 1　　　　　　　　　常用几种鞣剂的鞣革性能

革品种	收缩温度 T_s /℃	耐水洗能力	柔软丰满性	粒面细致性	渗透与结合的均匀性	填充性	颜色
铬鞣革	100 以上	最好	好	一般	好	一般	蓝
锆鞣革	95 左右	较好	丰满,但纤维紧密板硬	一般	差	好	无色
铝鞣革	75 左右	差	柔软,扁薄,不丰满	好	一般	不好	无色
钛鞣革	80 左右	较差	一般	较好	一般	较好	无色
铁鞣革	75 左右	较差	较柔软,扁薄,不丰满,不耐贮存	较好	一般	不好	黄色
稀土鞣革	63 左右	很差	柔软,扁薄,不丰满	好	一般	不好	浅黄色

从上述看出，综合指标以铬鞣革的性能最好，锆鞣革次之，铝鞣革、钛鞣革、铁鞣革再次之，稀土鞣革最差。但锆鞣革填充性最好，铝鞣革、稀土鞣革粒面最细致平整。

即使金属离子相同，配位体或介质不同，鞣制性能也有很大的差异。例如：碱式硫酸铬鞣革收缩温度在100℃以上，碱式氯化铬鞣革收缩温度在90~95℃，碱式硝酸铬鞣革收缩温度在75℃左右，碱式高氯酸铬鞣革收缩温度在70℃左右。

第一节　配位化合物鞣剂的特性

一、配位化合物鞣剂在溶液中的状态

（一）配位化合物鞣剂的水解与配聚

众所周知，固体金属盐溶于水，绝大多数金属离子首先是形成水合离子。例如，下列用于鞣制的金属盐都具有这个特性：$Cr_2(SO_4)_3 \cdot 6H_2O$、$CrCl_3 \cdot 6H_2O$、$Al_2(SO_4)_3 \cdot 18H_2O$、$K_2Al_2(SO_4)_4 \cdot 24H_2O$、$Zr(SO_4)_2 \cdot 4H_2O$、$Fe_2(SO_4)_3 \cdot 6H_2O$、$RECl_3 \cdot xH_2O$ 等，溶解于水时，分别形成$[Cr(H_2O)_6]_2(SO_4)_3$、$[Cr(H_2O)_6]Cl_3$、$[Al(H_2O)_6]_2(SO_4)_3$、$[Zr(H_2O)](SO_4)_2$、$[Fe(H_2O)_6]_2(SO_4)_3$、$[RE(H_2O)]Cl_3$ 等，一般略去外界酸根，写成

$[Cr(H_2O)_6]^{3+}$、$[Al(H_2O)_6]^{3+}$、$[Zr(H_2O)_7]^{4+}$、$[Fe(H_2O)_6]^{3+}$、$[RE(H_2O)_7]^{3+}$ 等。因此，这些水合金属离子实际是水合配位离子。

1. 配位化合物鞣剂的水解

（1）金属离子的水合模型　水合是无机离子进入水体系的第一步反应。水合物 $[M(H_2O)_n]$ 是溶液中离子存在的最基本的形式。水分子被中心离子吸引形成水化层，其中最重要的是水分子作为配体与中心离子 M 配位，即水合金属离子中的水分子由于静电作用，水分子偶极的负电荷端受到中心离子正电荷的吸引。同时金属离子外层空轨道可接受水分子中氧的独对电子形成 σ 配位键，这种靠静电吸引或是形成 σ 配位键，使水分子直接配位在金属离子周围的现象，称为金属离子的水合作用。

例如，在 Cr^{3+} 周围，除与 Cr^{3+} 直接配位的水分子外，还有其他水分子以一定秩序排列在水合 Cr^{3+} 的外围，外围以外的水分子为本体水。

图 1-1 为水合数是 6 的金属 Cr^{3+} 的水合模型示意图。直接与 Cr^{3+} 配位的水分子一般称为水合第一层或内层。这一层水分子的数目是一定的，且是彼此相隔一定的距离，有秩序地排列在中心离子周围。这层水分子没有平衡自由度，水分子数也不受温度变化的影响，所以又称为化学水合层。距金属离子较远，受到 Cr^{3+} 正电场吸引较弱的水分子形成第二水合层或外层。水分子只作部分有序排列，即部分水分子的氧与内层

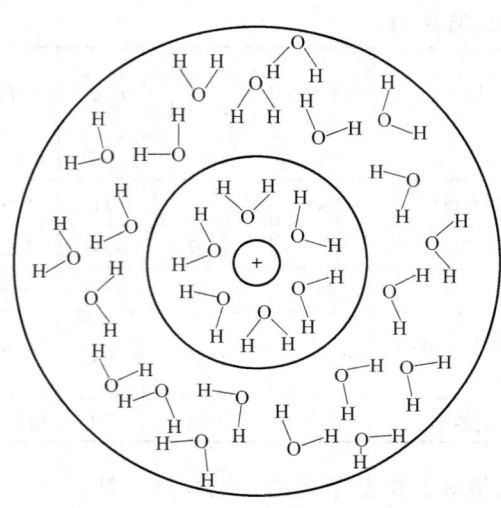

图 1-1　Cr^{3+} 水合模型示意图

水分子的氢形成氢键而连结。这层水分子数目不固定，它随温度而有变化，所以又叫物理水合层。物理水合层以外的水即为本体水，它不受金属 Cr^{3+} 电场的影响，水分子结构和原来的一样，不发生变化。不仅 Cr^{3+} 如此，一般金属离子的水合都是这样。

（2）水合金属配位离子的水合数　金属离子的水合数是配位在它周围直接与之结合的水分子数，即水合内层中的水分子数，也就是以水分子作为配体的金属离子的配位数。配位的水分子数主要决定于金属离子的大小、电荷与电子结构。金属离子越大，电荷越高，配位数越大，所以配位数一般随中心离子在元素周期表中的周期数的增加而升高。第一周期元素原子的最高配位数一般为 2，第二周期一般为 4，第三及第四周期一般为 6 等，也有 3、5、7 的。如水合 Cr^{3+}、Al^{3+} 配位离子的配位数为 6，Zr^{4+} 配位离子的配位数为 6~8 等。

金属离子的水合数测定比较困难。过去用经典的离子迁移率、溶液的黏度和水合熵测定法都不能准确地测定水合数，因为它不能区别出各水合层。现在一般采用 X-射线结构分析、吸收光谱、核磁共振和同位素交换等方法测定。文献上报道的金属离

子的水合数常不一致,这也和测定方法不同有关。表 1-2 为核磁共振法测得的一些金属离子的水合数。

(3) 配合物鞣剂的水解　水合离子在水溶液中都显酸性,这是因为水合离子中的金属离子的正电荷排斥配位水分子中的 H^+,而使 H^+ 发生迁移,电离出配位离子外界的缘故。这种因水分子上的氢被金属离子的电荷排斥而电离出 H^+,使溶液显酸性的作用称为水合金属离子的水解。水解使水合金属离子给出 H^+,而溶剂分子接受 H^+ 这类反应就称为水解反应。这种反应过程就称为水合金属离子的水解过程:

表 1-2　　　　　由核磁共振法测得的一些金属离子的水合数

离　子	电　解　质	水　合　数	离　子	电　解　质	水　合　数
Al^{3+}	$AlCl_3$、$Al(ClO_4)_3$	6	Ca^{2+}	$Ca(NO_3)_2$	4,3
Be^{2+}	$BeCl_2$、$Be(ClO_4)_2$	4	Sr^{2+}	$Sr(NO_3)_2$	5
Ga^{3+}	$Ga(NO_3)_3$、$Ga(ClO_4)_3$	6	Ba^{2+}	$Ba(NO_3)_2$	5,7
Mg^{2+}	$Mg(ClO_4)_2$	6	Zn^{2+}	$Zn(NO_3)_2$	3,9
Cr^{3+}	$Cr(ClO_4)_3$	7	Cd^{2+}	$Cd(NO_3)_2$	4,6
Ni^{2+}	$Ni(ClO_4)_2$	4~6	Hg^{2+}	$Hg(NO_3)_2$	4,9
Co^{2+}	$Co(ClO_4)_2$	6	Pb^{2+}	$Pb(NO_3)_2$	5,7

$$[Cr(H_2O)_6]^{3+} \longrightarrow [Cr(OH)(H_2O)_5]^{2+} + H^+$$
$$[Al(H_2O)_6]^{3+} \longrightarrow [Al(OH)(H_2O)_5]^{2+} + H^+$$
$$[Zr(H_2O)_6]^{4+} \longrightarrow [Zr(OH)(H_2O)_5]^{3+} + H^+$$
$$[Fe(H_2O)_6]^{3+} \longrightarrow [Fe(OH)(H_2O)_5]^{2+} + H^+$$
$$[RE(H_2O)_{6\sim 12}]^{3+} \longrightarrow [RE(OH)(H_2O)_{5\sim 11}]^{2+} + H^+$$

由于水解时放出 H^+,故溶液显酸性,pH 降低。其实质是水合金属离子酸 $[M(H_2O)_p]^{n+}$ 与溶剂分子碱(H_2O)之间的质子授-受作用,即质子酸碱反应。

在没有外来因素的影响下,水合配离子的水解不只停留在第一步,还可继续水解,有的直到水解为氢氧化物的水合物而沉淀为止。例如:

$$[Cr(H_2O)_6]^{3+} \xrightarrow{-H^+} [Cr(OH)(H_2O)_5]^{2+} \xrightarrow{-H^+} [Cr(OH)_2(H_2O)_4]^+ \xrightarrow{-H^+} [Cr(OH)_3(H_2O)_3]^0 \downarrow$$

且要发生颜色变化,如 $[Cr(H_2O)_6]^{3+}$ 为紫色,而 $[Cr(OH)(H_2O)_5]^{2+}$ 为蓝绿色。

$$[Al(H_2O)_6]^{3+} \xrightarrow{-H^+} [Al(OH)(H_2O)_5]^{2+} \xrightarrow{-H^+} [Al(OH)_2(H_2O)_4]^+ \xrightarrow{-H^+} [Al(OH)_3(H_2O)_3]^0 \downarrow$$

由于 $[Al(H_2O)_6]^{3+}$ 无色,故水解不发生颜色变化。

$$[Zr(H_2O)_{6\sim 8}]^{4+} \xrightarrow{-H^+} [Zr(OH)(H_2O)_{5\sim 7}]^{3+} \xrightarrow{-H^+} [Zr(OH)_2(H_2O)_{4\sim 6}]^{2+} \xrightarrow{-H^+}$$
$$[Zr(OH)_3(H_2O)_{3\sim 5}]^+ \xrightarrow{-H^+} [Zr(OH)_4(H_2O)_{2\sim 4}]^0 \downarrow$$

水解反应第一步快,第二步慢,第三步更慢,第四步最慢。一般 +3 价水合离子在没有外界作用的情况下,只进行到第一步或第二步,很长时间可进行到第三步,但这是在浓度极稀、起始 pH 较高即酸度较小的情况下。+4 价或以上的高电荷离子如水合锆离子、水合钛离子等，由于电荷高、半径较小，排斥水分子上的 H^+ 更容易，且快，即使在没有外界的作用下，起始 pH 稍高，特别是离子半径小、电荷高的 Ti^{4+} 极易发生水解，在很短的时间内就可自动水解为氢氧化物的水合物而沉淀下来。因此，金属离子的性质不同，其水解反应的速度和程序也不同，主要与所带电荷和离子半径有关。离子半径越小，电荷越高，越易发生水解，水解程度越大。

从上述水解反应看出：如在反应右边减少或除去 H^+，水解反应就不断进行直到生成沉淀为止。促进水解的方法有：①加碱，中和溶液中的 H^+；②加温，促进中心离子排斥水分子的 H^+；③稀释，实际是减少溶液中 H^+ 的浓度，故促进水解反应；④静置，静置也是使带电的中心离子排斥水分子上的 H^+。表 1-3 为加热和静置对氯化铬溶液 pH 的影响。

表 1-3　　　　　　　　加热和静置对氯化铬溶液 pH 的影响

测定时间	溶液 pH		备注
	不加热	煮沸5min 后冷却至室温	
新配	2.43	1.41	
72h	2.42	1.42	$\rho(Cr_2O_3)$
4 周	2.34	1.48	为 10g/L
5 个月	2.26	1.63	

由表 1-3 可见：①不加热、静置，水解也发生，但进行缓慢，pH 降低很少；如放置 5 个月，pH 由 2.43 降到 2.26，仅降低 0.17。②加热煮沸 5min，pH 由 2.43 降到 1.41，降低 1.02，最多。故加热促进水解远比静置大得多。加碱更易促进水解，甚至很快发生沉淀。不仅鞣剂配合物的水合离子要发生水解，而且含 H_2O 的混配型配合物也要发生水解。

(4) 水合金属离子水解趋势的度量　水合金属离子在水溶液中会发生水解，且水解是分步进行的，其水解的趋势可用水解常数 K_a 值的大小来衡量。水合金属离子的水解反应，可用下列通式表示：

第一步：$[M(H_2O)_p]^{n+} + H_2O \rightleftharpoons [M(OH)(H_2O)_{p-1}]^{(n-1)+} + H_3O^+$

可简写为：$M^{n+} + H_2O \rightleftharpoons [M(OH)]^{(n-1)+} + H^+$ 　　　　(1)

第二步：$[M(OH)(H_2O)_{p-1}]^{(n-1)+} + H_2O \rightleftharpoons [M(OH)_2(H_2O)_{p-2}]^{(n-2)+} + H_3O^+$

或 $[M(OH)]^{(n-1)+} + H_2O \rightleftharpoons [M(OH)_2]^{(n-2)+} + H^+$ 　　　　(2)

以下各步依此类推。

将 (1) 和 (2) 合并，即为第一步和第二步的总反应，即相当于阶段水解反应，其反应式如下：

$$[M(H_2O)_p]^{n+} + 2H_2O \rightleftharpoons [M(OH)_2(H_2O)_{p-2}]^{(n-2)+} + 2H_3O^+$$

或　　　　　$M^{n+} + 2H_2O \rightleftharpoons [M(OH)_2]^{(n-2)+} + 2H^+$ 　　　　(3)

第一步反应的水解常数：

$$K_{11} = \frac{[M(OH)^{(n-1)+}][H^+]}{[M^{n+}]}$$

第二步反应的水解常数：

$$K_{12} = \frac{\{[M(OH)_2]^{(n-2)+}\}[H^+]}{[M(OH)^{(n-1)+}]}$$

第一级累积水解常数 $\beta_{11} = K_{11}$，第二级累积水解常数为 β_{12}，根据（3）式 $\beta_{12} = \frac{[M(OH)_2^{(n-2)+}][H^+]^2}{[M^{n+}]}$，同时 $\beta_{12} = K_{11} \cdot K_{12}$。水解常数 K_{11} 及 K_{12} 的下标第一个数字表示中心离子数，1 就是一个中心离子（即单核），2 就是两个中心离子即双核，依次类推。K 下标第二个数字表示与中心离子相连的羟基数，1 表示有一个—OH 和中心离子相连，2 表示有两个—OH 和中心离子相连，依次类推。K_a 值大小表示水合金属离子水解的难易程度，K_a 值越大或 pK_a 值越小，水解程度越大。例如 $[Cr(H_2O)_6]^{3+}$ 的 pK_{11} 值为 4，而 $[Fe(H_2O)_6]^{3+}$ 的 pK_{11} 为 2.2，这说明后者更易水解。一些水合金属离子的水解常数列于表 1-4 中。

表 1-4　　　　　　　　　　一些水合金属离子的水解常数

水合离子	pK_{11}	pK_{12}	pK_{13}	水合离子	pK_{11}	pK_{12}	pK_{13}
Tl^+	13.2	—	—	Zn^{2+}	9.0~9.7	16.9~17.6	—
Ag^+	12.0	24.0		Cd^{2+}	9.0	20.0	
Be^{2+}	5.4	13.6	—	Hg^{2+}	3.7	6.3	
Mg^{2+}	11.4	16.8		Pb^{2+}	7.8	17.5	
Ca^{2+}	12.6~12.9	22.8	—	Al^{3+}	4.1~4.9	9.3~9.9	15.0
Ba^{2+}	13.5	—		Sc^{3+}	5.1	9.7	16.1
Mn^{2+}	10.6	22.2		In^{3+}	4.0~4.4	7.8~8.5	12.4
Fe^{2+}	8.3~9.3			Tl^{3+}	0.6	1.5	3.3
Ni^{2+}	9.9~10.6	19.5~20.5		Cr^{3+}	3.90~4.15	8.4~9.6	16.5~18.0
Cu^{2+}	8.0			Fe^{3+}	2.2~2.6	3.2~3.3	>12.0

（5）影响 $[M(H_2O)_6]^{n+}$ 水解的因素　水合金属离子的水解是一个十分复杂的反应，影响因素有很多，其原因有金属离子的性质、配体的性质、配体间的相互作用，特别是金属离子的极化变形性以及溶液中金属离子的浓度、溶液的酸度、温度等。

① 金属离子的性质：金属离子的性质是决定水解程度的最重要因素。根据金属离子的电荷、半径和电子结构、极化性和变形性等，可以部分说明水合金属离子的水解趋势。

具有惰气型金属离子，如碱金属 Li^+、Na^+、K^+、Rb^+、Cs^+ 等离子；碱土金属 Be^{2+}、Mg^{2+}、Ca^{2+}、Sr^{2+}、Ba^{2+} 等离子；Al^{3+}、Sc^{3+}、Y^{3+} 等离子；Ti^{4+}、Zr^{4+}、Hf^{4+} 等离子；VO^{2+}、UO_2^{2+} 等离子，即外层电子结构为 s^2p^6 型离子，其 Z^2/r 值与 $[M(H_2O)_p]^{n+}$ 的 pK_{11} 呈近似线性关系。pK_{11} 值随金属离子的 Z^2/r 值的增大而减小，即

金属离子的 Z^2/r 值越大，$[M(H_2O)_p]^{n+}$ 的酸性越强，水解程度越高。表 1-5 列出一些惰气型金属离子的 Z^2/r 值与 $[M(H_2O)_p]^{n+}$ 的 pK_{11} 的关系。

表 1-5　　惰气型金属离子的 Z^2/r 值与 $[M(H_2O)_p]^{n+}$ 的 pK_{11} 值

M^{n+}	Z^2/r	pK_{11}	M^{n+}	Z^2/r	pK_{11}
Li^+	1.28	13.8	Sr^{2+}	3.15	13.0
Na^+	1.02	14.6	Ba^{2+}	2.8	13.5
K^+	0.75	—	Al^{3+}	15.79	4.9
Rb^+	0.67	—	Sc^{3+}	10.84	5.1
Cs^+	0.61	—	Y^{3+}	8.49	9.1
Be^{2+}	11.8	5.4	La^{3+}	7.38	9.0
Mg^{2+}	5.13	11.4	Ac^{3+}	8.1	10.4
Ca^{2+}	3.77	12.6			

由表 1-5 可见，碱金属水合离子 K^+、Rb^+、Cs^+ 等基本不水解，Li^+、Na^+ 水解趋势很小，碱土金属水合离子 Be^{2+} 的水解趋势最大，Ba^{2+} 最小。ⅢA 族金属以 Al^{3+} 最大，ⅢB 族金属以 Ac^{3+} 最小。其原因是惰气型金属离子与配位 H_2O 分子之间的作用主要是静电作用，水分子中 H—O 间的键合随金属离子的 Z^2/r 值的增大而减弱。金属离子的 Z^2/r 值越大，配位 H_2O 分子的 H—O 的键越易断裂而释放出质子。

对于电子构型为 $f^{1\sim14}$ 的镧系元素，其水合离子 $[RE(H_2O)_p]^{3+}$ 的水解性质与惰气型金属离子相似，其 pK_{11} 值与镧系离子 RE^{3+} 的 Z^2/r 值呈近似线性关系。随着 RE^{3+} 半径减小，$[RE(H_2O)_6]^{3+}$ 的 pK_{11} 值变小，即水解程度增加。

具有 $d^{1\sim9}$ 型过渡金属离子，其水合离子 $[M(H_2O)_p]^{n+}$（$n=2$ 或 3）的 pK_{11} 和过渡金属的 Z^2/r 之间的关系，与惰气型金属离子不同，它们之间不存在简单的线性关系，如表 1-6 中所列数据所示。

表 1-6　　一些过渡金属离子的 Z^2/r 值与 $[M(H_2O)_p]^{n+}$ 的 pK_{11} 值

M^{n+}	Cr^{2+}	Mn^{2+}	Fe^{2+}	Co^{2+}	Ni^{2+}	Cu^{2+}	Ti^{3+}	V^{3+}	Cr^{3+}	Fe^{3+}	Co^{3+}
d^n	d^4	d^5	d^6	d^7	d^8	d^9	d^1	d^2	d^3	d^5	d^6
LFSE(D_q)	-6	0	-4	-8	-12	-6	-4	-8	-12	0	-4
Z^2/r	4.82	4.40	4.82	4.88	5.13	4.82	12.84	13.85	14.06	13.43	14.06
pK_{11}	—	9.0	—	8.3	6.5	4.4	2.9	3.9	3.1	1.8	

注：LFSE（配位场稳定化能）一项为作者补充。

表 1-6 所列数据表明，过渡金属的水合离子的水解程度，不仅和 Z^2/r 有关，而且还和它的 d 电子数及 LFSE 的大小有关。例如，Cr^{3+} 和 Co^{3+} 的 Z^2/r 值相同，但它们的 pK_{11} 值随 d 电子数的增加和 LFSE 的减小而减小。又如 $[Cr(H_2O)_6]^{3+}$ 的 pK_{11} 值比 V^{3+} 及 Fe^{3+} 都大，这是由于 Cr^{3+} 在弱场配体 H_2O 的作用下，其 LFSE 和 Z^2/r 大于

[V(H₂O)₆]³⁺ 及 [Fe(H₂O)₆]³⁺ 的 LFSE 和 Z^2/r。若金属离子 d 电子数相同，如 Fe^{2+}、Co^{3+} 的 pK_{11} 值随 Z^2/r 值的增大而减小。

具有 d^{10} 构型的金属离子，其水合离子的水解情况也和惰气型金属离子不同。对于同一族金属离子来说，它们的水合离子的 pK_{11} 值与 Z^2/r 值的变化不呈线性关系。pK_{11} 值主要受离子的极化性与变形性的影响。其实验数据列表 1-7 中。

表 1-7　　　　d^{10} 构型的金属离子的 Z^2/r 值及其水合离子的 pK_{11} 值

M^{n+}	Zn^{2+}	Cd^{2+}	Hg^{2+}	Ga^{3+}	In^{3+}	Tl^{3+}
Z^2/r	4.82	3.88	3.87	14.5	11.0	9.48
pK_{11}	8.2	9.7	4.9	2.8	3.7	1.2

由表 1-7 可见，半径较大易极化变形的 Hg^{2+} 和 Tl^{3+} 的水合离子 pK_{11} 值较小，易于水解。对于 Zn^{2+} 和 Ga^{3+} 来说，Z^2/r 值的影响是主要的。对于 Cd^{2+}、Hg^{2+}、In^{3+}、Tl^{3+} 来说，它们与 H_2O 之间的相互极化，并随着 d^{10} 构型离子的半径增大而加强。原因是在水合离子中 M—O 间的键结合增强，则 O—H 间的键就受到削弱，削弱得越厉害越易发生酸电离。

从上述水合金属离子的水解常数看出：Al^{3+} 的酸性与乙酸相当（$pK_1 = 4.75$）；Cr^{3+} 的酸性皆强于乙酸；Zr^{4+} 的酸性与硫酸相当；Fe^{3+} 的酸性强于 HF（$pK_1 = 3.14$），几乎和 H_3PO_4 相当（$pK_1 = 2.13$）。

② 配体的性质：除金属离子的性质外，水解反应还与配体的性质有关。配体除水分子外，还有氨、乙二胺（en）等配体都能生酸电离。配体不同，水解生酸电离难易也不一样。一般配体的酸电离常数 pK_a 值越小，生酸水解电离越容易。当 RH 配位在金属离子周围时，受到正电场作用，则 RH（R = OH、NH_2 等）间的键更不牢，质子很容易释放出来。例如，[Rh(H₂O)₆]³⁺ 与 [Rh(NH₃)₆]³⁺ 相比，由于 H₂O 的酸性大于 NH₃，因此前者比后者易于水解。

$$[Rh(H_2O)_6]^{3+} \underset{pK_{11}=3.4}{\overset{H_2O}{\rightleftharpoons}} [Rh(OH)(H_2O)_5]^{2+} + H_3O^+$$

$$[Rh(NH_3)_6]^{3+} \underset{pK_{11}>14.0}{\overset{H_2O}{\rightleftharpoons}} [Rh(OH)(NH_3)_5]^{2+} + H_3O^+$$

在水溶液中释放质子的配位化合物，除了水合、氨合金属离子等外，其他含有质子配体的金属配合物也有此性质。例如：

$$[Au(H_2O)_6]^{3+}\quad pK_{11}=1.51,\quad [Au(en)_3]^{3+}\quad pK_{11}=6.5$$

③ 配体间的相互影响：含有质子配体的金属配位化合物，其内界配体的相互作用也有影响。如内界各配体与金属离子的键合能力相差较大，则由于相互间的配位位置不同，水解趋势也不一样。例如：

顺式　[Co(en)₂(H₂O)₂]³⁺　$pK_{11}=6.1$,　[Cr(en)₂(H₂O)₂]³⁺　$pK_{11}=4.8$
反式　[Co(en)₂(H₂O)₂]³⁺　$pK_{11}=4.5$,　[Cr(en)₂(H₂O)₂]³⁺　$pK_{11}=4.1$

[Cr(en)₂(H₂O)₂]³⁺ 为八面体构型，其顺、反两种配体，在溶液中即产生如下酸

电离反应：

顺式：$[Cr(en)_2(H_2O)_2]^{3+} + H_2O \longrightarrow [Cr(en)_2(H_2O)(OH)]^{2+} + H_3O^+$

反式：$[Cr(en)_2(H_2O)_2]^{3+} + H_2O \longrightarrow [Cr(en)_2(H_2O)(OH)]^{2+} + H_3O^+$

在顺式配位化合物 $[Cr(en)_2(H_2O)_2]^{3+}$ 中，H_2O 与 NH_2 互相处于反位，从静电极化作用观点看由于 Cr^{3+} 与 en 及 H_2O 互相间的极化作用，使得 Cr—O 键削弱，结果使得 O—H 键增强，故顺式时，配位 H_2O 难释放质子。反之，若为反式构型，则 H_2O 与 H_2O、en 与 en 互处于反位，则 Cr—O 键有所增强，而 O—H 键就有所减弱，故反式比顺式易释放质子，反式 $[Cr(en)_2(H_2O)_2]^{3+}$ 的 pK_{11} 值比顺式小。

同理，$[CrCl_3(H_2O)_3]^0$、$[CrCl_2(H_2O)_4]^+$、$[Cr(C_2O_4)_2(H_2O)_2]^-$ 的反式比顺式更易水解。铬鞣剂水解组分中，许多组分都是反式。

2. 配位化合物鞣剂的配聚

鞣剂配合物不仅会发生水解，在水解的同时还会发生配聚，使分子变大，电荷升高。配聚可分为：

(1) 羟配聚　以羟基为桥联结形式的配聚，称为羟桥联配聚，简称羟配聚。首先，水合配离子水解，例如：

$$[Cr(H_2O)_6]^{3+} \xrightarrow{-H^+} [Cr(OH)(H_2O)_5]^{2+}$$

略去 H_2O，可简写为 $[Cr(OH)]^{2+}$。紧接着两个 $[Cr(OH)]^{2+}$ 配聚成双核配离子：

$$2[Cr(OH)]^{2+} \longrightarrow \left[Cr\begin{smallmatrix}OH\\OH\end{smallmatrix}Cr \right]^{4+}$$

双核配离子也会发生水解。

$\left[Cr\begin{smallmatrix}OH\\OH\end{smallmatrix}Cr-OH \right]^{3+}$ 再与 $[Cr(OH)]^{2+}$ 配聚成三核配离子：

$$\left[Cr\begin{smallmatrix}OH\\OH\end{smallmatrix}Cr-OH \right]^{3+} + [Cr-OH]^{2+} \longrightarrow \left[Cr\begin{smallmatrix}OH\\OH\end{smallmatrix}Cr\begin{smallmatrix}OH\\OH\end{smallmatrix}Cr \right]^{5+}$$

依此类推，可水解配聚成四核、五核、六核等多核配离子。

上面是以两个羟基桥联结的多核配离子，故称为双羟桥联，也可以一个羟基为桥联结成多核配离子，如：

$$[(H_2O)_5Cr-OH]^{2+} + [Cr(H_2O)_6]^{3+} \longrightarrow [(H_2O)_5Cr-OH-Cr(H_2O)_5]^{5+} + H_2O$$

略去内界 H_2O，简写为 $[Cr—OH—Cr]^{5+}$。

$$[Cr—OH—Cr]^{5+} + [Cr—OH]^{2+} \longrightarrow [Cr—OH—Cr—OH—Cr]^{7+}$$

由于是以一个羟基相连的多核配离子，故又称为单羟配聚。

多核配离子最多可以有三个羟基相连的，称为三羟桥联，如 $\left[\begin{array}{c} OH \\ Cr—OH—Cr \\ OH \end{array} \right]$ 等。

同样水合铝离子、水合铁离子和水合稀土离子等在水解的同时，也都发生配聚作用。如：

$[Al—OH—Al]^{5+}$、$[Al—OH—Al—OH—Al]^{7+}$、$\left[\begin{array}{c} OH \\ Al \quad Al \\ OH \end{array} \right]^{4+}$、$\left[\begin{array}{c} OH \quad OH \\ Al \quad Al \quad Al \\ OH \quad OH \end{array} \right]^{5+}$、

$\left[\begin{array}{c} OH \\ Al—OH—Al \\ OH \end{array} \right]^{3+}$、$\left[\begin{array}{c} OH \quad OH \\ Al—OH—Al—OH—Al \\ OH \quad OH \end{array} \right]^{3+}$、$[Fe—OH—Fe]^{5+}$、$\left[\begin{array}{c} OH \\ Fe \quad Fe \\ OH \end{array} \right]^{4+}$、

$\left[\begin{array}{c} OH \\ Fe—OH—Fe \\ OH \end{array} \right]^{3+}$ 等。

由于铬、铝、铁配合物都是八面体构型，故其羟配聚多核配离子都是通过羟桥以八面体的顶、边和面配聚成多核配合物的：

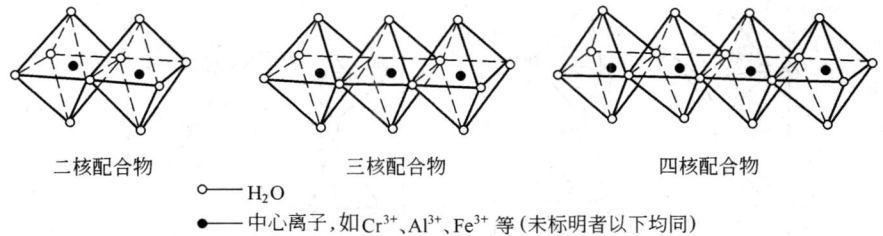

二核配合物　　　　三核配合物　　　　　四核配合物

○—— H_2O
●—— 中心离子，如 Cr^{3+}、Al^{3+}、Fe^{3+} 等（未标明者以下均同）

以上是以八面体的一条边相连的情况。

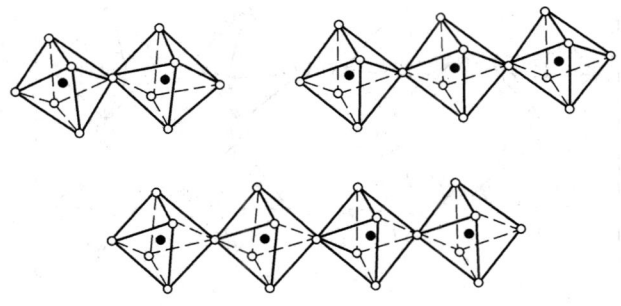

以上是以八面体一个顶点相连的单羟桥联配聚的情况。

还有以一个面相连的三羟桥联配聚的情况。

从上述 Cr^{3+}、Al^{3+}、Fe^{3+} 等的多核配位化合物看出，它们都是链状线型结构。

Zr^{4+} 的配位数一般为 6、7、8，今以配位数为 6 的八面体构型为例来说明。水合锆离子 $[Zr(H_2O)_{6\sim8}]^{4+}$ 水解为 $[Zr(OH)(H_2O)_{5\sim7}]^{3+}$ 的同时，则配聚成以四聚体为最小结构单元的多核配位化合物：

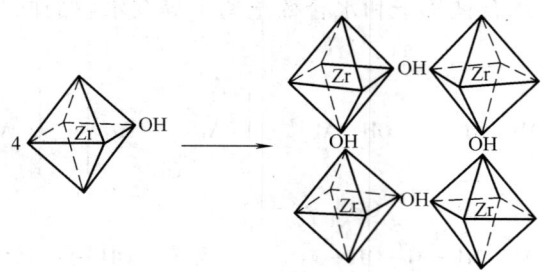

简化为：$4[Zr(OH)]^{3+} \longrightarrow \begin{bmatrix} Zr-OH-Zr \\ | \quad\quad\quad | \\ OH \quad\quad OH \\ | \quad\quad\quad | \\ Zr-OH-Zr \end{bmatrix}^{12+}$

单羟桥联结的四聚体，即以点相连。

四聚体进一步水解配聚成多个四聚体的配聚物：

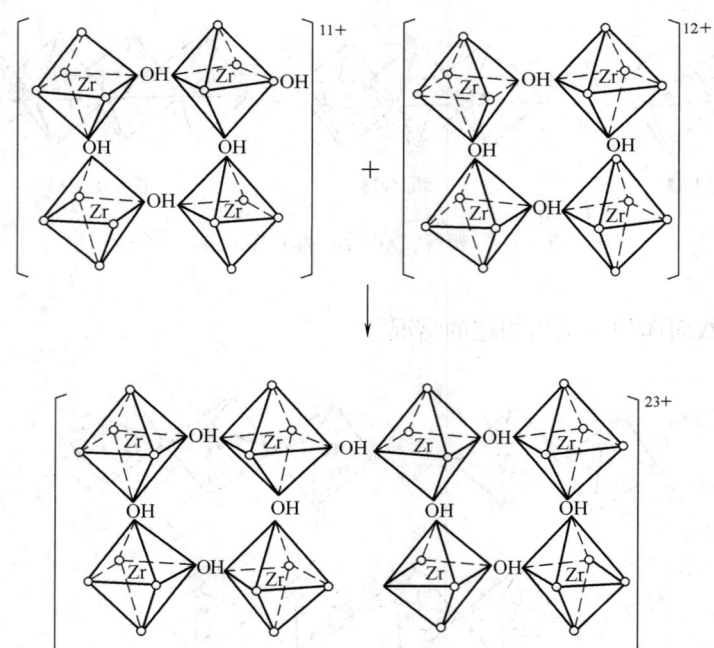

可简化为：

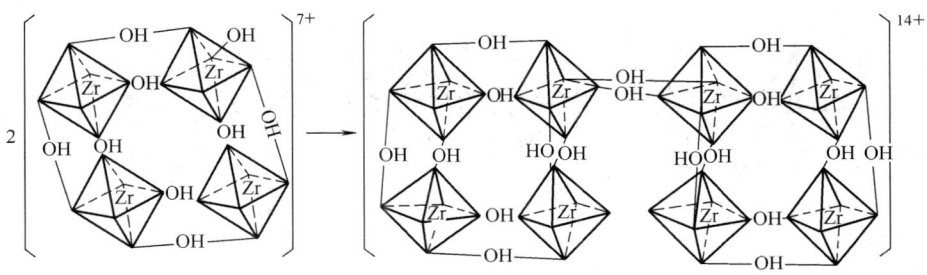

下面为双羟桥联结的四聚体配聚物：

同样，也可能有三桥联结，即面相连。从上述看出，锆的配位化合物是以四聚体为最小结构单元的体型结构。

由于配位化合物内界配体 H_2O 变成 OH^-，配离子的电荷要降低，配离子组成也发生了变化，这种带有 OH^- 的配离子称为碱式配离子，其配合物称为碱式盐。这种碱式配离子上的羟基很快又投出一对独对电子与另一中心离子如 Cr^{3+} 配位，形成羟配聚，羟配聚使分子变大，电荷升高。

加温、加碱、陈放、稀释不仅促进水解，也促进配聚。

（2）氧配聚 碱式配位化合物（羟配聚配位化合物）中的 OH^- 桥上的 H 结合得也不是很牢固，在加温、干燥、加碱、陈放时，OH^- 上的 H 受中心离子的排斥进一步发生离解而脱落，羟桥配聚变成氧桥（O）配聚。以 Cr^{3+} 为例：

氧配聚在革鞣制出鼓搭马静置、削匀、染色加油等过程中逐步进行，中和、水洗、干燥过程中羟配聚向氧配聚过程转变加快。氧配聚配位化合物比羟配聚更稳定，且电荷降低，故溶液或革中酸度会进一步增加。所以中和后需立即进行下一步工序的操作，否则因革中的配合鞣剂进一步水解，羟桥向氧桥过渡，释放 H^+，使革的酸度增大，pH 降低。

（3）混桥配聚 不仅 OH^-、O^{2-} 可以作桥键，形成羟桥配聚和氧桥配聚，而且酸根为 $HCOO^-$、CH_3COO^-、SO_4^{2-}、$-OOC-\bigcirc-COO^-$ 等也可作为桥形成桥键。由 OH^- 和 O^{2-}、OH^- 和酸根、O^{2-} 和酸根等为桥配聚起来的配位化合物称为混桥配位化合物。如：

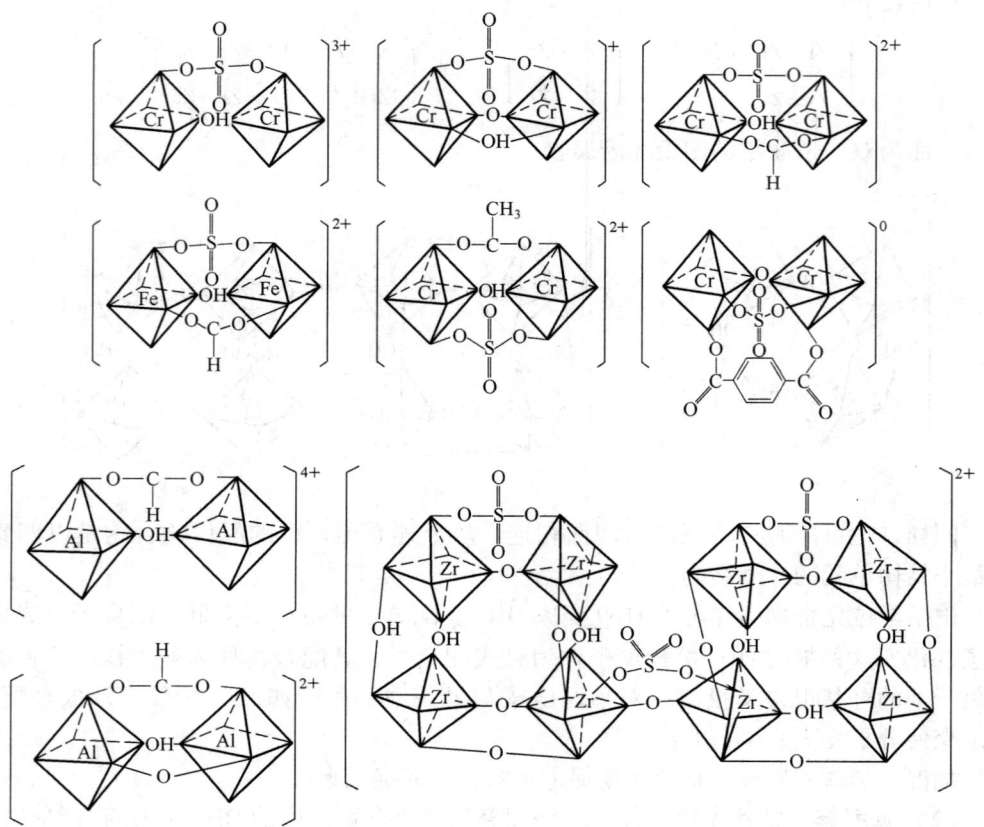

还应指出:各类各级配聚多核配位化合物是从水合离子到水解沉淀物的一系列中间产物,多核配聚物继续水解配聚最终就变成沉淀化合物。即

$$[Cr(H_2O)_6]^{3+} \xrightarrow{-H^+} [Cr(OH)(H_2O)_5]^{2+} \longrightarrow 各级各类多核配合物 \longrightarrow [Cr(OH)_3(H_2O)_3]^0 \downarrow$$

(4) 配位化合物鞣剂水解配聚的可逆性 配合鞣剂不仅可发生水解、配聚直至沉淀,而且所发生的水解与配聚是可逆的。例如:

$$[Cr(H_2O)_6]^{3+} \underset{+H^+}{\overset{-H^+}{\rightleftharpoons}} [Cr(OH)(H_2O)_5]^{2+} \underset{+H^+}{\overset{-H^+}{\rightleftharpoons}} [Cr(OH)_2(H_2O)_4]^+ \underset{+H^+}{\overset{-H^+}{\rightleftharpoons}} [Cr(OH)_3(H_2O)_3]^0 \downarrow$$

$$\left[\begin{array}{c} \text{OH} \quad \text{OH} \quad \text{OH} \quad \text{OH} \quad \text{OH} \\ \text{Cr} \diagup\!\!\!\diagdown \text{Cr} \diagup\!\!\!\diagdown \text{Cr} \diagup\!\!\!\diagdown \text{Cr} \diagup\!\!\!\diagdown \text{Cr} \diagup\!\!\!\diagdown \text{Cr} \\ \text{OH} \quad \text{OH} \quad \text{OH} \quad \text{OH} \quad \text{OH} \end{array} \right]^{8+}$$

同理，Al^{3+}、Zr^{4+}、Ti^{4+}、Fe^{3+}、RE^{3+}等的水解与配聚都是可逆的，均是加酸使配合鞣剂分子内界 OH 减少，分子变小；反之，加碱使鞣剂配合物内界 OH 增多，分子变大。这种因酸、碱作用，使分子变大又可变小的现象，称为鞣剂配合物的酸碱平衡。

（5）影响配聚反应的因素 通过羟桥、氧桥、混桥配聚的反应是许多金属离子水解反应的特性，但并不是一切金属离子的共性。有一些金属离子在水溶液中仅发生水解，但并不发生配聚。在水溶液中容易发生水解配聚反应的金属离子有：Co^{2+}、Ni^{2+}、Cu^{2+}；Fe^{3+}、Cr^{3+}、Al^{3+}、Co^{3+}；Ti^{4+}、Zr^{4+}、V^{4+}、U^{4+}等。

金属离子水解时是否发生配聚，张文昭等认为，主要与羟基水合离子中 M—OH 键的本质有关，其次还和空间位置有关。M—OH 键主要有 3 种类型：①强静电型；②强共价型；③部分共价型。碱金属 Li^+、Na^+、K^+、Rb^+、Cs^+、Ca^{2+}、Mg^{2+}和少数镧系元素的水解性小，M—OH 键为强静电型，则在极性强的水溶剂中，由于 H_2O 对金属子通过羟桥形成 M^{n+}—OH—M^{n+}型三离子体（以 ⊕⊖⊕ 表示）起着很大阻碍作用，阻碍 M^{n+}—OH^-—M^{n+}形成，因此，配聚反应就难发生。反之，若 OH^-、水合金属离子中 M—OH 键共价性很强，则 M—OH 间电子云密度就大，而氧原子的电子云密度就受到削弱，因此，另一个金属离子 M^{n+} 与 M—OH 的 OH^- 形成 M^{n+}—OH—M^{n+} 的能力小，配聚反应也难发生。对于 M—OH 键具有部分共价性的羟基，水合金属离子易于通过羟桥反应形成多核配合物。其原因，部分是因为 M—OH 间的键只具有部分共价性，静电作用也不强，不会受到极性分子如 H_2O 的阻碍。另一部分原因是 M—OH 键仅具有部分共价性，M—OH 中氧原子的电子密度与强共价型的相比虽有所下降，但它还有跟另一金属离子形成桥键的能力。从上述理由可定性解释碱金属、碱土金属、部分镧系离子以及 Tl^{3+}、Hg^{2+} 等的离子水解时不易发生配聚反应，而 Be^{2+}、Al^{3+}、Fe^{3+}、Cr^{3+}、Ti^{4+}、Zr^{4+} 等离子能发生水解配聚反应的原因。

3. 金属离子水解与配聚常数的新近研究

（1）金属离子水解常数 水合金属离子的水解常数，过去用实验方法进行测定，但因为水合金属离子水解的复杂性，测定很困难，至今水合金属离子水解常数数据还不多，而且不同方法测定的数据也不一致。因此，国内一些学者，试图通过离子势和离子极化力等在内的不同形式的特征参数来计算水解常数。

周天泽等在考察了前人的成果后，用包括离子电荷 Z、有效核电荷 Z^*、离子半径 r、共价半径 R_{cor}、电负性差 Δx 在内的不同形式的特征参数的 10 多种组合进行试算，发现 pK_1 与金属离子 M^{n+} 和 OH^- 之间的静电位能 Z/R 呈线性关系：

$$pK_1 = -11 \frac{Z}{R} + B$$

式中 $R = r_M + r_{OH^-}$，即 R 为金属离子半径和 OH^- 半径之和，计算时 r_M 优先采用 Panling 的数据，也用徐光宪的数据；$r_{OH} = 0.14\text{nm}$，对含氧的阳离子如 TiO^{2+}、ZrO^{2+}、

UO_2^{2+}、VO^{2+}等，用中心原子的共价半径，此时r_{OH}亦用氧的共价半径（0.066nm）代替。对各种 M—OH 结合，金属离子和 OH^- 的半径之和近似等于金属 M 的共价半径与氧的共价半径之和。式中 B 为经验常数。周天泽等对 63 种离子的计算结果见表 1–8。将 pK_1 对 Z/R 作图，将各组金属离子的相应坐标连接即成斜率相同，但在纵轴与横轴上有不同截距的三条直线，从而把金属离子分成三组。B 即为纵轴上的截距。计算时按表中所列的离子次序从 $Li^+ \to Au^{3+}$ 为第一组，共 26 个离子，主要包括碱金属及第四周期的全部过渡金属离子，外层电子结构分别为 s^2、$s^2p^6d^x$，$B = 19.2$；$Mg^{2+} \to NP^{4+}$ 为第二组，共 23 个离子，主要包括碱土金属及稀土金属离子，外层电子结构为 s^2p^6、$s^2p^6f^x$，$B = 21.8$；第三组 $Ag^+ \to VO^{2+}$，共 14 个离子，主要包括含氧的金属离子，外层电子结构为 d^{10}、$d^{10}s^2$，$B = 16.2$。

从表 1–8 可见，对 63 种离子与不同来源的实验数据的误差是 1.1 单位以内的为 57 个，占 90%，且该法表达式简洁，物理意义明确。

（2）金属离子多级水解常数 多级水解反应如下：

$M^{n+} + 2H_2O \rightleftharpoons M(OH)_2^{(n-2)+} + 2H^+ \qquad K_2 = [M(OH)_2^{(n-2)+}][H^+]^2/[M^{n+}]$

$M^{n+} + 3H_2O \rightleftharpoons M(OH)_3^{(n-3)+} + 3H^+ \qquad K_3 = [M(OH)_3^{(n-3)+}][H^+]^3/[M^{n+}]$

$M^{n+} + 4H_2O \rightleftharpoons M(OH)_4^{(n-4)+} + 4H^+ \qquad K_4 = [M(OH)_4^{(n-4)+}][H^+]^4/[M^{n+}]$

K_2、K_3、K_4……分别为二、三、四……级累积水解常数，其定义及有关符号的含义同一级水解常数。周天泽等对多级水解的定量研究，发现对 n 级水解，pK_n 与 pK_1 之间有如下近似关系：

$$pK_n = npK_1 + \frac{n(n-1)}{2}\frac{Z}{R}$$

式中 pK_n 为 n 级累积水解常数的负对数，当 $n = 1$、2、3、4、5 时，pK_n 分别为 pK_1、$2pK_1 + \frac{Z}{R}$、$3pK_1 + 3\frac{Z}{R}$、$4pK_1 + 6\frac{Z}{R}$、$5pK_1 + 10\frac{Z}{R}$。周天泽等对已收集到的 35 种离子的 2~5 级 pK_n 计算结果列于表 1–9。其中 pK_1 的取值是在表 1–8 的 pK_1 的实验数据的范围之内选择的。

表 1–8 离子 pK 的计算结果

离子	$\frac{Z}{R}$	pK_1（实测）	pK_2（计算）	误差	pK_1[①]	pK_1[②]
Li^+	0.50	13.6~14.2	13.70	0.00	14.10	14.60
Na^+	0.43	14.20~14.80	14.50	0.00	14.30	14.50
K^+	0.37	14.50~16.00	15.13	0.00	—	14.90
Be^{2+}	1.16	3.70~6.50	6.41	0.00	7.00	6.80
Cu^{2+}	0.94	8.00	8.86	+0.86	7.00	7.50
Zn^{2+}	0.90	9.00	9.30	+0.30	8.20	8.20
Cd^{2+}	0.85	9.70~10.10	9.85	0.00	9.50	9.30
Mn^{2+}	0.86	10.60	9.74	−0.86	—	10.10
Fe^{2+}	0.89	8.3~9.5	9.41	0.00	10.20	9.30

续表

离子	$\dfrac{Z}{R}$	pK_1（实测）	pK_2（计算）	误差	$pK_1^{①}$	$pK_1^{②}$
Co^{2+}	0.90	9.00~9.80	9.30	0.00	9.30	9.00
Ni^{2+}	0.90	8.90~9.90	9.30	0.00	7.80	8.40
Sc^{3+}	1.36	4.30~5.10	4.24	−0.06	7.70	6.20
Ti^{3+}	1.50	2.20~2.60	2.70	+0.10	—	4.20
Cr^{3+}	1.50	3.70~4.00	2.70	−1.00	3.70	2.60
Fe^{3+}	1.47	2.20~3.10	3.03	0.00	3.40	2.00
Ga^{3+}	1.50	2.60~3.00	2.70	0.00	0.40	−1.50
In^{3+}	1.50	3.70~4.40	2.70	−1.00	3.70	3.80
V^{3+}	1.46	2.20~2.90	3.14	+0.24	4.40	4.60
Rh^{3+}	1.45	3.40	3.25	−0.15	—	3.00
Ce^{4+}	1.73	−1.10~1.80	0.17	0.00	—	2.70
Pa^{4+}	1.80	−0.84~0.10	−0.60	0.00	—	—
U^{4+}	1.80	0.65~1.70	−0.60	−1.25	—	—
Pu^{4+}	1.80	0.50~1.70	−0.60	−1.10	—	1.80
Zr^{4+}	1.82	−0.30~0.30	−0.82	−0.52	—	0.30
Hf^{4+}	1.82	−0.10~0.30	−0.82	−0.72	—	0.70
Au^{3+}	1.80	−1.51	−0.60	+0.91	—	—
Mg^{2+}	0.95	11.40~11.60	11.40	0.00	11.50	10.50
Ca^{2+}	0.81	12.50~12.85	12.89	+0.04	12.40	11.90
Sr^{2+}	0.79	13.00~13.29	13.11	0.00	12.80	12.20
Ba^{2+}	0.72	13.10~13.50	13.88	+0.38	13.10	12.70
Al^{3+}	1.58	4.10~5.00	4.42	0.00	4.30	1.90
Y^{3+}	1.29	7.70~9.10	7.61	−0.09	9.20	7.30
La^{3+}	1.17	8.50~9.00	8.93	0.00	9.00	8.60
Pr^{3+}	1.19	8.10~8.60	8.71	+0.11	—	8.70
Nd^{3+}	1.20	8.00~8.40	8.60	+0.20	—	8.60
Sm^{3+}	1.21	7.90~8.60	8.49	0.00	—	8.50
Eu^{3+}	1.21	7.90~8.30	8.38	+0.08	—	8.50
Gd^{3+}	1.23	8.00~8.40	8.27	0.00	—	8.40
Tb^{3+}	1.24	7.90~8.20	8.16	0.00	—	8.30
Dy^{3+}	1.25	8.00~8.10	8.05	0.00	—	8.20
Ho^{3+}	1.25	8.00	8.05	+0.05	—	8.00
Er^{3+}	1.26	7.90	7.94	+0.04	—	—
Tm^{3+}	1.27	7.70	7.83	+0.13	—	—
Yb^{3+}	1.28	7.70	7.72	+0.02	—	7.70
Lu^{3+}	1.31	7.60~7.90	7.39	−0.21	—	7.60
Ac^{3+}	1.18	10.40	8.82	−1.58	—	—

续表

离子	$\frac{Z}{R}$	pK_1（实测）	pK_2（计算）	误差	$pK_1$①	$pK_1$②
Ce^{3+}	1.18	8.30~9.00	8.82	0.00	—	9.00
Th^{4+}	1.65	3.20~3.90	3.65	0.00	—	2.90
Np^{4+}	1.81	1.49	1.89	+0.40	—	2.00
Ag^+	0.40	11.00~12.00	11.80	0.00	12.40	13.40
Tl^+	0.85	13.20	12.45	−0.75	13.50	13.30
Pb^{2+}	0.80	7.70~8.80	7.40	−0.30	11.70	9.80
Sn^{2+}	0.90	3.20~3.40	6.30	+2.90	13.30	8.10
Hg^{2+}	0.80	3.40~3.70	7.40	+3.70	5.40	10.10
Tl^{3+}	1.28	0.62~1.20	2.12	+0.92	1.40	5.20
Pd^{2+}	0.90	1.60~2.30	6.30	+4.00	—	8.50
Sb^{3+}	1.30	1.41	1.90	+0.49	—	—
Bi^{3+}	1.29	1.10~1.60	2.01	+0.41	—	−3.20
Co^{3+}	1.49	0.70~1.80	−0.19	−0.89	1.40	1.20
UO_2^{2+}	0.90	5.80	6.30	+0.50	—	—
Np_2^{2+}	0.91	5.20	6.19	+0.99	—	—
PuO_2^{2+}	0.92	5.60	6.08	+0.48	—	—
VO^{2+}	1.02	5.70	5.00	−0.70	—	—

注：①摘自参考文献[4]；②摘自参考文献[5]。

表1-9中35种离子的95个数据中，误差在1单位（或相对误差是15%）以下的有82个，占86%。考虑到水解数据测定中的困难，实测结果有的相差很大（如Be^{2+}的pK_1为3.7~6.5），有时在相同实验条件下也有出入，上述计算值与实测值的符合程度可称满意。Hg^{2+}误差大，可能与聚合有关。

表1-9　　　　　　　　　n级累积水解常数的计算（Δ为误差）

离子	pK_1	pK_2			pK_3			pK_4			pK_5		
		计算	实测	Δ	计算	实测	Δ	计算	实测	Δ	计算	实测	Δ
Ag^{2+}	12.00	24.40	24.00	0.40	—	—	—	—	—	—	—	—	—
VO^{2+}	3.30	7.62	7.30	0.32	—	—	—	—	—	—	—	—	—
Be^{2+}	6.50	14.16	13.65	0.51	23.00	23.25	−0.25	34.00	37.41	−3.41	—	—	—
Cu^{2+}	8.00	16.94	17.30	−0.36	26.82	27.80	−0.98	37.64	39.60	−1.96	—	—	—
Zn^{2+}	9.00	18.90	16.90	2.00	29.70	28.40	1.30	41.40	41.20	0.20	—	—	—
Cd^{2+}	10.10	21.05	20.35	0.70	32.90	33.30	−0.40	45.50	47.35	−1.85	—	—	—
Hg^{2+}	3.40	7.60	6.17	1.43	—	—	—	18.40	21.10	−2.70	—	—	—
Sn^{2+}	3.20	7.30	7.00	0.30	—	—	—	18.20	16.60	1.60	—	—	—

续表

离子	pK_1	pK_2			pK_3			pK_4			pK_5		
		计算	实测	Δ	计算	实测	Δ	计算	实测	Δ	计算	实测	Δ
Pb^{2+}	8.20	17.20	17.12	0.08	27.00	28.06	-1.06	—	—	—	—	—	—
Mn^{2+}	10.60	22.06	22.1	-0.04	34.40	34.80	-0.40	47.60	48.30	-0.70	—	—	—
Fe^{2+}	9.50	19.90	20.60	-0.70	31.20	31.00	0.20	43.34	46.00	-2.66	—	—	—
Co^{2+}	9.60	20.10	18.80	1.30	31.50	31.50	0.00	43.80	46.30	-2.50	—	—	—
Ni^{2+}	9.40	19.70	19.00	0.70	30.90	30.00	0.90	43.00	44.00	-1.00	—	—	—
Pd^{2+}	2.00	4.90	4.80	0.10	—	—	—	—	—	—	—	—	—
Au^{3+}	-1.51	-1.22	-1.00	-0.22	—	—	—	4.80	11.77	-6.97	—	—	—
Al^{3+}	4.10	9.78	9.90	0.12	17.00	15.60	1.40	25.40	23.00	2.40	—	—	—
Sc^{3+}	4.30	9.96	9.70	0.26	16.98	16.10	0.88	25.36	26.00	-0.64	—	—	—
Y^{3+}	7.70	16.69	16.40	0.29	27.80	26.00	1.80	38.90	36.50	2.40	—	—	—
Nd^{3+}	8.00	17.20	16.90	0.30	27.60	26.50	1.10	39.20	37.10	2.10	—	—	—
Gd^{3+}	8.00	17.63	16.40	1.23	27.69	25.20	2.49	—	—	—	—	—	—
Dy^{3+}	8.00	17.45	16.20	1.25	27.75	24.70	3.05	39.50	33.50	6.00	—	—	—
Yb^{3+}	7.70	16.70	15.80	0.90	26.90	24.10	2.80	38.50	32.70	5.80	—	—	—
Cr^{3+}	4.00	9.50	9.70	-0.20	16.50	18.00	-1.50	25.00	27.40	-2.40	—	—	—
Fe^{3+}	2.5	6.67	5.67	1.00	12.26	12.00	0.26	18.82	21.60	-2.78	—	—	—
Ga^{3+}	2.60	6.70	5.90	0.80	12.30	10.30	2.00	19.40	16.60	2.80	—	—	—
In^{3+}	3.70	8.90	7.82	1.08	16.60	12.40	4.20	25.50	22.10	3.40	—	—	—
Tl^{3+}	0.60	2.48	1.57	0.91	5.60	3.30	2.30	10.10	15.00	-4.90	—	—	—
Bi^{2+}	1.60	4.49	4.00	0.49	8.64	8.86	-0.22	—	—	—	20.90	21.80	-0.90
Ce^{4+}	0.43	2.59	2.60	-0.01	—	—	—	—	—	—	—	—	—
Th^{4+}	3.20	8.05	6.93	1.12	14.55	11.70	2.85	22.1	15.90	6.2	—	—	—
Pa^{4+}	-0.84	0.12	0.02	0.10	2.88	1.50	1.38	—	—	—	—	—	—
U^{4+}	0.65	3.10	2.60	0.50	7.35	5.80	1.55	13.40	10.30	3.10	21.25	16.00	5.25
Pu^{4+}	0.50	2.80	2.30	0.50	6.90	5.30	1.60	12.80	9.50	3.30	20.50	15.00	5.50
Zr^{4+}	-0.10	1.72	1.70	0.02	5.16	5.10	0.06	10.52	9.70	0.82	17.70	16.00	1.70
Hf^{4+}	0.15	2.12	2.40	-0.28	5.85	6.00	-0.15	11.50	10.70	0.80	18.95	17.20	1.75

（二）配位化合物鞣剂的酸碱平衡与鞣制过程的关系

1. 配合鞣剂的分子大小与鞣性的关系

经过鞣前湿加工的裸皮，大部分油脂和非纤维性物质已被除去，成为多微孔性纤维网，为鞣剂分子渗透提供了通畅的途径。裸皮内外鞣剂分子的浓度差以及机械作用等因素，赋予鞣剂分子向皮内渗透的动力，这是完成渗透过程的基本因素。但是要顺利完成渗透过程，还必须使鞣剂分子的大小与胶原纤维孔隙的大小相适应。因此，在鞣制初期，鞣剂分子大小必须比胶原纤维孔隙小。如果鞣剂分子比胶原纤维孔隙大，就不能顺利地由皮外透入到皮纤维内部与胶原活性基发生交联反应。此时，鞣剂分子只能在皮胶原表面发生强烈的交联作用。因鞣剂分子大,收敛性强,结合快,造成皮表面粗糙,内部生心而鞣不熟。如果鞣剂分子太小,胶原孔隙大,鞣剂分子虽能迅速渗透到皮纤维内部,但因鞣剂分子小,收敛性小即鞣性小,随着碱度的提高,皮表面的分子迅速增大发生交联结合,而堵塞提碱剂向皮内的渗透,使皮由表及里,鞣剂分子不能迅速变大,直到鞣制结束,皮内的鞣剂与胶原较少或很少发生交联作用,即使作用也仅是单点结合而已。因而鞣制的革扁薄不丰满,僵硬不柔软。一般而言,初鞣时鞣剂分子必须比胶原纤维孔隙小些,鞣剂分子才能迅速地透入到皮胶原纤维内部,待鞣剂分子渗透均匀后,即到鞣制后期,随着碱度的不断提高(通过加碱、升温、加水稀释),鞣剂分子不断水解,进而配聚成大分子与皮胶原活性基发生交联结合,完成鞣制过程。

鞣剂分子的大小与加碱促进水解配聚有很大的关系。即加碱促进水解,羟基增多,鞣剂分子变大,电荷升高;加酸使鞣剂分子内 OH^- 减少,配合物分子变小,电荷降低。因此,只要控制 OH^- 的多少,就能控制鞣剂分子的大小。配合鞣剂分子的大小,一般用碱度的高低来表示。鞣液碱度高,意味着分子中羟基多,配合物的核多,分子大,与胶原分子的结合力强;碱度低,就意味着鞣剂分子羟基少,配合物的核少,分子小,与胶原分子结合力小,因此,碱度可表示为:

$$碱度 = \frac{与中心离子结合的羟基个数}{中心离子的价数} \times 100\%$$

以 Cr^{3+} 为例:

$$碱度 = \frac{与铬离子结合的羟基个数}{铬离子的价数} \times 100\%$$

例如:铬离子是1个(为+3价),与它结合的羟基也是1个,那么

$$碱度 = \frac{1}{1 \times 3} \times 100\% = 33.33\%$$

如果铬离子有3个,结合的羟基是4个,则

$$碱度 = \frac{4}{3 \times 3} \times 100\% = 44.44\%$$

对于阳铬配位化合物和中性配位化合物来说,碱度和酸度之和为100%,即酸度+碱度=100%。

硫酸铬等的分子结构式与酸度、碱度、鞣性的关系见表1-10。

表1-10　　　硫酸铬等的分子结构式与酸度、碱度、鞣性的关系

结构式(略去 H_2O 分子)	碱度/%	酸度/%	鞣制效应
$[Cr_2(SO_4)_3]$、$[CrCl_3]$	0.00	100	轻微
$[Cr_2(OH)_2](SO_4)_2$、$[Cr(OH)]Cl_2$	33.33	66.67	好
$[Cr_4(OH)_6](SO_4)_3$、$[Cr_2(OH)_3]Cl_3$	50.00	50.00	很好
$[Cr_2(OH)_4]SO_4$、$[Cr(OH)_2]Cl$	66.66	33.34	富收敛性
$[Cr(OH)_3]$	100.00	0	无鞣性,因为沉淀

在生产实践中取出同体积鞣液两份，一份用标准 $Na_2S_2O_3$ 溶液测出总铬量，另一份用标准 NaOH 溶液测量其中的总酸量（一般用 $Na_2S_2O_3$ 和 NaOH 的物质的量来表示），因此

$$碱度 = 100\% - 酸度$$

$$酸度 = \frac{滴定同体积鞣液时所用标准 NaOH 的物质的量}{滴定同一体积鞣液时所用标准 Na_2S_2O_3 的物质的量} \times 100\%$$

简化上式得：

$$酸度 = \frac{c(NaOH)V(NaOH)}{c(Na_2S_2O_3)V(Na_2S_2O_3)} \times 100\%$$

因此

$$碱度 = 100\% - \frac{c(NaOH)V(NaOH)}{c(Na_2S_2O_3)V(Na_2S_2O_3)} \times 100\%$$

$$= \frac{c(Na_2S_2O_3)V(Na_2S_2O_3) - c(NaOH)V(NaOH)}{c(Na_2S_2O_3)V(Na_2S_2O_3)} \times 100\%$$

用上述方法测定的酸的量，包括自由酸根和与铬配位的酸根，也包括由于水解和配聚作用所生成的游离酸根，因而测得的碱度比实际碱度低一些，所以这个碱度是近似碱度。因为是鞣液的碱度，不是铬配合物的碱度，为了区别起见，常称为碱数或盐基度。虽然盐基度比碱度低一些，如铬盐碱度为40.0%，实测盐基度为38.0%，相差不大，因而生产中仍称碱度。

2. 配合鞣剂的酸碱平衡与鞣制过程的关系

鞣制，首先要求鞣剂分子均匀迅速地透入胶原纤维内部，然后通过提碱使鞣剂分子变大，胶原活性基进入配合物鞣剂内界与中心离子配位而发生交联改性，即发生鞣制作用。因此，从鞣制的观点来看配合物鞣剂的酸碱平衡，可得出一条指导 Cr^{3+}、Zr^{4+}、Al^{3+}、TiO^{2+}、Fe^{3+}、RE^{3+}、Cr—Al、Cr—Zr—Al 等鞣剂鞣制的重要规律，概括起来就是：加酸，使配合鞣剂碱度降低，鞣剂分子变小，容易渗透入胶原纤维内部，宜于初鞣阶段；加碱，使配合鞣剂碱度升高，鞣剂分子变大，有利于与胶原纤维结合，宜于鞣制后期阶段。

例如，鞣制初期，一般用33%低碱度（高酸度低pH）的铬鞣液进行鞣制，此时，因酸度较大水解作用较小，分子小，电荷低，渗透快，结合慢，待鞣剂分子渗透均匀后，加碱使鞣液和皮内pH升高，游离 H^+ 被中和，碱度升高，水解配聚增大，铬核增多，分子变大，电荷升高，开始结合。为了进一步使分子变大发生交联，在末期还要加热水。加热水有两个作用，一是提高鞣液温度，二是增大水量，降低浓度，加速鞣剂分子水解配聚，铬核增多，分子更进一步变大，鞣剂分子在革中进一步发生交联缝合，完成鞣制过程。

二、配位化合物鞣剂的配位体与鞣制原理的关系

（一）配位化合物鞣剂内界组成的特征

鞣剂配位化合物内界含有 OH^-、SO_4^{2-}、有机酸根和 H_2O 分子。其中 OH^-、SO_4^{2-}、有机酸根主要作为桥键联结多个中心离子，使分子变大，H_2O 分子主要而且只能作为配体。根据研究：OH^-、SO_4^{2-} 和一元羧酸根也可作为配体，但 OH^- 作为配

体的时间很短暂，SO_4^{2-} 作为配体也不稳定，当碱度提高，也容易离解脱落。加入配位能力强的有机配体，也可取代 SO_4^{2-}。因此羧酸作为配体较不稳定。但二元羧酸和羟基羧酸既可作配体也可作桥键配体。例如：$[Cr(H_2O)_6]^{3+}$ 以 H_2O 为配体；$[Cr(OH)(H_2O)_5]^{2+}$ 以 OH^-、H_2O 为配体；$[Cr(SO_4)(H_2O)_5]^+$ 以 H_2O、SO_4^{2-} 为配体；$[Cr(HCOO)(H_2O)_5]^{2+}$ 以 H_2O、甲酸根为配体；$[Cr_2(OH)_2(H_2O)_8]^{4+}$ 以 OH^- 为桥，以 H_2O 为配体；$[Cr_2(C_2O_4)(OH)_2(H_2O)_6]^{2+}$ 以 OH^- 为桥，以 H_2O 和草酸根为配体；$[Cr_3(OH)_3(SO_4)(HCOO)(H_2O)_9]^{3+}$ 以 OH^-、SO_4^{2-} 为桥，以甲酸根、H_2O 为配体；$[Cr_5(OH)_8(H_2O)_{14}]^{7+}$ 以羟基为桥，以 H_2O 为配体；$[Cr_2(O)(OH)(H_2O)_8]^{3+}$ 以 O^{2-}、OH^- 为桥，以 H_2O 为配体；$[Cr_2(O)_2(H_2O)_8]^{2+}$ 以 O^{2-} 为桥，以 H_2O 为配体；$[Cr_2(OH)(O)(SO_4)(H_2O)_6]^+$ 以 OH^-、O^{2-}、SO_4^{2-} 为桥，以 H_2O 为配体，以及以对苯二甲酸根、反丁烯二酸根、丁二酸根和戊二酸根等为桥，以 H_2O 或 H_2O、有机酸根为配体。

因此，鞣剂配位化合物配体的特征是：既是单点配位（主要是 H_2O，也有 $HCOO^-$、CH_3COO^-、SO_4^{2-}、Cl^- 等），又有双点和多点配位的特征（主要是酸根，如 SO_4^{2-}、羧酸根和羟基羧酸根等），故鞣剂配合物是混配型的。

这种混配型配合物既不是纯粹的简单配位化合物，也不是纯粹的具有环状的螯合物，而是兼具有简单配位化合物和螯合物的组成、结构、性质等特点都不同的多酸或多碱的混配型配合物。也就是说，鞣剂配合物是介于简单配位化合物和螯合物之间十分复杂的多碱或多酸混配型多核配合物。

从上述讨论可看出：鞣剂配合物内界必须同时具有 H_2O、OH^- 或 H_2O、OH^-、酸根才有鞣性。

（二）配位化合物鞣剂内界配体的相互影响和相互取代

由于鞣剂配合物的混配型，这就导致了内界配体之间的相互影响。

所谓相互影响即指反位影响，主要是指混配型配合物内界配位体的反位效应（当然也有邻位效应，但主要是反位效应）。所谓反位效应是指在混配型配合物内界，配位体和中心离子形成的键，往往受到处于反位（即对位）不同配体的影响而减弱或松弛，从而影响取代速度，取代速度一般是加快。

这种处于对位的配体的键被减弱或松弛的能力（反位影响）大小不一，受很多因素的影响。一般说来，带有 π 键的配体、能形成环状的配体和极化作用大的配体的反位效应大。如以带电或不带电的配体来区分，又以带电配体比不形成 π 键的中性分子大。举例说明如下。

1. 均一型配位化合物

$[Cr(H_2O)_6]^{3+}$、$[Al(H_2O)_6]^{3+}$、$[Fe(H_2O)_6]^{3+}$、$[RE(H_2O)_{6\sim12}]^{3+}$ 等是无鞣性的。一方面这些配离子的电荷虽较高，但分子太小；另一方面，最重要的是 6 个配位体都一样，是均一型配合物，没有反位效应和反位影响，6 个 H_2O 配体与中心离子的配位能力一样，没有薄弱环节。故胶原活性基不易进入配合物内界取代配体配位发生交联改性，这种配合物最多只能与胶原活性基成电价结合。

2. 混配型配位化合物

如下混配型配位化合物：

$$\left[\begin{array}{c} H_2O\ H_2O\ Cl \\ Cr \\ H_2O\ H_2O\ H_2O \end{array}\right]^{2+}, \left[\begin{array}{c} H_2O\ H_2O\ OH\ H_2O\ H_2O\ H_2O \\ Cr\quad Cr \\ H_2O\ H_2O\ OH\ H_2O\ H_2O\ H_2O \end{array}\right]^{4+}, \left[\begin{array}{c} H_2O\ H_2O\ OH\ Cl\ H_2O \\ Cr\quad Cr \\ H_2O\ H_2O\ H_2O\ H_2O\ H_2O \end{array}\right]^{2+},$$

$$\left[\begin{array}{c} O \\ \|\\ C-O\ H_2O\ OH\ H_2O\ H_2O \\ \quad\quad Cr\quad Cr \\ C-O\ H_2O\ SO_4\ H_2O\ H_2O \\ \|\\ O \end{array}\right]^{+}, \left[\begin{array}{c} O \\ \|\\ C-O\ H_2O\ H_2O\ H_2O\ H_2O \\ \quad\quad Cr\quad Cr \\ C-O\ H_2O\ SO_4\ H_2O\ H_2C \\ \|\\ O \end{array}\right]^{0}, \left[\begin{array}{c} H_2O\ H_2O\ SO_4 \\ Al \\ H_2O\ H_2O\ H_2O \end{array}\right]^{+},$$

$$\left[\begin{array}{c} H_2O\ H_2O \quad\quad\quad\quad\quad\quad SO_4\ H_2O \\ H_2O-Cr-O-C-\bigcirc-C-O-Cr-H_2O \\ H_2O\ H_2O \quad\quad\quad\quad\quad\quad H_2O\ H_2O \end{array}\right]^{2+}, \left[\begin{array}{c} H_2O\ SO_4OH\ H_2O\ H_2O \\ Cr\quad Cr \\ H_2O\ H_2O\ SO_4\ O\ H_2O \\ \quad\quad\quad\quad\| \\ \quad\quad\quad\quad HC \end{array}\right]^{0}$$ 等都有反位效应

和反位影响。即，与 Cl^-、SO_4^{2-}、有机酸根和 OH^- 等对位的 H_2O 分子由于反位影响和反位效应，处于较松弛和不稳定状态，因而不如其他 H_2O 分子稳定，易被极化能力和被配位能力比它强的配体所取代。

这从鞣制的观点看是很有意义的。因为鞣制作用是皮胶原的活性基进入配位化合物内界取代处于松弛、易脱落不稳定状态的配体与中心离子配位而发生交联改性作用。

反位效应不仅对鞣制有很大意义，对合成药物如合成抗癌药物 $[Pt(NH_3)_2Cl_2]$、合成研制新鞣剂、分析化学等都有很大意义。

反位效应客观存在，其理论可用极化作用理论、π 键理论、离解理论来解释。但比较有效的是极化作用理论。反位效应理论由苏联切尔涅耶夫于 1926 年提出，解释反位效应的理论由格林贝克提出，经涅克拉索夫等逐步完善的极化静电理论，其要点如下：在平面四边形或八面体配合物中，如果 1 个配体比其他的配体（3 个或 5 个）具有更大的极化作用时，可以使中心离子产生较大的偶极，因而减弱反位（对位）的配体与中心离子间键的强度，使得反位配体易于被其他配体所取代。

例如：$[PtCl_4]^{2-}$、$[Cr(H_2O)_6]^{3+}$、$[Al(H_2O)_6]^{3+}$ 中 4 个 Cl^-、6 个 H_2O 配体相同，各个 Pt—Cl 键、Cr(Al)—H_2O 键相同，处于反位的 Pt—Cl 键、Cr(Al)—H_2O 键的偶极矩为 0，配离子的电荷分布对称，偶极矩互相抵消，故无反位效应，如图 1-2 所示。

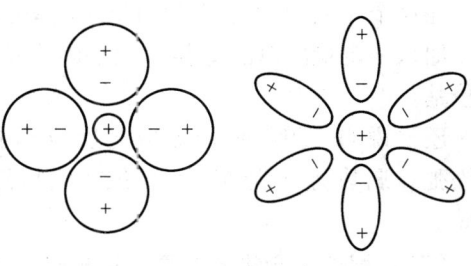

图 1-2 无反位效应图

如果为［PtCl₃NH₃］⁻、［CrCl(H₂O)₅]²⁺，则由于分别引入了 NH_3、Cl^-，极化能力与原来的不同，中心离子 M 就产生偶极，而此偶极的方向直接影响以致反位配体 Pt—NH₃、Cr—H₂O 与中心离子键的结合减弱，从而产生反位效应，如图1-3所示。

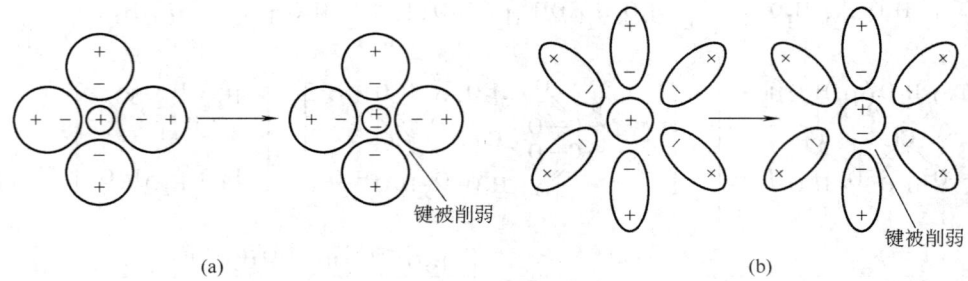

图1-3 反位效应图
(a) Pt—NH₃ 键被削弱处于不稳定状态　(b) 处于 Cl 对位的 Cr—H₂O 键被削弱处于不稳定状态

如将［PtCl₃NH₃］⁻中的 Cl^- 和［CrCl(H₂O)₅]²⁺中的 H_2O 换成极化作用更强的 I^-，则反位效应将更大，而处于对位的 NH_3、H_2O 将变得更活泼，因而更易被取代。

按照这个理论，容易极化的分子或离子，具有较大的反位效应：$I^- > Br^- > Cl^- > ClO_4^-$，这与事实相符。可以预料，体积大而变形性大的中心离子形成的配位化合物表现出更大的反位效应。

中心离子和配位体相互极化作用的强弱，就决定其反位效应的强弱。例如阴离子的反位效应 $I^- > Br^- > Cl^- > OH^- > SO_4^{2-} > NO_3^- > ClO_4^-$，因此，大致与其极化能力次序相当。

Cr^{3+}、Zr^{4+}、Al^{3+}、Fe^{3+}、TiO^{2+}、RE^{3+}等鞣剂配位化合物的常见无机配体有（按极化性和变形性排列）：$O^{2-} > Cl^- > OH^- > SO_4^{2-} > NO_3^- > ClO_4^-$。

根据实践提出的 Cr^{3+} 的取代顺序为：$OH^- > C_2O_4^{2-} >$ 柠檬酸根 $>$ 丙二酸根 $>$ 丁二酸根 $>$ 邻苯二甲酸根 $> CH_3COO^- >$ 胶原羧基（R—COO⁻）$> SO_3^{2-} > HCOO^- > SO_4^{2-} > Cl^- > NO_3^- > ClO_4^- > H_2O$。

在这个序列中，位于前面的配位体可以取代它后面的配位体。当发生"表面过鞣"时，加入一定量的草酸退鞣，就是因为草酸根的蒙囿能力强，可取代已和铬结合的胶原羧基。

还要说明一点，反位效应与反位影响是两个不同的概念：反位影响指键减弱或变松弛，属热力学范畴；而反位效应指因反位影响使取代反应速度变快，属动力学范畴。

（三）配位化合物的蒙囿作用与鞣革性能的关系

鞣剂组分为：

$$\left[\begin{array}{c}H_2O\quad H_2O\quad OH\quad H_2O\quad H_2O\\|\quad\quad|\quad\quad|\quad\quad|\quad\quad|\\Cr\quad\quad\quad\quad Cr\\|\quad\quad|\quad\quad|\quad\quad|\quad\quad|\\H_2O\quad H_2O\quad OH\quad H_2O\quad H_2O\end{array}\right]^{4+}$$

从分子结构式中可看出有 4 个处于羟基对位的水分子，这 4 个 H_2O 分子因羟基的反位影响，处于不稳定状态，且鞣剂分子电荷也高。鞣制时还不等鞣剂分子渗透到胶原内部，胶原活性基便立即进入配位化合物内界取代不稳定 H_2O 分子，发生交联鞣制作用，而后面的鞣剂分子被堵塞在皮外面或表面层而无法进入胶原纤维内部与胶原活性基结合。这样鞣制的革的内外层鞣剂分子结合不均匀，成革柔软丰满性不好，革粒面粗糙。

当加入一些有机酸或其盐如 $C_2O_4^{2-}$、邻苯二甲酸根、$HCOO^-$、CH_3COO^-、SO_4^{2-}、SO_3^{2-} 等以后，它们透入配合物内界取代部分不稳定 H_2O 分子，则配离子的组成和结构变为：

$$\left[\begin{array}{c}O\\\|\\C-O\quad H_2O\quad OH\quad H_2O\quad H_2O\\\quad\quad\quad|\quad\quad|\quad\quad|\quad\quad|\\\quad\quad\quad Cr\quad\quad\quad\quad Cr\\\quad\quad\quad|\quad\quad|\quad\quad|\quad\quad|\\C-O\quad H_2O\quad OH\quad H_2O\quad H_2O\\\|\\O\end{array}\right]^{2+}$$

这时，一方面，不稳定 H_2O 分子由原来的 4 个减少为 2 个（由草酸根所取代），配离子电荷由 +4 降为 +2。用这种鞣剂鞣制时，与生皮胶原活性基作用的结合点减少了 1/2，电荷又减少了 1/2，这就相应降低了带负电荷的羧基离子对带正电荷配离子的静电吸引力，故大大减缓了鞣剂对皮胶原的交联结合作用，因此有利于鞣剂分子均匀而迅速地向皮内渗透。如果引入草酸根则配离子的结构除草酸根与 Cr^{3+} 配位形成一个五元环外，草酸的羰基氧与邻位配位的 H_2O 分子以氢键结合形成六元环，与上述甲酸根配位的配位化合物相比，结构变化更大，即多了一个稳定的五元环和六元环。由于螯环的形成，使在后期加碱时，不仅耐碱能力增强，稳定性增加，而且水解配聚作用变缓慢，以及配合物内界水分子数目减少等，这样鞣剂在提碱时不易发生沉淀。故把这种本身稳定性提高，耐碱能力增强，组成和性质发生改变，又能减缓鞣制的作用，称为鞣剂配合物的蒙囿作用。

蒙囿作用在有些书刊上又称为掩蔽作用或隐匿作用，分析化学中一般称掩蔽作用，制革生产上习惯称蒙囿作用。起蒙囿作用的物质一般称蒙囿剂，蒙的意思是包起来，囿的意思是围起来，蒙囿的意思即是包围保护或隐蔽起来，所以也有称掩蔽剂或隐匿剂的。

可作蒙囿剂的物质很多，如：

无机酸及其盐：SO_4^{2-}、Cl^-；

一元羧酸及其盐：$HCOO^-$、CH_3COO^-、$CH_3CH_2COO^-$；

二元羧酸及其盐：草酸、邻苯二甲酸、$CH_2(COOH)_2$ 等；

羟基羧酸及其盐：酒石酸、柠檬酸等。

鞣剂配合物的中心离子不同，所用蒙囿剂及其作用大小也不同：

碱式硫酸铬：草酸盐＞苯二甲酸盐＞SO_3^{2-}＞CH_3COO^-＞乳酸根＞$HCOO^-$＞氨基乙酸＞SO_4^{2-}。

硫酸铝：间苯三酚＞果酸＞草酸＞氨基乙酸＞$HCOO^-$＞乳酸＞SO_4^{2-}。

硫酸锆：果酸＞SO_3^{2-}＞棓酸＞乙酸＞乳酸＞氨基乙酸＞$HCOO^-$＞SO_4^{2-}。

（四）鞣剂配位化合物的配体与鞣制原理的关系

生皮经过浸水、脱脂、脱毛、浸灰、脱灰、软化、浸酸等酸、碱、盐、酶的处理后，生皮成分变得较纯，几乎是完全由胶原构成的纤维网，这时胶原纤维结构中原有的键一部分被破坏了，生皮变得富有反应性。也就是说，生皮纤维之间许多侧链的盐键（$R-NH_3^+\cdots OOC-R_1$）、氢键（$R-OH\cdots O=C\overset{OH}{\underset{}{|}}-R_1$）、酰胺键（$R-CO-NH_2$）被打开，部分主链间的肽键（$R-\overset{H}{\underset{}{N}}-\overset{O}{\underset{}{C}}-R_1$）被打断（水解），形成$R-COOH$、$R-NH_2$，增加了生皮蛋白质中活性基的数目。再加上脯氨酸（⟨N⟩-COOH）、组氨酸（咪唑-$CH_2CHCOOH$/NH_2）、羟脯氨酸（HO-⟨N⟩-COOH）、半胱氨酸（$SH-CH_2-\overset{NH_2}{\underset{}{CH}}-COOH$）、色氨酸（吲哚-$CH_2-\overset{NH_2}{\underset{}{CH}}-COOH$）等，活性基团就更多了。这些活性基团与鞣剂配合物的配体相似。因此，这些活性基团都有可能透入鞣剂配合物内界取代不稳定配体如H_2O等，与中心离子配位发生交联改性的鞣制作用，这就是无机鞣剂的鞣制原理。

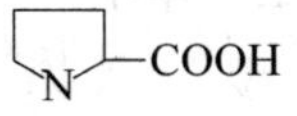

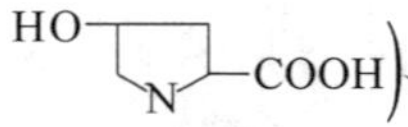

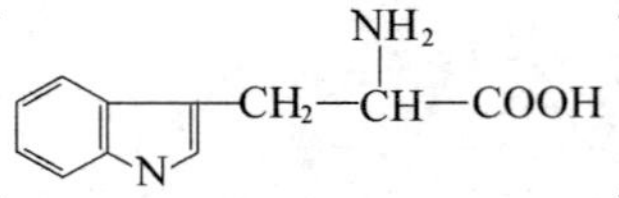

无机配合鞣剂鞣制主要是化学作用。浸酸裸皮（pH 2～3时）的活性基中氨基带正电，羧基不带电，即$HOOC-R-NH_3^+$。在鞣制初期，鞣剂分子进入胶原纤维中，胶原的活性基基本上不与鞣剂结合，当pH上升到3～4时，生皮胶原的活性基中羧基离解达75%以上，少部分氨基不带电，此时离解羧基最易进入配合物内界与Cr^{3+}配位，同时不带电氨基（$-NH_2$）也可进入配合物内界配位，发生交联改性的鞣制作用。

1. 单点结合

凡一个鞣剂分子只与一个胶原活性基的结合，称为单点结合。鞣制初期，为了使鞣剂分子能迅速而均匀地向皮内渗透，一般配合鞣剂的碱度都控制得较低。例如，铬鞣液的碱度一般在33%左右，此时鞣剂分子较小，核较少，大部分为单核至三核的分子（约占92%），分子长度有限，如三核分子$Cr-O-Cr-O-Cr$的分子链长度为0.95nm，而双核分子的链长度更短，仅约0.6nm。由于胶原相邻分子链上离解羧基之间的距离约为1.4nm，只有四核分子铬配合物的长度才能达到这个距离。但初鞣是在浸酸液中进行，铬液在这种情况下进行鞣制，碱度还要降低，分子还要变小，所以大部分（92%）鞣剂分子不能在相邻羧基间发生交联缝合的鞣制作用，因而90%以上只能形成单点结合，如下式所示（以双核为例）：

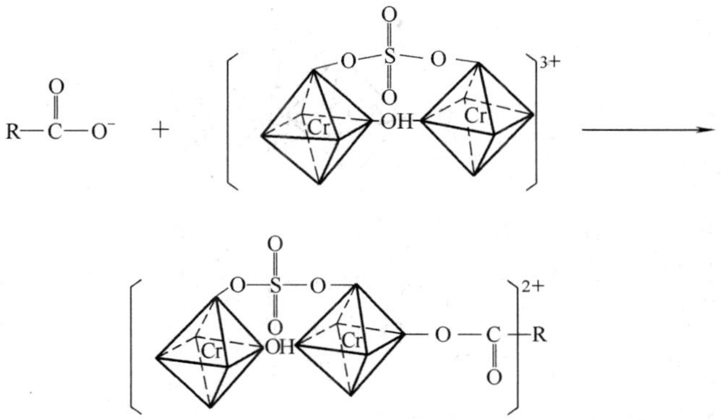

$$R-\overset{O}{\underset{\|}{C}}-O^- + \left[Cr\underset{OH}{\overset{O-S-O}{\cdots}} Cr \right]^{3+} \longrightarrow$$

$$\left[Cr\underset{OH}{\overset{O-S-O}{\cdots}} Cr-O-\overset{O}{\underset{\|}{C}}-R \right]^{2+}$$

单点结合被认为是没有鞣性的，只能增加铬的结合量。但随着铬鞣过程的进行，至中、后期由于铬鞣液碱度的不断提高，鞣剂分子不断水解配聚变大，铬配合物的分子链也随之增长，逐步达到交联结合的长度，而由单点结合向双点结合转化。一般到鞣制结束，鞣液 pH 达 4.0 左右，铬鞣液碱度也由 33% 提高到 66% 左右，此时，胶原与铬的交联结合也会大量增多。

2. 双点结合

凡一个鞣剂分子与胶原结构中两个或两个以上相邻活性基的结合，称为双点或多点结合。

由于胶原相邻分子链上离解羧基的距离为 1.40nm，多核铬配合物要达到双点结合的长度，必须为四核以上的大分子。四核 Cr—O—Cr—O—Cr—O—Cr 分子长度为 1.30nm，五核分子的长度为 1.65nm。据研究，碱度为 50%～66.7% 的铬液中主要含四核、五核、六核等大分子，故在鞣制过程中，随着加碱、加热水提高碱度达到 66.7% 时，鞣液和皮中大部分为四核以上大分子，是很好的交联剂，因而革中交联结合的键增多。例如：

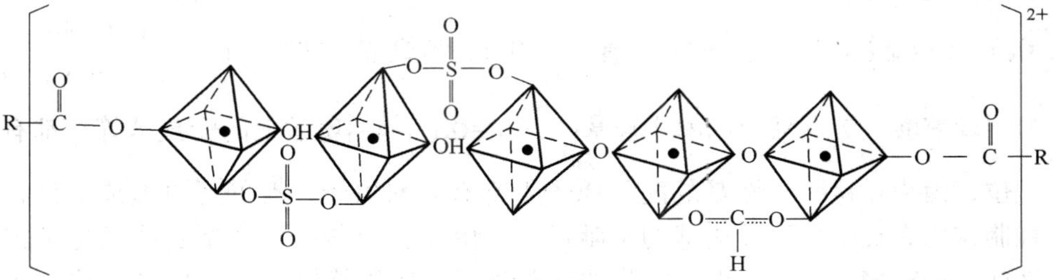

铬鞣剂分子与胶原活性基的结合如图 1-4 所示。

由于这种交联缝合作用才使胶原的性质发生了本质的变化：胶原结构更加稳定，耐湿热稳定性提高，不腐烂变质，具有一定的成型性、多孔性、挠曲性和柔软丰满弹性等。

一般认为阳铬配合物与胶原羧基结合，阴铬配合物与胶原带电氨基成盐键结合，中性铬配合物无鞣性。但实际是：随着 pH 的提高（即鞣液碱度的提高），鞣液中的配

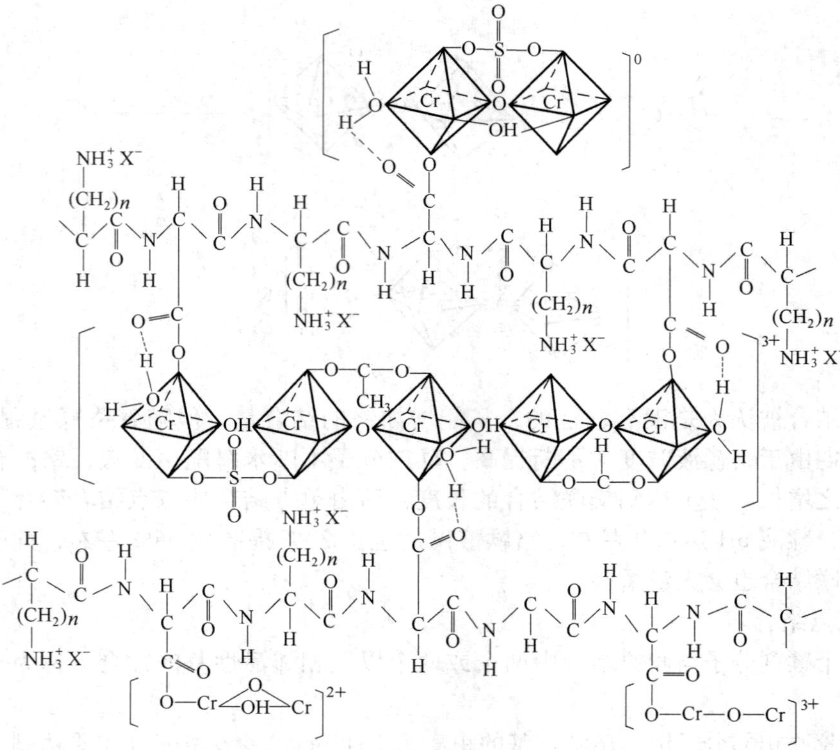

图 1-4 单点结合与多点结合的铬鞣革化学结构示意式

合物组分要发生变化，阳铬配合物进一步水解变大，阴铬配合物和中性铬配合物逐步水解变化为阳铬配合物，在此过程中都要使分子变大，电荷升高。

大多数研究者都认为：鞣制主要是胶原的羧基（在谷氨酸和天冬氨酸上）进入铬配合物内界与中心离子配位发生交联改性作用。实际上赖氨酸、羟赖氨酸上的氨基（—NH_2），组氨酸和色氨酸上的亚氨基$\left(\diagdown NH\right)$，精氨酸上的胍基$\left(-NH-\underset{\underset{NH}{\parallel}}{C}-NH_2\right)$，羟脯氨酸、丝氨酸、苏氨酸上的醇式羟基$\left(\diagdown CH-OH\right)$和酪氨酸上的酚羟基等也都有可能与铬配位，因为在这些活性基的配位原子上都有独对电子，有的还可形成氢键，这些都对鞣制作用有贡献，不过羧基的贡献最大。由于胶原羧基与铬配合物发生了牢固结合，因此，相对多了一部分带正电荷的氨基离子，所以铬鞣革显正电性。这一点对以后的染色、加脂有很重要的意义，因为只有那些带相反电荷的加脂剂、复鞣剂和染料才容易被铬革吸收。

虽然铬鞣时主要是胶原的羧基与铬配合物分子发生交联结合，但裸皮和 pH 直接影响胶原反应活性。当 pH 较高时，胶原的羧基带负电荷，而 pH 较低时，胶原的氨基带正电荷。如果羧基阴离子与氨基阳离子的浓度相等时，胶原蛋白质就处于等电荷状态，这时的 pH 称为等电点。等电点时的胶原蛋白质在电泳仪中不发生迁移。胶原电荷随 pH 的变化示意图如下：

$$\underset{\text{胶原的阳离子}}{\overset{\text{COOH} \qquad \text{NH}_3^+}{\diagup\diagdown\diagup\diagdown\diagup\diagdown\diagup\diagdown\diagup\diagdown}} \xrightarrow{H^+} \overset{\text{COO}^- \qquad \text{NH}_3^+}{\diagup\diagdown\diagup\diagdown\diagup\diagdown\diagup\diagdown\diagup\diagdown} \xrightarrow{OH^-} \underset{\text{胶原的阴离子}}{\overset{\text{COO}^- \qquad \text{NH}_2}{\diagup\diagdown\diagup\diagdown\diagup\diagdown\diagup\diagdown\diagup\diagdown}}$$

天然皮胶原的等电点 pI 为 7.5,经浸灰后,有一些酰胺基团被打断,增加了羧基的数量,皮胶原的等电点移至 5.3。

氨基酸分析报告表明,Ⅰ型胶原的每 1000 个氨基羧残基中,含有 42 个天冬氨酸和 73 个谷氨酸,总共有 115 个能赋予胶原羧基的氨基酸,在Ⅰ型胶原分子的 α_1 链中有 337 个三肽,其中,有 39 个甘氨酸 - 脯氨酸 - 羟脯氨酸三肽,并且 112 个三肽的位置 3 上是脯氨酸,如表 1 – 11 所示。

表 1 – 11　　　　　　　　带电荷的氨基酸在三肽中的分布

三肽名称	数量	三肽名称	数量
Gly – X – Asp	14	Gly – Asp – Y	14
Gly – X – Glu	6	Gly – Glu – Y	39
Gly – X – His	0	Gly – His – Y	2
Gly – X – Hyl	4	Gly – Hyl – Y	0
Gly – X – Lys	20	Gly – Lys – Y	12
Gly – X – Arg	42	Gly – Arg – Y	9

另外从表 1 – 11 中可看出,a_1 链中有 89 个碱性基团和 73 个酸性基团。酸性氨基酸更多的是处于三肽的位置 2 上,而碱性氨基酸则更多的是处于位置 3 上。由于这些带电基团距离较近,容易形成离子对,据研究,有 80% 的带电基团都形成了离子对。由于形成离子对后的带电基团的电离与独立基团的电离有很大的差别,因此铬鞣时,与铬发生结合的羧基等离子基团的电离情况将直接影响铬鞣制效果。

经测定并计算出在不同 pH 下胶原羧基的离解量,如表 1 – 12 所示。

表 1 – 12　　　　　　　　不同 pH 下胶原羧基的离解量

pH	羧基的离解量/%	pH	羧基的离解量/%
2.78	25	3.44	52
2.85	25	3.53	52
2.94	26	3.68	55
3.01	31	3.86	63
3.14	34	4.05	73
3.30	40	4.26	81
3.36	45	4.86	93

铬鞣时的 pH 是在 2.5 ~ 4.0,铬鞣初期只有 25% 的羧基是离解的,离解量较低,COO^- 与 H^+ 结合,反应活性较低,有利于铬鞣剂的渗透。随着鞣制的进行,pH 逐渐升高,羧基也逐渐呈离子化状态,到鞣制结束 pH 为 4 左右时,有近 75% 的羧基发生了电离,可与铬鞣剂分子发生结合作用。

3. 鞣制机理的新近研究

Covington A. D. 最近提出了"交联－锁定"（link-lock）的鞣制机理，它可以较好地解释化学改性为何能够提高胶原的热稳定性，以及不同改性方法对提高胶原热稳定性之间的差异。该机理认为，铬鞣并不是一个单一的鞣制过程，而是包含了"交联"和"锁定"两步反应。交联过程主要通过三价铬离子与胶原羧基的配位实现，形成无数超分子结构单元，但该结构单元的稳定性较差；而锁定过程由抗衡离子（如硫酸根、氯离子等）来完成，将交联产生的结构单元锁定成一个整体，稳定性大大提高。这里需要强调的是，抗衡离子不充当铬配合物的配体，而是在铬水合配离子之间起到化合作用，如图1-5所示。其中，配体和硫酸根之间可能存在更多的水分子。抗衡离子的种类不同，相应的铬鞣革的热稳定性也会不同，如硫酸根比氯离子能够赋予皮胶原更高的热收缩温度。

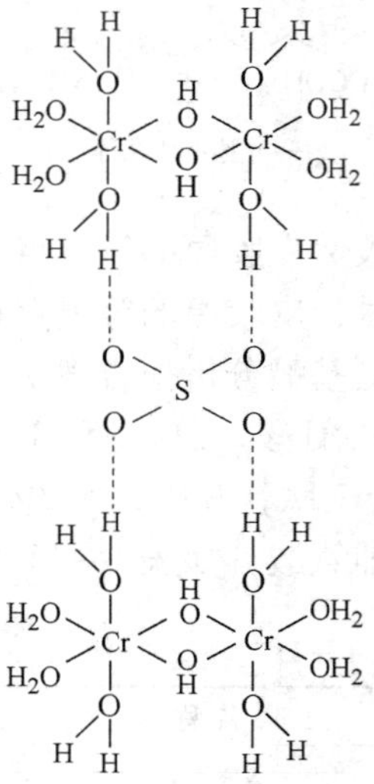

图1-5　三价铬配合物分子与硫酸根的可能反应示意图

铬鞣过程中铬配合物与皮胶原的交联-锁定反应，等同于溶液环境中溶质与非均相底物之间的反应，分以下三步进行：

（1）溶质从溶剂转移到底物

（溶质）$_{溶剂化}$ +（底物）$_{溶剂化}$ ⇌（溶质-底物）$_{溶剂化}$

该平衡依赖于溶质和溶剂间的吸引力以及溶质和底物间的吸引力的相对大小。对铬鞣而言，该步反应取决于铬配合物对溶剂和胶原底物的相对吸引力。铬配合物的疏水性越强，铬配合物对胶原的相对引力就越大，铬配合物就更容易从溶剂转移到皮胶原的疏水环境中。

（2）溶质与底物之间的静电作用　该步反应取决于铬配合物的电荷，电荷越高，铬配合物与胶原之间的静电作用就越强。

（3）共价结合　该步反应独立于前两步而且是配合反应动力学的决定性步骤。铬配合物的疏水性和电荷高低取决于铬配合物的蒙囿状态。将配位体引入铬配合物有两种竞争结果：

① 因反应位点减少，电荷降低，铬配合物与胶原的反应活性减弱。

② 由于羧酸类物质的引入，铬配合物的疏水性增强，铬配合物的反应活性增强。

蒙囿剂的使用能够提高铬配合物的收敛性，可加速铬配合物从溶液迁移到胶原的过程，有利于提高裸皮吸收铬配合物的能力。各种蒙囿剂对铬吸收的影响见表1-13，其中蒙囿剂与Cr_2O_3的摩尔比为1∶1。通过加入特殊的抗衡离子，能够有效改变铬鞣效果。如硫酸根能与水分子形成超分子结构单元，可以起到锁定剂的作用，从而使铬鞣革具有较高的热稳定性。

如H_2O∶、∶CO等或离子∶Cl^-、∶OH^-等叫作配位体；配位体里给中心离子或原子提供孤对电子的原子叫作配位原子（如 H_2O 中的 O，CN^- 中的 C 等）；中心离子或原子直接成键的配位原子的数目叫作配位数，如水合铬配离子 $[Cr(H_2O)_6]^{3+}$ 的配位数为 6，因为 1 个中心离子 Cr^{3+} 结合了 6 个配位原子 O（氧）。

表 1-13　　　　　　　　　　不同蒙囿剂对铬吸收的影响

蒙囿剂	螯合环大小	配合反应	相对铬含量	蒙囿效应
无			1.00	无
甲酸盐	—	—	1.06	疏水效应
醋酸盐	—	—	1.18	疏水效应
草酸盐	5	螯合	0.97	配合效应
丙二酸盐	6	螯合	1.05	疏水效应
马来酸盐	7	螯合	1.40	疏水效应
琥珀酸盐	7	螯合	1.85	疏水/交联效应
邻苯二甲酸盐	7	螯合	1.93	疏水效应
己二酸盐	11	交联	2.03	疏水/交联效应

第二节　配位化合物的价键理论及其对鞣剂配位化合物鞣性差异的解释

一、价键理论的基本内容

价键理论的核心是认为中心离子和配位体的配位原子都是通过杂化了的共价配位键结合的。现将价键理论的基本内容分述如下：

① 配合物的中心离子或原子 M 和配位体 A 之间的配位化合，一般是靠着配位体 A 单方面提供孤对电子与中心离子共用，形成 σ 配位键，简称配键，以 A→M 表示，这种键在本质上是共价性的。例如，六水合铬配离子 $[Cr(H_2O)_6]^{3+}$ 中的 Cr^{3+} 同 H_2O 就是靠着 H_2O 分子中的配位原子氧（O）提供一对孤对电子同 Cr^{3+} 共用，形成 $H_2O→Cr^{3+}$ 配键从而结合成一个具有一定稳定性的配位离子。

但配位键不同于正常的共价键，配位键的共用电子对是由配位体的配位原子单独提供的，而共价键的共用电子对是由成键的两个原子各提供一个电子而形成的。

② 形成配位键的条件是配位体至少含有一对孤对电子，而中心离子必须要有空的价电子轨道，以容纳配位体的孤对电子。例如，在上述 $[Cr(H_2O)_6]^{3+}$ 配离子中，H_2O 有两对孤对电子，其电子结构为 H—Ö—H，基态 Cr^{3+} 的外层电子结构为 $3d^3 4s^0 4p^0$：

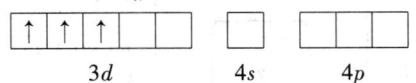

可见 Cr^{3+} 有空轨道，所以当 Cr^{3+} 与 H_2O 互相结合时，6 个 H_2O 分子就可以把各自

的一对孤对电子分别投入到中心离子 Cr^{3+} 的 6 个空轨道中去,形成 6 个配位键:

③ 在形成 $[Cr(H_2O)_6]^{3+}$ 配离子时,中心离子 Cr^{3+} 所提供的空轨道 $3d$、$4s$、$4p$ 的能量是彼此不相同的,在形成 $[Cr(H_2O)_6]^{3+}$ 配离子时,6 个配位键也应有所不同,但实验证明,在 $[Cr(H_2O)_6]^{3+}$ 配离子中 6 个配位键是完全相同的。因此,价键理论认为中心离子所提供的空轨道必须首先进行杂化,以形成数目相同、能量相等、具有一定方向性的新的杂化轨道,每个杂化轨道接受配位原子的一对孤对电子,从而形成配位键。具体地说,这些杂化轨道分别与配位原子的孤对电子在一定方向上彼此接近,发生最大重叠而形成配位键。

1. 铬配位化合物

在形成 $[Cr(H_2O)_6]^{3+}$ 配离子时,首先是 Cr^{3+} 的 2 个 $3d$ 空轨道和 1 个 $4s$、3 个 $4p$ 空轨道进行杂化,形成 6 个能量相等的杂化轨道,以 d^2sp^3 表示。6 个 d^2sp^3 杂化轨道的方向,在空间是对称分布的,正好指向正八面体的 6 个顶点。当 6 个 H_2O 分子分别将各自的一对孤对电子,沿正八面体的方向填入中心离子 6 个杂化轨道时,电子云重叠密度最大,因此,构成一个具有正八面体结构的配离子,其空间构型为:

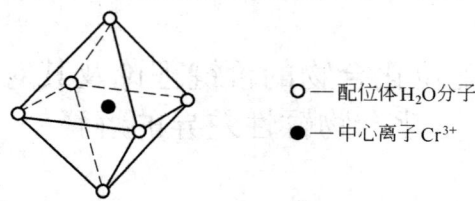

○ —— 配位体 H_2O 分子
● —— 中心离子 Cr^{3+}

这是配位数为 6 的典型的八面体结构的配离子。由此可见,配离子的不同几何构型是由于中心离子采用不同的杂化轨道与配位体配位化合的结果。现将配离子几种重要的杂化轨道及其空间构型列于表 1-14。

表 1-14 杂化轨道类型同空间构型的关系

配位数	杂化轨道类型	空间构型	结构示意图	实 例
2	sp	直线形		$[Ag(NH_3)_2]^+$、$[Cu(NH_3)_2]^+$、$[Cu(CN)_2]^-$
3	sp^2	平面三角形		$[CuCl_3]^{2-}$、$[Cu(CN)_3]^{2-}$、$[HgI_3]^-$、$[Ni(CN)_3]^-$
4	sp^3	四面体		$[ZnCl_4]^{2-}$、$[Cd(CN)_4]^{2-}$、$[Co(SCN)_4]^{2-}$、$[Cd(NH_3)_4]^{2+}$、$[Ni(NH_3)_4]^{2+}$
4	dsp^2 sp^2d	平面正方形		$[Pt(NH_3)_2Cl_2]$、$[Cu(NH_3)_4]^{2+}$、$[Ni(CN)_4]^{2-}$、$[PdCl_4]^{2-}$(sp^2d 型)

续表

配位数	杂化轨道类型	空间构型	结构示意图	实 例
5	dsp^3 d^3sp	三角双锥		$[Ni(CN)_5]^{3-}$、$[SnCl_5]^-$、$[CuCl_5]^{3-}$
5	d^2sp^2 d^4s	正方锥形		$[SbF_5]^{2-}$、$[TiF_5]^{2-}$（d^4s 型）
6	d^2sp^3 sp^3d^2	正八面体		$[Cr(H_2O)_6]^{3+}$、$[Cr(NH_3)_4Cl_2]^+$、 $[Fe(CN)_6]^{3-}$，$[Al(H_2O)_6]^{3+}$ 和 $[Fe(H_2O)_6]^{3+}$ 为 sp^3d^2 型

由于组成 d^2sp^3 杂化轨道的空 d 轨道是处于较内层的 $(n-1)$ 轨道，所以形成的键又称为内轨配键，相应的配合物，又称为内轨型配合物。表示为：

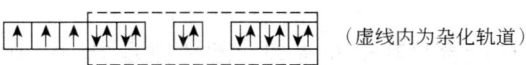（虚线内为杂化轨道）

2. 锆配位化合物

基态 Zr^{4+} 的外层和次外层的电子构型是 $4d^0 5s^0 5p^0$：

由于 Zr^{4+} 的 5 个 d 轨道全空，这些空 d 轨道与空的 s、p 轨道，可以进行 d^5sp^3、d^4sp^3、d^3sp^3、d^2sp^3、d^4sp^2、dsp^3、dsp^2、sp^3 等杂化，组成多种杂化轨道、多种构型，来容纳配位体所提供的孤对电子，构成相应的配键。即：

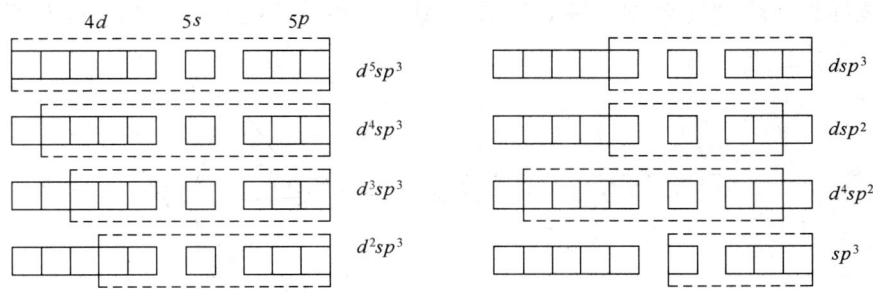

一般推测的配位数可以有 4～10，但以 4、6、7、8 为常见，即 sp^3、d^2sp^3、d^3sp^3、d^4sp^3 4 种杂化轨道为常见。其空间构型 d^2sp^3 为大家所熟悉的是八面体，配位数为 7（d^3sp^3 杂化）的构型已发现的有 3 种，以 $[ZrF_7]^{3-}$ 为例：

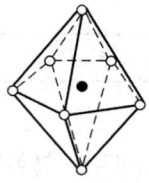 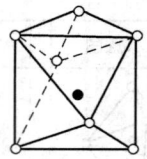 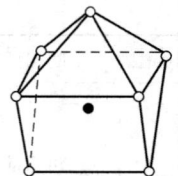

五角双锥体　　　　　面心八面体　　　　面心三角棱柱体

●—中心离子　　○—配位体

配位数为 8 的 d^4sp^3 为六角双锥形、立方形、十二面体形和正方反三棱形。已发现的有 Zr（acac）$_4$、Zr(SO$_4$)$_2$·4H$_2$O 等为正方反三棱形，[Zr(C$_2$O$_4$)$_4$]$^{4-}$、[Zr$_4$(OH)$_8$(H$_2$O)$_{16}$]$^{8+}$、[Zr$_2$(SO$_4$)$_4$(H$_2$O)$_8$]^0 等为十二面体。其结构为：

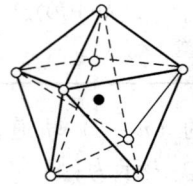 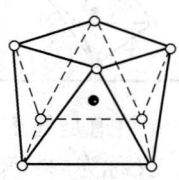

正方反三棱形　　　　十二面体　　　　●—中心离子　　○—配位体

因此，锆（Zr^{4+}）的配合物其空间构型和配位数是多种多样的。由于 Zr^{4+} 的轨道杂化，也都用了 $(n-1)d$ 轨道，是内轨配键，所以形成的配合物是内轨型配合物。但不管进行 sp^3、d^2sp^3 还是 d^3sp^3、d^4sp^3 杂化，形成的配合物都剩有空 d 轨道。

3. 铝配位化合物

Al^{3+} 是非过渡金属离子，基态 Al^{3+} 外层电子结构为 $2s^22p^63s^03p^03d^0$。$3s^03p^03d^0$ 轨道都是全空的，当形成配位数为 6 的配合物时，空轨道以 1 个 s、3 个 p 和 2 个 d 轨道进行 sp^3d^2 杂化，组成以 Al^{3+} 为中心的 6 个呈八面体构型配布的等性杂化轨道来容纳配位体所提供的孤对电子，构成 6 个配位键。由于 d 轨道在最外层即 nd 轨道，形成外轨配键，故称为外轨型配合物，例如形成 [Al(H$_2$O)$_6$]$^{3+}$ 配离子，其空间构型也为八面体：

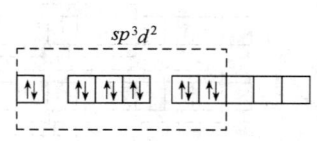 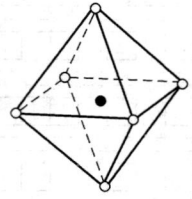

4. 钛配位化合物

Ti^{4+} 与 Zr^{4+} 同族，有相同的外层电子结构，也应有多种配位数和多种相应的构型。但 Ti^{4+} 的离子半径 $R_{Ti^{4+}}=0.068$nm，比 Zr^{4+} 的离子半径 $R_{Zr^{4+}}=0.080$nm 小得多，接近 Cr^{3+} 的离子半径。一般进行 d^2sp^3 杂化，组成 d^2sp^3 杂化轨道，形成配位数为 6 的八面体型内轨配位化合物，这样剩下的空 d 轨道就有 3 个。

由于 Ti^{4+} 的半径小，离子势 $\left(\text{电荷半径比}, \dfrac{Z_{Ti^{4+}}}{R_{Ti^{4+}}}\right)$ 比 Zr^{4+} 的大，即 $\dfrac{Z_{Ti^{4+}}}{R_{Ti^{4+}}} = \dfrac{4}{0.68} = 5.88$，或 $\dfrac{Z_{Ti^{4+}}^2}{R_{Ti^{4+}}} = \dfrac{4^2}{0.68} = 23.5$；$\dfrac{Z_{Zr^{4+}}}{R_{Zr^{4+}}} = \dfrac{4}{0.8} = 5.00$，$\dfrac{Z_{Zr^{4+}}^2}{R_{Zr^{4+}}} = \dfrac{4^2}{0.8} = 20.0$。所以，在水溶液中 Ti^{4+} 形成 TiO^{2+} 的倾向比 Zr^{4+} 形成 ZrO^{2+} 的倾向大。

经研究 Ti^{4+} 在 pH 为 1~2 时，溶液中主要以 TiO^{2+} 的状态存在，只在 6mol/L HCl 溶液中才以 Ti^{4+} 存在。而 Zr^{4+} 在 pH 为 1~5 时则可能同时以 ZrO^{2+}、$[Zr(OH)_n]^{4-n}$ 等多种状态存在。因此，Ti^{4+} 以 TiO^{2+} 形式存在，正电荷少了一半，不易抓住较多的配位体，所以配位数不及 Zr^{4+} 那样多样化，一般只能形成配位数为 4（sp^3 杂化）或 6（d^2sp^3）的配合物。又由于 Ti^{4+} 与 O^{2-} 紧密结合在一起形成 TiO^{2+}，TiO^{2+} 体积增大，TiO^{2+} 对配位体的配合能力也减弱，故 TiO^{2+} 的配合物稳定性较小。

5. 铁配位化合物

+2 价铁没有鞣性，只有 +3 价的碱式铁盐才有鞣性。基态 Fe^{3+} 的最外层和次外层的电子构型是 $d^5s^0p^0$：

可见 Fe^{3+} 的电子层结构与 Cr^{3+}、Zr^{4+}、Al^{3+} 都不相同。实验表明：Fe^{3+} 使用空轨道接受配位体的孤对电子，有两种不同的方式：

① Fe^{3+} 改变原有的电子层构型，尽量腾出内层空 d 轨道来接受配位体的孤对电子，d 电子将尽量挤到较少数的轨道中去，并使自旋成对。例如，Fe^{3+} 与强配位体 CN^- 等相互作用时，$3d$ 轨道的未成对电子被迫合并成对后，还剩下 1 个未成对电子，占据 1 个 d 轨道，腾出 2 个空 d 轨道，电子构型变为：，然后 2 个空 d 轨道、1 个 $4s$ 和 3 个 $4p$ 轨道进行 d^2sp^3 杂化，形成以 Fe^{3+} 为中心的 6 个 d^2sp^3 呈八面体型配布的等性杂化轨道，来容纳 6 个 CN^- 各提供的一对孤对电子，构成 6 个内轨配键，生成 $[Fe(CN)_6]^{3-}$ 这一类型的内轨配合物，又称为低自旋配合物。因为形成配合物后，中心离子的电子层结构与基态的电子层结构不同，自旋平行的未成对电子数减少了。

② Fe^{3+} 也可以不改变原来的电子层构型，这时 Fe^{3+} 中的 5 个 d 电子不发生重排，即 5 个 d 电子仍分别占据 5 个 d 轨道，而使用最外层的空 d 轨道。这样，1 个 $4s$、3 个 $4p$ 和最外层的 2 个空 $4d$ 轨道进行 sp^3d^2 杂化，形成 6 个 sp^3d^2 配键，如形成 $[Fe(H_2O)_6]^{3+}$ 配离子。由于采用了更外层的空 d 轨道，所以和 Al^{3+} 一样是外轨型配合物。这种外轨型配合物又称为高自旋配合物，因为中心离子自旋平行的未成对电子数和基态时一样，磁矩的测定也证明未变。

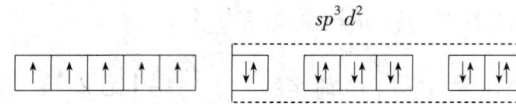

二、价键理论对成革收缩温度和耐水洗能力差异的解释

从上述 Cr^{3+}、Zr^{4+}、Al^{3+} 等配合物形成的化学键类型看出，Cr^{3+}、Zr^{4+} 与配位体作用时，主要形成内轨型配合物。以八面体配合物为例，这种配合物的配位体，其电子对深入到中心离子较内层的空 d 轨道，这种轨道能量较低，处于较稳定的状态。这样形成的配合物，其特点是键能较强，键的本质接近共价键的性质，即配合物较稳定，如在水溶液中不易离解，受热时不易分解，所以这一类配合物又称为共价型配合物。另一种是 Al^{3+} 所形成的配合物，属 sp^3d^2 配键，配位体的电子对只能投入到中心离子外层 d 轨道，这种轨道能量较高，处于不稳定状态。可以认为配位体与中心离子的结合力基本上是静电引力，这样形成的配合物键能较弱，离子、离子-偶极键的性质比较显著，所以配合物稳定性小，在水溶液中易离解，受热易分解。这两种配键（d^2sp^3 和 sp^3d^2）的空间构型均为八面体。这两类配合物由于键型（键的本质）不同，相应鞣制成的革的性能也很不一样。铬、锆配合鞣剂鞣制的革，耐水洗，收缩温度高，因为铬、锆配合物与胶原的活性基结合牢；而铝鞣剂鞣成的革，不耐水洗，收缩温度低，因为铝配合物与胶原的活性基结合不牢。但铬鞣革最耐温、最耐水洗，锆鞣革次之。这是因为在配位体相同（SO_4^{2-}、OH^-、H_2O 等）的条件下，虽然都同为内轨型配合物，例如均采用 d^2sp^3 杂化，形成配合物后，铬的 d 轨道都有电子占据（3 个 d 轨道半充满，2 个 d 轨道全充满），中心离子与配位体之间联系更紧密，结合更牢，也就是配合物更稳定。而配位数为 6 的锆配合物还剩有 3 个空 d 轨道，形成 d^3sp^3、d^4sp^3 杂化，也还分别剩有 2 个或 1 个空 d 轨道，由于中心离子与配位体之间还间隔有空 d 轨道，拉戈斯基认为，凡剩有空 d 轨道的内轨型配合物较不稳定，凡不剩有空 d 轨道的内轨型配合物稳定。即锆配合物不及铬配合物稳定，所以锆鞣革不及铬鞣革耐水洗，收缩温度也不及铬鞣革高。Ti^{4+} 由于在溶液中主要以 TiO^{2+} 形式存在，形成的配合物稳定性小，耐碱能力低，鞣制的革比锆鞣革差很多而极类似铝鞣革的性质。

铬、铝的最大配位数只能达 6，Ti^{4+} 由于在水溶液中易形成 TiO^{2+}，电荷减小，体积增大，最大配位数一般也只能达 6。而 Zr^{4+} 的配位数除 6 外，还可达 7 或 8。如锆鞣剂中的 Zr^{4+} 配合物的配位数为 6，与皮胶原的活性基反应时，则胶原的活性基可不经取代而直接与 Zr^{4+} 配位，形成配位数为 7 或 8 的配合物。如 Zr^{4+} 的配合物本身就为 7 或 8 的配位数，与皮胶原作用时，仍形成高配位数的配合物。这样，锆鞣时，Zr^{4+} 与皮胶原的活性基结合的点就比 Cr^{3+}、Al^{3+}、Fe^{3+}、TiO^{2+} 的多，即交联度大，对皮纤维拉得更紧，加上 Zr^{4+} 在溶液中是以四聚体为最小结构单元的多核体型结构，分子大，填充性能强，所以锆鞣革特别紧密、耐磨、易板硬。

铁盐鞣革有很长的历史，Fe^{3+} 形成的配合物属内轨型（d^2sp^3）的，如 $[Fe(CN)_6]^{3-}$，配离子过于稳定（稳定常数 $K = 1 \times 10^{42}$），不能和皮胶原的活性基发生反应，所以没有鞣性。只有它的外轨型配合物（以 SO_4^{2-}、OH^-、H_2O 等为配位体）才有鞣性。但 sp^3d^2 杂化形成的外轨型配合物，稳定性又过小，与皮胶原的活性基结合稳定性也很低，与铝、钛鞣革相似，表现为收缩温度低，耐水洗能力也不高。Fe^{3+} 的外轨型配合物还有一个很大的缺点，即遇到有机还原剂和空气中的 SO_2、H_2S 等能被还原成 Fe^{2+}，Fe^{2+} 的盐类是没有鞣性的，所以铁鞣革易退鞣，不耐贮藏，放置时会逐步变脆。由于 Fe^{2+} 的电荷比 Fe^{3+} 少了 1/3，半径比 Fe^{3+} 大，故 Fe^{2+} 形成的配位化合物鞣性更差，所以一般说 Fe^{2+} 是没有鞣性的。

另外一些具有一定鞣性的金属离子如 Mn^{2+}、Y^{3+}、Ag^+、Cd^{2+}、Th^{4+}、Zn^{2+}、Cu^+、Cu^{2+}、Hg^{2+} 等虽都为过渡金属离子，易形成配合物，但由于离子半径一般都较大，内层 $(n-1)d$ 轨道全满或半满，电荷也较低等原因，一般都只能形成配位数为 2、4 或 6 的外轨型配合物，见表 1–15。

表 1–15　　　　　　　几种金属离子形成外轨型配合物的性质

金属离子	外层电子结构	离子半径/nm	轨道杂化类型	举　例
Mn^{2+}	$3d^5 4s^0 4p^0$	0.080	sp^3d^2	$[Mn(H_2O)_6]^{2+}$、$[Mn(NH_3)_6]^{2+}$
Cu^+	$3d^{10} 4s^0 4p^0$	0.096	sp、sp^3	$[Cu(NH_3)_2]^+$、$[Cu(H_2O)_4]^+$
Cu^{2+}	$3d^9 4s^0 4p^0$	0.072	sp^3、sp^3d^2	$[CuCl_4]^{2-}$、$[Cu(H_2O)_6]^{2+}$
Ag^+	$4d^{10} 5s^0 5p^0$	0.126	sp	$[Ag(NH_3)_2]^+$
Zn^{2+}	$3d^{10} 4s^0 4p^0$	0.074	sp^3	$[Zn(NH_3)_4]^{2+}$、$[ZnCl_4]^{2-}$
Cd^{2+}	$4d^{10} 5s^0 5p^0$	0.097	sp^3	$[Cd(NH_3)_4]^{2+}$
Hg^{2+}	$5d^{10} 6s^0 6p^0$	0.110	sp^3	$[HgCl_4]^{2-}$

所以这些配合物的稳定性都较低，鞣成的革的收缩温度和耐水洗能力除 Hg^{2+} 外都比 TiO^{2+}、Al^{3+}、Fe^{3+} 配合物鞣剂鞣制的革还低。Hg^{2+} 由于具有很强的极化能力和明显的变形性，形成的配合物不仅比同族的 Zn^{2+}、Cd^{2+} 配合物稳定，也比上述其他金属离子形成的配位化合物稳定，所以鞣制的革收缩温度高。但由于汞有剧毒，故不宜用于鞣革。Sn^{2+}、Pb^{2+}、Mg^{2+}、Be^{2+} 等为非过渡金属离子，电荷比 Al^{3+} 低，除 Be^{2+} 外，离子半径都比 Al^{3+} 的大，形成的配位化合物比 Al^{3+} 的稳定性更低，相应鞣制的革的收缩温度当然也低。

其他如镧系的 La^{3+}、Ce^{3+}、Nd^{3+} 等属稀土金属元素离子，稀土离子用 RE^{3+} 表示，Th^{4+} 属锕系元素（锕系元素都有放射性）。稀土元素离子包括ⅢB族从镧（57 号）开始至镥（71 号）的 15 个镧系元素，以及与其化学性质相似、同属于ⅢB族的钪（21 号）和钇（39 号）共 17 个元素。稀土元素总是共生在一起的，其中以 La、Ce、Nd、Sc、Y 的含量为最多，其他元素的量都很少。

由于元素参与化学作用，首先给出能量最高的价电子，即依下列顺序先左后右：$np > ns > (n-1)d > (n-2)f > (n-1)p > (n-1)s$。所以稀土元素的价电子层结构为 $f^{0\sim14} d^{0\sim1} s^2$，在形成化合物时，一般失去最外层的 2 个 s 电子和次外层的 1 个 d 电子（只有 Sc、Y、La、Ce、Gd、Lu 有 1 个 d 电子），没有 d 电子时，失去 1 个 4f 电子，剩下外面稳定的 $s^2 p^6 8$ 电子层，所以稀土离子一般都为 +3 价。由于稀土元素及其离子的外层电子结构相似，它们的性质虽不完全相同，但彼此都非常相似。

稀土元素和稀土离子外层电子结构及离子半径见表1-16。

表1-16　　　　　RE、RE^{3+}外层电子结构及离子半径

原子序数	元素	符号	价电子层结构	离子半径/Å	RE^{3+}外层电子结构及离子的颜色	
21	钪	Sc	$3d^1 4s^2$	0.68	$4f^0$	无色
39	钇	Y	$4d^1 5s^2$	0.88	$4f^0$	无色
57	镧	La	$5d^1 6s^2$	1.061	$4f^0 5s^2 5p^6$	无色
58	铈	Ce	$4f^1\ 6s^2$	1.034	$4f^1 5s^2 5p^6$	无色
59	镨	Pr	$4f^3\ 6s^2$	1.013	$4f^2 5s^2 5p^6$	绿色
60	钕	Nd	$4f^4\ 6s^2$	0.995	$4f^3 5s^2 5p^6$	淡紫
61	钷	Pm	$4f^5\ 6s^2$	(0.979)	$4f^4 5s^2 5p^6$	粉红
62	钐	Sm	$4f^6\ 6s^2$	0.964	$4f^5 5s^2 5p^6$	黄色
63	铕	Eu	$4f^7\ 6s^2$	0.950	$4f^6 5s^2 5p^6$	无色
64	钆	Gd	$4f^7 5d^1 6s^2$	0.938	$4f^7 5s^2 5p^6$	无色
65	铽	Tb	$4f^9\ 6s^2$	0.923	$4f^8 5s^2 5p^6$	无色
66	镝	Dy	$4f^{10}\ 6s^2$	0.908	$4f^9 5s^2 5p^6$	黄色
67	钬	Ho	$4f^{11}\ 6s^2$	0.894	$4f^{10} 5s^2 5p^6$	粉红
68	铒	Er	$4f^{12}\ 6s^2$	0.881	$4f^{11} 5s^2 5p^6$	淡紫
69	铥	Tu	$4f^{13}\ 6s^2$	0.869	$4f^{12} 5s^2 5p^6$	绿色
70	镱	Yb	$4f^{14}\ 6s^2$	0.858	$4f^{13} 5s^2 5p^6$	无色
71	镥	Lu	$4f^{14} 5d^1 6s^2$	0.848	$4f^{14} 5s^2 5p^6$	无色

注：1Å=0.1nm。

从表1-16看出，稀土元素离子不仅5d轨道全空，除71号镥外，4f轨道都未充满，半径较大，电荷不高，且4f层的电子又被外层的$5s^2 5p^6$电子所屏蔽，不易参与化学成键。因此，稀土离子虽有形成dsp型配合物的轨道条件，但所剩空轨道多，特别含量最多的La^{3+}、Ce^{3+}、Nd^{3+}、Y^{3+}等还剩有4f空轨道，所以稀土离子形成配合物的倾向较小，与Ca、Ba相似，主要靠静电吸引，形成的配位化合物稳定性一般都较低。鞣制成的革，自然收缩温度和耐水洗能力也低，作为一般要求的主鞣效果不好。但用于复鞣或结合鞣，效果还是好的。因为稀土离子有较大的离子半径，空轨道较多（外层d、s、p轨道全空），除形成配位数为6的配合物外，还可形成配位数为7、8、9、10、12的配合物。用稀土离子复鞣时，可进一步与未键合的胶原活性基配位，起补充鞣制的作用，同时还有可能与作为主鞣的铬、锆等形成异核配合物。染色时加入稀土，稀土又可与某些染料分子配位化合，形成具有环状结构的金属配合染料。这不仅可以加强配合物的稳定性，使鞣革性能提高，还能增强染色的坚牢度。稀土离子大部分无色，一部分具有很漂亮的颜色，因此，一边与革结合（部分与Cr^{3+}等结合），一边与染料分子配位化合，不仅染色坚牢度好，而且颜色也很鲜艳，无论染浅色或者深色，染色效果都很好。

由于稀土离子性质十分相似,最好使用混合氯化稀土盐鞣革和染色。其最大优点是可以大大降低成本,还有可能利用它们性质上不完全相似的特点,取长补短,使鞣革和染色效果更好。染浅色革或白色革时,用较为单一的稀土为好。

综上所述,在已知的具有鞣性的金属盐中,在弱场配位体大致相同的条件下(H_2O、OH^-、SO_4^{2-} 等),Cr^{3+} 所形成的配合物,稳定性最高,鞣成的革耐湿热稳定性和耐水洗的能力最好,Zr^{4+} 次之,Al^{3+}、Ti^{4+}、Fe^{3+}、Hg^{2+} 居中,其余的最差。

三、价键理论对鞣革配合物反应活性的解释

反应活性即指配离子的动力学稳定性,在配合物体系中,常见的反应是指配合物与其他配位体发生取代或交换的反应。这里所说的配位体包括水分子在内。常见的取代反应机理有以下两种:

(1) 单分子亲核取代反应(SN1) 即离解反应。在这类反应过程中,原来的配合物首先离解,而失掉一个配位体,形成配位数少的配合物。

$$MA_n \xrightleftharpoons{\text{慢速反应}} MA_{n-1} + A$$

接着发生一个快速反应,新的配位体结合上去。

$$MA_{n-1} + L \longrightarrow LMA_{n-1}$$

(2) 双分子亲核取代反应(SN2 反应) 在这类反应过程中,其机理是新的配位体先配位化合上去,形成一种配位数较高的中间配合物。

$$MA_n + Y \longrightarrow MA_nY \longrightarrow YMA_{n-1} + A$$

然后原有配位体中的一个被挤掉下来,或是形成一个包含水分子的混配型配合物。

$$MA_n + H_2O \xrightleftharpoons{\text{快速反应}} MA_{n-1}(H_2O) + A$$

$$MA_{n-1}(H_2O) + Y \xrightleftharpoons{\text{快速反应}} MA_{n-1}Y + H_2O$$

即参加反应的配位体,取代一个较松弛的 H_2O 分子。取代反应进行得很快的配合物,称为动力学活性配合物,这类配合物在室温下与其他有关物质的溶液混合时,即可达到平衡(对于 0.1mol/L 的溶液,反应最多 1min);反应很慢的则称为动力学惰性配合物,这类配合物在反应过程中要经历相当长的时间才能达到平衡。

对于配合物的反应活性研究得最多的是八面体型配合物的亲核取代反应。经研究,发现配合物的反应活性主要决定于中心离子外电子层结构的分布情况。

根据研究可总结出如下一些规律:

① sp^3d^2 外轨型配合物一般是活性的,这类配合物包括非过渡元素、碱金属和稀土金属(弱配位体)所形成的配合物;过渡金属中 d 轨道全满(d^{10})或半满(d^5)的弱场配位体配合物,其配位键的形成和断裂都很快。例如,Al^{3+}、Zn^{2+}、Cd^{2+}、Hg^{2+}、Cu^+、Ag^+、Fe^{3+}、Mn^{2+} 等。

因为 sp^3d^2 外轨型配合物稳定性较小,M—A 键易断裂,失去一个配位体而形成配

位数为 5 的中间配合物，就易接受来攻击的配位体发生交换取代反应：

$$MA_6 \longrightarrow MA_5 + A$$
$$\ \ +Y$$
$$\longrightarrow YMA_5$$

又由于在 sp^3d^2 键中，外 d 轨道只用了 2 个，其余 3 个可用来接受来攻击的配位体的电子对，形成配位数为 7 的中间配合物，取代反应顺利进行：

$$MA_6 + Y \longrightarrow YMA_6 \longrightarrow YMA_5 + A$$

因此，sp^3d^2 外轨型配合物，无论是 SN1 反应还是 SN2 反应都易于进行，所以是活性的。

② d^2sp^3 内轨型配合物中至少有一空的 $(n-1)d$ 低能轨道，则是活性的。如 d^0、d^1、d^2 的配离子很活泼，这是因为在配位数为 6 的配合物的取代反应中，如机理是双分子亲核取代反应（SN2），则可以在反应过程中接受来攻击的配位体的独对电子，有利于配位数为 7 的中间配合物的形成，所以是活性的。属于这类金属离子有 d^0 的 Y^{3+}、Ti^{4+}、Zr^{4+} 和稀土 La^{3+}、Ce^{3+}、Nd^{3+} 等离子；d^1 的 Ti^{3+}、W^{5+}；d^2 的 W^{4+} 等。

③ d^3 和 d^8 型中心离子以及 d^4、d^5、d^6 型中心离子所形成的内轨型八面体配合物，没有空的低能轨道，第 7 个配位体的电子对只能加合到外 d 轨道上去，这需要较高的活化能，因而相应的反应较慢；如果是进行 SN1 反应，由于这类内轨型配合物较稳定，M—A 键不易断裂，反应也慢。所以无论是进行 SN1 还是 SN2 取代反应，这类配合物都是反应惰性的。

因此，Al^{3+}、Fe^{3+}、TiO^{2+}、Zr^{4+} 以及 Zn^{2+}、Cd^{2+}、Mg^{2+}、Be^{2+}、Sn^{2+}、Pb^{2+}、Ce^{3+}、Nd^{3+}、Th^{4+}、La^{3+}、Cu^+、Ag^+ 和稀土离子的配合物，一般是反应活性的，只有 Cr^{3+} 的配合物是反应惰性的，即反应是很慢的。由此，就解释了 Zr^{4+}、Al^{3+}、Ti^{4+}、Fe^{3+} 等鞣剂配合物与皮胶原的活性基反应结合很快，容易在表面结合，使配合物在皮的内部渗透不均匀，造成皮较板硬、耐湿热稳定性差等缺点。虽然 Zr^{4+}、Al^{3+}、TiO^{2+}、稀土离子等配合物与皮胶原结合较快，但由于它们与皮胶原结合力较小，在鞣制过程中表面结合的鞣剂还是易被洗掉，所以成革的粒面一般不会造成表面过鞣而粗面。反之，由于铬配合物与皮胶原的活性基反应较慢，铬配合物向皮内渗透较均匀，鞣成的革耐湿热，稳定性高，成革较柔软等。但由于铬配合物稳定性较强，当铬配合物碱度较高、分子较大时，也容易堵塞在皮表面而结合并造成表面过鞣而粗面，因此，也应注意。又由于铬配合物与皮胶原结合慢，所以铬鞣结束后一般要静置 2 天左右，才能全面结合。

第三节　配位化合物的配位场理论及其对鞣剂配位化合物鞣性差异的解释

在配合物化学的价键理论及其对 Cr^{3+}、Zr^{4+}、Al^{3+}、Ti^{4+}、稀土等配合鞣剂鞣性差异解释一节中，曾指出价键理论虽能成功地解释鞣皮配合物鞣制性能的许多差异。但价键理论还存在不少缺点，它在目前阶段还是一个定性的理论。不能定量或半定量地说明配合物的性质，也不能说明为什么 Cr^{3+}、Fe^{3+} 配合鞣剂是有颜色的，而 Zr^{4+}、

Al^{3+}、Ti^{4+}等配合鞣剂是无色的，尤其不能解释配合物的紫外可见吸收光谱。对于这些，用配合物化学的配位场理论来解释更为有效些。

配位场理论是在晶体场理论和过渡金属分子轨道理论基础上发展起来的，晶体场理论把配合物中心离子与周围配位体的作用看成纯粹的静电作用，因而晶体场理论实质上是离子键理论的引申，而分子轨道理论认为配合物中的化学键是共价性的，随着分析测试手段的不断进步，发现配合物既不是典型的离子键，也不是典型的共价键，而是介于从极性键到共价键的一大类配合物，因此离子配合物的晶体场理论和共价配合物的分子轨道理论是配位场理论的两种极性情况。晶体场理论与分子轨道理论结合起来就得到通常所称的配位场理论，配位场理论不仅消除了电价配合物与共价配合物的界限，在某种程度上也消除了配合物与一般化合物的界限。

配位场理论的核心问题是中心离子 d 轨道在配位体场的作用下，消除能量简并而产生分裂的效应。

一、配位场效应

1. 在配位体场影响下，中心离子 5 个 d 轨道能级的分裂

中心金属高于的 5 个 d 轨道（图 1-6），在没有配位体场作用时，其能量本来是相等的（即处于简并状态），但在有配位体场作用时，这 5 个 d 轨道的能量就发生不同程度的分裂。这种由于配位体场对金属离子的作用而使 d 能级分裂的效应，称为配位场效应。下面按静电场模型来具体分析一下配位体场对八面体和四面体、平面正方形配合物 d 轨道的影响。

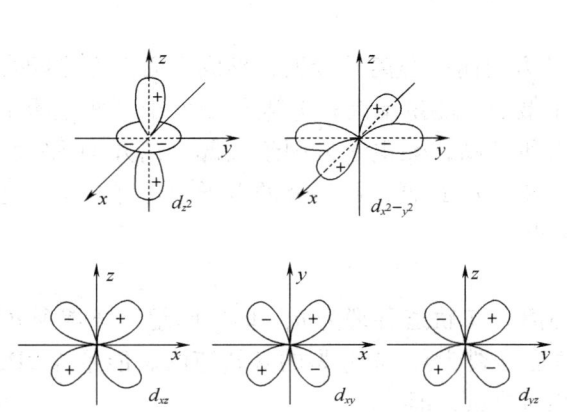

图 1-6 d 轨道电子云的空间分布

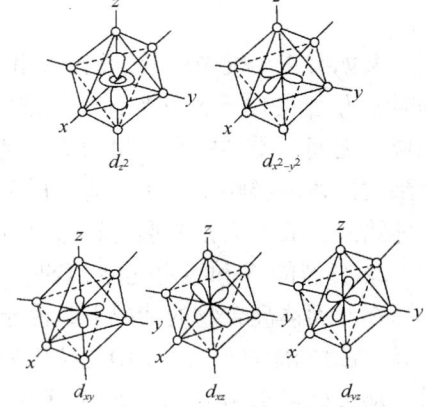

图 1-7 正八面体配合物中的 d 轨道
○—配位体

在八面体配合物中（图 1-7），当 6 个配位体分别沿着 3 个轴的方向向中心离子靠近时，正好与 5 个 d 轨道中的 d_{z^2} 和 $d_{x^2-y^2}$ 轨道的极大值方向处于迎头相碰的状态。这两个轨道上的电子云就将受到带负电（或独对电子）的配位体的强烈静电排斥作用，能

量升高。而 d_{xy}、d_{xz}、d_{yz} 轨道的极大值方向却正好穿插在配位体的空隙中间，恰好和配位体错开，故受到较小的静电排斥作用，因此，这 3 个轨道的能量较 d_{z^2}、$d_{x^2-y^2}$ 低，即在八面体配合物中配位体场把原来五重简并的 d 轨道分裂为两组：一组是能量较高的而 d_{z^2} 和 $d_{x^2-y^2}$ 轨道，称为 d_γ 或 e_g 轨道，另一组是能量较低的 d_{xy}、d_{xz}、d_{yz} 轨道，称为 d_ε 或 t_{2g} 轨道。

同样，在四面体型配合物中（图 1-8）。中心离子在四面体中央，4 个配位体分别沿立方体对角线方向向中心离子靠近，占据立方体 8 个顶点中互相错开的 4 个顶点的位置。这样 4 个配位体正好和 d_{z^2} 和 $d_{x^2-y^2}$ 的电子云错开，而 d_{xy}、d_{xz}、d_{yz} 的电子云刚好相遇，所以，d_γ 和 d_ε 的能量恰好相反。

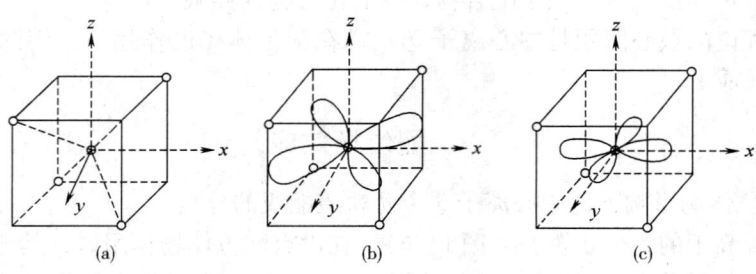

图 1-8　四面体配合物中 d_{xy}、$d_{x^2-y^2}$ 的位置
（a）4 个配位体的位置
（b）d_{xy} 轨道的位置
（c）$d_{x^2-y^2}$ 的位置
●—中心离子　○—配位体

又如有 4 个配位体分别沿 $\pm x$ 和 $\pm y$ 的方向向中心离子接近，形成平面四方形配合物时，$d_{x^2-y^2}$ 的电子云首当其冲，排斥作用最强，能量最高；d_{xy} 电子云处于平面上两个配位体之间，受到的影响也较大，能量有所升高，d_{z^2} 电子云因绝大部分离开 xy 平面，受到配位体的影响小，所以能量低于 d_{xy}；d_{xz}、d_{yz} 最低，因后者的电子云正好与 4 个配位体错开，故平面正方形 d 轨道分裂为 4 组。

2. 分裂能 Δ 和稳定化能 LFSE

在八面体配合物的情况下，由于中心离子 d 轨道分裂为 d_γ 和 d_ε 两组，通常令 d_γ 和 d_ε 轨道的能量差 $\Delta = 10D_q$。（称为 d 轨道分裂能），未分裂的 d 轨道的总能量为 $0D_q$ 时，那么就可以用 D_q 表示出 d_γ 和 d_ε 的相对能量，即

$$E_{d_\gamma} - E_{d_\varepsilon} = \Delta = 10D_q$$

又因为 d 轨道在分裂过程中总能量保持不变，所以分裂后 d_γ 和 d_ε 的总能量也应当是 $0D_q$，即上升的轨道总能量应等于降低的轨道的总能量。d_γ 轨道有 2 个，可容纳 4 个电子，有 3 个轨道可容纳 6 个电子，因此全充满的 d 轨道在分裂后的总能量为：

$$4E_{d_\gamma} + 6E_{d_\varepsilon} = 0$$

解上述方程得：

$$E_{d_\varepsilon} = -4D_q, \quad E_{d_\gamma} = 6D_q$$

由此表明，在八面体场中，d 轨道分裂的结果是 d_γ 轨道上升了 $6D_q$，而 t_{2g} 轨道能量下降了 $4D_q$。

在正四面体场中，量子力学的原理计算表明，正四面体配合物的 d_ε 和 d_γ 的能量差仅为八面体场中的 $4/9\Delta$，即 $\Delta' = 4/9\Delta$。因此，有

$$E_{d_\varepsilon} - E_{d_\gamma} = \Delta' = 4/9\Delta = 4/9 \times 10D_q = 4.45D_q$$

$$6E_{d_\varepsilon} + 4E_{d_\gamma} = 0$$

解上述两个联立方程得：

$$E_{d_\gamma} = -2.67D_q, \quad E_{d_\varepsilon} = +1.78D_q$$

同样，在平面正方形配合物中，各 d 轨道的能量可由理论计算出来，即

$$E_{d_{xz}} = E_{d_{yz}} = -5.14D_q$$
$$E_{d_z} = -4.28D_q$$
$$E_{d_{xy}} = +2.28d_{xy}$$
$$E_{d_{x^2-y^2}} = +12.28D_q$$

分裂能 Δ 可用两种方法进行估算。一种方法是根据静电模型和量子力学中的微扰理论进行计算，这种计算是比较近似的。另一种是实验测定的方法，即直接利用配合物的吸收光谱数据进行估算，这是比较常用的。一般情况下，Δ 值范围在 $1 \sim 5\text{eV}$（或波数在 $10000 \sim 40000\text{cm}^{-1}$，$1\text{eV} = 8086\text{cm}^{-1}$）。

根据分裂后 d 轨道的相对能量，可以算出过渡金属离子 d 轨道的总能量。一般来说，这种能量比未分裂前要低，给配合物带来额外的稳定化能，使配合物更趋稳定，从而使配键键能增大，此时键能的增值，就称为配位体场稳定化能，可用符号 LFSE 表示（有的资料称为晶体场稳定化能 CFSE，但由于这种能量中事实上包括了共价结合成分的影响，所以用 LFSE 的名称更为合理些）。在八面体配合物中，一个 d_ε 电子的能量是 $-4.00D_q$，一个 d_γ 电子的能量是 $6.00D_q$。由此，可算出过渡金属离子 d 轨道的总能量（即配位体场稳定化能）。例如高自旋的 Fe^{2+} 离子，在八面体场中，由于 Δ 值不大，它的电子构型为 $(d_\varepsilon)^4(d_\gamma)^2$，因此稳定化能

$$E = 4(-4D_q) + 2(6D_q) = -4D_q$$

在低自旋场合下的电子构型为 $(d_\varepsilon)^6(d_\gamma)^0$，所以

$$E = 6(-4D_q) + 0(6D_q) = -24D_q$$

可见，在这两种情况下，分裂后比分裂前的能量（$E = 0D_q$）更低。能量下降越多，即稳定化能越大，配合物也就越稳定，所以配合物的稳定性可用稳定化能 LFSE 的大小来衡量。

应用上述方法可以计算出含 d^n 电子的离子在不同情况下的稳定化能。结果列于表 1-17 中。

图 1-9 总结了八面体、四面体、平面正方形配位体场中 d 轨道能级的分列情况（即配位场效应）。其中八面体场的情况遇见的最多、最重要，值得记住和掌握。利用这些能级分裂图可以说明许多过渡金属配合物的结构与性能的关系。

鞣制化学

表 1-17　各种过渡元素配离子的 LFSE　　单位：D_q

d 电子数	离子种类	弱场				强场					结构改变能量差值 ΔE			
		平面四边形	四面体	八面体	四方角锥	五角双锥	平面四边形	四面体	八面体	四方角锥	五角双锥	八面体→四方角锥		八面体→五角双锥	
												强场	弱场	强场	弱场
0	Mg^{2+}、Ca^{2+}、Sc^{2+}、Ce^{3+}、Ti^{4+}、Zr^{4+}	0	0	0	0	0	0	0	0	0	0	0	0	0	0
1	Ti^{3+}、U^{4+}	−5.14	−2.67	−4.0	−4.57	−5.28	−5.14	−2.67	−4.0	−4.57	−5.28	−0.57	−0.57	−1.28	−1.28
2	Ti^{4+}、V^{3+}	−10.23	−5.34	−8.0	−9.14	−10.56	−10.28	−5.34	−8.0	−9.14	−10.56	−1.14	−1.14	−2.56	−2.56
3	V^{2+}、Cr^{3+}	−14.56	−3.56	−12	−10.0	−7.74	−14.56	−8.01	−12.0	−16.0	−7.74	2.00	2.00	4.26	4.26
4	Cr^{2+}、Mn^{3+}	−12.28	1.78	−6	−9.14	−4.93	−19.70	−10.68	−16.0	−14.57	−13.02	1.43	−3.14	2.98	1.07
5	Mn^{2+}、Fe^{3+}、Os^+	0	0	−4	0	0	−24.84	−8.90	−20.0	−19.14	−18.30	0.86	0	1.70	0
6	Fe^{2+}、Co^{3+}、Ir^{3+}	−5.14	−2.67	−8	−4.57	−5.28	−29.12	−7.12	−24.0	−20.0	−15.48	4.00	−0.57	8.52	−1.28
7	Co^{2+}、Ni^{3+}、Rh^{2+}	−10.28	−5.34	−12	−9.14	−10.56	−26.84	−5.34	−18.0	−19.14	−12.66	−1.14	−1.14	5.34	−2.56
8	Ni^{2+}、Pt^{2+}、Pd^{2+}	−14.50	−3.56	−12	−10.0	−7.74	−24.56	−3.56	−12.0	−10.0	−7.74	−2.00	−2.00	4.26	4.26
9	Cu^{2+}、Ag^{2+}	−12.0	−1.78	−6	−9.14	−4.93	−12.28	−1.78	−6.0	−9.14	−4.93	−3.14	−3.14	1.07	1.07
0	Cu^+、Ag^+、Au^+、Zn^{2+}、Cd^{2+}、Hg^{2+}、Ca^{3+}	0	0	0	0	0	0	0	0	0	0	0	0	0	0

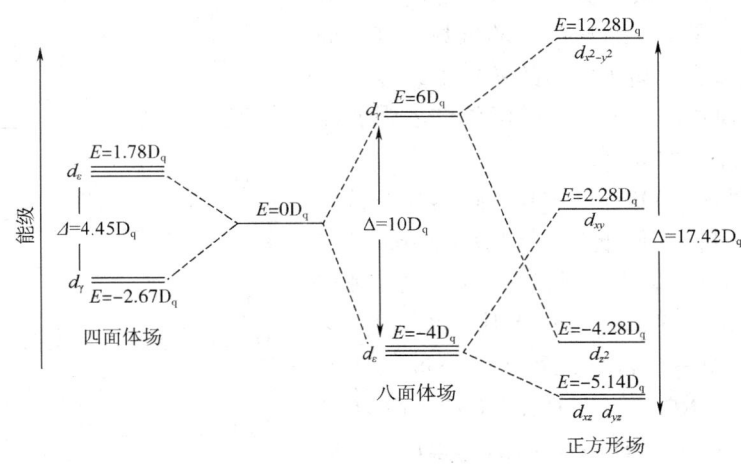

图1-9 d轨道在不同配位场中Δ的相对值

二、配位场理论对配合物鞣剂鞣革性能差异的解释

这里以八面体场为主,来说明配位场效应与配合物各项性能的关系。

1. 配合物的紫外可见吸收光谱与配合物鞣剂鞣革的颜色

众所周知,铬鞣革显蓝色,铁鞣革显黄褐色,而锆鞣革、铝鞣革、钛鞣革都是白色的。革的颜色是由鞣革的配合物的颜色引起的。

实验证明,过渡金属元素配合物有无颜色,与形成配合物中心离子是否含有未成对的d电子有关。当中心离子d轨道全空、全满或非过渡金属元素离子形成的配合物一般是没有颜色的。例如d^0的Ti^{4+}、Zr^{4+}、Sc^{3+},d^{10}的Zn^{2+}、Cd^{2+}、Hg^{2+},非过渡金属的Al^{3+}、Mg^{2+}、Ca^{2+}等离子所形成的配合物包括水合离子在内,一般是没有颜色的。所以钛、锆、铝盐鞣成的革显白色。而含有d^1到d^9电子的过渡金属元素和f轨道未充满的稀土元素配合物包括水合离子在内,一般是有颜色的。所以,Cr^{3+}、Fe^{3+}、Pr^{3+}、Nd^{3+}、Er^{3+}等离子形成的配合鞣剂鞣成的革都是有颜色的。

含有$d^1 \sim d^9$的过渡金属元素配合物所以是有颜色的,是由于过渡金属离子受配位体场的影响使d轨道的能级发生分裂,d_ε和d_γ轨道没有充满,在吸收了一部分光能后,电子可在两者之间跃迁,而其能量差一般相当于可见光或近紫外光的波数(10000~30000cm^{-1}),因而呈现出不同的颜色。这种跃迁称为$d-d$跃迁。例如六水合铬配离子$[Cr(H_2O)_6]^{3+}$在17400cm^{-1}和24700cm^{-1}附近(即$\lambda=575nm$和407nm)有吸收峰,如图1-10所示。这一吸收峰就相当于电子从d_ε(t_{2g})轨道跃迁到d_γ(e_g)轨道时所吸收的能量,即$\Delta=10D_q$(17400cm^{-1})。本图指出它吸收了黄紫色的光,对远离黄紫色的蓝色和红色光吸收很小,故水合铬配合物显紫色(为红色和蓝色的混合色)。所以配合物的颜色是从入射光中去掉被吸收的光,剩下来的那一部分可见光或近紫外光所呈现的颜色。

配位体和中心离子不同,d轨道能级分裂的Δ值也可能不同,因此,其他配合物的

Δ 值也可由紫外可见吸收光谱得到。Δ 的大小取决于配位体场的强弱、金属离子的价数及其在周期表中的位置和金属离子所含的 d 电子数等。

对同一金属离子，Δ 值就随配位体场强弱而异，其定性次序大致如下：

CN⁻（1.5~3.0）⩾—NO₂（硝基）> phen（邻二氮菲）> bpy（联吡啶）> SO_3^{2-} > tren（二乙三胺）~ den（二乙烯三胺）~ en（乙二胺）（1.28）> NH_3（1.25）~ 吡啶（1.25）> NH_2—CH_2—COO—（氨基乙酸）~ edta⁴⁻（乙二胺四乙酸）> NCS⁻ > H_2O（1.00）> $C_2O_4^{2-}$（草酸根）（0.98）> OSO_3^{2-} > CO（NH_2）₂（尿素）~ OH⁻ > CO_3^{2-} > RCOO⁻（羧酸根）> SO_3^{2-} > F⁻（0.9）> NO_3^- > SCN⁻ ~ Cl⁻（0.8）Br⁻（0.76）> I⁻

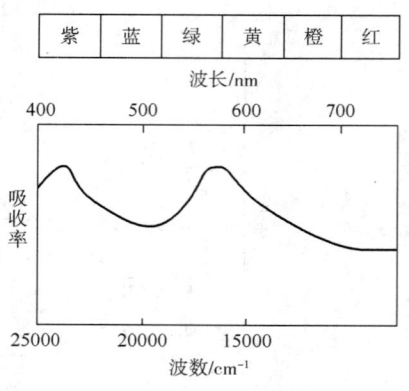

图 1-10　[Cr(H_2O)₆]³⁺ 配离子的可见吸收光谱

这个序列称为光谱化学序列（因为由光谱实验测得），也即配位体场强度的顺序，序列中括弧内的数字表示相对于水合物的 Δ 值，例如 NH_3 配合物的 Δ 平均值为同一金属离子水合物的 1.25 倍。

上述光谱化学序列是很有用处的，可以预知交换反应的进行，序列前面的配位体可以取代后面的配位体，因为前者的 Δ 比后者大。例如氯化铬和硝酸铬鞣剂鞣制效果不好，因为 Cl⁻ 与 Cr^{3+} 的配位能力太小，即使加热煮沸，Cl⁻ 进入铬配合物内界与 Cr^{3+} 配合了，但一冷却，Cl⁻ 又从铬配合物内界脱落了下来。实践证明，铬的硫酸盐鞣革效果好，因此可以加入 Na_2SO_4 等使氯化铬和硝酸铬转变为硫酸铬。因为 SO_4^{2-} 可以取代 Cl⁻ 和 NO_3^- 而与 Cr^{3+} 配位。

利用光谱化学序列还可以解释配合物的稳定性。例如氰配合物的稳定性（不论是动力学或者是热力学的）都是较高的，[Co(CN)₆]³⁻ 和 [Zn(CN)₄]²⁻ 的稳定常数 $K_稳$ 分别为 1×10^{64} 和 1×10^{16}，而 [Co(NH_3)₆]³⁺ 和 [Zn(NH_3)₄]²⁺ 的 $K_稳$ 则为 1.4×10^{35} 和 5×10^8，相差亿万倍。

利用光谱化学序列也可以鉴定配合物的异构体等，这里不详述。

紫外可见光谱及光谱化学序列对进行研究和讨论鞣革配合物的制备、形成、组成、结构、稳定性和鞣革配合物的改性，都是很有用处的。

2. 鞣革配合物的收缩温度和耐水洗能力与稳定化能的关系

实验发现，同价 d^n 离子的配合物的稳定化能越大，配合物越稳定（表 1-17）。例如，对于弱场配体配合物（即高自旋配合物），不论是八面体或平面正方形结构，均以 d^3、d^8 离子的配位场稳定化能为最大，所以它们的配合物最稳定。相反，d^0、d^5、d^{10} 离子的配位场稳定化能为 0，即没有稳定化能，对配合物的稳定性没有贡献。因此，配合物稳定性小。其余介于 d^3、d^8 和 d^0、d^5、d^{10} 之间，所以，同价金属配离子的稳定性变化规律为下列的一种双峰曲线（以 $3d^n$ 的二价和三价离子为例）：

Ca^{2+} < Sc^{2+} < Ti^{2+} < V^{2+} > Cr^{2+} > Mn^{2+} < Fe^{2+} < Co^{2+} < Ni^{2+} > Cu^{2+} > Zn^{2+}
Mg^{2+} Cd^{2+}
                                                                                                       Hg^{2+}

d^0 d^1 d^2 d^3 d^4 d^5 d^6 d^7 d^8 d^9 d^{10}

Sc^{3+} < Ti^{3+} < V^{3+} < Cr^{3+} > Mn^{3+} > Fe^{3+} < Co^{3+} < Ni^{3+} < Cu^{3+} > Ga^{3+}

3. 配合鞣剂在革内的分布状态与配合物反应活性的关系

在前面配合物的价键理论中曾说过，实验资料和内轨与外轨理论分析表明：d^3（V^{2+}、Cr^{3+}）、d^6（Fe^{2+}、Co^{3+}、Ir^{3+}）及 d^8（Ni^{2+}，Pt^{2+}等）的配合物，反应是最惰性的体系，这也可从表 1-20 所列最后 4 项稳定化能差值 ΔE 的数据来说明。因为配离子中配位体的交换取代反应，要经过过渡状态，其反应历程如果是双分子亲核取代反应 SN2，按照这种反应，第 7 个配位体需要从原来的八面体配合物周围空间中的一个空位向中心金属离子靠拢，然后推斥掉原来的一个配位体而又重新形成八面体配合物：

$$[MA_6] + L \longrightarrow [LMA_6] \longrightarrow [MA_5L] + A$$

由于 d^3、d^6（低自旋）配合物 3 个 t_{2g} 轨道都有电子，e_g 轨道无电子，6 个配位体在 x、y、z 方向成键较强，第 7 个配位体接近时要受 t_{2g} 电子排斥，过渡态能量较高，故取代反应不易进行，即反应很慢。

$$[MA_6] \xrightarrow{+L} [MA_5] + A \xrightarrow{+L} [LMA_5] + A$$

如果是单分子亲核取代反应 SN1，MA_6 先断裂一个键，离解成 MA_5 过渡状态，再和新配位体 L 结合。由于 d^3、d^6（低自旋）配合物都是较强的键，没有薄弱环节，不易断裂成五配位过渡态，故反应也不易进行。

再从表 1-17 中 ΔE 的数据看出，无论从哪一种机理反应，都以 d^3、d^6（低自旋）及 d^8 的情形 ΔE 为最大。例如八面体变为五角双锥体，在弱配位体情况，d^2 配合物的 ΔE 为 $-2.56D_q$，d^4 为 $1.07D_q$，而 d^3 为 $4.26D_q$。ΔE 有较大的正值 $4.26D_q$，表示在形成过渡态配合物过程中，配位场稳定化能损失了 $4.26D_q$ 值，也就是活化能需增加 $4.26D_q$ 才能与原来状态相等。所以 d^3、d^8 配合物比之 d^2、d^4、d^6（弱场）等不活泼。其活泼次序是 $d^2 > d^6 > d^5 > d^4 > d^3$、$d^8$，如果八面体转为四方锥体，在弱场配位体情况，其活泼顺序为 d^4（$-3.14D_q$）> d^2（$-1.14D_q$）> d^5（$0D_q$）> d^3、d^8（$2.00D_q$）。仍是 d^3、d^8 离子配合物反应最慢。

以上结果和价键理论的结果是一致的。但配位场理论较定量地说明了 d^3（Cr^{3+}、V^{2+}）、d^8（Ni^{2+}）和 d^6（Fe^{2+}、Co^{3+} 等强场）配合物反应惰性最大，而以 d^0（Ti^{4+}、Zr^{4+}、Y^{3+}等）、d^{10}（Zn^{2+}、Cd^{2+}、Cu^+、Ag^+等）和 d^5（Fe^{3+}、Mn^{2+}等弱场）配合物的反应活性最大。这就说明了 Cr^{3+} 的鞣革配合物与皮胶原活性基结合慢，渗透均匀，鞣剂在革内各层分布均匀，因而铬鞣革丰满柔软，而 TiO^{2+}、Zr^{4+}、Fe^{3+}、Al^{3+}、Zn^{2+}、Mn^{2+}、La^{3+}、Ce^{3+}、Nd^{3+} 等配合物与皮胶原的活性基反应快，容易在革的表面

结合多，内层结合少，鞣剂在革内层分布不均匀，成革一般欠丰满柔软（当然鞣剂在革内的分布状态还与鞣剂分子大小等因素有关）。从而也就说明了铬鞣革与其他无机鞣剂鞣革性能的巨大差异。

4. 高自旋配合物和低自旋配合物的形成

自由过渡金属离子在未受配位体场影响时，5 个 d 轨道的能量是相等的，根据洪特规则，它的 d 电子将尽可能占据空 d 轨道，并使自旋平行。如果迫使占据 2 个 d 轨道的 2 个自旋平行的电子挤入同一轨道，必须自旋相反，这样能量会升高，这个升高的能量称为电子成对能，以 P 表示。例如自由 Fe^{3+} 的电子配布为 $d^1d^1d^1d^1d^1$，受了配位体场影响，d 轨道分裂为 d_ε 和 d_γ 两组，能量差为 Δ。这时 d 电子的分布受两个相反因素的影响：①Δ 的影响迫使 d 电子先占据能量较低的 d 轨道；②P 的影响使电子尽量分占较多的 d 轨道，保持较多的未配对自旋平行的 d 电子。配合物中电子的具体分布，取决于这两个因素哪个占优势。如 $P > \Delta$，成对能高，结果形成高自旋配合物；如 $P < \Delta$，成对能低，形成低自旋配合物。表 1 – 18 列出某些金属离子的 Δ 和 P 值。

表 1 – 18　　　　　　$3d^4 \sim 3d^7$ 电子的某些金属离子的 Δ 和 P 值

$3d^n$	金属离子	P/cm^{-1}	Δ/cm^{-1}				
			$6F^-$	$6H_2O$	$6NH_3$	$3en$	$6CN^-$
$3d^4$	Cr^{2+}	23500		13900			
	Mn^{3+}	28000		21000			
$3d^5$	Mn^{2+}	25500		7800	9100		
	Fe^{3+}	30000	10400	13700			34250
d^6	Fe^{2+}	17600		10400			33000
	Co^{3+}	21000		18600	23000	23300	34000
$3d^7$	Co^{2+}	2250		9300		11000	

现在来看，Fe^{3+} 与 H_2O 和 CN^- 配位化合形成 $[Fe(H_2O)_6]^{3+}$ 和 $[Fe(CN)_6]^{3-}$ 两种配离子，它们的电子排列采取哪种方式呢？从光谱化学序列和表 1 – 18 知道，CN^- 是最强的配位体，Δ 值最大，为 $34250cm^{-1}$，成对能 P 为 $30000cm^{-1}$，故 $\Delta > P$，形成 $(d_\varepsilon)^5(d_\gamma)^0$ 的低自旋配合物，即价键理论中的内轨型配合物。磁矩由 5.88 波尔磁子减为 2、3 波尔磁子，即未成对电子数由 5 减为 1。而 H_2O 为弱场配位体，Δ 为 $13700cm^{-1}$，故 $\Delta < P$，形成 $(d_\varepsilon)^3(d_\gamma)^2$ 的高自旋配合物，即价键理论中的外轨型配合物。磁矩的测定证明为 5.88 波尔磁子，即自旋未成对电子数未变仍为 5。鞣革的三价铁配合物内界的配位体除了 H_2O 外，还有 OH^- 和 SO_4^{2-}。从光谱化学序知道，OH^- 和 SO_4^{2-} 在 H_2O 的后面，分裂能 Δ 更小，所以鞣革的三价铁配合物是高自旋配合物。这都和价键理论的结果一致，但配位场理论是较定量地说明的。图 1 – 11 为 Fe^{3+} 形成八面体配合物的配位场分裂情况。

根据表 1 – 18 和图 1 – 11，可把形成高自旋和低自旋配合物的规律总结如下：

（1）凡是电子成对能 P 大于 d 轨道的分裂能 Δ 者，形成高自旋配合物；凡是 $P < \Delta$

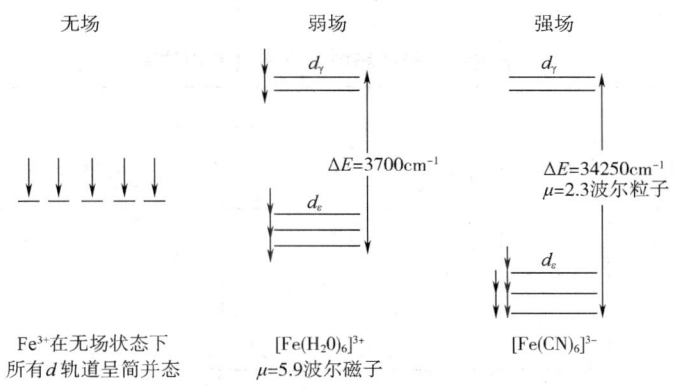

图 1-11　Fe^{3+} 八面体场配合物配位场分裂图

者，形成低自旋配合物。

（2）卤素离子、H_2O、OH^-、SO_4^{2-} 等与第一系列过渡元素离子的配合物常常是高自旋的（除 $[Co(H_2O)_6]^{3+}$ 外）。因为这些配位体是弱场配位体，Δ 小，P 大。而 CN^-、$-NO_2$ 等是强场配位体（因为除有独对电子外还含有 π 键），Δ 大，P 小，则常常形成低自旋配合物。NH_3 等配位体则介于中间。过渡元素三价离子较二价离子容易形成低自旋配合物，第二、第三系列过渡元素易形成低自旋配合物。这些都和紫外可见光谱测得的 Δ 值大小变化规律相一致，说明配位场理论解释配合物的磁性比用价键理论的根据多一些。

由于四面体配合物的 Δ 仅为八面体 Δ 的 4/9，一般不能超过 P，因而四面体配合物大多是高自旋电子构型。d^8 型离子的正方形配合物大多是低自旋的，也可由它的 d 轨道能级图（图 1-9）中 $d_{x^2-y^2}$ 轨道能量特别高得到解释。

对于八面体配合物，d^1、d^2、d^3、d^8、d^9、d^{10} 的配离子，由于电子排布只有一种方式，所以不论是强场和弱场，都只有一种电子构型，见表 1-19。

表 1-19　$d^{1\sim3}$、$d^{8\sim10}$ 电子在强场和弱场中的排布（八面体配合物）

d 电子数	弱场				强场			
	d_ε 轨道	d_γ 轨道	未成对电子数	磁矩	d_ε 轨道	d_γ 轨道	未成对电子数	磁矩
1	↑		1	1.73	↑		1	1.73
2	↑↑		2	2.83	↑↑		2	2.83
3	↑↑↑		3	3.87	↑↑↑		3	3.87
8	↓↑↓↑↓↑	↑↑	2	2.83	↓↑↓↑↓↑	↑↑	2	2.83
9	↓↑↓↑↓↑	↑↑ ↑	1	1.73	↓↑↓↑↓↑	↓↑ ↑	1	1.73
10	↓↑↓↑↓↑	↓↑ ↓↑	0	0	↓↑↓↑↓↑	↓↑ ↓↑	0	0

而 $d^4 \sim d^7$ 的配离子，在强场和弱场中由于磁性不同，才有低自旋和高自旋之分，

如表 1-20 所示。

表 1-20　　$d^4 \sim d^7$ 电子在强场和弱场中的排布（八面体配合物）

d 电子数	弱场				强场			
	d_ε 轨道	d_γ 轨道	未成对电子数	磁矩	d_ε 轨道	d_γ 轨道	未成对电子数	磁矩
4	↑ ↑ ↑	↑	4	4.90	↓↑ ↑ ↑		2	2.83
5	↑ ↑ ↑	↑ ↑	5	5.92	↓↑ ↓↑ ↑		1	1.73
6	↓↑ ↑ ↑	↑ ↑	4	4.90	↓↑ ↓↑ ↓↑		0	0
7	↓↑ ↓↑ ↑	↑ ↑	3	3.87	↓↑ ↓↑ ↓↑	↑	1	1.73

以上结论与价键理论所得到的结果是一致的。利用配位场理论还可以解释配合物的立体化学（如 d^3 的 Cr^{3+}，d^0 的 Ti^{4+}、Zr^{4+}，d^5 的 Fe^{3+} 弱场高自旋等鞣制配合物是正八面体构型）、过渡金属离子半径变化等，因限于篇幅，不再详述。

从上述讨论看出，配位场理论主要讨论了由于配合物的形成而引起的中心离子 d 电子运动状态的改变与配合物性能的关系。因而这个理论首先对过渡元素配合物的一系列重要特征提供了适当的解释。作为结构理论的一个重要的新方向，配位场理论和现代价键理论在反映配合物的结构和性能的关系上是从不同的角度进行考虑的。但是在某些方面，这两个理论也不是绝对对立的，而是互相补充的。配位场理论不仅在于解释已有的一些实验事实，而且可以预料某些现象的发生，并且根据配位场稳定化能的计算，使得某些解释和预测建立在定量的基础上。因此，配位场理论在无机化学中占有很重要的地位。但是必须指出，配合物化学在目前还处于一个突飞猛进的发展阶段，因此，作为结构理论的配位场理论也还有缺点，需要不断发展完善。例如，在用稳定化能来衡量配合物的稳定性时，即使在配位体相同的情况下，也只能大体衡量 d 电子数不同的金属配合物的稳定性，对于 d 电子数相同，金属离子不同的稳定性仍不能衡量，如 d^3 的 Cr^{3+}、V^{2+}，稳定化能相同，但不能判断 Cr^{3+} 和 V^{2+} 的配合物哪个更稳定。同样，d^0 的 Zr^{4+}、Ti^{4+}、Sc^{3+}，稳定化能都为 0，似乎 Zr^{4+}、Ti^{4+}、Sc^{3+} 配合物的稳定性也应相同，实际并非如此。还有 d^0、d^5（弱场）、d^{10} 的金属离子，稳定化能也都为 0，其配合物的稳定性也是各不相同的。因为除稳定化能外，配合物的稳定性还与金属离子所带的电荷、离子半径等有关。另外，对于场强和 H_2O 差不多的配位体，如羧酸根等一般含氧原子作为配位原子的配位体，它们在水溶液中形成的配合物，也不能用稳定化能效应来衡量。如光谱化学序中，草酸根（$C_2O_4^{2-}$）反而在水的顺序之后，似乎草酸铬配合物不及水合铬配合物稳定，这也与事实不符，这是因为，配合物的稳定性是以自由能的大小来衡量的，并不完全取决于稳定化能的大小，还与配合物的熵有密切的关系。这一点在生成螯合物时尤其明显，因此，配位场理论在目前确实不是尽善尽美的，在现阶段处理复杂的配合物（包括鞣制配合物）时，往往是几种理论并用，互相取长补短，才更为有效。

最后还必须指出，了解和掌握鞣制配合物鞣制性能差异以后，还应在此基础上，利用配合物化学的知识开发新鞣剂,并对现有的一大类配合鞣剂进行多方面的研究、改性,提高皮革产品的质量。

复习思考题

1. 何谓鞣制、鞣剂、鞣法?鞣剂、鞣法如何分类?
2. 鞣制过程分几个阶段?每个阶段有何不同?如何控制?
3. 为什么裸皮经过鞣剂处理就发生了质变?试举例说明。
4. 试述铬鞣革、锆鞣革、铝鞣革、稀土鞣革和铁鞣革的特征。
5. 何谓鞣制效应?
6. 生皮与革有何不同?
7. 何谓水合、水解、配聚?配聚有几类?
8. 配位化合鞣剂的水解、配聚与鞣制有何关系?
9. 何谓交联结合?交联可分几类?各有何特点?
10. 为什么$[Cr(H_2O)_6]^{3+}$没有鞣性?
11. 为什么配位化合鞣剂必须含有H_2O、OH^-或H_2O、OH^-、酸根才有鞣性?
12. 配位化合鞣剂的相互影响与相互取代与鞣制有何关系?
13. 为什么碱度可作为判断配位化合鞣剂鞣性强弱的定量指标?
14. 配位化合鞣剂的酸碱平衡与鞣制有何关系?
15. 碱度与酸度有何关系?试举例说明。
16. 何谓蒙囿、蒙囿作用?蒙囿剂有哪些?试举例说明蒙囿与鞣制的关系。
17. 何谓内轨型配位化合物?何谓外轨型配位化合物?其根本差别在哪里?试举例说明。
18. 为什么Ti^{4+}、Zr^{4+}同族,其配位化合鞣剂的鞣性有很大的差异?
19. 为什么锆鞣革纤维特别紧密耐磨,填充性好,而铬鞣革、铝鞣革、铁鞣革等都没有这个特点?
20. 为什么Cr^{3+}、Zr^{4+}都形成内轨型配位化合物,它们鞣制的革收缩温度、耐湿热稳定性不一样?它们的渗透与结合有何不同?
21. 为什么Cr^{3+}、Al^{3+}都形成八面体构型配位化合物,鞣性差异都很大?
22. 为什么常用的Cr^{3+}、Zr^{4+}、Al^{3+}、Ti^{4+}、Fe^{3+}、RE^{3+}等配位化合鞣剂只有Cr^{3+}配位化合鞣剂是反应惰性的,其余都是反应活性的?
23. 试用配位化合物的价键理论解释Cr^{3+}、Zr^{4+}、Al^{3+}、Ti^{4+}、Fe^{3+}、RE^{3+}、Be^{2+}、Mg^{2+}、Cu^{2+}、Zn^{2+}、Hg^{2+}等配位化合鞣剂的鞣性差异(设配位体相同)。
24. 什么是配位场效应、分裂能、配位场稳定化能?
25. 试用配位化合物的配位场理论解释造成铬与锆、钛、铁在鞣革颜色、收缩温度、耐水洗能力、革内鞣剂分布产生差异的原因。

参 考 文 献

[1] 张文昭. 配位化学及其在地质学中的应用 [M]. 北京：地质出版社，1987.
[2] 戴安邦. 配位化学. 无机化学丛书 [M]. 北京：科学出版社，1987.
[3] 温元凯，邵俊. 离子极化和金属离子水解规律性 [J]. 科学通报. 1977, 22 (6)：262 – 268.
[4] 甘昌汉. 金属离子水解的规律性 [J]. 科学通报. 1978, 23 (2)：103 – 111.
[5] 周天泽. 分析化学中的配位化合物 [M]. 北京：北京大学出版社，1986.
[6] 陈念贻. 键参数函数及其应用 [M]. 北京：科学出版社，1976.
[7] 徐光宪. 关于熵和过程的不可逆性的几点补充 [J]. 化学通报. 1957, (8)：1.
[8] Perrin P. D, Baes C. F. The hydrolysis of cations [M]. Wiley Interscience Publication, 1976.
[9] Sillen L. G. Stability contents of metal ion complexes [M]. Chemical Society (London), 1964.
[10] Burrows W. D. Aquatic aluminum：chemistry, toxicology and environmental prevalence [J]. CRC Critical Reviews in Environment Control, 1977, 7：167 – 216.
[11] 罗勤慧，沈孟长，丁益. 铬 (Ⅲ) 离子在水溶液中的状态 [J]. 中国科学. B 辑，1986, (2)：137 – 145.
[12] 和田敬山. Studies on the composition of complexes in chrome tanning liquors and their reactivity to collagen [J]. 皮革化学 [日]，1981, 26 (2)：183 – 198.
[13] [美] J. J. 拉戈斯基. 现代无机化学 [M]. 孟祥盛，译. 北京：高等教育出版社，1982.
[14] 徐光宪. 物质结构简明教程 [M]. 北京：人民教育出版社，1961.
[15] 魏庆元. 皮革鞣制化学 [M]. 北京：轻工业出版社，1963.
[16] 温祖谋，制革工艺及材料学 [M]. 北京：轻工业出版社，1981.
[17] 张铭让. 用络合物化学的价键理论解释 Cr^{+3}、Zr^{+4}、Al^{+3}、Ti^{+3}、Fe^{+3}、稀土等络合物鞣剂的鞣性差异 [J]. 中国皮革学报，1984 (4)：23 – 33.
[18] 张铭让. 用配位场理论解释 Cr^{+3}、Zr^{+4}、Al^{+3}、Ti^{+4}、Fe^{+3} 等络合鞣剂的鞣性差异 [J]. 皮革科技，1985 (9)：19 – 28.
[19] 陈武勇，叶述文. 不浸酸铬鞣剂 C – 2000 的应用研究 [J]. 皮革化工，2000, 17 (6)：5 – 19.
[20] Covington A D, Song L, Supamo O, et al., Link – lock：the mechanism of stabilising collagen by chemical reactions [J]. J. Soc. Leather Technol. Chem., 2008, 92：1 – 7.

第二章 鞣液组成与鞣制性能的关系

第一节 鞣液组成的研究方法

一、鞣液中配位化合物组分的分离分析法

既然鞣液中存在不同电荷、不同分子大小和结构的多种配位离子，那么要研究鞣液的组成，必须首先将鞣液中不同的组分一一分离出来。可用于鞣液中配位化合物组分的分离分析方法比较多，如：离子交换色谱法、凝胶色谱法、纸上电泳法、电导法、蒸汽分压法等。其中以离子交换色谱法和凝胶色谱法较为常用和有效。下面简要介绍这两种方法的分离原理。

（一）离子交换色谱法

鞣液中配位化合物的组分，大多是带有电荷的，根据所带电荷的不同，可采用离子交换色谱法将它们逐一进行分离。离子交换分离过程是一种离子取代另一种离子的过程，其分离机理如下：

阳离子交换 $\quad X^+ + R^-Y^+ \rightleftharpoons Y^+ + R^-X^+$

阴离子交换 $\quad X^- + R^+Y^- \rightleftharpoons Y^- + R^+X^-$

其中：X 为样品离子；Y 为流动相离子；R 为在交换树脂上带离子的部分。

在阳离子交换色谱中，样品阳离子 X^+ 与流动相（洗脱液）离子 Y^+ 争夺离子交换树脂上的 R^-；在阴离子交换色谱中，样品离子 X^- 与流动相离子 Y^- 争夺离子交换树脂上的 R^+。因此，在离子交换色谱中，实际上有两种因素决定组分的保留值，一是试样离子与流动相离子对离子交换树脂上的离子的竞争交换；另一个是试样中各组分离子彼此间的竞争。在离子交换色谱中，可以通过改变离子交换树脂，也可以通过改变流动相来改变离子交换选择性。

由离子交换平衡反应可知，离子交换色谱的分离过程是根据不同离子与树脂上交换点之间作用力的强弱来实现的，作用力强，保留值大；作用力弱，保留值小。当然，保留值也是许多实验参数的函数，如流动相的 pH、离子类型、离子强度和操作温度等。

根据离子交换色谱的分离过程，对于阳离子交换，是阴电荷或中性电荷的组分先被洗脱，然后阳电荷组分由低电荷到高电荷依次被洗脱；而对于阴离子交换，是阳电荷、中性电荷的组分先被洗脱，然后阴电荷组分由低到高依次被洗脱。常用于鞣液组分分离的阳离子交换树脂主要是瑞典 Pharmacia Fine Chemicals Inc. 公司生产的交联葡聚糖离子交换树脂 Sephadex G25，其官能团为磺丙基（—$C_3H_6SO_3^-$），这种交换树脂的交换容量较高，为 2.3meq/g，可用于制备色谱。但这种树脂溶胀性较大，而且存在着

颗粒内传质慢的缺点，故难以获得高速分离。四川大学皮革研究所张新申等自制的低交换容量阳离子交换树脂，溶胀性小，特别适合于梯度洗脱，具有分离速度快、检测灵敏度高的特点。但由于这种交换树脂交换容量低，故难用于制备色谱。

分离出的组分可直接采用紫外检测器或可见分光光度检测器来进行检测，选择在被测物的最大吸收波长下进行检测，在分光光度计后面连接一个自动记录仪，便可绘出洗脱曲线，得到鞣液样品的阳离子或阴离子交换色谱图。

（二）凝胶色谱法

凝胶色谱，又称排阻色谱。凝胶色谱的填充物是多孔性凝胶，其分离机理是按试样的分子大小和形状来分离的。即小的溶质分子能自由扩散入凝胶孔隙中，中等大小的分子能选择渗透进部分孔穴里，大分子则完全被排阻于孔外。因此，凝胶色谱的流出顺序是按分子大小排列的，大分子先流出，小分子后流出。选择不同的凝胶孔径可以分离不同大小分子的化合物。

根据凝胶的特性以及流动相的性质，可把凝胶色谱分成两类：一类是用软性凝胶作固定相，以水作流动相的称为凝胶过滤色谱（GFC）；另一类是用半刚性或刚性凝胶作固定相，以有机溶剂作流动相的称为凝胶渗透色谱（GPC）。由于软性凝胶性脆，容易被压缩，所以只能用于低压的分离场合，而刚性和半刚性凝胶能耐高压，常用作高效凝胶色谱的固定相。鞣液是水溶液，所用凝胶是软性的，以水作流动相，故用于鞣液中组分分子大小的分离色谱，属凝胶过滤色谱。

常用于鞣液组分分子大小分离的凝胶色谱柱填料是将葡聚糖用氯甲代氧丙烷交联而制成的交联葡聚糖凝胶 Sephadex G10、G15 或 G25，国外瑞典 Pharmacia Fine Chemicals Inc. 公司和国内天津试剂二厂等生产出售。

分离时采用部分收集器收集洗脱液，在分光光度计上测定鞣液样品的最大吸收波长处的吸光度，根据得出的结果描绘（吸光度－洗脱体积）洗脱曲线，得到凝胶色谱图。

二、鞣革配位化合物的结构研究方法

鞣革配位化合物的内界组成、空间构型和键合等情况可通过热学（量热滴定）、磁学、磁化率、核磁共振和光学（红外光谱、紫外可见光谱、穆斯堡尔谱）、X射线衍射等方法进行研究。因限于篇幅，本书只介绍吸收光谱法，包括电子吸收光谱和分子振动光谱。

电磁辐射与物质相互作用时，一般会产生吸收作用。当某种物质吸收一定波长范围的电磁波时，便会得到由若干个吸收带组成的光谱，这种光谱称作吸收光谱。

（一）电子吸收光谱

电子吸收光谱对应于物质分子中的电子基态向各种激发态跃迁所产生的对各种能量光量子的吸收，其电子能级的能量差相对于紫外和可见光的能量，因此由于电子能级的跃迁而产生的光谱叫紫外－可见吸收光谱，或称电子吸收光谱。

溶液中配合物的紫外－可见吸收光谱，电子跃迁一般有 $d-d$ 跃迁、电荷转移跃迁和配合物内部的电子跃迁。

过渡金属配合物中，由于配位体场的影响，中心离子的 d 轨道能级发生分裂，当过渡金属配合物吸收了可见或紫外区的某一部分波长的光时，d 电子就可以从较低能级跃迁到较高能级，称为 $d-d$ 跃迁。

对于 $d-d$ 跃迁，由于含 d^1-d^9 的过渡金属离子 d 轨道能级发生分裂后的 d_ε 和 d_γ 轨道没有充满，在吸收了一部分光能后，电子在两者之间跃迁而产生的能量差相当于可见光区，所以含 1~9 个 d 电子数的过渡金属配合物呈现出不同的颜色。

例如：六水合铬配离子 $[Cr(H_2O)_6]^{3+}$ 在 $\lambda_1 = 407nm$ 和 $\lambda_2 = 575nm$ 处有吸收峰，参见图 1-10。该图指出它吸收了黄紫色的光，对远离黄紫色的蓝色和红色光吸收很小，故水合铬配合物呈紫色。两特征吸收峰的摩尔吸收系数之比 $R = E_1/E_2$，当 SO_4^{2-}、Cl^-、有机酸根等配体与中心离子 Cr^{3+} 配位后，一般吸收峰发生红移，$R < 1.19$；当配位体与中心离子成桥键或成环状结构时，这时发生紫移，$R > 1.19$。例如羟基、硫酸根与铬配位形成的桥键，$R > 1.19$。因此可根据不同配位体配位的铬配位化合物表现出的不同的可见光谱特征，推测羟基或酸根与铬配位结合的形式。

电荷转移跃迁指的是配合物吸收了可见或紫外光后，电子从配位体的某一轨道跃迁到中心离子的某一轨道，或从中心离子的某一轨道跃迁到配位体的某一轨道。

例如：Cr^{3+} 与 $C_2O_4^{2-}$ 形成的配合物在波长 420nm 和 580nm 处分别有强烈的吸收，而在紫外区末端吸收明显增大。电子从配位体跃迁到中心离子的空轨道，因而使配合物显现出很深的颜色，一般荷移跃迁在能量较高的紫外区显示强烈的吸收。

配位体内部的电子跃迁一般是含有 π 电子或 π 电子体系的有机配位体，表现在光谱图上就是吸收峰位的改变。

（二）分子振动光谱

如果物质吸收光子能量后，只引起分子振动能级的改变，这时所产生的吸收光谱称作分子振动光谱，由于这种光谱落在电磁辐射的红外区，所以又称作红外光谱。

对大量化合物的红外光谱进行比较分析后发现，具有相同官能团的一系列化合物近似地具有共同的频率，这种频率称为官能团或化学键的特征频率。

配位体的振动光谱在形成配合物后会发生比较明显的变化。这些变化主要是：配位体的对称性在配位后常常有所降低，结果造成谱带数增加；由于配位原子参与配位，含配位原子的化学键电子云密度发生变化，导致化学键的伸缩频率发生变化，结果引起基团频率的改变。因此，比较自由配位体与配合物的振动光谱的差异，可以获得许多关于配合物结构方面的信息。

在鞣革金属配合物中，常见的 SO_4^{2-}、NO_3^-、ClO_4^-、Cl^- 等无机阴离子，与金属离子配位时，有可能采取不同的结构形式。例如：SO_4^{2-} 既可以通过单点也可以通过双点与一个金属离子配位，SO_4^{2-} 在红外光谱图中的 $900 \sim 1300 cm^{-1}$ 出现吸收峰，在该范围内如出现吸收峰数分别为 2、3、4，则 SO_4^{2-} 分别以游离态、单点配位或双点配位形式存在。对于 Cl^-，当 Cl^- 是以自由离子存在于溶液中时，它在红外光谱上无吸收峰，而当 Cl^- 参与配位后，则在红外光谱上 $600 cm^{-1}$ 附近出现吸收峰。对于 NO_3^-，游离 NO_3^- 在红外光谱中 $1390 cm^{-1}$ 附近出现一个吸收带（为 N—O 伸缩振动），当 NO_3^- 发生配位时，NO_3^- 的 N—O 伸缩振动吸收峰要发生明显的移动，而且吸收带数目也要增加。ClO_4^- 一般不参与配位，所以吸收峰无明显变化。

在鞣革配合物的有机配位体中，羧酸根离子是最主要的一类有机配位体。对于一元羧酸根离子，可以下列两种方式与金属离子 Cr^{3+} 配位：

$$Cr-O-\overset{O}{\underset{}{C}}-R \qquad Cr\overset{O}{\underset{O}{\cdots}}C-R$$

（Ⅰ）　　　　　　　　（Ⅱ）

（Ⅰ）式为单点配位，（Ⅱ）式为双点配位。红外光谱图中 $RCOO^-$ 在 1680 ~ 1550 cm^{-1} 和 1465 ~ 1370 cm^{-1} 范围分别出现不对称伸缩振动吸收峰和对称伸缩振动吸收峰。根据其不对称伸缩振动吸收峰和对称伸缩振动吸收峰峰位的差值（即分离度）的大小，可推断 $RCOO^-$ 与 Cr^{3+} 的配位方式。如果分离度小，推测 $RCOO^-$ 与 Cr^{3+} 以单点配位的方式配位结合；如果分离度大，推测 $RCOO^-$ 与 Cr^{3+} 以双点配位的方式配位结合。

（三）异核配合物形成的研究方法

传统的无机鞣制方法多是采用单一一种鞣法如铬鞣法，为了改善单一鞣剂鞣性的不足，生产中也常选用一种或多种其他无机鞣剂如铝、锆、钛的盐类进行预鞣或复鞣，以发挥各种鞣剂的长处，弥补单一鞣剂的不足，借以提高产品质量或改善产品性能。经研究发现，将一些不同类鞣剂按一定比例配制成异金属配合鞣剂时，鞣制效果更好，即采用这类异核配合鞣剂与皮胶原反应时，并不是各单一鞣剂作用的简单累加，而是比各自单独鞣制时的结合能力更强。究其原因，就是在制备异金属配合鞣剂时形成了一些复杂的异金属多核配合物。当溶液中有两种或两种以上配合物形成体的金属离子共存时，判断其中是否有异金属多核配合物形成的方法主要有分光光度法和 pH 电位滴定法。

1. 分光光度法

通过对不同金属鞣剂混合鞣液的紫外可见吸收光谱分析，可证明有关异金属配合物的形成条件，并确定其组成和测定其稳定常数等。如用分光光度法研究含有铬、铝、锆、钛四种离子的混合溶液，其配制方法分别为：①在含有 Ti^{4+}、Zr^{4+}、Al^{3+} 盐的溶液中用葡萄糖将重铬酸钠还原为 Cr^{3+}；②将固体铬鞣剂与 Ti^{4+}、Zr^{4+}、Al^{3+} 盐一起溶解、浓缩干燥后再溶解而制得。两种配制方法，铬、钛、锆、铝的氧化物的摩尔比为 0.5∶0.125∶0.125∶0.25。两种混配鞣液的紫外可见光谱如图 2-1 所示。

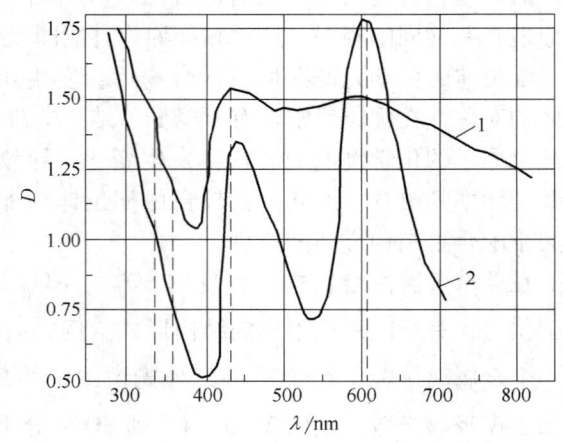

图 2-1　铬-钛-锆-铝混合鞣液的吸收光谱
1—糖还原法配制的铬-钛-锆-铝鞣液
2—共溶解制备的铬-钛-锆-铝鞣液

曲线1是用糖还原法配制的铬-钛-锆-铝鞣液的吸收曲线,其特征是在345、365、440nm处有吸收峰,而在605nm处的吸收峰很平缓。在365、440nm处出现峰是铬-钛异核配合物的特征峰,而在345、440nm的峰位表示溶液中可能有铬-锆配合物存在。曲线2是共溶解制备的铬-钛-锆-铝鞣液的吸收曲线,其吸收峰只在440nm和605nm处,这是铬配合物的特征吸收峰位。这说明该溶液中铬离子未与其他几种金属离子形成异金属多核配合物。

2. pH电位滴定法

pH电位滴定法是研究配合物形成的一种重要方法。用一定浓度的碱液对配合物溶液进行滴定,得到的pH电位滴定曲线表示加入的碱量与溶液pH之间的关系。在相同条件下,当溶液中有异金属多核配合物形成时,其pH电位滴定曲线的形状与单一金属溶液时不同。此外还可根据配合物溶液对碱化作用的稳定性来判断:当有异金属多核配合物形成时,其水解、配聚情况与单一金属多核配合物不同,即在碱化溶液时,溶液出现浑浊时的pH会升高,故可据此推断溶液中是否有异金属多核配合物形成。如对于硫酸铬和硫酸锆鞣液,将其按照不同的比例混合后,以0.1mol/L NaOH溶液滴定,测定不同鞣液的浑浊pH,以考察混合鞣液对碱化作用的稳定性。纯铬鞣液浑浊pH为5.5,纯锆鞣液浑浊pH为2.0~2.5,当在适当的铬-锆比例时,铬-锆混合鞣液的浑浊pH会大于纯铬或纯锆鞣液,达到4.5以上,甚至可达10以上。说明在混合溶液中形成了铬-锆异金属配合物。

第二节 铬鞣液组成与鞣制性能的关系

铬作为一种优良的鞣剂而长期不被其他矿物鞣剂所取代,除了铬所形成的弱场配体配位化合物的稳定性好(铬鞣革收缩温度高、耐水洗能力强)、反应慢(惰性配位化合物渗透快,结合均匀)外,最主要的一点还在于它所形成的配合物聚合态大小适当,配位化合物分子大小、电荷和组分含量分布较均匀,使铬配位化合物分子组分正好能透入皮胶原纤维链中发生反应。但是不是所有的三价铬盐其鞣制性能都一样呢?实践证明,即使同是中心离子铬,如果配位体不同,鞣制性能也有很大的差异。例如:在其他条件基本相同时,高氯酸铬鞣革的收缩温度仅70℃,硝酸铬、氯化铬鞣革的收缩温度分别为75℃和95℃,而用硫酸铬鞣革的收缩温度均在100℃以上。实验发现,正是由于以上几种铬鞣液的组成特征不相同才使它们的鞣制性能差别很大。

日本的竹之内一昭对硫酸铬和氯化铬液的组成进行了研究,发现硫酸铬液组分多,分子大小均匀,电荷低的分子多,而氯化铬液组分少、分子大、电荷高。张铭让等深入系统地研究了铬鞣液组成与鞣制性能的关系,通过研究碱度为0、33%的硫酸铬、氯化铬、硝酸铬以及碱度为0、33%的糖还原硫酸铬、氯化铬、硝酸铬、高氯酸铬液的组成、分子大小、电荷与鞣性的关系,弄清了不同铬鞣液组成的变化规律,找到了铬鞣液组成对鞣性的影响规律。

一、硫酸铬、氯化铬、硝酸铬鞣液的组成

(一) 碱度为 0 的硫酸铬、氯化铬、硝酸铬鞣液的组成

1. 离子交换色谱特征

图 2-2 至图 2-4 为硫酸铬、氯化铬和硝酸铬鞣液的阳离子交换色谱图。

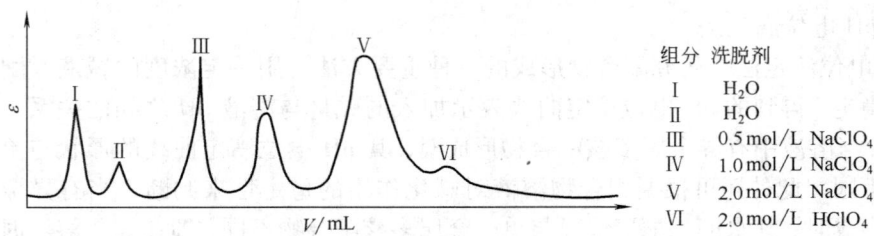

图 2-2　碱度为 0 的硫酸铬鞣液的离子交换色谱图

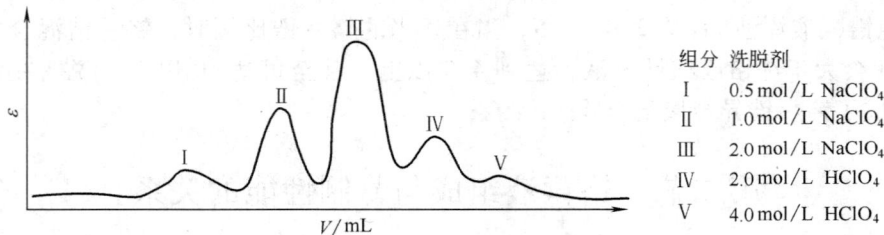

图 2-3　碱度为 0 的氯化铬鞣液的离子交换色谱图

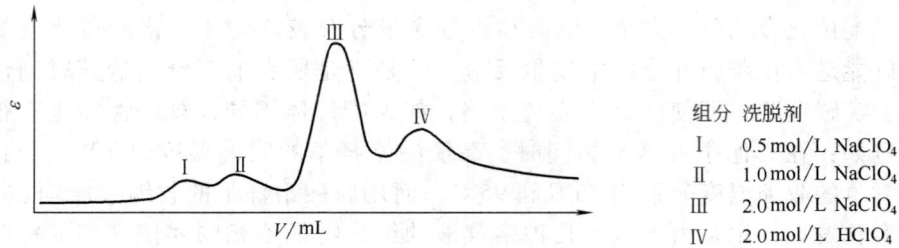

图 2-4　碱度为 0 的硝酸铬鞣液的离子交换色谱图

各组分电荷的估计采用对已知电荷的参比试样 $[Cr(EDTA)]^-$、$[Cr(OX)(H_2O)_4]^+$、$[Cr(NH_3)_6]^{3+}$ 和待分析鞣液在相同条件下进行色谱分析和对比得出的。由 H_2O 洗脱的第一个组分与 $[Cr(EDTA)]^-$ 的洗脱峰位相同,所以 H_2O 洗脱的第一个组分为 -1 价阴性配合物;由 0.5mol/L NaClO$_4$ 洗脱的组分与 $[Cr(OX)(H_2O)_4]^+$ 的洗脱峰位相同,所以 0.5mol/L NaClO$_4$ 洗脱的组分为 +1 价配位化合物;由 2.0mol/L NaClO$_4$ 洗脱的组分与 $[Cr(NH_3)_6]^{3+}$ 的洗脱峰位相同,所以 2.0mol/L NaClO$_4$ 洗脱的组分为 +3 价配位化合

物。由此可推断：由 H_2O 洗脱的第二个组分为中性配位化合物，1.0mol/L $NaClO_4$、2.0mol/L $HClO_4$ 和 4.0mol/L $HClO_4$ 分别洗脱出 +2、+4、+5 价配位化合物。

2. 组分含量

由表 2-1 看出：硫酸铬鞣液中组分按电荷数计数量最多，为 6 个，氯化铬次之，为 5 个，硝酸铬鞣液组分最少，只有 4 个。从组分电荷来看，硫酸铬鞣液中既有阴性、中性电荷组分，也有阳电荷组分；而氯化铬和硝酸铬鞣液则只有阳电荷组分。从组分铬含量分布来看，硫酸铬组分中最高含量为 34.15%，占 1/3，而氯化铬和硝酸铬组分中最高含量分别为 55.94%、70.36%，均超过一半，很集中，不均匀。

表 2-1　　　　　　碱度为 0 的铬鞣液分离组分的铬含量　　　　　　单位：%

种类	电荷						
	阴性	中性	+1	+2	+3	+4	+5
硫酸铬	12.93	2.65	34.15	13.25	34.00	3.60	
氯化铬	—	—	0.16	25.50	55.94	16.30	2.09
硝酸铬	—	—	0.24	0.68	70.36	28.43	

3. 可见吸收光谱特征

由表 2-2 可见，一部分组分吸收峰位红移，R 值小于 1.19，可推测组分中存在酸根与铬以单点配位的形式结合；一部分组分 R 值大于 1.19，则这些组分中存在羟桥配位的形式或存在 OH^-、SO_4^{2-} 的混桥配聚，没有酸根的环状结构。

表 2-2　　碱度为 0 的三种不同铬鞣液阳离子色谱分离组分的可见光谱特征

电荷	硫酸铬				氯化铬				硝酸铬			
	颜色	λ_1/nm	λ_2/nm	R	颜色	λ_1/nm	λ_2/nm	R	颜色	λ_1/nm	λ_2/nm	R
阴性	绿	421	585	1.14	—	—	—	—	—	—	—	—
中性	绿	420	580	1.00	—	—	—	—	—	—	—	—
+1	绿	419	580	1.02	绿	420	585	1.00	蓝绿	413	580	1.20
+2	蓝绿	415	580	1.20	绿	420	580	1.12	浅蓝	409	576	1.12
+3	蓝紫	408	575	1.21	蓝紫	408	575	1.19	蓝紫	407	575	1.19
+4	绿	410	580	1.40	绿	421	580	1.40	绿	417	584	1.27

4. 红外光谱特征

表 2-3 列出了硫酸铬鞣液各组分中硫酸根的红外光谱特征和配位方式。

表 2-3 碱度为 0 的硫酸铬鞣液各组分的硫酸根红外光谱特征和配位方式

特征峰	电荷				
	阴性	中性	+1	+2	+3
吸收峰波数 /cm^{-1}	1142、1115、992	1120、1030、990	1139、1097、987	1172、1069、1042、995	1182、1132、1013、992
配位方式	单配位	单配位	单配位	双配位	双配位

碱度为 0 的氯化铬鞣液，各组分中只有组分 Ⅰ 和组分 Ⅱ 分别在 597cm^{-1} 和 669cm^{-1} 处出现了 Cl$^-$ 与 Cr 配位的吸收峰。而碱度为 0 的硝酸铬鞣液，组分 Ⅰ 在 1402cm^{-1}、1121cm^{-1} 及 1080cm^{-1} 处出现了吸收带。组分 Ⅱ 则在 1413cm^{-1}、1075cm^{-1} 及 1039cm^{-1} 处出现吸收带，说明在这两个组分内界组成中存在有 NO$_3^-$ 与 Cr 配位的形式。

从离子交换色谱、可见光谱和红外光谱的结果，可推测出鞣液中各组分的内界组成和结构，见表 2-4 至表 2-6。

表 2-4 碱度为 0 的硫酸铬鞣液的组成（结构中省去了配位 H$_2$O 分子，以下同）

组分	结构	含量/%
Ⅰ	[O-SO$_2$-O-Cr-O-SO$_2$-O]$^-$	12.93
Ⅱ	[O-SO$_2$-O-Cr-OH]^0	2.65
Ⅲ	[Cr-O-SO$_3$]$^+$	34.15
Ⅳ	[Cr—OH]$^{2+}$ (A)	1.59
	[Cr(OH)$_2$Cr-O-SO$_2$-O]$^{2+}$ (B)	11.66
Ⅴ	[Cr(H$_2$O)$_6$]$^{3+}$ (A)	13.60
	[Cr(OH)Cr-O-SO$_2$-O]$^{3+}$ (B)	20.40
Ⅵ	[Cr(OH)$_2$Cr]$^{4+}$	3.60

表 2-5　　　　　　　　　　碱度为 0 的氯化铬鞣液的组成

组　分	结　构	含量/%
I	$[CrCl_2]^+$	0.16
II	$[CrCl]^{2+}$	25.50
III	$[Cr(H_2O)_6]^{3+}$	55.94
IV	$\left[Cr\begin{smallmatrix}OH\\OH\end{smallmatrix}Cr\right]^{4+}$	16.30
V	$\left[Cr\begin{smallmatrix}OH\\OH\end{smallmatrix}Cr\begin{smallmatrix}OH\\OH\end{smallmatrix}Cr\right]^{5+}$	2.09

表 2-6　　　　　　　　　　碱度为 0 的硝酸铬鞣液的组成

组　分	结　构	含量/%
I	$\left[\begin{smallmatrix}O\\O\end{smallmatrix}N-O-Cr-O-N\begin{smallmatrix}O\\O\end{smallmatrix}\right]^+$ (A) $\left[O=N\begin{smallmatrix}O\\O\end{smallmatrix}Cr\begin{smallmatrix}O\\O\end{smallmatrix}N=O\right]^+$ (B)	0.24
II	$\left[Cr-O-N\begin{smallmatrix}O\\O\end{smallmatrix}\right]^{2+}$	0.68
III	$[Cr(H_2O)_6]^{3+}$	70.36
IV	$\left[Cr\begin{smallmatrix}OH\\OH\end{smallmatrix}Cr\right]^{4+}$	28.43

（二）碱度为 33% 的硫酸铬、氯化铬、硝酸铬鞣液的组成

1. 离子色谱特征

图 2-5 至图 2-7 分别是碱度为 33% 的硫酸铬、氯化铬、硝酸铬鞣液的阳离子交换色谱图。

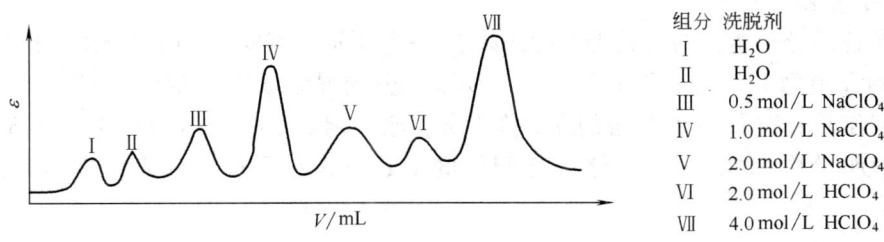

组分	洗脱剂
I	H_2O
II	H_2O
III	0.5 mol/L $NaClO_4$
IV	1.0 mol/L $NaClO_4$
V	2.0 mol/L $NaClO_4$
VI	2.0 mol/L $HClO_4$
VII	4.0 mol/L $HClO_4$

图 2-5　碱度为 33% 的硫酸铬鞣液的阳离子色谱图

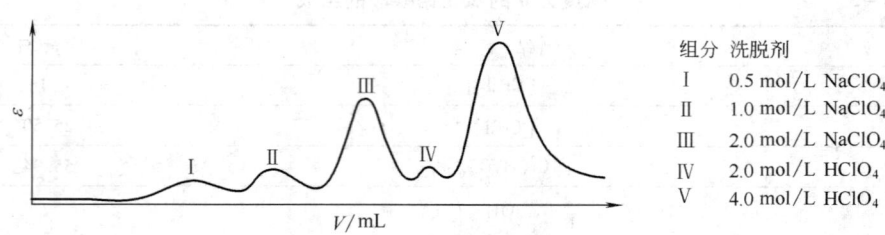

图 2-6 碱度为 33% 的氯化铬鞣液的阳离子色谱图

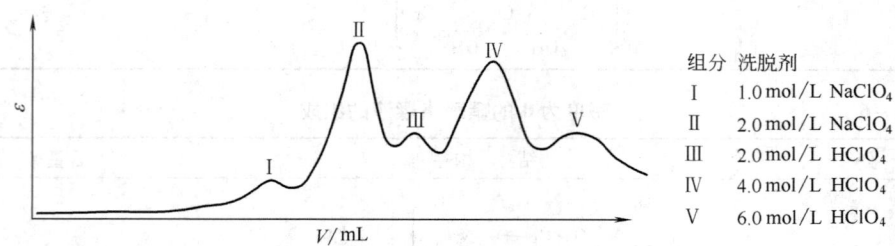

图 2-7 碱度为 33% 的硝酸铬鞣液的阳离子色谱图

2. 组分含量

碱度为 33% 的铬鞣液各组分的铬含量见表 2-7。硫酸铬鞣液中各组分的含量主要分布在从 +1 到 +5 价电荷的组分，分布较均匀；而氯化铬鞣液中铬含量分布主要集中在 +3 和 +5 价两个组分，占了近 90%；硝酸铬鞣液则主要分布在 +3、+5 和 +6 价组分，共占 94.87%。

表 2-7　　　　　　　　碱度为 33% 的铬鞣液各组分的铬含量　　　　　　　　单位：%

种类	电荷							
	阴性	中性	+1	+2	+3	+4	+5	+6
硫酸铬	2.93	2.32	11.02	26.28	14.78	12.71	29.97	—
氯化铬	—	—	0.10	2.57	28.86	9.57	58.88	—
硝酸铬			0.60		39.38	4.53	30.04	25.45

3. 可见光谱特征

离子色谱分离组分的可见光谱特征如表 2-8 所示。碱度为 33% 的硫酸铬鞣液阴电荷组分的 R 值为 1.35，大于 1.19，则表明该组分内界组成中可能存在 SO_4^{2-} 与铬双配位的环状结构；又如：硫酸铬的 +1 价组分，吸收峰红移，R 值为 0.99，小于 1.19，则说明该组分中存在 SO_4^{2-} 与铬单点配位的形式，这也可在红外光谱中得到进一步证实。

表 2-8　　　　碱度为 33% 的铬鞣液离子色谱分离组分的可见光谱特征

电荷	硫酸铬				氯化铬				硝酸铬			
	颜色	λ_1/nm	λ_2/nm	R	颜色	λ_1/nm	λ_2/nm	R	颜色	λ_1/nm	λ_2/nm	R
阴性	绿	422	580	1.35	—	—	—	—	—	—	—	—
中性	绿	420	585	1.04	—	—	—	—	—	—	—	—
+1	绿	420	580	0.99	绿	420	582	0.99	—	—	—	—
+2	蓝绿	422	580	1.23	绿	420	580	1.12	蓝灰	408	585	1.12
+3	蓝紫	410	580	1.19	蓝紫	408	575	1.19	蓝紫	407	757	1.18
+4	绿	423	580	1.38	绿	417	586	1.27	绿	415	580	1.22
+5	绿	425	580	1.51	绿	418	588	1.42	绿	422	584	1.59

4. 红外光谱特征

硫酸铬鞣液各组分中硫酸根的红外光谱特征和配位方式见表 2-9。氯化铬鞣液中，只有组分Ⅰ和组分Ⅱ分别在 $589cm^{-1}$ 和 $567cm^{-1}$ 处出现 Cl^- 与铬配位的吸收峰。硝酸铬鞣液中，只有电荷为 +2 价的组分Ⅰ在 $1411cm^{-1}$、$1068cm^{-1}$ 及 $1037cm^{-1}$ 处出现了 NO_3^- 与铬配位的特征吸收带。

表 2-9　　碱度为 33% 的硫酸铬鞣液分离组分的硫酸根红外光谱特征和配位方式

特征峰	电荷				
	阴性	中性	+1	+2	+3
吸收峰波数 /cm^{-1}	1209、1175、1153、996	1231、1136、1038	1120、1167、1023	1228、1162、1127、1025	1158、1110、1102、1045
配位方式	双配位	单配位	单配位	双配位	双配位

根据以上几种铬鞣液的离子交换色谱、可见光谱和红外光谱特征推测出这几种鞣液中各组分的内界组成，见表 2-10 至表 2-12。

表 2-10　　　　　　　碱度为 33% 的硫酸铬鞣液的组成

组　分	结　构	含量/%
Ⅰ	$\left[\begin{array}{c} O_2S(O)_2-Cr-S(O)_2O \end{array}\right]^-$	2.93
Ⅱ	$\left[O-S(O)_2-O-Cr-OH\right]^0$	2.32

续表

组分	结构	含量/%
Ⅲ	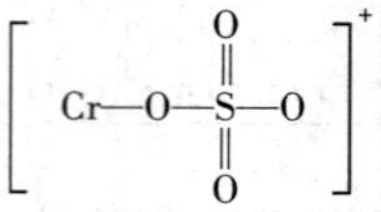 $[Cr-O-SO_3]^+$	11.02
Ⅳ	$[Cr-OH]^{2+}$ (A)	2.10
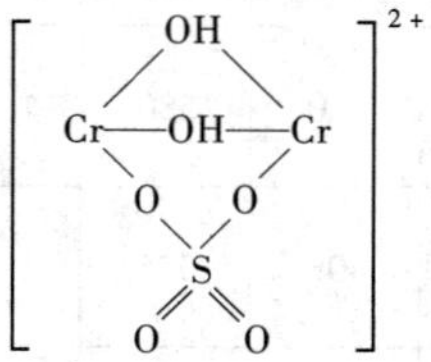 Ⅳ	$[Cr_2(OH)_2(SO_4)]^{2+}$ (B)	24.18
Ⅴ	$[Cr(H_2O)_6]^{3+}$ (A)	8.87
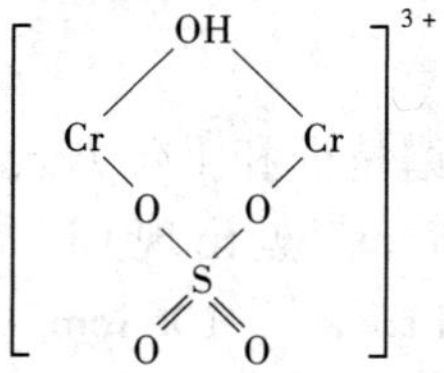 Ⅴ	$[Cr_2(OH)(SO_4)]^{3+}$ (B)	5.91
Ⅵ	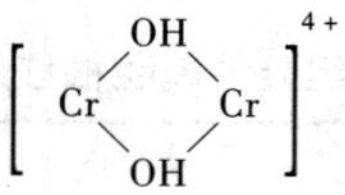 $[Cr_2(OH)_2]^{4+}$	12.71
Ⅶ	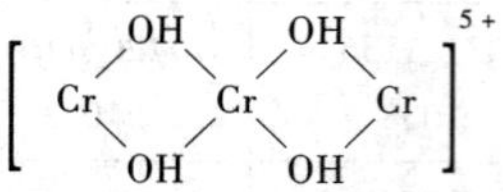 $[Cr_3(OH)_4]^{5+}$	29.97

表2–11　　碱度为33%的氯化铬鞣液的组成

组分	结构	含量/%
Ⅰ	$[CrCl_2]^+$	0.10
Ⅱ	$[CrCl]^{2+}$	2.57
Ⅲ	$[Cr(H_2O)_6]^{3+}$	28.86
Ⅳ	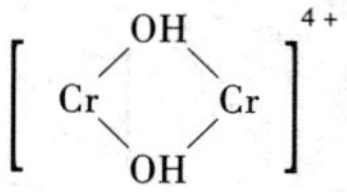 $[Cr_2(OH)_2]^{4+}$	9.57
Ⅴ	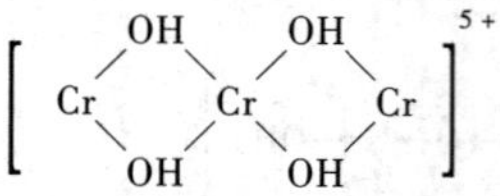 $[Cr_3(OH)_4]^{5+}$	58.88

表 2-12　　　　　　　　　　碱度为 33% 的硝酸铬鞣液的组成

组分	结构	含量/%
Ⅰ	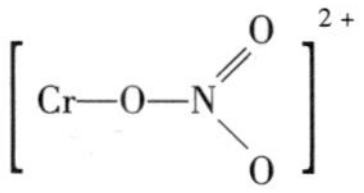 $[Cr-O-NO_2]^{2+}$	0.60
Ⅱ	$[Cr(H_2O)_6]^{3+}$	39.38
Ⅲ	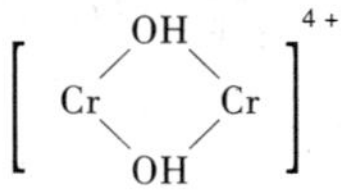 $[Cr(OH)_2Cr]^{4+}$ (双核双羟桥)	4.53
Ⅳ	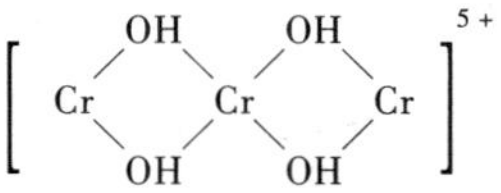 $[Cr(OH)_2Cr(OH)_2Cr]^{5+}$ (三核四羟桥)	30.04
Ⅴ	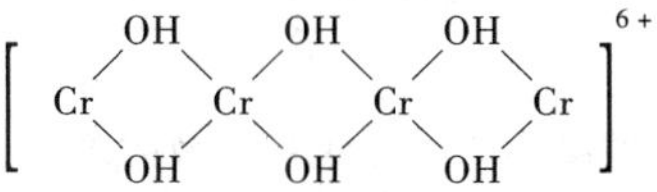 $[Cr(OH)_2Cr(OH)_2Cr(OH)_2Cr]^{6+}$ (四核六羟桥)	25.45

通过比较碱度 0 和 33% 的几种铬鞣液组成的特征，可看出：

① 在碱度为 33% 的硫酸铬鞣液中，按结构分存在 9 个组分，其中 -1 价、0 价组分各 1 个，含量相对碱度为 0 时有所下降，+4 价以上组分由碱度 0 时的 3.6% 增加到 42.68%。SO_4^{2-} 参与配位的组分有 5 个，含量共占 46.36%，其中作桥键的组分（分别为 +2、+3 价）含量占 30.09%，$[Cr(H_2O)_6]^{3+}$ 仅占 8.87%。

② 在碱度为 33% 的氯化铬鞣液中共有 5 个组分，+4 价以上组分由碱度 0 时的 18.39% 猛增到 68.45%，+1、+2 价组分（内界组成中有 Cl^- 配位）则由原来的 25.66% 减少为 2.69%，而 $[Cr(H_2O)_6]^{3+}$ 含量较高，为 28.86%。

③ 在碱度为 33% 的硝酸铬鞣液中有 6 个组分，最低电荷为 +2 价（有 NO_3^- 参与配位），但量很少，仅占 0.6%，主要是 +3 和 +4 价以上组分，$[Cr(H_2O)_6]^{3+}$ 占 39.38%，+4 价以上组分由碱度 0 时的 28.43% 增加到 60.02%。

总之，碱度由 0 提高到 33%，符合碱度提高分子变大的规律，但硫酸铬鞣液随着碱度提高分子变化较缓慢；氯化铬和硝酸铬鞣液变化最大，分子少，组分分子和电荷分布不均匀，+3 价以上组分分别占 96% 和 99%。

二、糖还原硫酸铬、氯化铬、硝酸铬和高氯酸铬鞣液的组成

（一）糖还原碱度为 0 的硫酸铬、氯化铬、硝酸铬和高氯酸铬鞣液的组成

1. 离子色谱特征

糖还原碱度为 0 的硫酸铬、氯化铬、硝酸铬和高氯酸铬鞣液的阳离子色谱图，如图 2-8 至图 2-11 所示。

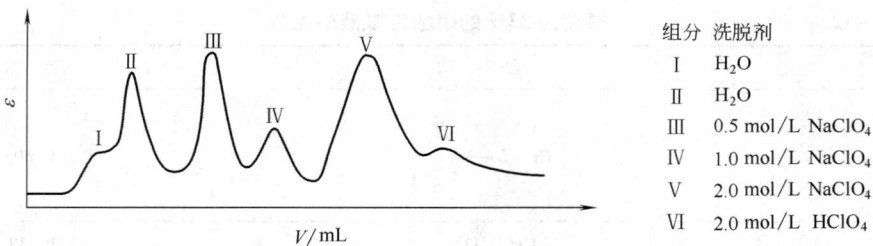

图 2-8　糖还原碱度为 0 的硫酸铬鞣液的阳离子色谱图

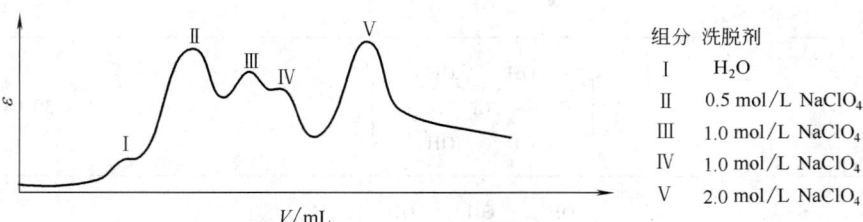

图 2-9　糖还原碱度为 0 的氯化铬鞣液的阳离子色谱图

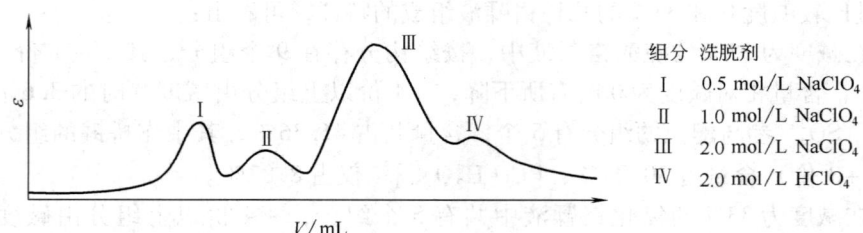

图 2-10　糖还原碱度为 0 的硝酸铬鞣液的阳离子色谱图

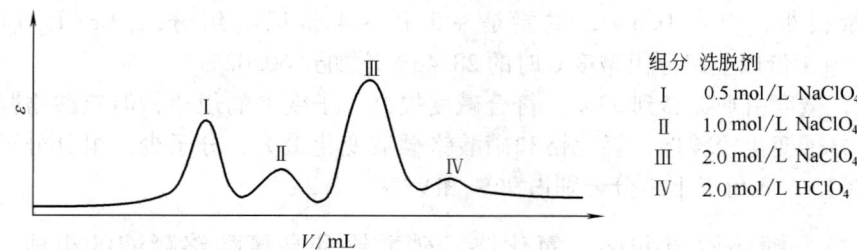

图 2-11　糖还原碱度为 0 的高氯酸铬鞣液的阳离子色谱图

2. 组分含量

糖还原碱度为 0 的铬鞣液各组分铬含量的分布见表 2-13。对比糖还原碱度为 0 的几种铬鞣液的离子色谱特征，可以看出：硫酸铬鞣液按电荷数计组分个数最多，为 6

个,从电荷来看,既有阴电荷组分也有中性电荷组分,还有多个阳电荷组分,而且各组分铬含量的分布也都比较均匀;而氯化铬鞣液的电荷及组分含量主要集中在+1和+3价;硝酸铬和高氯酸铬鞣液,组分个数只有4个,组分含量集中在+3价,占一大半。

表2-13　糖还原碱度为0的铬鞣液阳离子色谱分离组分的铬含量　　　　单位:%

种类	电荷					
	阴性	中性	+1	+2	+3	+4
硫酸铬	6.00	18.89	27.83	4.56	40.48	2.22
氯化铬	—	5.87	38.95	6.09(A) 8.96(B)	40.80	—
硝酸铬	—	—	12.72	8.70	77.13	1.45
高氯酸铬	—	—	25.31	4.88	69.06	0.95

3. 可见光谱特征

4种铬鞣液阳离子色谱分离组分的可见光谱特征见表2-14。

表2-14　糖还原碱度为0铬鞣液阳离子色谱分离组分的可见光谱特征

电荷	硫酸铬				氯化铬				硝酸铬				高氯酸铬			
	颜色	λ_1/nm	λ_2/nm	R	颜色	λ_1/nm	λ_2/nm	R	颜色	λ_1/nm	λ_2/nm	R	颜色	λ_1/nm	λ_2/nm	R
阴性	绿紫	416	576	1.31	—	—	—	—	—	—	—	—	—	—	—	—
中性	绿	421	579	1.12	蓝	416	567	1.08								
+1	紫红	418	567	1.20	紫红	418	558	1.22	紫红	417	556	1.20	紫红	418	556	1.21
+2	蓝绿	410	578	1.23	浅蓝绿	(A)414 (B)424	(A)580 (B)585	(A)1.08 (B)1.20	紫色	413	576	1.04	紫蓝	410	573	1.01
+3	蓝紫	408	575	1.21	蓝紫	408	574	1.18	蓝紫	408	574	1.18	蓝紫	408	575	1.19
+4	绿	—	—	—					绿	417	583	1.24				

4. 红外光谱特征

氯化铬鞣液中组分Ⅰ的红外光谱图在580cm^{-1}处出现吸收峰,表明在组分Ⅰ中存在有Cl^-与Cr^{3+}的配位,其余组分的红外光谱图中未出现类似的吸收峰。

硝酸铬鞣液中的所有组分在红外光谱图上都是在1385cm^{-1}附近出现一强吸收峰,这是游离NO_3^-的特征峰,表明糖还原碱度为0的硝酸铬鞣液的所有组分中不存在NO_3^-

与 Cr^{3+} 的配位。

对于高氯酸铬鞣液，在一般情况下，ClO_4^- 不能与 Cr^{3+} 形成配位键，鞣液中 ClO_4^- 都是以自由离子状态存在的。红外光谱图中也未出现 ClO_4^- 与 Cr^{3+} 配位的特征吸收峰。

糖还原铬鞣液与非糖还原铬鞣液内界组成中一个很大不同之处在于糖还原铬鞣液中含有部分糖还原时产生的中间产物——有机酸根与铬配位，如一元羧酸根——甲酸根、乙酸根等，以及二元羧酸根——草酸根。这一点在红外光谱图中可以得到证实。硫酸铬鞣液各组分的硫酸根红外光谱特征及配位方式见表2–15。

表2–15　碱度为0的糖还原硫酸铬鞣液各组分的硫酸根红外光谱特征和配位方式

特征峰	电荷				
	阴性	中性	+1	+2（B组分）	+3
吸收峰波数/cm^{-1}	1207、1172、1058、952	1182、1151、1109	1167、1132、1090	1154、1113、1036、932	1196、1182、1070、976
配位方式	双配位	单配位	单配位	双配位	双配位

表2–16和表2–17列出了几种碱度为0的糖还原铬鞣液分离组分的有机酸根红外光谱特征和配位方式。

表2–16　碱度为0的糖还原铬鞣液分离组分的有机酸根红外光谱特征和配位方式（1）

组分	硫酸铬			氯化铬		
	吸收峰波数/cm^{-1}	有机酸根	配位方式	吸收峰波数/cm^{-1}	有机酸根	配位方式
Ⅰ				1624、1403	一元羧酸根	单配位
Ⅱ	1630、1410	一元羧酸根	单配位	1703、1685、1404	草酸根	双配位
Ⅲ	1680、1398	草酸根	双配位	(A)1626、1408 (B)1625、1379	一元羧酸根 一元羧酸根	单配位 双配位
Ⅳ(A)	1623、1409	一元羧酸根	单配位	—		

表2–17　碱度为0的糖还原铬鞣液分离组分的有机酸根红外光谱特征和配位方式（2）

组分	硝酸铬			高氯酸铬		
	吸收峰波数/cm^{-1}	有机酸根	配位方式	吸收峰波数/cm^{-1}	有机酸根	配位方式
Ⅰ	1790、1385	草酸根	双配位	1789、1364	草酸根	双配位
Ⅱ	1652、1556、1383	一元羧酸根	双配位 单配位	1621、1561、1385	一元羧酸根 一元羧酸根	双配位 单配位

根据离子交换色谱、可见光谱和红外光谱结果，可以推测出碱度为0的糖还原铬鞣液的组成，并定量地测得各组分的含量，见表2–18至表2–21。

表2–18　碱度为0的糖还原硫酸铬鞣液的组成

组分	结　构		含量/%
Ⅰ	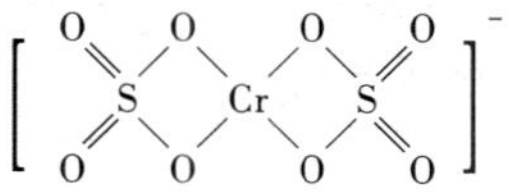 $[O_3S-O-Cr-O-SO_3]^-$		6.00
Ⅱ	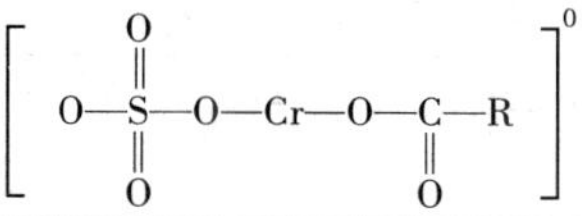 $[O_3S-O-Cr-O-C(O)R]^0$		18.89
Ⅲ	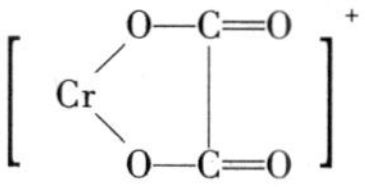 $\left[Cr\begin{matrix}O-C=O\\O-C=O\end{matrix}\right]^+$	(A)	21.99
	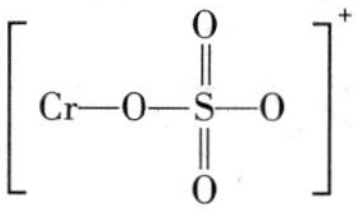 $\left[Cr-O-S(O)_2-O\right]^+$	(B)	5.84
Ⅳ	$[Cr(OCOR)]^{2+}$	(A)	0.73
	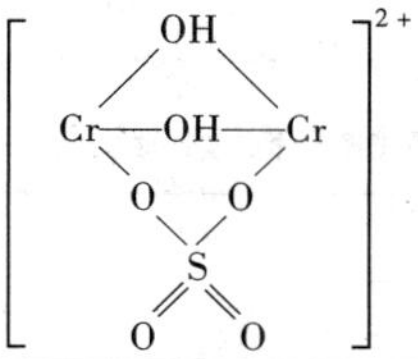 $\left[Cr\begin{matrix}OH\\O-SO_2-O\end{matrix}Cr\right]^{2+}$	(B)	3.83
Ⅴ	$[Cr(H_2O)_6]^{3+}$	(A)	10.51
	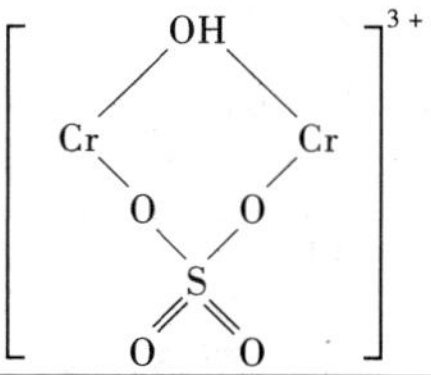 $\left[Cr\begin{matrix}OH\\O-SO_2-O\end{matrix}Cr\right]^{3+}$	(B)	29.97
Ⅵ	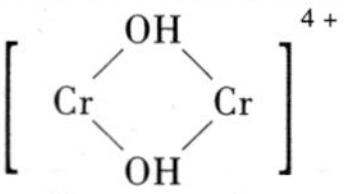 $\left[Cr\begin{matrix}OH\\OH\end{matrix}Cr\right]^{4+}$		2.22

表2–19　碱度为0的糖还原氯化铬鞣液的组成

组分	结　构		含量/%
Ⅰ	$[Cr(OCOR)_2Cl]^0$	(A)	5.87
	$[Cr(OCOR)Cl_2]^0$	(B)	
Ⅱ	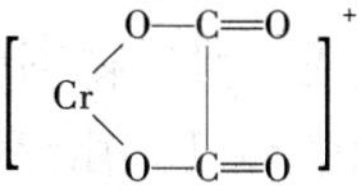 $\left[Cr\begin{matrix}O-C=O\\O-C=O\end{matrix}\right]^+$		38.95
Ⅲ	$[Cr(OCOR)]^{2+}$	(A)	6.09
	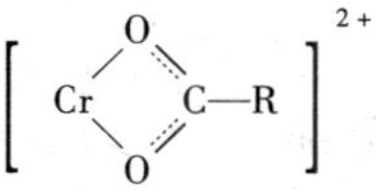 $\left[Cr\begin{matrix}O\\O\end{matrix}C-R\right]^{2+}$	(B)	8.96
Ⅳ	$[Cr(H_2O)_6]^{3+}$		40.80

表 2-20　　碱度为 0 的糖还原硝酸铬鞣液的组成

组分	结构		含量/%
Ⅰ	$\left[Cr\begin{array}{c}O-C=O\\O-C=O\end{array}\right]^+$		12.72
Ⅱ	$\left[Cr-O-\underset{\underset{O}{\parallel}}{C}-R\right]^{2+}$	(A)	8.70
	$\left[Cr\begin{array}{c}O\\O\end{array}C-R\right]^{2+}$	(B)	
Ⅲ	$[Cr(H_2O)_6]^{3+}$		77.13
Ⅳ	$\left[Cr\begin{array}{c}OH\\OH\end{array}Cr\right]^{4+}$		1.45

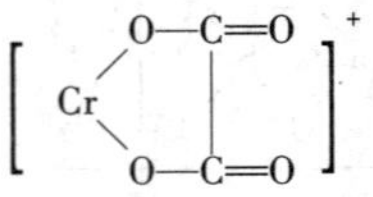

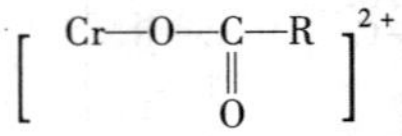

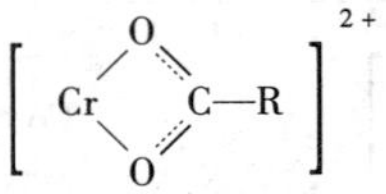

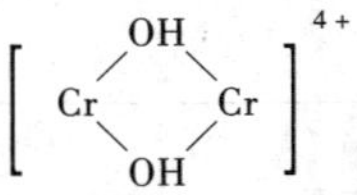

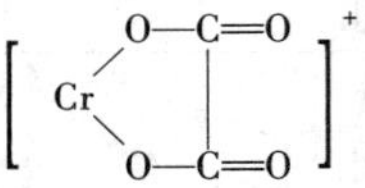

表 2-21　　碱度为 0 的糖还原高氯酸铬鞣液的组成

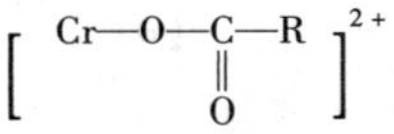

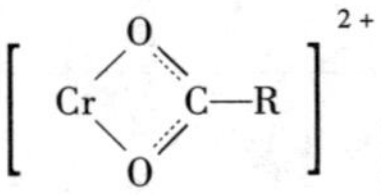

组分	结构		含量/%
Ⅰ	$\left[Cr\begin{array}{c}O-C=O\\O-C=O\end{array}\right]^+$		25.31
Ⅱ	$\left[Cr-O-\underset{\underset{O}{\parallel}}{C}-R\right]^{2+}$	(A)	4.88
	$\left[Cr\begin{array}{c}O\\O\end{array}C-R\right]^{2+}$	(B)	
Ⅲ	$[Cr(H_2O)_6]^{3+}$		69.06
Ⅳ	$\left[Cr\begin{array}{c}OH\\OH\end{array}Cr\right]^{4+}$		0.95

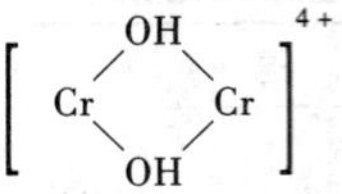

对比碱度为 0 时几种糖还原铬鞣液的组成，可以得到以下几点：

① 在硫酸铬鞣液中，按结构分有 9 个组分，其中既有阴电荷组分，又有中性电荷和阳电荷组分。SO_4^{2-} 参与配位的组分有 5 个，其中作桥键的占 2/5，此外还存在 3 个草酸根和一元羧酸根参与配位的组分。$[Cr(H_2O)_6]^{3+}$ 含量仅占 10.51%，含量最多的组分是 $[Cr(C_2O_4)]^+$ 和 $[Cr_2(OH)SO_4]^{3+}$，分别占 21.99% 和 29.97%，分布均匀。

② 在氯化铬鞣液中，按结构分有 6 个组分，+1 价电荷组分 1 个，0 价、+2 价组分 2 个，Cl^- 参与配位的组分有 2 个，草酸根、一元羧酸根配位的组分有 3 个。鞣液中

主要是小分子低电荷组分，+3价以上组分几乎没有，$[Cr(H_2O)_6]^{3+}$是主要组分，占40.80%，分布不均匀。

③ 硝酸铬鞣液中按结构分有5个组分，不存在NO_3^-配位的情况，最低电荷为+1价，最高电荷为+4价。草酸根和一元羧酸根配位的组分各1个，但含量不高，只占21.42%，$[Cr(H_2O)_6]^{3+}$占绝大部分，为77.13%，分布很不均匀。

④ 高氯酸铬鞣液中按结构分也只有5个组分，它的组成特征与硝酸铬类似，不存在ClO_4^-配位的情况，最低电荷为+1价，最高电荷为+4价。草酸根和一元羧酸根配位的2个组分只占30.19%，$[Cr(H_2O)_6]^{3+}$含量很高，为69.06%，分布很不均匀。

（二）糖还原碱度为33%的硫酸铬、氯化铬、硝酸铬和高氯酸铬鞣液的组成

1. 离子色谱特征

图2-12至图2-15是4种不同的糖还原碱度为33%的铬鞣液的阳离子交换色谱图。

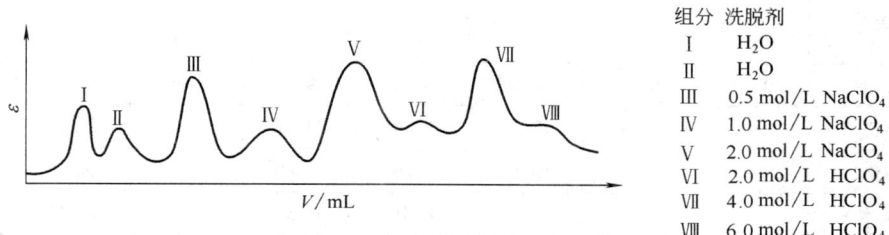

图2-12 糖还原碱度为33%的硫酸铬鞣液的阳离子色谱图

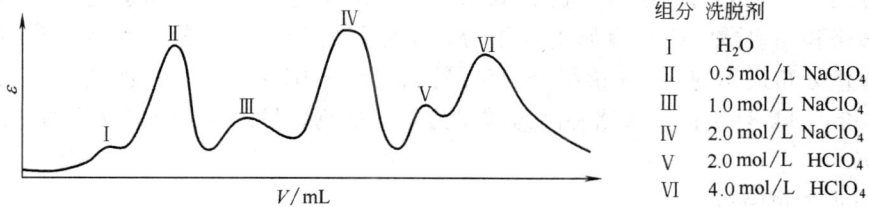

图2-13 糖还原碱度为33%的氯化铬鞣液的阳离子色谱图

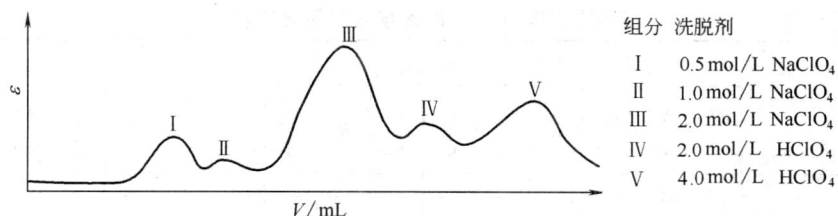

图2-14 糖还原碱度为33%的硝酸铬鞣液的阳离子色谱图

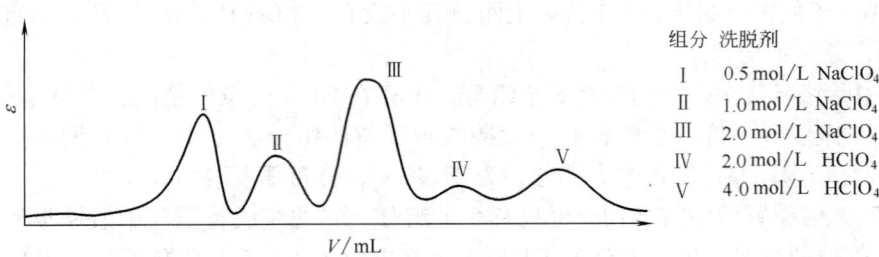

图 2-15　糖还原碱度为 33% 的高氯酸铬鞣液的阳离子色谱图

2. 组分含量

糖还原碱度为 33% 的铬鞣液各组分的铬含量见表 2-22。

表 2-22　　糖还原碱度为 33% 的铬鞣液阳离子色谱分离组分的铬含量　　单位：%

种类	电荷							
	阴性	中性	+1	+2	+3	+4	+5	+6
硫酸铬	9.70	6.80	21.30	6.32	29.63	3.65	14.65	8.73
氯化铬	—	1.04	27.19	7.99	34.81	8.97	19.94	—
硝酸铬	—	—	10.50	4.76	56.80	2.98	24.96	—
高氯酸铬	—	—	16.31	8.51	54.50	7.75	12.93	—

从图 2-12 至图 2-15 和表 2-22 看出，仍以硫酸铬鞣液的组分个数最多，有 8 个组分，氯化铬次之，为 6 个，硝酸铬和高氯酸铬最少，只有 5 个。电荷分布为硫酸铬鞣液既有阴、中性电荷的组分，也有低阳电荷和高阳电荷组分，而氯化铬无阴电荷组分，硝酸铬和高氯酸铬则只有阳电荷组分。从各组分的铬含量分布来看，硫酸铬鞣液的组分含量分布最均匀，+3 价组分含量最高，为 29.63%；氯化铬次之，最高含量的组分 +3 价占 34.81%；硝酸铬和高氯酸铬最差，最高含量的 +3 价组分分别占 56.80% 和 54.50%。

3. 可见光谱特征

表 2-23 为糖还原碱度为 33% 铬鞣液的可见光谱特征。表中 $R > 1.19$，则存在螯合键或羟桥键。

表 2-23　　　　　　　糖还原碱度为 33% 的铬鞣液可见光谱特征

电荷	硫酸铬				氯化铬				硝酸铬				高氯酸铬			
	颜色	λ_1/nm	λ_2/nm	R	颜色	λ_1/nm	λ_2/nm	R	颜色	λ_1/nm	λ_2/nm	R	颜色	λ_1/nm	λ_2/nm	R
阴性	绿紫	416	570	1.30	—				—				—			
中性	绿	420	575	1.14	蓝	414	570	1.16	—				—			
+1	紫红	416	560	1.16	紫色	419	556	1.21	紫红	417	558	1.20	紫红	417	557	1.21

续表

电荷	硫酸铬				氯化铬				硝酸铬				高氯酸铬			
	颜色	λ_1/nm	λ_2/nm	R	颜色	λ_1/nm	λ_2/nm	R	颜色	λ_1/nm	λ_2/nm	R	颜色	λ_1/nm	λ_2/nm	R
+2	蓝绿	410	575	1.20	紫蓝	417	582	1.10	紫蓝	412	577	1.01	紫蓝	412	576	1.20
+3	蓝紫	408	575	1.20	蓝紫	409	575	1.20	蓝紫	407	575	1.19	蓝紫	408	576	1.19
+4	绿	421	575	1.34	绿	420	580	1.28	绿	420	584	1.26	绿	418	580	1.24
+5	绿	425	580	1.54	绿	425	550	1.51	绿	424	585	1.50	绿	425	585	1.45

4. 红外光谱特征

表 2-24 为硫酸铬鞣液中硫酸根的红外光谱特征和配位方式。研究表明，氯化铬鞣液只有组分Ⅰ在 584cm^{-1} 处出现了 Cl$^-$ 与 Cr 配位的吸收峰，硝酸铬和高氯酸铬鞣液，各组分红外光谱图中未出现有 NO$_3^-$ 和 ClO$_4^-$ 参与配位的特征峰。

表 2-24　糖还原碱度为 33% 的硫酸铬鞣液各组分的硫酸根红外光谱特征和配位方式

特征峰	电荷			
	阴性	中性	+1	+2
吸收峰波数/cm^{-1}	1212、1146、1053、981	1206、1138、931	1201、1112、1008	1196、1092、1032、993
配位方式	双配位	单配位	单配位	双配位

4 种铬鞣液各组分有机酸根的红外光谱特征和配位方式见表 2-25。

表 2-25　糖还原碱度为 33% 的铬鞣液分离组分的有机酸根红外光谱特征和配位方式

种类		电荷			
		阴性	中性	+1	+2
硫酸铬	吸收峰波数/cm^{-1}	1713、1629、1397	1644、1398	—	1623、1392
	有机酸根	草酸根	一元羧酸根	—	一元羧酸根
	配位方式	双配位	双配位	—	双配位
氯化铬	吸收峰波数/cm^{-1}	—	1622、1401	1708、1684、1403	1624、1410
	有机酸根	—	一元羧酸根	草酸根	一元羧酸根
	配位方式	—	单配位	双配位	单配位
硝酸铬	吸收峰波数/cm^{-1}	—	—	1789、1384	1620、1558、1384
	有机酸根	—	—	草酸根	一元羧酸根
	配位方式	—	—	双配位	双配位和单配位
高氯酸铬	吸收峰波数/cm^{-1}	—	—	1710、1689、1403	1654、1640、1402
	有机酸根	—	—	草酸根	一元羧酸根
	配位方式	—	—	双配位	双配位

根据离子交换色谱、可见光谱和红外光谱特征，所得到的糖还原碱度为33%的铬鞣液各组分见表2-26至表2-29。

表2-26　　糖还原碱度为33%的硫酸铬鞣液的组成

组分	结构		含量/%
Ⅰ	$[Cr(C_2O_4)_2]^-$ (三草酸根结构)	(A)	7.47
Ⅰ	$[Cr(SO_4)_2]^-$ (双硫酸根结构)	(B)	2.23
Ⅱ	$[O_3S-O-Cr-O_2C-R]^0$		6.80
Ⅲ	$[Cr-O-SO_3]^+$		21.30
Ⅳ	$[Cr(O_2C-R)]^{2+}$	(A)	0.51
Ⅳ	$[Cr_2(OH)_2(SO_4)]^{2+}$	(B)	5.81
Ⅴ	$[Cr(H_2O)_6]^{3+}$	(A)	8.30
Ⅴ	$[Cr_2(OH)(SO_4)]^{3+}$	(B)	21.33
Ⅵ	$[Cr_2(OH)_2]^{4+}$		3.65
Ⅶ	$[Cr_3(OH)_4]^{5+}$		14.65

续表

组分	结构	含量/%
Ⅷ	$\left[\begin{array}{c}\text{OH}\quad\text{OH}\quad\text{OH}\\ \text{Cr}\quad\text{Cr}\quad\text{Cr}\quad\text{Cr}\\ \text{OH}\quad\text{OH}\quad\text{OH}\end{array}\right]^{6+}$	8.73

表 2-27　糖还原碱度为 33% 的氯化铬鞣液的组成

组分	结构	含量/%
Ⅰ	$[\text{Cr}(\text{OCOR})_2\text{Cl}]^0$ （A） $[\text{Cr}(\text{OCOR})\text{Cl}_2]^0$ （B）	1.04
Ⅱ	$\left[\text{Cr}\begin{array}{c}\text{O—C=O}\\ \text{O—C=O}\end{array}\right]^+$	27.19
Ⅲ	$[\text{Cr}(\text{OCOR})]^{2+}$	7.99
Ⅳ	$[\text{Cr}(\text{H}_2\text{O})_6]^{3+}$	34.81
Ⅴ	$\left[\text{Cr}\begin{array}{c}\text{OH}\\ \text{OH}\end{array}\text{Cr}\right]^{4+}$	8.97
Ⅵ	$\left[\begin{array}{c}\text{OH}\quad\text{OH}\\ \text{Cr}\quad\text{Cr}\quad\text{Cr}\\ \text{OH}\quad\text{OH}\end{array}\right]^{5+}$	19.94

表 2-28　糖还原碱度为 33% 的硝酸铬鞣液的组成

组分	结构	含量/%
Ⅰ	$\left[\text{Cr}\begin{array}{c}\text{O—C=O}\\ \text{O—C=O}\end{array}\right]^+$	10.50
Ⅱ	$\left[\text{Cr—O—C—R}\atop{\quad\;\;\;\|\atop\quad\;\;\;\text{O}}\right]^{2+}$ （A） $\left[\text{Cr}\begin{array}{c}\text{O}\\ \text{O}\end{array}\text{C—R}\right]^{2+}$ （B）	4.76
Ⅲ	$[\text{Cr}(\text{H}_2\text{O})_6]^{3+}$	56.80
Ⅳ	$\left[\text{Cr}\begin{array}{c}\text{OH}\\ \text{OH}\end{array}\text{Cr}\right]^{4+}$	2.98
Ⅴ	$\left[\begin{array}{c}\text{OH}\quad\text{OH}\\ \text{Cr}\quad\text{Cr}\quad\text{Cr}\\ \text{OH}\quad\text{OH}\end{array}\right]^{5+}$	24.96

表 2-29　　　　　　　糖还原碱度为 33% 的高氯酸铬鞣液的组成

组分	结构	含量/%
I	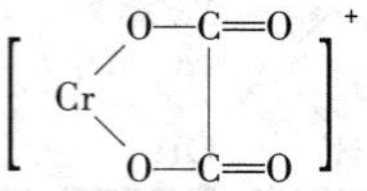 $\left[Cr\begin{smallmatrix}O-C=O\\O-C=O\end{smallmatrix} \right]^{+}$	16.31
II	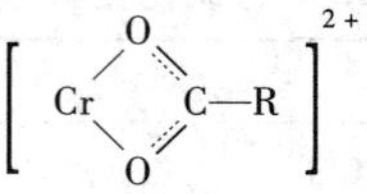 $\left[Cr\begin{smallmatrix}O\\O\end{smallmatrix}C-R \right]^{2+}$	8.51
III	$[Cr(H_2O)_6]^{3+}$	54.50
IV	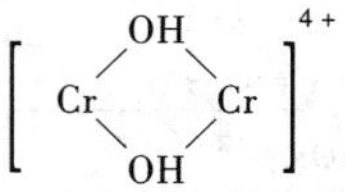 $\left[Cr\begin{smallmatrix}OH\\OH\end{smallmatrix}Cr \right]^{4+}$	7.75
V	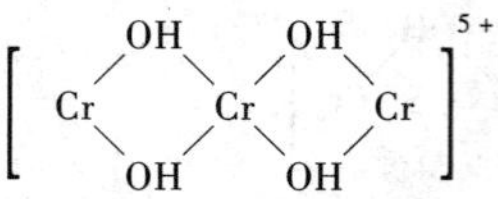 $\left[Cr\begin{smallmatrix}OH\\OH\end{smallmatrix}Cr\begin{smallmatrix}OH\\OH\end{smallmatrix}Cr \right]^{5+}$	12.93

由以上几种铬鞣液的组成及各组分的含量分布看出，对于糖还原碱度为 33% 的铬鞣液的组成特征可概括如下：

① 在硫酸铬鞣液中，按结构分有 11 个组分，组分个数最多，组分的电荷最低为 -1 价，最高为 +6 价。SO_4^{2-} 配位的组分有 5 个，其中 SO_4^{2-} 作桥键的占 40%，另外还有 3 个草酸根或一元羧酸根配位的组分。鞣液中存在大量的低电荷小分子组分，-1、0、+1、+2、+3 价组分共占 73.75%。$[Cr(H_2O)_6]^{3+}$ 含量很少，只有 8.30%，含量最多的组分为 $[Cr_2(OH)(SO_4)]^{3+}$，占 21.33%。而四核大分子只占 8.73%，接近 10%，与一般认为的碱度为 33% 的铬鞣液鞣制的革只有 10% 为双点交联相吻合。一般认为只有四核或四核以上的大分子才能与胶原羧基发生双点交联。

② 在氯化铬鞣液中，按结构分存在 7 个组分，Cl^- 参与配位的组分只有 1 个，量很少，仅占 1%，还有 3 个草酸根或一元羧酸根配位的组分，但酸根配位的组分一共只占 36.22%。与糖还原碱度为 0 时不同的是 +4 价以上组分增加到 28.91%，$[Cr(H_2O)_6]^{3+}$ 含量仍最多，占 34.81%，不存在阴电荷组分。

③ 在硝酸铬鞣液中，按结构分存在 6 个组分，最低电荷为 +1 价，最高电荷为 +5 价。+4 价和 +5 价电荷组分比糖还原碱度为 0 时增加 26.49%。不存在 NO_3^- 配位的组分，草酸根和一元羧酸根配位的组分只有 2 个，且含量不高，只占 15.26%，$[Cr(H_2O)_6]^{3+}$ 含量最高，占 56.80%。

④ 在高氯酸铬鞣液中，按结构分有 5 个组分，与硝酸铬类似，不存在 ClO_4^- 配位的组分，草酸根和一元羧酸根配位的组分也只有 2 个，共占 24.82%，$[Cr(H_2O)_6]^{3+}$

含量很高，占 54.50%。

三、铬鞣液组成与鞣制性能的关系

(一) 碱度为 0、33% 的硫酸铬、氯化铬、硝酸铬鞣液组成的差异

在硫酸铬鞣液中，由于 SO_4^{2-} 进入配合物内界与 Cr^{3+} 配位形成单点、双点配位或形成桥键的能力比 Cl^-、NO_3^- 强，所以鞣液中组分个数最多（一般 7~9 个），低电荷分子多，组分分子大小、电荷及组分含量分布都均匀；氯化铬次之，组分个数较少（一般 5~6 个）；硝酸铬鞣液组分个数最少（4~5 个），鞣液中大分子高电荷组分最多，组分分子大小、电荷及组分含量分布最不均匀。

当鞣液碱度由 0 升高到 33% 时，几种铬鞣液中的组分都增多，而且都表现出低电荷组分含量有所下降，高电荷组分有所增加，水合铬配离子减少，符合碱度升高水解配聚加快，大分子增多的规律。但不同的是硫酸铬鞣液在加碱时也是中等大小的分子较多，+1、+2、+3 价电荷的组分共占 52.08%，整个组分分子大小仍比较均匀，变化较缓慢；而氯化铬和硝酸铬鞣液在加碱时，高电荷组分增加，特别是 +4 价以上的多核大分子配合物增加较多，分别增加到 68.45% 和 60.02%，而那些低电荷的组分特别是含有酸根的组分很少，鞣液中组分电荷高、分子大，变化急剧。

在硫酸铬鞣液中，水合铬配离子 $[Cr(H_2O)_6]^{3+}$ 最少，碱度为 0、33% 时分别占 13.60% 和 8.87%；而氯化铬鞣液中 $[Cr(H_2O)_6]^{3+}$ 含量较高，分别为 55.94% 和 28.86%；硝酸铬鞣液中 $[Cr(H_2O)_6]^{3+}$ 含量最多，分别为 70.36% 和 39.38%。

(二) 糖还原碱度为 0、33% 的硫酸铬、氯化铬、硝酸铬和高氯酸铬鞣液组成的差异

糖还原铬鞣液中，仍以硫酸铬鞣液组分最多，硫酸根、草酸根及一元羧酸根配位的组分最多，配位方式也多样化，既有单点、双点，也有桥联和混配位，低电荷组分多，分子大小适中，各组分含量也未发现有特别偏高的现象，因此硫酸铬鞣液组分的电荷、分子大小及各组分含量分布最均匀；氯化铬鞣液次之，硝酸铬和高氯酸铬鞣液最差，组分个数最少，不存在 NO_3^- 和 ClO_4^- 配位的组分，分子大小、电荷及各组分含量分布最不均匀。

当糖还原铬鞣液碱度从 0 升高到 33% 时，硫酸铬鞣液中虽阴电荷和中性电荷组分含量有所减少，+4 价以上高电荷组分有所增加，但高电荷组分增加不多，却使鞣液的组成更加多样化。组分个数增加了 2 个，鞣液组分分子大小、电荷及各组分的含量更趋于均匀；对于糖还原碱度为 33% 的氯化铬鞣液，组分个数只增加了 1 个，虽然 +4 价以上高电荷组分也有所增加，但鞣液中 $[Cr(H_2O)_6]^{3+}$ 组分的含量在各组分中一直处于最高 (34.81%)，占 1/3 以上；糖还原硝酸铬和高氯酸铬鞣液当碱度升高时组分个数也都只增加了 1 个，低电荷组分都有所减少，+4 价以上高电荷组分有所增多，但鞣液中 $[Cr(H_2O)_6]^{3+}$ 组分的含量也都一直处于最高（分别为 56.80% 和 54.50%），占 1/2 以上。符合碱度升高，分子变大、增多的规律。

糖还原硫酸铬鞣液的 $[Cr(H_2O)_6]^{3+}$ 含量最少，碱度为 0、33% 时分别只占 10.51%

和8.30%；氯化铬次之，分别为40.80%和34.81%；硝酸铬和高氯酸铬中含量最多（硝酸铬分别为77.13%和56.80%，高氯酸铬分别占69.06%和54.50%）。

（三）碱度相同时，糖还原铬鞣液和非糖还原铬鞣液组成的差异

碱度为33%时，硫酸铬鞣液中按结构计有9个组分，SO_4^{2-}参与配位的组分共占46.36%，+4价以上高电荷组分共占42.68%；而糖还原硫酸铬鞣液中按结构计有11个组分，SO_4^{2-}及草酸根、一元羧酸根参与配位的组分共占65.45%，+4价以上高电荷组分共占27.03%。因此，可以看出：碱度为33%时，糖还原硫酸铬鞣液比非糖还原硫酸铬鞣液组分个数多2个，而且由于糖还原铬鞣液中除了存在SO_4^{2-}配位外，还有部分有机酸根参与配位，一元羧酸根以单点或双点与铬发生配位，草酸根以双点与铬发生配位，使溶液中的组成更加多样化，组分电荷和分子大小更趋于均匀。此外，非糖还原的铬鞣液中含量最高的组分占29.97%，而糖还原铬鞣液中含量最高的组分只占21.33%，比非糖还原的要低，这也充分说明糖还原的铬鞣液比非糖还原的铬鞣液组分含量分布更均匀。

对于氯化铬、硝酸铬和高氯酸铬，糖还原与非糖还原鞣液组成的差异与硫酸铬变化趋势类同。因此，可以得出结论：糖还原铬鞣液比非糖还原铬鞣液组成复杂，内界组成中因存在有机酸根配位，使电荷降低，分子变小，所以糖还原铬鞣液比非糖还原铬鞣液组分更多，分子大小、电荷及组分含量分布更均匀。

（四）铬鞣液组成与鞣制性能的关系

鞣革实验表明：硫酸铬液鞣革的收缩温度最高，可达100℃以上，革柔软丰满，弹性好；氯化铬次之，仅为90℃左右；硝酸铬和高氯酸铬鞣革的收缩温度最低，分别为75℃和70℃，革柔软丰满，弹性最差。糖还原铬鞣液鞣革的收缩温度均高于相应的非糖还原铬鞣液的收缩温度。

通过前面的对比分析可以得到：正是由于几种铬鞣液的组成特征不相同才使它们的鞣制性能差别很大。硫酸铬鞣液之所以鞣性好就是因为其组分分子大小均匀，特别是中等大小的分子较多，电荷较低的分子较多，特别是用葡萄糖还原的硫酸铬液，大都为中小分子，内界组成中既含有OH^-、H_2O，又含有SO_4^{2-}和有机酸根，SO_4^{2-}和有机酸根又具有蒙囿作用，使组分更加多样化。铬鞣时是阳电荷铬配合物与胶原羧基反应，电荷低、分子小，有利于铬配合物向皮内渗透迅速而均匀，结合缓慢，提碱时小分子变成大分子，电荷增高，结合力增强。由于渗透均匀，结合也均匀，表现在成革柔软丰满，弹性好，收缩温度可高达100℃以上。而氯化铬鞣液组成中，分子大、电荷高的组分多，鞣制时铬配位化合物与皮表面的胶原羧基结合快，使渗透不均匀，表面结合多，而内部结合少，特别是鞣液中水合铬配离子较多，即使糖还原碱度33%的氯化铬液，水合铬配离子也较多，而它是没有鞣性的，所以氯化铬鞣成的革收缩温度仅90℃左右，革柔软丰满，弹性较差。硝酸铬和高氯酸铬鞣液的组分个数比氯化铬液更少，高电荷的大分子组分更多，水合铬配离子的含量更高，占一半，所以更不易渗透和结合均匀，鞣性更差，收缩温度仅为75℃和70℃左右，革柔软丰满，弹性更差。

因此，铬鞣液的组成与鞣制性能有着十分密切的关系，硫酸铬鞣液，特别是糖还

原的硫酸铬鞣液鞣性最好,这是由其组成特征决定的。

根据鞣液组成对鞣性的影响规律,在开发研制优质鞣剂时,可合理地提出鞣剂分子的研究方法。如根据上述结果研制的 KMC 系列(A、B、C 型)自动提碱蒙囿铬鞣剂和 KRC 高吸收铬鞣剂的鞣制实验表明鞣革性能优良,已在国内得到广泛使用。

第三节 鞣剂的改性

一、无机鞣剂改性的途径

无机鞣剂改性的途径很多,主要有两个:一个是引入新的配体,一个是将同核配合鞣剂改变为异核配合鞣剂,即

$$
\text{无机鞣剂改性的途径} \begin{cases} \text{改变配体} \begin{cases} \text{改变无机配体} \\ \text{引入有机配体} \begin{cases} \text{引入小分子有机配体} \\ \text{引入大分子有机配体} \end{cases} \end{cases} \\ \text{将同核配合鞣剂改为异核配合鞣剂} \end{cases}
$$

(一) 改变无机配体

从前述光谱化学序列可知,SO_4^{2-}、Cl^-、NO_3^-、ClO_4^- 的配位能力依次为 SO_4^{2-} > Cl^- > NO_3^- > ClO_4^-,所以 NO_3^- 可以取代 ClO_4^- 而改变高氯酸铬鞣液性质,Cl^- 能取代 NO_3^- 和 ClO_4^- 而改变硝酸铬和高氯酸铬鞣液性质,而 SO_4^{2-} 则能取代 Cl^-、NO_3^-、ClO_4^- 而改变氯化铬、硝酸铬和高氯酸铬鞣液的性质。这种配位取代能力的大小在皮革上就是蒙囿能力的大小,SO_4^{2-} 不仅配位能力比 Cl^-、NO_3^-、ClO_4^- 强,且最大特点还是成桥键能力比 Cl^-、NO_3^-、ClO_4^- 强,所以 SO_4^{2-} 对铬鞣液组成的影响最大,硫酸铬鞣液鞣性最好。常见商品铬鞣剂均是碱式硫酸铬,如 KC,四川大学研制,广东新会皮化厂等生产;Chromosal B,德国 Bayer 公司产品;Chromitan B. 德国 BASF 公司产品,这些鞣剂主要用于主鞣。

KC、Chromosal B、Chromitan B 等均是硫酸盐蒙囿的铬鞣粉剂。由于大量硫酸盐蒙囿,故鞣制初期溶解于水,全是阴离子型配合物,并在室温下几小时内即转化为鞣性优良的阳离子铬配合物,如加热或加水稀释转化速度加快。由于阴离子型配位化合物鞣性甚微,因而可以迅速而均匀地渗透入皮内,然后与胶原活性基发生交联,完成鞣制过程。

硫酸盐蒙囿的阴离子型配位化合物粉剂溶于水时,对碱有良好的稳定性。研究表明,用等量碱滴定这种阴铬配位化合物不会发生沉淀,但足以使等量的这种阳铬配合物鞣剂发生沉淀。这说明它的耐碱能力比阳铬配合物强。

这类鞣剂适合于无浴(液比 0.2~0.3)或少浴(液比 0.5~0.8)鞣,鞣制初期即可加入。这些鞣剂含 Cr_2O_3 约 26%,含 Na_2SO_4 约 24%,Cr_2O_3 与 Na_2SO_4 之比约为 1:1。

下面为这种阴铬配合物向阳铬配合物转变的示意图:

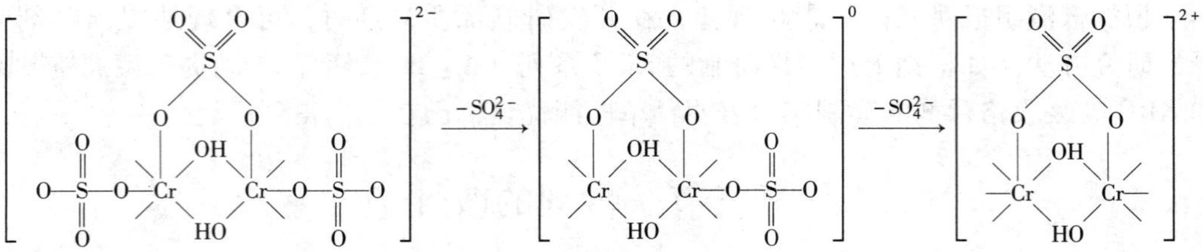

锆鞣剂有中国湖南水口山冶炼六厂生产的 $Zr(SO_4)_2 \cdot 4H_2O$，德国 Bayer 公司的 Blancorol ZB 31 和作为铝鞣剂的 $Al_2(SO_4)_3 \cdot 18H_2O$、$KAl(SO_4)_2 \cdot 12H_2O$ 等。它们也都是硫酸盐蒙囿的。

（二）引入有机配体

1. 引入小分子有机配体

所谓小分子有机配体主要是指下列常用有机羧酸：

一元羧酸：甲酸、乙酸、丙酸、丁酸等；

二元羧酸：草酸、丙二酸、丁二酸、戊二酸、富马酸（反丁烯二酸）、马来酸（顺丁烯二酸）等；

羟基羧酸：一羟基羧酸（乳酸等）、二羟基羧酸（酒石酸等）、多羟基羧酸（柠檬酸、三羟基戊二酸等）；

芳香族羧酸：邻苯二甲酸、对苯二甲酸、磺化苯二甲酸等。

若将这些小分子有机配体分别或组合加入到铬、铝液或锆液中，小分子有机配体进入铬、铝、锆配合物内界，取代不稳定的 H_2O 或酸根，形成具有 H_2O、OH^-、酸根（包括无机酸根）的新型配位化合物，从而改变了整个鞣液的组成、分子大小、电荷和组分含量以及水合铬配离子含量等，改变鞣液的鞣制性能。在这方面各国化学化工专家和制革化学家做了许多工作，成果卓著，许多产品已商品化、国际化。如我国四川大学研制成功的 KMC、KRC 系列铬鞣粉剂就是小分子有机配体等与铬科学配制而成的，其技术指标见表 2-30。

表 2-30　　　　　　　　　KMC、KRC 系列铬鞣粉剂技术指标

项目	KMC 系列铬鞣粉剂（自碱化蒙囿）	KRC 系列铬鞣粉剂（高吸收）
Cr_2O_3 含量/%	±22	19~21
盐基度/%	40~45	40~45
外观	绿色粉末状固体	绿色粉末状固体

KMC、KRC 鞣剂国内已有多家皮革化工厂生产，如四川亭江新材料股份有限公司、浙江海宁和平化工有限公司、浙江海宁兄弟科技股份有限公司、四川绵阳安剑皮革化工有限公司等。

KMC 型系列鞣剂为自动碱化型和具有蒙囿作用的铬鞣粉剂，有良好的缓冲性能。鞣剂溶于水后组分多，分子大小、电荷和组分含量分布均匀，水合铬配离子少。鞣制

初期主要为带负电荷或不带电的小分子配合物，有利于均匀渗透，鞣制中后期主要是带阳电荷的大分子配合物，有利于结合。经 KMC 鞣剂鞣制的革，粒面细致，革身平整，柔软丰满，弹性好，颜色浅淡，均匀一致。鞣制过程不需添加蒙囿剂，不需提碱，省工、省时、省料。适用于一切需铬鞣的革和毛皮的鞣制，尤其是中高档革的鞣制。

通过离子色谱分离、紫外可见、红外光谱和组分含量测定，KMC 鞣剂刚溶于水时有下列组分（未加提碱剂）：

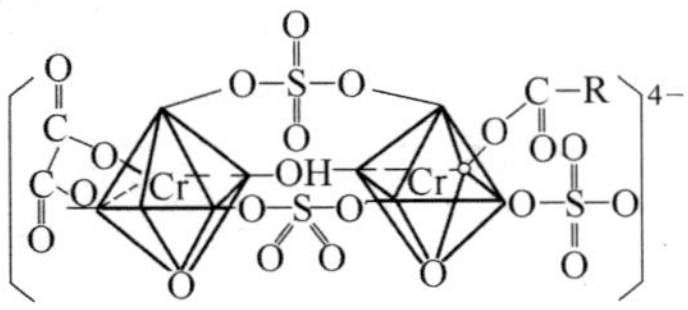

12.07% 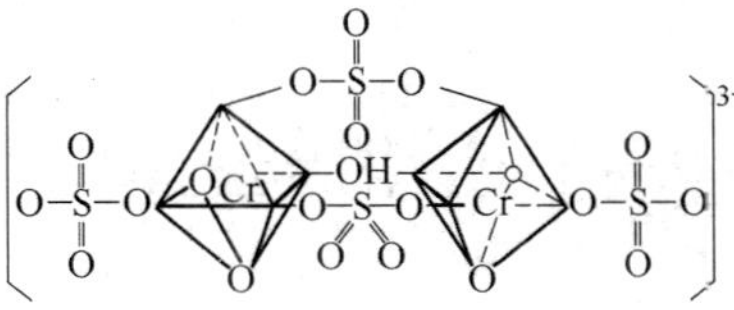　　　　　12.92% 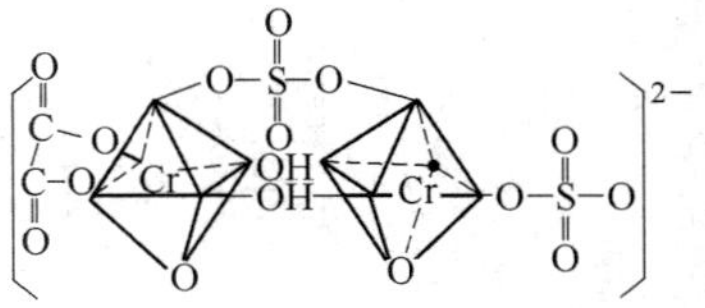　　　　　13.22%

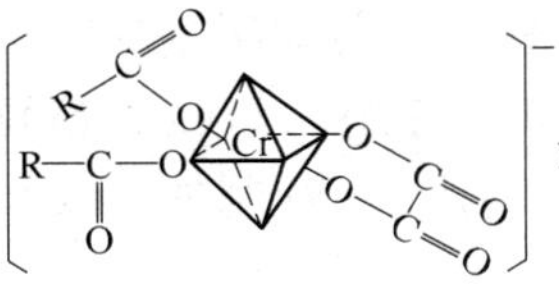

14.24%　　　　　14.24% 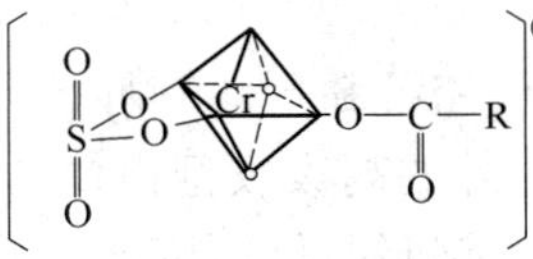　　　　　28.13%

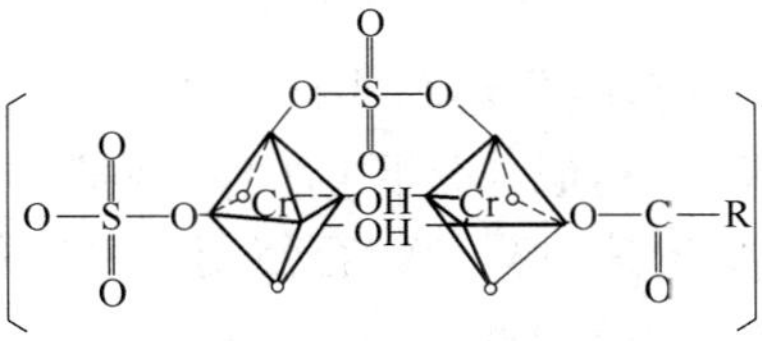

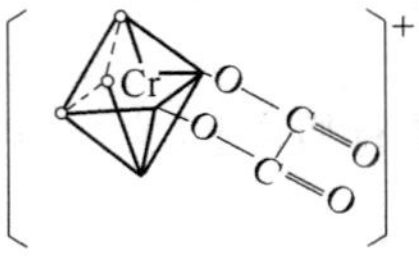

12.32% 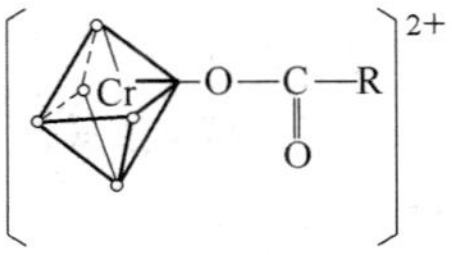　　　　　6.65%

各组分分布均匀，且 80% 以上为阴、中性电荷，故鞣制极利于渗透，很适于少浴或无浴鞣制。

下列组分是 KMC 鞣剂溶于水后 6h 测得的。在渗透过程中配合物逐步水解，分子变大，发生交联结合，有 60% 转化为阳铬配合物。鞣制时随着碱度的提高（自碱化或鞣制中、后期提碱），配位化合物组分由阴、中性配位化合物向阳性配位化合物转化，且核增多，分子变大，逐步完成交联缝合的鞣制作用。

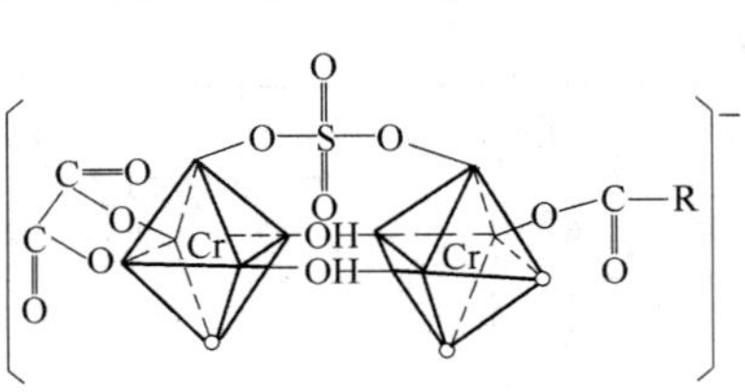

18.54% 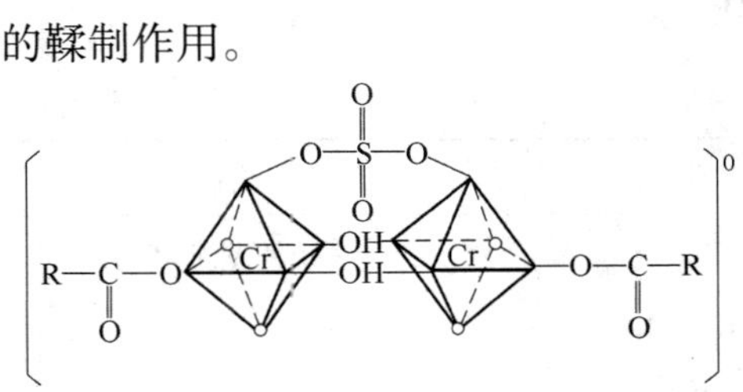　　　　　　　　　　　31.92%

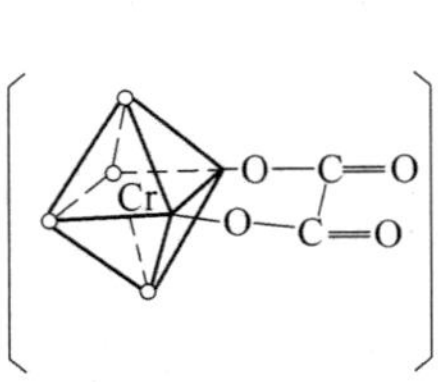

13.32% 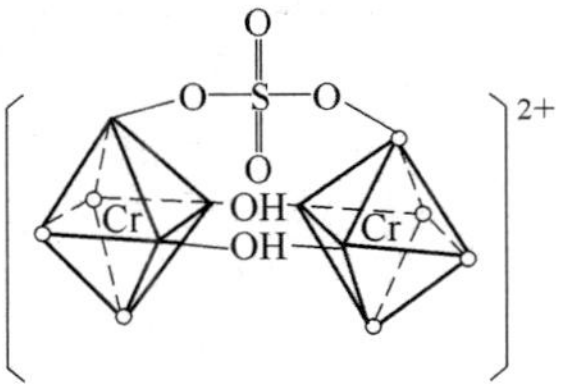　　　　　11.08% 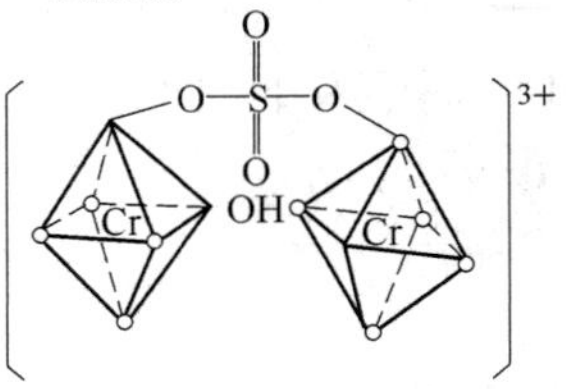　　　　　5.91%

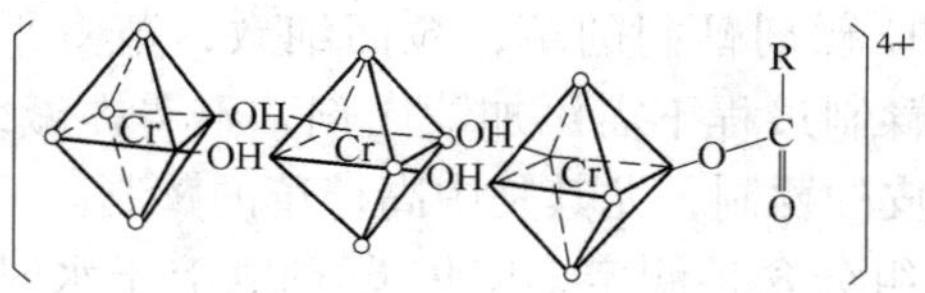

6.53%

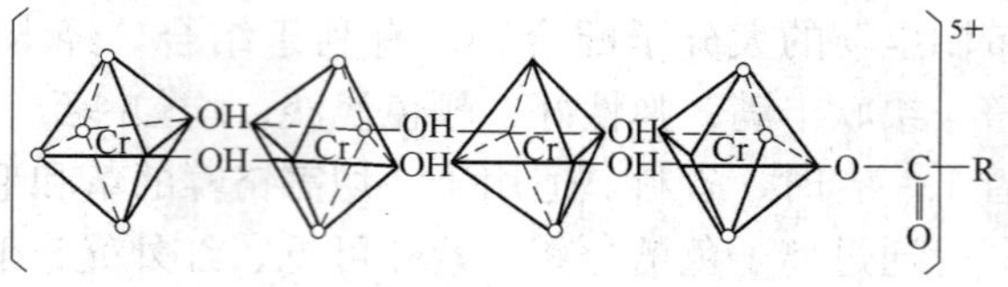

5.91%

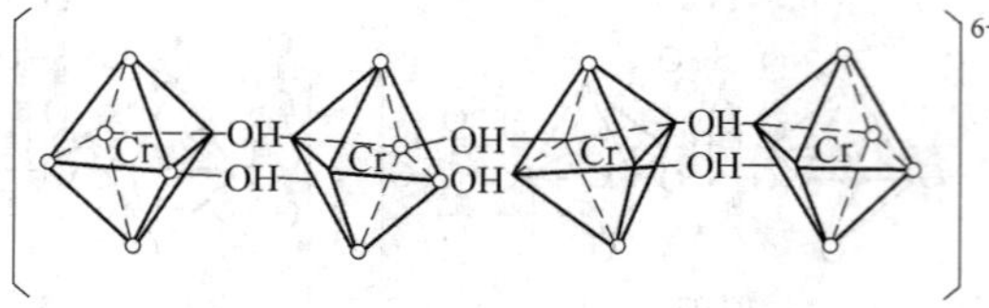

6.48%

KRC 型高吸收铬鞣粉剂有自碱化型和非自碱化型两类,是四川大学研制成功的新一代铬鞣粉剂。其性能与 KMC 类似,是目前国内外唯一可单独使用的高吸收铬鞣剂(国外的高吸收型铬鞣剂均要与其他鞣剂配合使用,不能单独使用)。鞣制的革柔软丰满,铬吸收好。废液中 Cr_2O_3 含量很低,一般为 $0.3 \sim 0.5 g/L$。

国外与 KMC 类似的鞣剂有:Baychrom F. BF. CL(德国 Bayer 公司产品);Chromitan FM. FMS(德国 BASF 公司产品)。

国内天津皮革化工厂等生产 747# 铝鞣剂,是有机蒙囿的,可用于绒面革等的复鞣。

2. 引入大分子有机配体

大分子有机配体是指由小分子有机配体如苯酚、磺化苯、萘磺酸、苯二甲酸、甲醛、脲等缩合或聚合而成。这些大分子有机化合物通常称为合成鞣剂,某些合成鞣剂再与 Cr^{3+}、Al^{3+} 等复配而成含铬或含铝合成鞣剂,例如四川大学等研制成功的 SM、SRT。

SM 鞣剂是以苯酚为原料合成的 4,4′ - 二羟基二苯砜,经羟甲基、磺甲基化、缩合、配位化合而成的有机金属配位化合鞣剂,类似 Tannesco H 鞣剂。其技术指标见表 2 – 31。

表 2 – 31　　　　　　　　　　　SM 鞣剂技术指标

项目	指标	项目	指标
外观	绿色黏稠浆状物	溶解性	易溶于水
pH(1:10)	3.5	Cr_2O_3 含量/%	>5
固含量/%	≥45		

SM 鞣剂中有下列组分:

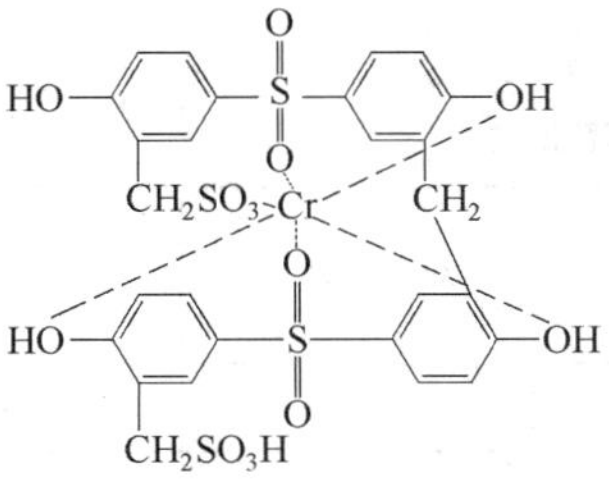

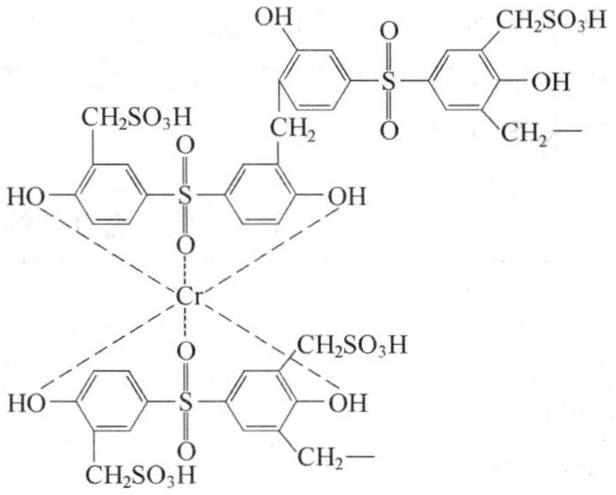

SRT 也是芳香砜桥型缩合物。由苯酚合成 4,4′-二羟基二苯砜,再与萘磺酸、甲醛、脲等在酸性水溶液中反应,得到均相水溶性共聚物。其组分如下,技术指标见表 2-32。

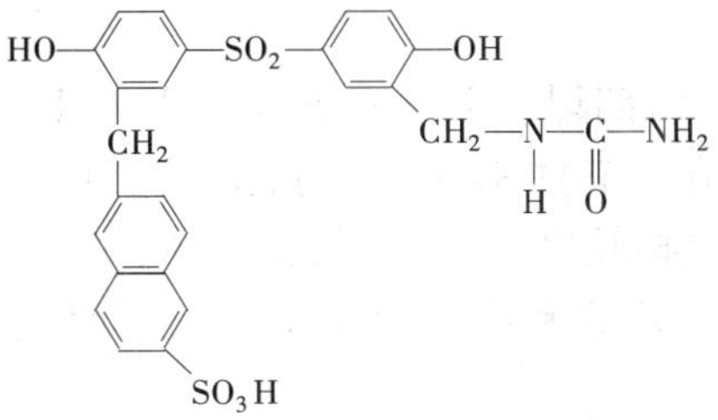

表 2-32　SRT 鞣剂技术指标

项目	指标
外观	灰绿色浆状物
固含量/%	>45
pH(1:10)	3.5
Cr_2O_3 含量/%	±12

不加金属离子时,SRT 是一种耐光性的白色合成鞣剂,适用于白色革复鞣,加入金属离子铬等以后,复合成含铬合成鞣剂,主要用于复鞣。类似产品国内还有丹东轻化工研究所的 DLT-15(与 Tannesco H 鞣剂相似)。

在国外,这类鞣剂很多,如瑞士 Ciba-Geigy 公司生产的 Tannesco H,德国 Bayer 公司生产的 Tanigan CV、Baychrom CH 系列、Blancorol RN、RA,德国 BASF 公司的 Basyntan CD,法国库尔曼公司的 Synektan NCR 等,复鞣效果都较好。

(三) 改同核为异核配位化合物鞣剂

在铬鞣液中科学地加入锆或铝盐,或将两种或两种以上有鞣性的金属盐科学地配制在一起,就有可能制成异核配合鞣剂。例如铬与铝、铬与锆、锆与铝,在条件适当时,可以分别配制成 Cr—Al、Cr—Zr 和 Zr—Al 异核配合鞣剂。

1. 含小分子有机配体的异核配合鞣剂

异核配合鞣剂比单独的铬、锆或铝鞣剂有更多的优点。例如以铬为主的 Cr—Al 异核鞣剂鞣制的革既有铬鞣革柔软丰满、收缩温度高、耐水洗能力强的优点,又有铝鞣革粒面细致、革身柔软、绒毛紧密均匀的优点,整个革身柔软丰满,粒面细致平整,颜色浅淡,绒毛细致均匀。铬盐吸收好,且可节约代替红矾 30% 左右,废液中 Cr_2O_3 含量比纯铬鞣低 30%~40%。以铝为主的 Cr—Al 异核鞣剂复鞣的革粒面细致、平整,绒毛细致均匀,色泽浅淡,很适合于绒面革的复鞣和染色。铬与锆配制的鞣剂兼有两者的优点,但又不是简单地加合。Cr—Zr 异核鞣剂复鞣的革柔软丰满,边腹部位填充性好,部位差小,边腹部位利用率高。现国内外都有大量异核鞣剂产品可供使用,如以铬为主的铬铝鞣剂 KMCA 和以铝为主的铬铝鞣剂 KMAC、Blancorol AC 和 Lutan CR 等。其中 KMCA 和 KMAC 均为轻度蒙囿的国产产品，由四川大学研制成功。几种异核配合鞣剂的技术指标见表 2–33。

表 2–33　　　　　几种异核配合鞣剂的技术指标　　　　　单位：%

鞣剂	Cr_2O_3 含量	Al_2O_3 含量	盐基度
KMCA 系列	14	4~5	35~38
KMAC 系列	4~7	14	20 左右
Blancorol AC（德国 Bayer 公司）	7	14	约 50
Lutan CR（德国 BASF 公司）	3~5	13~5	约 20

KMCA 系列鞣剂可用作主鞣，KMAC、Blancorol AC、Lutan CR 等主要用作各种绒面革和浅色革的复鞣。

Cr—Zr—Al 多金属配合鞣剂 KR 系列产品，由四川大学研究成功，已由四川什邡亭江化工厂等厂生产，广泛用于猪正面革和反绒革、正绒服装革、猪正软鞋面革、猪软包袋革、摔纹包袋革、猪沙发革、猪修面革（包括软修面革）、猪正面革；牛正面革和牛反绒面服装革、牛软修面革；山羊面革、山羊软革和山羊服装革；绵羊服装革等的复鞣。目前由于成本较高，还较少用于主鞣。

KR 系列鞣剂分 A、B、C 三型，B 型为 A 型的自碱化型。其技术指标见表 2–34。

表 2–34　　　　　KR 系列鞣剂技术指标

鞣剂	A 型	C 型
外观	浅绿色粉末	浅绿色粉末
Cr_2O_3 含量/%	8	12
盐基度/%	40 左右	40 左右
总固体/%	>92	>92
溶解性	易溶于水	易溶于水

2. 含大分子有机配体的异核配合鞣剂

含大分子有机配体的异核鞣剂，是两种或两种以上的金属离子与合成鞣剂等作用而成，例如我国四川大学研制的 SIT 即是由二羟基二苯砜（双酚 S）及其含氧衍生物经磺化、缩合，与 Cr—Al 异核配合物复合而成。复鞣的革丰满、柔软、紧实，粒面细致，色泽饱满。

二、无机鞣剂改性的实质

（一）改变无机配体或引入有机配体的实质

络合鞣剂中改变无机配体和引入有机配体的实质就是配体进入铬、锆、钛、铁、稀土等配合物内界取代 H_2O 或酸根与中心离子配位发生蒙圉作用而形成新的配位化合物，因而配位化合鞣剂具有新的性质。例如，碱度33%的碱式氯化铬液的组成中含有5个组分，分别是：$[CrCl_2]^+$ 0.10%，$[CrCl]^{2+}$ 2.57%，$[Cr(H_2O)_6]^{3+}$ 28.86%，

$$\left[\begin{array}{c}\text{OH}\\ \text{Cr}\quad\text{Cr}\\ \text{OH}\end{array}\right]^{4+} 9.57\%,\quad \left[\begin{array}{c}\text{OH}\quad\text{OH}\\ \text{Cr}\quad\text{Cr}\quad\text{Cr}\\ \text{OH}\quad\text{OH}\end{array}\right]^{5+} 58.88\%$$

等；当加入适量的中性盐 Na_2SO_4 后，其组成变为：

$$\left[\begin{array}{c}O\;\;\;O\quad O\;\;\;O\\ S\quad Cr\quad S\\ O\;\;\;O\quad O\;\;\;O\end{array}\right]^- 2.93\%,\quad \left[\begin{array}{c}O\\ O-S-O-Cr-OH\\ O\end{array}\right] 2.32\%,$$

$$\left[\begin{array}{c}O\\ Cr-S-O\\ O\end{array}\right]^+ 11.02\%,\quad [Cr-OH]^{2+} 2.10\%,\quad \left[\begin{array}{c}\text{OH}\\ Cr-OH-Cr\\ SO_4\end{array}\right]^{2+} 24.18\%,\quad [Cr(H_2O)_6]^{3+}$$

8.87%，$\left[\begin{array}{c}\text{OH}\\ Cr\quad Cr\\ SO_4\end{array}\right]^{3+}$ 5.91%，$\left[\begin{array}{c}\text{OH}\\ Cr\quad Cr\\ \text{OH}\end{array}\right]^{4+}$ 12.71%，$\left[\begin{array}{c}\text{OH}\quad\text{OH}\\ Cr\quad Cr\quad Cr\\ \text{OH}\quad\text{OH}\end{array}\right]^{5+}$ 29.97%。

由此可看出，33%碱式氯化铬经硫酸钠改性后，有如下几个显著变化：①组分数由5个增至9个；②电荷由+1（量极微）~+5价变为-1~+5价，+1价以下的低电荷组分增加了2个；③水合铬配位离子由28.86%降至8.87%；④各组分含量和电荷趋于平均化。

碱度33%的硫酸铬液中加入甲酸或乙酸，或用糖还原碱度33%的硫酸铬液，其组成变化为：$\left[\begin{array}{c}O=C-O\quad O-C=O\\ Cr\\ O=C-O\quad O-C=O\end{array}\right]^-$ 7.47%，$\left[\begin{array}{c}O\quad O\\ S\quad Cr\quad S\\ O\quad O\end{array}\right]^{2+}$ 2.23%，

$\left[\begin{array}{c}O\\ O-S-O-Cr\quad C-R\\ O\end{array}\right]^0$ 6.80%，$\left[\begin{array}{c}O\\ Cr-O-S-O\\ O\end{array}\right]^+$ 21.30%，$\left[Cr\quad C-R\right]^{2+}$ 0.51%，

$\left[\begin{array}{c}\text{OH}\\ Cr-OH-Cr\\ O\quad O\\ S\\ O\quad O\end{array}\right]^{2+}$ 5.81%，$[Cr(H_2O)_6]^{3+}$ 8.30%，$\left[\begin{array}{c}\text{OH}\\ Cr\quad Cr\\ O\quad O\\ S\\ O\quad O\end{array}\right]^{3+}$ 21.33%，

$\left[\begin{array}{c}\text{OH}\\ Cr\quad Cr\\ \text{OH}\end{array}\right]^{4+}$ 3.65%，$\left[\begin{array}{c}\text{OH}\quad\text{OH}\\ Cr\quad Cr\quad Cr\\ \text{OH}\quad\text{OH}\end{array}\right]^{5+}$ 19.87%，$\left[\begin{array}{c}\text{OH}\quad\text{OH}\quad\text{OH}\\ Cr\quad Cr\quad Cr\quad Cr\\ \text{OH}\quad\text{OH}\quad\text{OH}\end{array}\right]^{6+}$

8.73%，与碱度33%的碱式硫酸铬液相比，组分增加2个，组分含量和电荷、分子大小更趋于平均化，低电荷组分含量增加22.34%。

因此，在碱式氯化铬鞣液中引入配位能力较强的无机配体 SO_4^{2-} 和在碱式硫酸铬液

中引入小分子有机配体都要使配合鞣剂的组成发生改变。组分增多，分子大小、电荷、组分含量的分布更均匀，因而鞣制时，鞣剂分子向皮内渗透也更均匀，结合更均匀；水合铬配离子减少，有鞣性的组分含量增加，结合量增加，使革更柔软丰满，收缩温度更高。

Zr^{4+}、Al^{3+}、Ti^{4+}、RE^{3+}等配位化合鞣剂经过上述类似的改性，也有类似的鞣制效果。

（二）铬锆铝多金属配位化合鞣剂的实质

用少量铬和铝与大量锆配制的铬锆铝多金属配位化合物鞣剂，是将铬锆铝三者的盐类在硫酸酸化下或直接用三者的硫酸盐，在严格的温度、浓度、pH 等条件下，科学配制而成的，其配体都是 H_2O、OH^-、SO_4^{2-} 和有机酸根。所谓科学配制是特别强调：①Cr^{3+}、Zr^{4+}、Al^{3+} 三者形成异核配位化合物有一严格的最佳用量比；②要充分考虑到 Cr^{3+} 的配位化合物是反应惰性的，而 Zr^{4+}、Al^{3+} 是反应活性的；③由于 Zr^{4+} 在 pH 2.0~2.5 时即发生沉淀，因此，反应时的 pH 很关键；④反应浓度也很关键，否则配制出来的铬锆铝多金属配位化合物鞣剂性能不是最佳的，甚至是不能用的。用分光光度法和 pH 电位滴定法研究表明：铬锆铝多金属配位化合物鞣剂不是 Cr^{3+}、Zr^{4+}、Al^{3+} 配位化合物鞣剂的简单混合或简单加合，而是在配制过程中 Cr^{3+}、Zr^{4+}、Al^{3+} 相互配位化合形成一种既不同于铬又不同于锆铝鞣剂的新型配位化合物鞣剂。硫酸锆的浑浊 pH 在 2.0~2.5，硫酸铬的浑浊 pH 在 5.5 左右，硫酸铝的浑浊 pH 在 4.0 左右，而按严格条件配制的铬锆铝多金属配位化合物鞣剂的浑浊 pH 最低在 4.5 左右，最高可达 10 以上。用分光光度法研究，其吸收曲线的峰位和峰值与纯铬鞣剂相比都有很大的变化，如图 2-16 所示，也说明有 Cr—Zr—Al 异核配位化合物形成。

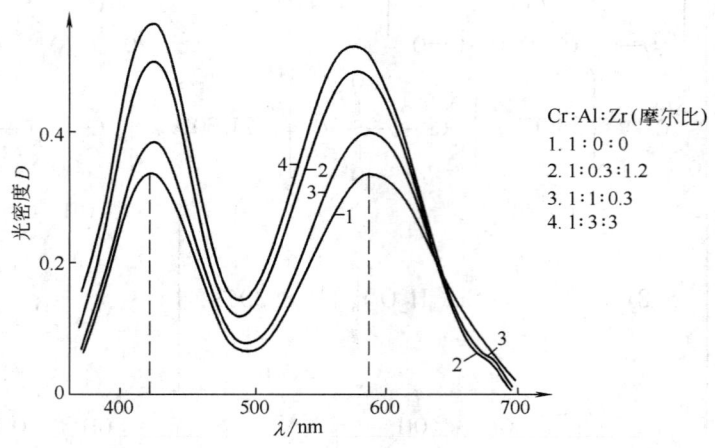

图 2-16 铬锆铝鞣液的吸收曲线

用离子色谱法分离出的组分，定性研究表明，这种新型多金属配位化合物鞣剂的组分中既有由 Cr^{3+}、Zr^{4+}、Al^{3+} 三种离子形成的 Cr—Zr—Al 异核配位化合物，还有由这三种中的两种离子形成的 Cr—Zr、Cr—Al、Zr—Al 等异核配位化合物，这些配位化合物的分子大小、电荷和组分含量都不相同，即使分子大小相同，电荷、组成和结构也不同，反之，电荷相同，分子大小和组成、结构也会不同，是一种十分复杂的平衡体系。用这种多金属鞣剂鞣革，既有铬鞣革收缩温度高、耐水洗能力强、柔软丰满性好的特点，又有铝鞣革粒面细致，锆鞣革填充性强，增厚明显的特点，但又不是这几种鞣剂性能的简单加合。因为这种鞣剂以锆为主，如是混合或简单加合，就更多地体现锆鞣革的特点，但鞣制的革却很柔软丰满，所以这种鞣剂可用于软革的主鞣和复鞣。但是如果配制时，反应条件不按规定科学配制，特别用量配比或条件掌握不一样或不严格，配制的鞣液组分就更加复杂，鞣液组分中虽有不同数量的 Cr—Zr—Al、Cr—Zr、Cr—Al、Zr—Al 等异核配位化合物存在，但有不少甚至大部分组分都是未配位化合的 Cr^{3+}、Zr^{4+}、Al^{3+} 同多核配位化合物，其浑浊 pH 一般都只能在 2~4。这种鞣剂鞣制的革，就更多或完全显现锆鞣革纤维紧密板硬的特点。如果只用以锆为主的铬锆两种金属离子配成的铬锆多金属配位化合物鞣剂，其情况就要简单得多，鞣液中只有 Cr—Zr 异核配位化合物，这种异核配位化合物中 Cr^{3+} 与 Zr^{4+} 的比例和分子大小、电荷也都是不相同的，用 pH 电位滴定法研究，其浑浊 pH 也在 10 以上，用离子色谱分离出的组分中，中心离子摩尔比 Zr：Cr，第1、3组分分别为1：2和2：1，第二组分 Cr^{3+} 含量最高，Zr^{4+} 含量最少，第4个组分因分子大、电荷高，洗脱困难，未能顺利洗下，不能很好地确定其比例，极有可能是3：2或4：1的组分，见表2-35和图2-17、图2-18。

表2-35　　　　　　铬锆鞣液分离组分的 Zr/Cr 比（摩尔比）

组分	1	2	3	4
Zr：Cr	1：2	不能确定	2：1	不能完全确定是3：2或4：1

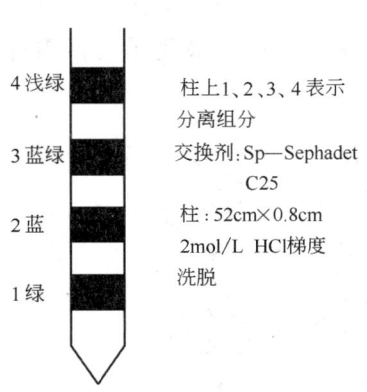

图2-17　还原铬锆液离子色谱柱分离图

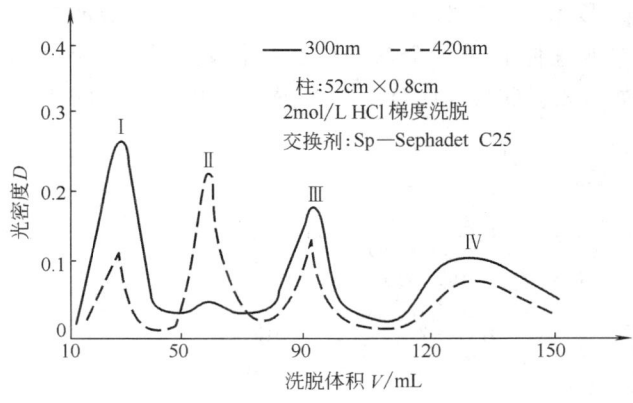

图2-18　还原铬锆鞣液离子色谱图
Ⅰ~Ⅳ—各组分

由于多金属配位化合鞣剂是由 Cr^{3+}、Zr^{4+}、Al^{3+} 三种或其中的两种离子分别形成的不同分子大小、不同电荷、不同组成和结构的复杂异核配位化合物。故多金属配位化合鞣剂的分子中既有 Cr^{3+} 和 Al^{3+} 配位化合物的线型（链状）结构，又有锆配位化合物的体型结构的特征。

前已述及，Cr^{3+} 和 Al^{3+} 配合物的空间构型均为八面体：

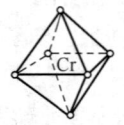 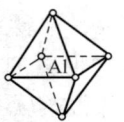

单核铬配位化合物的空间构型　　单核铝配位化合物的空间构型

可用—Cr—、—Al—表示。Cr^{3+}、Al^{3+} 双核配位化合物的空间构型为：

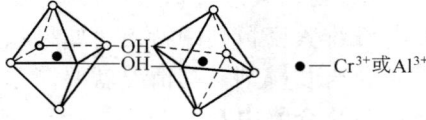

●—Cr^{3+} 或 Al^{3+}

此构型为一条边联结的两个八面体，可用—Cr—Cr—、—Al—Al—表示。三核配位化合物的空间构型为：

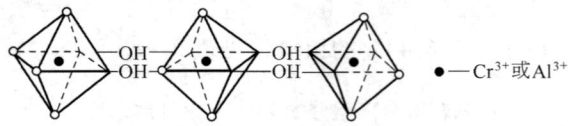

●—Cr^{3+} 或 Al^{3+}

同样四核、五核配合物的空间构型可表示为—Cr—Cr—Cr—Cr—、—Al—Al—Al—Al—，还有六核、七核等。

而 Zr^{4+} 配位化合物的空间构型，配位数是 6 的为八面体，配位数是 7 的为反三棱形体，配位数是 8 的为十二面体，在溶液中的最小结构单元为四聚体。最常见的四聚体有由 4 个八面体、4 个反三棱形、4 个十二面体等组成，最简单的四聚体如 $[Zr_4(OH)_8(H_2O)_8]^{8+}$ 配离子，由 4 个八面体所组成：

$$\begin{array}{c} H_2O \quad H_2O \\ | \quad\ \ OH\ \ \quad | \\ H_2O—Zr\diagup\!\!\!\diagdown Zr—H_2O \\ \diagup\ OH\ \diagdown \\ HO\ OH\ \ HO\ OH \\ \diagdown\ OH\ \diagup \\ H_2O—Zr\diagdown\!\!\!\diagup Zr—H_2O \\ |\ \ \ \ OH\ \ \ \ | \\ H_2O \quad H_2O \end{array}$$ 或

因此，溶液中 Zr^{4+} 的四聚体结构可示意为：

$$\begin{array}{c} Zr—OH—Zr \\ |\ \ OH\ \ | \\ OH\ OH\ \ OH\ OH \\ |\ \ OH\ \ | \\ Zr—OH—Zr \end{array}$$ 或 $\begin{array}{c} Zr—Zr \\ |\ \ \ \ | \\ Zr—Zr \end{array}$

由反三棱形和十二面体组成的四聚体就更为复杂。四聚体与四聚体又配聚起来形成复杂的大分子配位化合物：

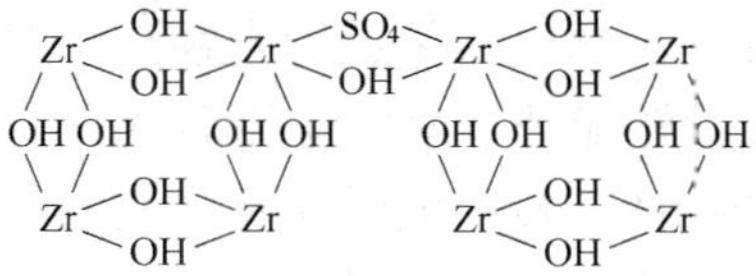

简写为：

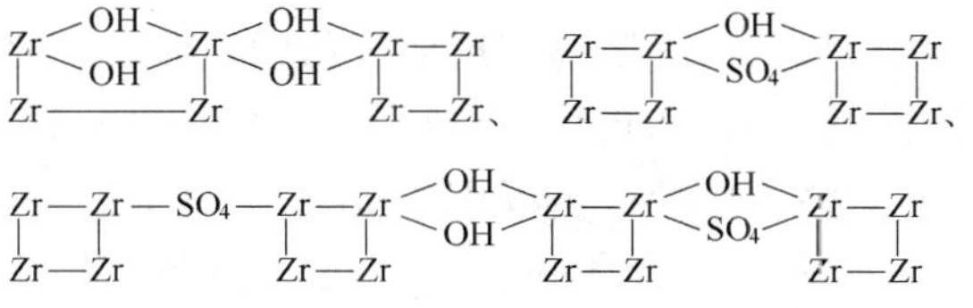

等。

上面几个结构式，仅代表几个四聚体间 OH^-、SO_4^{2-} 的桥键形式。

Cr—Zr—Al 异核配位化合物的结构可示意为：

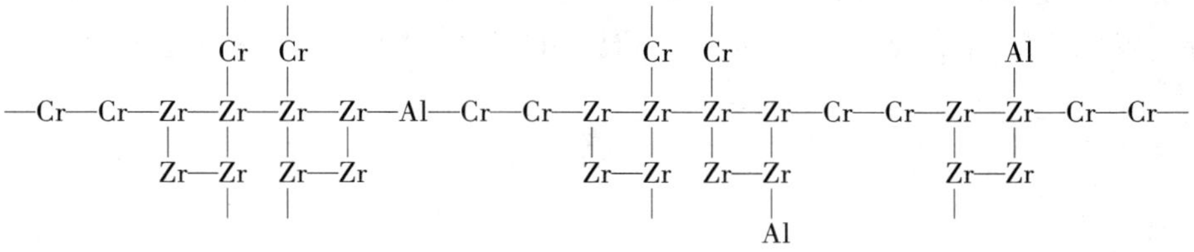

Cr—Zr 异核配位化合物的结构可示意为：

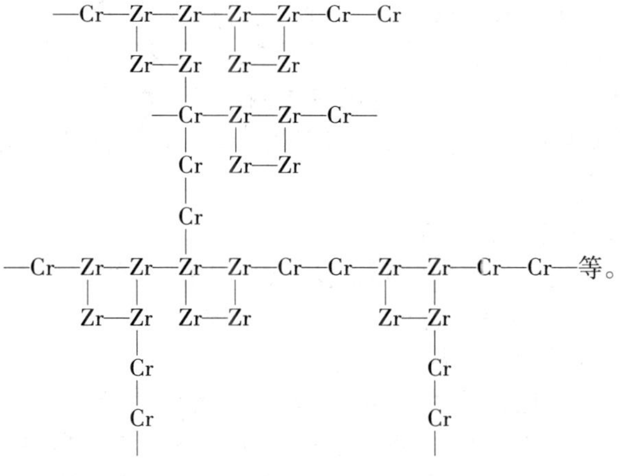

Zr—Al 异核配位化合物的结构与 Cr—Zr 相似。而 Cr—Al 异核配位化合物的结构中就没有四聚体体型结构了，可示意为：—Cr—Cr—Al—、—Cr—Cr—Cr—Al—等。

注：以上结构式，仅代表最简单的示意结构，并不代表真实结构，由于这些配位化合物在溶液中是多变的平衡体系，在目前还无法直接测定其真实结构，真实结构还要复杂得多。

（三）影响异金属多核配合物形成的主要因素

1. 溶液的 pH

研究发现：在不同 pH 条件下形成的异金属多核配合物，对碱化作用的稳定性是不同的，说明 pH 对异金属多核配合物的形成有影响。

2. 温度

一些异金属多核配合物如铝-锆、铝-钛配合物在常温下就能形成，而由于铬是惰性反应，当铬与其他金属形成异核配合物时，需要静置一段时间才能形成，也可通过加热煮沸以加速异金属多核配合物的形成。但需注意的是对于水解性很强的金属如锆、钛溶液因很易发生水解以至出现沉淀，应防止沉淀对形成异金属多核配合物的影响。

3. 溶液的配制方法

有的研究者认为，当有铬与其他金属鞣剂形成配位时，用糖还原法配制的混合鞣液中，形成的异金属多核配合物较多，也较稳定。其主要原因是葡萄糖将六价铬还原为三价铬的反应过程中，产生的一些有机酸根可以作为桥键将不同的中心离子连接起来。另外，该还原反应是放热反应，使整个体系的温度升高，也有利于异金属多核配合物的形成。

4. 组分比例

在形成异金属多核配合物时，只有在不同金属离子比例适当时，才较易形成或形成的异金属多核配合物较稳定，不同金属离子的最佳混配比例需要通过实验来确定。

第四节 铬 鞣 法

一、铬鞣液的配制方法和铬鞣剂的制造方法

在制革鞣制生产上使用的铬鞣液是三价铬，都是采用重铬酸盐在酸性条件下（通常加入硫酸）用还原剂将六价铬还原成三价铬配制而成的。常用的还原剂分为无机类和有机类，无机还原剂有二氧化硫、硫代硫酸钠、亚硫酸钠等，有机还原剂有葡萄糖、蔗糖等。本节只介绍常用的 3 种方法，即用葡萄糖、二氧化硫、硫代硫酸钠分别作还原剂制备铬鞣液的方法。

1. 工业葡萄糖还原法配制铬鞣液

采用重铬酸钾、硫酸和葡萄糖配制铬鞣液，它们之间的化学反应如下：

$$4K_2Cr_2O_7 + 12H_2SO_4 + C_6H_{12}O_6 \longrightarrow 8Cr(OH)SO_4 + 4K_2SO_4 + 6CO_2 + 14H_2O$$

$$4 \times 294 \quad 12 \times 98 \quad 180$$

上述反应式中，4mol 重铬酸钾质量与 12mol 硫酸质量相等。重铬酸钾工业纯度为 95%~98%，浓硫酸浓度为 96%~98%，在工业上按照重铬酸钾 100kg 计算，浓硫酸用量也为 100kg，葡萄糖用量为 15.3kg。工业葡萄糖纯度约 75%，加上糖还原反应过程中由于温度高，不可避免地会有副反应发生，生成一些中间产物如草酸、甲酸、乙酸以及醛类等，所以实际工业葡萄糖用量比理论值多些，一般用量为 25~30kg。

配制铬鞣液的步骤是先将重铬酸钾用 2~3 倍水溶解在反应釜中，在不断搅拌下慢慢加入硫酸，再以少量水溶解葡萄糖，在搅拌下慢慢将糖液加入上述反应釜中。在六价铬还原成三价铬过程中，反应剧烈，溶液温度会骤然升高，溶液呈沸腾状，不断产生大量气泡，应注意防护和废气的回收。随着还原反应的进行，溶液颜色由六价铬的

橙红色逐渐变为三价铬的蓝绿色。

2. 二氧化硫还原法配制铬鞣液

用 SO_2 气体使重铬酸盐还原成铬鞣液的反应式如下：

$$K_2Cr_2O_7 + H_2O + 3SO_2 \longrightarrow 2Cr(OH)SO_4 + K_2SO_4$$

$$294 3\times64$$

$$100\ (kg) x$$

SO_2 用量：$x = \dfrac{3 \times 64 \times 100}{294} = 65.3$（kg）

配制时将重铬酸钾溶解于 3~4 倍水中，打开钢瓶阀门，向重铬酸钾溶液中慢慢通入压缩的 SO_2，操作简单，不需加酸，所配制的鞣液碱度为 33.3%。用 SO_2 还原法配制的铬鞣液性质稳定，除中性盐 K_2SO_4 外，不含任何其他副产物。

3. 硫代硫酸钠还原法配制铬鞣液

用硫代硫酸钠作还原剂配制铬鞣液，其主要反应如下：

$$4Na_2Cr_2O_7 \cdot 2H_2O + 9H_2SO_4 + 3Na_2S_2O_3 \cdot 5H_2O \longrightarrow 8Cr(OH)SO_4 + 7Na_2SO_4$$

$$4\times298 9\times98 3\times248.2$$

$$100\ (kg) y x$$

硫代硫酸钠用量：$x = \dfrac{3 \times 248.2 \times 100}{4 \times 298} = 62.4$（kg）

硫酸用量：$y = \dfrac{9 \times 98 \times 100}{4 \times 298} = 74$（kg）

反应式表明，当用重铬酸钠 100kg 配制碱度为 33.3% 的铬鞣液时，需用 100% 的硫酸 74kg，一般实际生产中，100% 硫酸用量为 80kg，硫代硫酸钠（纯度 100%）用量为 62.4kg。配制时先将重铬酸钠溶解于 3~4 倍热水（50~60℃）中，在搅拌下加入硫酸，溶液温度逐渐升高直至沸腾；另将硫代硫酸钠溶解于 2 倍热水中，也在不断搅拌下将硫代硫酸钠溶液以细流状慢慢加入重铬酸钠溶液中，最终溶液呈绿色并检测六价铬是否还原完全。

该方法配制的铬鞣液中由于有硫的微粒存在，在鞣制时可起到一定的填充作用，所以用硫代硫酸钠还原法配制的铬鞣液鞣制的革手感丰满、柔软，这是它的优点。但是因为硫代硫酸钠还原反应复杂，得到的铬鞣液性质的稳定性不如糖还原的铬鞣液以及二氧化硫还原的铬鞣液，所以该法在铬鞣液的配制中很少被使用，只是在变型二浴铬鞣法中被使用。

4. 铬鞣粉剂的制造方法

铬鞣粉剂简称铬粉，其主要成分为碱式硫酸铬。单纯的由糖还原或二氧化硫还原得到的铬鞣液干燥后的铬粉也称为铬盐晶或普通铬粉，德国 Bayer 公司的 Chromosal B 铬鞣剂和 BASF 公司的 Chromitan B 铬鞣剂也都属于这类的，在使用中需要另外加甲酸等蒙囿剂，在鞣制后期需用弱碱性物质如小苏打等提碱。还有在铬鞣剂中添加了自碱化剂、蒙囿剂或交联剂的商品铬粉，分别称为自碱化蒙囿型铬粉、蒙囿交联型铬粉、蒙囿交联自碱化型铬粉等。这些铬鞣剂产品在国内已有生产和销售，如浙江海宁和平化工有限公司、浙江海宁兄弟科技股份有限公司、四川绵阳安剑皮革化工有限公司等是国内主要的各类铬鞣剂的生产企业。国外 Bayer 公司的类似产品有 Baychrom A、Baychrom F，BASF 公司的类似产品 Chromitan FM、Chromitan FMS 等。这些铬粉除具有普通铬粉的优点外，鞣制时可以不再添加蒙囿剂、交联剂及提碱剂等，同时可减少铬鞣剂用量，废液中铬含量较使用普通铬粉明显降低，鞣制皮革时，渗透速度快，吸收好，结合牢，较使用普通铬粉成品革粒面更细致，柔软性更好，分布更均匀，得革率更高。

铬鞣粉剂的生产流程大致包括以下 5 步：①根据所生产的产品类别不同，用红矾与水配制相应浓度的原料液；②用葡萄糖或二氧化硫使六价铬全部还原成三价铬；③葡萄糖还原加硫酸，二氧化硫还原加氢氧化钠调整至所需碱度；④加蒙囿剂、交联剂、自碱化剂等助剂；⑤经喷雾干燥后包装即得铬鞣粉剂产品。

二、一浴铬鞣法

一浴铬鞣法，即直接用三价铬盐将裸皮鞣制成革的方法。一浴铬鞣法所用铬鞣剂有铬鞣液和粉状铬鞣剂。国外几乎都采用铬鞣粉剂鞣制，而我国在 1991 年以前几乎都采用自配铬鞣剂。采用铬鞣液鞣制的缺点是抛撒浪费大，劳动强度大，鞣制时吸收不够好，鞣液不便运输，只能各厂自行配制，这不但造成浪费和污染，而且由于自配，量小，很难做到批与批之间鞣液的性质保持一定，造成蓝革批与批之间颜色的巨大差异。基于此，德国 Bayer 公司的 H. Spahrkas 和 H. Schmid 于 1959 年研究成功 Chromosal 法，即采用硫酸根蒙囿作用制成碱式硫酸铬粉剂，这种粉剂溶于水时由于硫酸根的蒙囿作用，使鞣制作用缓和，鞣剂分子渗透快，不会过鞣。加入粉剂 30~60min，开始加碱（Na_2CO_3、$NaHCO_3$、Na_2SO_3）提高碱度，即使鞣剂未溶解完就加碱也无关系。这一段时间内，铬配合物大部分是阴离子型，故加碱不会产生沉淀，因而不会出现铬斑或污点。在鞣制过程中阴离子逐步水解为阳离子，发生交联鞣制作用。该法所用鞣剂称为 Chromosal B，是固体铬鞣剂的第一代产品。

该法除了鞣制作用缓和，加碱时安全可靠外，还有粒面细致、铬在革中分布均匀和铬吸收好等优点。

[例 1] 鞣制黄牛软面革

浸酸：40% 水 20℃，5%~6% NaCl，1.5% 甲酸钙，转 10min；1.8%~2.5% 硫酸（66°Bé，20 倍水稀释后加入），转 2~3h。pH 2.5~3.0，溴甲酚绿检验外层 2/3~3/4 黄色。

鞣制：12% Chromosal B，转 30~60min；1.8%~2.5% Na_2CO_3（1:10 溶解），分次加入，间隔 60min，转 7~8h。最终 pH 3.3~3.8，水温 38~40℃，停鼓过夜，次晨转 30min，出鼓搭马 24h。

1963 年 H. Spahrkas 和 H. Schmid 研究成功 Baychrom 法，此法进一步趋于合理化，即在粉状铬鞣剂中加提碱剂制成自碱化铬鞣剂，称为 Baychrom A，为固体鞣剂的第二代。这种鞣剂鞣法比 Chromosal 法更简便，鞣制时不需提碱，省工、省力，铬吸收和分布都较好，并能消除碱化时可能产生缺陷的因素。此法可在傍晚时开始进行鞣制，并让鞣制过程自动进行一夜而无须监管。由于吸收较好，废液中铬含量较少。

[例2] 牛革鞣制

浸酸：40%水20℃，6% NaCl，转10min；1%甲酸（85%，稀释后加入），转10min；1.0%~1.5%硫酸（66°Bé，20倍水稀释后加入），转6h。pH 2.5~3.0，溴甲酚绿检验，外层2/3~3/4黄色。

鞣制：12% Baychrom A，转7~8h，最终温度35~40℃，停鼓过夜。次晨转30min，pH 3.5~3.8，出鼓搭马，挤水、剖层。

注：①此法最主要的是要控制好浸酸时的酸用量；②水量为50%~80%；③内温由20~25℃升到35~40℃。

在 Baychrom 法的基础上，接着又研究成功了自碱化蒙囿铬鞣粉剂 Baychrom F，为固体鞣剂的第三代。这种鞣剂操作更简便，颜色更均匀一致。我国在1989年开始，研究成功 KMC 自碱化蒙囿铬鞣粉剂。此法具有优良的缓冲效果，虽然盐基度较高，但由于蒙囿作用强，也可在小液比中进行鞣制，渗透迅速，结合均匀，铬结合牢固，此类鞣剂既可作主鞣，也可作复鞣。

[例3] 牛革鞣制

浸酸：40%水20℃，5%~6% NaCl，转5min；0.7%甲酸钙，转10min；0.9%~1.1%硫酸（66°Bé，10倍稀释后加入），转2h，pH 3.7。

鞣制：7%~8% Baychrom F，转5min；0.3% Preventol L(1:2)，转7h，停鼓过夜；次晨转30min，pH 3.7~3.9。

[例4] 猪服装革鞣制

浸酸：40%水20℃，5%~6% NaCl，转5min；0.5%~0.7%甲酸（85%，1:5稀释后加入），转10min；0.9%~1.1%硫酸（66°Bé，1:10稀释后加入），转2~3h，停鼓过夜，pH 2.5~3.0。

鞣制①：6.5% KMC，转4h；加热水使内温达40℃左右，转4h；停鼓过夜；次晨转30min，pH 3.7~4.2。

鞣制②：5.0%~5.5% KMC，转30~60min；0.4% CKR，转3.0~3.5h；加热水使内温达40℃，转4h，停鼓过夜；次晨转30min，pH 3.7~4.2。

注：CKR 为含稀土助鞣剂。

Baychrom C 系列鞣剂为第四代固体鞣剂。这个系列的鞣剂为高吸收鞣剂，但应用C系列鞣剂有以下要求：①需要和B、A鞣剂一起结合使用，不能单独使用；②需要小液比鞣制，最终 pH 3.8~4.2，最终温度38~42℃；③时间要12h以上。

[例5] 完全脱灰、正常软化之裸皮

浸酸：10%水25℃，3% NaCl，转5min；0.2% Preventol L(1:3)，转10min；0.9%甲酸（85%，1:5稀释后加入），转10min；0.9%硫酸（66°Bé，1:10稀释后加入），转2h，pH 2.5。

铬鞣：6.5% Baychrom A，转4h，pH 3.0；2% Baychrom CH，转8h，停鼓过夜（每1h转10min），结束 pH 3.8，结束温度为45℃；次晨转30min，出鼓搭马静置。

从上述方案看出，采用 Baychrom C 系列鞣剂鞣制时必须先用小分子鞣剂 Baychrom A 鞣透后，再加 Baychrom C 系列鞣剂进行鞣制，因为C系列鞣剂分子大，如果开始鞣制时直接用 C 系列鞣剂或单独加 C 系列鞣剂就会鞣不透。采用我国研制生产的 KRC 高吸收铬鞣剂则不会存在这个问题，因为 KRC 鞣剂溶于水时，分子小，与 KMC 类似，在鞣制过程中分子逐步变大，产生交联缝合完成鞣制而达到高吸收的目的，因此 KRC 系列高吸收鞣剂与 Baychrom C 系列鞣剂有着很大的不同。

[例6] 猪服装革的鞣制

浸酸：40%~50% 水 20℃ 左右，5%~7% NaCl，转 5min；0.5%~0.7% 甲酸（85%，1:5 稀释后加入），转 10min；0.9%~1.1% 硫酸（66°Bé，1:10 稀释后加入），转 2~3h，浸透后停鼓过夜；次晨转动 30min，pH 2.5~3.0。

鞣制①：6.5% KRC，转 4h；加热水，使内温达到 40℃ 左右，再转 4h，停鼓过夜；次晨转 30min，pH 3.6~4.2，出鼓搭马。

鞣制②：5.5% KRC，转 30~60min；0.4% CKR，转 3.0~3.5h；加热水，使内温达到 40℃ 左右，再转 4h，停鼓过夜。次晨转 30min，pH 3.6~4.2，出鼓搭马静置。

注：最好停鼓过夜时，每 1h 转 10min。

以上都是固体铬鞣剂的应用工艺，铬鞣液的应用工艺也一样。

[例7] 猪服装革鞣制

浸酸：40% 水 20℃ 左右，7% NaCl，转 5min；0.5%~0.7% 甲酸（85%，1:5 稀释后加入），转 10min；0.9%~1.1% 硫酸（66°Bé，1:10 稀释后加入），转 2~3h，浸透后停鼓浸泡过夜。

鞣制：4% 铬鞣液（以红矾计），转 2h；0.5% 苯二甲酸钠溶液（以苯酐质量计），转 2h；加热水提温，使内温达 40℃。1.0%~1.5% NaHCO$_3$（1:5 溶解），间隔 20min，分 3 次加完。pH 3.8 左右，停鼓过夜，次晨转 30min，出鼓搭马。

三、影响铬鞣的因素

（一）裸皮的状态

生皮在准备工段经过酸、碱、盐、酶和机械作用，一方面非纤维性蛋白质和油脂被除去，生皮主要剩下以胶原为基础的纤维网了，裸皮微孔增多，使胶原纤维得到适度的松散，为铬鞣剂鞣制时迅速而均匀地渗透入皮内打下了良好的基础；同时，胶原部分肽键和酰胺键被打断，盐键和氢键被打开，不仅增加了胶原的活性基，而且进一步打开了鞣剂向皮内渗透的通道，为铬鞣时胶原活性基与铬配合物的交联结合创造了条件。因此，生皮在准备工作的处理决定着裸皮的基本状态，也直接影响铬鞣过程中的渗透与结合。如果在准备工段不把非纤维性蛋白质和油脂等除去，胶原中的一些键不打开或打断，纤维松散不够，则铬鞣时鞣剂分子渗透和结合不均匀，成革扁薄不丰满；反之，胶原纤维过于松散，皮质损失过多，则铬鞣时鞣剂分子交联缝合不起来，成革空松，缺乏弹性和适度的紧密性。

除了裸皮在准备工段中胶原纤维需要适度松散外，在鞣制前裸皮还需要作适当的预处理。预处理方法很多，主要有酸、盐和油预处理。

（1）浸酸预处理 主要是调节裸皮的 pH，使之适合于铬鞣的条件，以防止表面过鞣，浸酸因为脱水作用而能进一步松散胶原纤维。浸酸的程度，要根据成革的具体要求和裸皮在准备工段的松散程度灵活掌握。一般服装革等软革类产品或纤维松散不够的裸皮，可采用有机酸与无机酸结合处理稍重而浸透后停鼓过夜的浸酸方法，鞋面革类产品或纤维松散已适度的皮，可处理较轻或不浸透。

(2) 浸盐预处理　通常采用无水硫酸钠（元明粉），无水硫酸钠有脱水作用，经过它处理的生皮，纤维孔隙进一步增大，同时氢键、盐键进一步打开，部分肽键被打断，胶原活性基团进一步增多。实验表明，经过无水硫酸钠处理的裸皮，pH 为 6.0~6.5 时，胶原羧基的离解数目可达 100%，而氨基则处于非离子态，有利于铬配合物的渗透与交联结合。现在有的厂利用元明粉预处理后剖层、削匀的方法制造出了很柔软丰满的革。

(3) 油乳液预处理　这是一个很好的方法，油乳液可降低胶原纤维的表面张力，加速铬配合物的渗透，所以油乳液预处理的裸皮不仅鞣制时可缩短时间，而且可采用小浸酸而不会造成表面过鞣。

(二) 铬鞣液的碱度

碱度是铬鞣液的主要特征，它决定着配合鞣剂的分子大小、电荷和组分含量及水合铬配位离子的量，对渗透和鞣制性能有很大的关系，是影响鞣制的一个重要因素。碱度高，分子大、电荷高、渗透慢、结合快；碱度低，分子小、电荷低、渗透快、结合慢。因此，初鞣时常采用 33%~38% 的低碱度鞣剂，待渗透均匀后，再逐步提高碱度至 40%、50% 以促进交联结合。如果小浸酸或未经浸酸而采取预处理的裸皮还可采用更低的碱度鞣剂鞣制；反之，大浸酸的裸皮可以采用更高一些的碱度鞣剂鞣制。蒙囿铬鞣剂可采用较高碱度鞣制。

(三) 温度

化学反应速度一般随温度的升高而加速，鞣制也不例外。温度高，铬配位化合物分子运动速度加快，有利于鞣剂分子向皮内渗透，同时配合鞣剂水解也加快，促进铬与胶原的结合，所以在鞣制后期常加入热水，使鞣液温度提高，加速鞣制。但在鞣制初期温度应控制在常温 20℃ 左右，否则因温度高，皮纤维损失，强度降低，配位化合物大量水解配聚，表面结合快，皮内渗透少。即使在鞣制后期，浴液温度也应控制在 40℃ 左右，否则皮粒面变粗，颜色变深，严重者造成表面过鞣。因此，鞣制初期，在夏季如气温超过 35℃，一般应降温，冬季低于 10℃，应适当升温。

(四) 浓度

用盐基度为 33% 的铬鞣剂鞣制时，浓度对皮的结合影响不大，但随着浓度的增加，皮吸收的铬量增加，Cr_2O_3 在 50g/L 时吸收最大。盐基度为 33% 和中性盐的存在也抑制铬的结合，鞣液中铬浓度大，pH 低，此时，胶原羧基的离解量减少，也促进铬透入皮中，因此，鞣制开始时，鞣剂一次加入以保持较高浓度是有利的。

(五) 鞣制的 pH

鞣制时鞣液 pH 的高低，影响胶原羧基的离解和与铬的结合量。鞣制初期 pH 低，胶原羧基离解量少，配位化合物分子小，渗透快，结合少，有利于初鞣；但如 pH 过低，鞣剂虽渗透好，但提碱时间长，皮内层 pH 升高十分慢，如加碱过快，内层 pH 难达要求，革丰满性、柔软性差。如果 pH 高，羧基离解多，配位化合鞣剂分子大，电荷高，胶原与铬结合多，但随着pH的提高，溶液中铬配位化合物收敛性大，革的表面铬结合多，也影响铬配位离子向皮内的渗透，革粒面变粗，甚至裂面，且革弹性差。鞣制初期pH高，皮内层结合铬量少，革丰满，柔软性不好。pH与碱度密切相关。但因溶液中羟基和铬配位化合物间的反应慢，不是瞬间建立的，pH的变化不会立即形成一个新的碱度。

（六）蒙囿剂

添加蒙囿剂可减缓鞣制作用和降低铬的收敛性，也可防止腹部过鞣，使腹部紧实。如果大量使用，一般对铬鞣有害，减少了铬的结合量，用量适当可获得满意的结果。

1. 甲酸盐

甲酸盐是温和的蒙囿剂，可促进铬盐的渗透，提高pH时，甲酸铬配位化合物比硫酸铬配位化合物稳定，鞣制结束时的pH也比不进行蒙囿时高。但用量过大，配位化合物与皮的亲和力减小。用甲酸蒙囿鞣制的革，柔软稍扁平，有紧实感。

2. 亚硫酸盐

用亚硫酸盐蒙囿的铬液收敛性大，一般在鞣制结束时使用。使用亚硫酸钠要使鞣液的pH升高，即使保持在原酸性条件下进行鞣制，作用也强，1mol Cr添加1mol的Na_2SO_3时，铬吸收最大。

3. 苯二甲酸盐

为使铬配位化合物的配聚性、收敛性、填充性增强，使皮内铬结合量增多，常加入苯二甲酸盐，但加有苯二甲酸盐鞣制的革，粒面欠平滑细致，因此，常在苯二甲酸根上引入磺酸基团，使配位化合物收敛性变温和，革粒面细致性、丰满性增加。

（七）中性盐

鞣制时鞣液中存在着由浸酸带来的NaCl、鞣剂中带来的Na_2SO_4。NaCl主要抑制皮的膨胀，促进铬配合物在皮内的吸收和扩散。但NaCl的量达到1.0~1.5mol/L时，铬鞣液的组成发生变化，铬的吸收量达到最低。Na_2SO_4中的SO_4^{2-}进入铬配合物内界，也引起铬配合物组成发生变化，阳铬配位离子减少，中性和阴性铬配位离子增加，有利于渗透，但如Na_2SO_4量过大，裸皮结合的铬量减少。如果Na_2SO_4的量适当，可得丰满紧实的革。

（八）时间

一般在铬鞣开始的2~3h，皮从铬液中迅速地吸收游离酸和铬配位化合物，此后皮吸收的酸与吸收的铬的比例一定。特别是高浓度和低盐基度的铬液，皮吸收铬最显著。使用极高浓度特别是使用了蒙囿铬鞣剂时，皮纤维以及纤维之间充满了渗透的铬配位化合物，随后，随着转鼓的转动，促进皮的结合，一般在转动3~5h后，停鼓浸泡过夜，取出搭马静置24~48h，使未结合的铬结合。

（九）转鼓的转速

铬鞣的转鼓转速快、液比小时，铬被皮迅速吸收，随着溶液温度和碱度的升高，铬的结合量缓慢增加。转鼓转速越快，气温越高，浴温上升越快，铬配位化合物水解配聚也越快，铬与皮的交联结合也越快。但是夏季气温高，如液比较小，转速快，温度上升越快,注意不要超过40℃,否则,革的强度降低。

其他无机配位化合物鞣剂鞣制的影响因素也一样,这里不再叙述。

(十) 提碱

1. 传统提碱法

通常在鞣制后期加入提碱作用比较温和的强碱弱酸盐如碳酸氢钠(小苏打)、碳酸钠(纯碱)、碳酸氢铵等作为提碱剂,以达到提高鞣液pH的目的。这类盐在水中会发生水解反应:

$$NaHCO_3 + H_2O \longrightarrow OH^- + Na^+ + H_2CO_3$$
$$Na_2CO_3 + 2H_2O \longrightarrow 2OH^- + 2Na^+ + H_2CO_3$$

在提高鞣液碱度的过程中,要求pH缓和逐步地提高。通常情况下,制革生产中主要采用碳酸氢钠(小苏打)提碱。加入的小苏打越多、越快,鞣液中的酸也被中和得越快,pH上升也越快,如图2-19的曲线2所示,鞣液的pH随小苏打的加入呈锯齿状曲线变化。实际生产中常由于小苏打一次性加入量过多、过快,造成鞣液碱度迅速升高,铬鞣剂分子迅速变大,甚至产生沉淀,所以要求小苏打溶解后要稀释,并分次加入,尽可能地使鞣液pH缓慢上升。小苏打的用量根据浸酸pH的不同而不同,一般以灰碱皮重计,其用量为0.8%~1.2%。

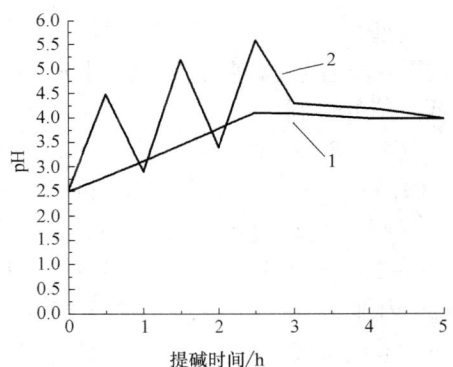

图2-19 不同提碱方法鞣液pH随
提碱时间的变化
1—自动提碱法 2—传统提碱法

2. 自动提碱法

自动提碱法是采用含有碳酸钙、碳酸镁的矿石粉如白云石、方解石、石灰石等或其氧化物如氧化钙、氧化镁等用于铬鞣的提碱的方法。由于白云石、氧化镁、氧化钙等难溶于水,但能与稀酸反应,中和鞣液中的酸,使鞣液的pH缓慢升高,能起到自动调整pH、自动提高碱度的作用。反应式如下:

$$CaCO_3 + 2H^+ \longrightarrow Ca^{2+} + CO_2 + H_2O$$
$$MgO + 2H^+ \longrightarrow Mg^{2+} + H_2O$$

从图2-19中的曲线1可以看出,在整个鞣制过程中,只要加入适量的矿石粉,鞣液的pH就会逐步上升,当鞣液pH上升到4.1~4.2时,随着鞣制时间的推移,鞣液pH基本保持一个稳定值。该方法操作简单,可一次性在鞣制初期加入。

实验发现:矿石粉粒度的大小会影响提碱的速度,将不同粒度等量的矿石粉作比较,粒度大的与鞣液接触的表面积较小,提碱速度较慢;粒度小的与鞣液接触的表面积较大,提碱速度较快。实验还发现:粒度大的使鞣液pH达到稳定值所需的时间要长些;粒度小的则使鞣液pH达到稳定值所需的时间要短些。因此在生产中可以采用控制矿石粉粒度的办法控制提碱速度。生产实践证明:矿石粉粒度控制在80~230目较好,提碱速度适中。如果粒度在 80 目以下，颗粒大，反应速度太慢，必须延长鞣制时间，否则未反应完毕的矿石粉黏附在铬革上，局部形成颜色深的斑点；粒度在 300 目以上，则显得过细，反应速度过快，pH 升高过快也影响成革质量。

1mol CaCO$_3$ 相当于 2mol NaHCO$_3$ 的作用，则矿石粉用量可用下式计算：

$$m_1 = 0.595 m_2 / P$$

式中　m_1——矿石粉用量；

　　　m_2——碳酸氢钠用量；

　　　P——矿石粉纯度。

四、变型二浴鞣法

变型二浴法又称一浴二浴联合铬鞣法。此法是在同浴中同时用三价碱式铬盐和六价的重铬酸盐预鞣裸皮，然后用还原剂 Na$_2$S$_2$O$_3$ 还原六价铬，完成鞣制作用。例如山羊鞋面革的鞣制：

浸酸：80%~100% 水 18~22℃，6%~7% NaCl，转 5min；0.7% 硫酸（66°Bé，1∶10 稀释后加入），转 45min，pH 3.6~3.8。

鞣制：在废浸酸液中进行，2.2%~2.5% 碱度为 0~5% 的铬液（以红矾计），1.0%~1.2% 明矾，转 1.5h；1.1%~1.2% Na$_2$Cr$_2$O$_7$，用 30% 水溶解完后从鼓轴加入，30min 内加完，转动 3h，pH 2.5~3.0。5%~6% Na$_2$S$_2$O$_3$ 用 40% 水溶解完后，分 4 次在 90min 内加完，再转 3.0~3.5h，最后 pH 3.8~4.2，温度 25~30℃，停鼓过夜；次晨转 30min 出鼓。

二浴法因很少使用，且操作繁琐，不易掌握，这里不作介绍。

第五节　清洁化铬鞣

一、铬资源及铬污染现状

地壳中铬的贮藏量较少，在常见的几种鞣革用金属中，除稀土外铬是最少的。而且铬矿在地球上的分布也极不均匀，基本集中在南非和津巴布韦，这两个国家铬矿的贮藏量占了世界总量的 95%。此外，皮革工业使用的铬量只占化学工业使用铬总量的 7%~8%，因此还存在行业之间对铬的竞争。

一方面是铬资源的十分紧缺，另一方面则是传统的铬鞣工艺对铬资源的巨大浪费。如采用常规的铬鞣工艺，铬的利用率只有 60%~70%，即有 30%~40% 的铬残留在废鞣液中不能被生皮吸收和固定，废铬液中铬的浓度达到 3~8g/L（以 Cr$_2$O$_3$ 含量计）。

铬还具有毒性，铬的毒性主要通过六价铬体现。铬污染会致畸胎、致基因突变、致癌，铬对哺乳动物的毒性为 LD$_{50}$ 值为每千克体重 1000mg。LD$_{50}$ 值是实验动物群之一半致死的剂量，用 mg/kg 表示每千克实验动物体重所需物质的质量。此外，可溶解的铬对水生生物也有毒性作用，表 2-36 中数据表明：如果可溶性铬的平均含量为 1g/L 的废水排入硬度为 100~20mg/L（以 CaCO$_3$ 计）的河水里，对于鲑鱼必须稀释 50 倍，对于粗肉鱼、淡水鱼及其他海鱼则必须稀释 5 倍，否则就会影响鱼类的繁殖和生存。

表 2-36 国外可溶性铬的允许排放量 单位：mg 可溶铬/L

鱼品种	水硬度（以 $CaCO_3$ 计）/(mg/L)			
	<50	50~100	100~200	>200
鲑鱼	5	10	20	50
粗肉鱼	150	175	200	250
淡水鱼	5	10	20	50
其他海鱼	15	10	20	50

因此必须采取措施增加铬的利用率，以减少铬的用量和降低铬对环境的污染。

二、高吸收铬鞣原理

高吸收铬鞣的目的就是在保证革质量的前提下，在生产过程中最大限度地提高铬的利用率，使废鞣液中残留的铬量减少到最低。铬鞣反应的机理是皮胶原羧基与铬鞣剂分子发生交联结合，形成新的牢固的化学键，从而使皮变成革，发生质的变化。因此，要提高鞣制反应效应，提高铬的结合量，应考虑：如何提高皮胶原的反应活性；如何提高铬鞣剂的反应活性；如何改进鞣制过程中的反应条件等。

（一）胶原改性

皮胶原蛋白一般都含有约 20 种氨基酸，目前已阐明 α_1 链胶原的每 1000 个氨基酸残基中，含有 42 个天冬氨酸和 73 个谷氨酸。各种氨基酸中只有这两种氨基酸带有侧链羧基。因此，胶原与铬发生反应的侧链羧基数量有限，而且还存在空间位阻、相间距离、离子化等因素的影响。根据氨基酸序列排布，有些相邻胶原链之间的羧基间隔距离较远，见图 2-20。图 2-20 中 c 状态下的羧基位于胶原链间距离 1.5~2.0nm，而铬配合物分子要四核以上，其分子链长度才能达 1.2~1.8nm，从而形成交联链。而且还可能受空间位阻等因素的影响。

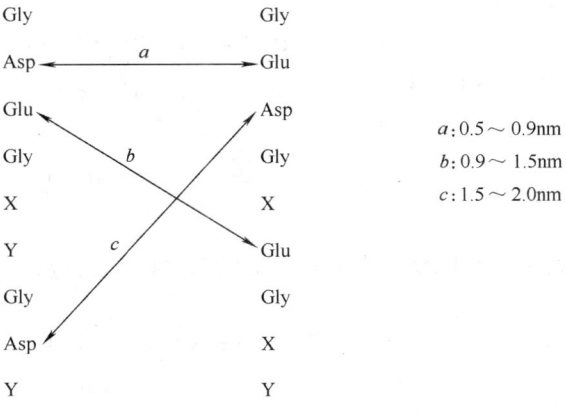

图 2-20 胶原侧链羧基间隔距离示意图

利用胶原侧链氨基的反应活性，通过与侧链氨基的反应引入新的羧基，是增加胶原侧链羧基数量的有效手段。

醛基可与胶原氨基发生亲核加成反应，当同时带有醛基和羧基的化合物与胶原发生反应时，由于醛基与胶原氨基的反应使胶原侧链羧基的数量增加。

乙醛酸既含有醛基又含有羧基，其酸性较强，pH 约为 0.5，因此在使用时直接将乙醛酸用于裸皮的浸酸工序，代替部分硫酸和甲酸。如猪皮服装革浸酸工序中，乙醛酸用量为 2.5% ~ 3.5%，硫酸用量为 0.5%，铬鞣时 KMC 用量 7%，蓝革收缩温度可达 100℃，废鞣液中 Cr_2O_3 含量降至 0.95g/L，铬吸收率为 86%，乙醛酸用于浸酸，能在一定程度上改善铬的吸收，降低废液中的铬含量。其作用原理为：乙醛酸中的醛基活性较强，易于与胶原侧链的氨基反应，反应式为：

$$P-NH_2 + H-\overset{O}{\overset{\|}{C}}-COOH \longrightarrow P-NH-\overset{OH}{\overset{|}{C}H}-COOH \xrightarrow{-H_2O} P-N=CH-COOH$$

式中 P 为胶原链，由于增加了胶原羧基数量，所以使铬吸收得以提高。

与乙醛酸类似的另一种胶原改性材料，是由四川大学研制的 LL-1 醛酸助鞣剂。LL-1 的结构式为：

$$\begin{array}{c} OHC-CH-CH_2-CH_2-CHO \\ | \\ CH_2-CH_2-COO^- \end{array}$$

LL-1 醛酸助鞣剂名为酸，实际是 pH 为 7 的中性产品，它是用碱将酯水解后得到的最终产物，羧基主要呈—COONa 形式，在生产中用于软化后浸酸前的裸皮预处理。由于含有 2 个醛基，而且在较高的 pH 条件下与胶原氨基反应，因此 LL-1 表现出的反应活性较强。当 LL-1 用量以软化皮重计为 3.0% 时，蓝革收缩温度可达 102℃ 以上，废铬液中 Cr_2O_3 含量为 0.5 ~ 0.7g/L，铬吸收率接近 90%。

LL-1 助鞣剂与胶原之间的结合方式可有以下几种形式：

（1）一条胶原侧链上的一个氨基与 LL-1 的一个醛基反应：

$$\begin{array}{c} P-NH_2 \\ + \\ OHC-CH-CH_2-CH_2-CHO \\ | \\ CH_2-CH_2-COO^- \end{array} \longrightarrow P-N=CH-CH-CH_2-CH_2-CHO \\ | \\ CH_2-CH_2-COO^-$$

或 $P-N=CH-CH_2-CH_2-CH-CHO$
$|$
$CH_2-CH_2-CCO^-$

（2）相邻两条胶原侧链上的氨基与 LL-1 的两个醛基反应：

$$\begin{array}{c} P-NH_2 \\ + \\ OHC-CH-CH_2-CH_2-CHO + NH_2-P \\ | \\ CH_2-CH_2-COO^- \end{array} \longrightarrow P-N=CH-CH-CH_2-CH_2-CH=N-P \\ | \\ CH_2-CH_2-COO^-$$

正是由于 LL-1 的醛基与胶原侧链上的氨基的不同形式的反应，才使其既具有类似于戊二醛鞣的性能，革柔软性好，同时又增加了胶原侧链的羧基数量，有利于铬鞣剂分子与胶原的结合。

利用一些化合物能与胶原发生 Mannich 反应，也能达到改性胶原的目的。Mannich 反应包括氨基、羰基和含有活泼 H 原子化合物之间反应，其反应示意式可表示为：

$$\diagdown N{-}H + \diagup C{=}O + H{-}C{-} \longrightarrow \diagdown N{-}C{-}C{-} + H_2O$$

氨、伯胺、仲胺均能发生 Mannich 反应，使用的羰基化合物通常是甲醛，含活泼氢的化合物包括：RCH_2COR、RCH_2COOR、RCH_2COOH、RCH_2CN、RCH_2NO_2 等。

对于胶原蛋白而言，赖氨酸和羟赖氨酸的 $\varepsilon-NH_2$ 以及组氨酸的咪唑基

—C═CH
 | |
HN⁺ NH
 \   /
  CH

可作为氨基化合物发生 Mannich 反应。

对于制革来说，皮胶原改性的目的是能提高鞣制效应。考察不同含活泼氢的化合物改性皮胶原，得到的改性胶原的收缩温度见表 2-37（为铬鞣前的预鞣裸皮）。对铬鞣制效果的作用列于表 2-38。

表 2-37　采用 Mannich 反应得到的改性胶原的收缩温度（Ts）　　　　　　单位：℃

化　合　物	pH 2	pH 4	pH 8	pH 10
丙酮	78	81	84	85
乙酰丙酮	—	76	83	83
丙二酸二甲酯	76	77	83	82
丙二酸	69	79	83	82
乙酰乙酸甲酯	—	75	83	82
硝基甲烷	78	81	83	82
尿素	65	76	83	83
乙二酰二胺	79	81	84	81
丙二酰胺	67	80	83	81
琥珀酰胺	77	82	84	85
甲醛（对照样）	78	77	83	85

表 2-38　　　　　Mannich 反应得到的皮胶原铬鞣制效果对比

化合物	pH 2		pH 4		pH 8		pH 10	
	Ts/℃	革中 Cr_2O_3 含量/%	Ts/℃	革中 Cr_2O_3 含量/%	Ts/℃	革中 Cr_2O_3 含量/%	Ts/℃	革中 Cr_2O_3 含量/%
丙酮	95	3.74	94	2.46	104	3.87	100	2.69
乙酰丙酮	89	3.79	93	2.62	97	2.88	90	1.37
丙二酸二甲酯	96	4.16	93	2.13	102	4.10	93	2.40
丙二酸	94	2.79	107	3.67	105	3.84	100	1.95
乙酰乙酸甲酯	91	4.16	91	2.42	104	3.55	98	2.30

续表

化合物	pH 2		pH 4		pH 8		pH 10	
	Ts/℃	革中 Cr_2O_3 含量/%	Ts/℃	革中 Cr_2O_3 含量/%	Ts/℃	革中 Cr_2O_3 含量/%	Ts/℃	革中 Cr_2O_3 含量/%
硝基甲烷	95	3.68	95	2.42	104	3.67	99	2.42
尿素	100	3.35	95	2.84	102	3.52	99	2.41
乙二酰二胺	96	3.74	94	2.34	103	3.41	105	4.00
丙二酰胺	95	4.01	94	2.69	100	3.42	100	2.67
琥珀酰胺	96	3.94	94	2.56	103	3.91	103	2.63
甲醛(对照样)	95	4.23	97	3.20	103	3.78	97	2.76

如表 2-37 和表 2-38 所示，各种不同的 Mannich 反应改性胶原的方法中，丙二酸在 pH 4 和乙二酰二胺在 pH 10 时与皮胶原的反应对提高铬鞣后革的 Ts 和增加革中铬的吸收量最显著。丙二酸改性皮胶原再铬鞣后的收缩温度可达到 107℃，革中 Cr_2O_3 含量为 3.67%，而对照样甲醛预鞣铬鞣制的结果为 Ts 只有 97℃，革中 Cr_2O_3 含量 3.20%。乙二酰二胺在 pH 10 时处理皮胶原后再铬鞣，革 Ts 为 105℃，Cr_2O_3 含量 4.00%，相对应的甲醛预鞣铬鞣后的革 Ts 为 97℃，Cr_2O_3 含量 2.76%。

丁二酸酐与皮胶原的反应也属于 Mannich 反应，反应式为：

$$P-NH_2 + \begin{array}{c} H_2C-C \\ | \\ H_2C-C \end{array} \begin{array}{c} O \\ \diagdown \\ O \\ \diagup \\ O \end{array} \longrightarrow P-NH-\overset{O}{\underset{\|}{C}}-CH_2CH_2COOH$$

丁二酸酐的一端与皮胶原的氨基形成酰胺键，另一端则引入了羧基，该反应要求在碱性条件下进行。

此外，氨基酸或酪素的水解产物、甲醛与胶原的反应也是 Mannich 反应。

$$P-\overset{O}{\underset{\|}{C}}-NH_2 + CH_2O + H_2NCH_2COOH \longrightarrow P-\overset{O}{\underset{\|}{C}}-NHCH_2NHCH_2COOH + H_2O \quad (1)$$

$$P-NH-\overset{NH}{\underset{\|}{C}}-NH_2 + CH_2O + H_2NCH_2COOH \longrightarrow P-NH-\overset{NH}{\underset{\|}{C}}-NHCH_2NHCH_2COOH + H_2O \quad (2)$$

反应式（1）中参与反应的是皮胶原的侧链氨基，反应式（2）中参与反应的是皮胶原的胍基。丁二酸酐或氨基酸、甲醛对皮胶原的改性方法都能显著改善铬鞣革的耐湿热稳定性和提高铬鞣剂分子与皮胶原的反应活性。

利用 Michael 加成反应也可对胶原进行改性。Michael 加成反应中的 Michael 受体常为 α、β-不饱和羰基化合物，而皮胶原蛋白中赖氨酸、羟赖氨酸的侧链氨基则可作为 Michael 供体。

β-羧乙基丙烯酸酯（CEA）与胶原发生的 Michael 加成反应式为：

$$P-NH_2 + CH_2=CH-COO-CH_2CH_2COOH \longrightarrow P-NH-CH_2-CH_2-COO-CH_2CH_2COOH$$

$$P-NH-CH_2-CH_2-COO-CH_2CH_2COOH + CH_2=CH-COO-CH_2CH_2COOH \longrightarrow$$

$$P-N(CH_2-CH_2-COO-CH_2CH_2COOH)_2$$

CEA 改性胶原法对铬鞣吸收的影响见表 2–39 和表 2–40。

表 2–39　　　　CEA 处理不同时间所得铬鞣革的收缩温度

CEA 处理时间/h	铬鞣剂用量 4.5% 蓝革 Ts/℃	铬鞣剂用量 9% 蓝革 Ts/℃
2	98	107
4	97	111
8	103	113
24	105	113
无 CEA 处理	88	100

表 2–40　　　　CEA 处理对铬吸收的效果

废鞣液中 Cr_2O_3 含量/(g/L)		蓝革中 Cr_2O_3 含量/%	
无 CEA 处理	CEA 处理	无 CEA 处理	CEA 处理
2.684	0.576	4.58	5.36

注：铬鞣剂用量 9%。

从表 2–39 和表 2–40 的数据可看出，用 3% CEA 预处理裸皮，由于 CEA 与胶原的赖氨酸、羟赖氨酸的侧链氨基发生了 Michael 加成反应，使皮胶原侧链引入了新的羧基，增加了胶原侧链羧基的数量。因此，CEA 处理可明显改善铬的吸收和结合，革中 Cr_2O_3 含量增加，革收缩温度得到提高，废鞣液中 Cr_2O_3 含量降至 1g/L 以下。

此外，N–羟甲基丙烯酰胺、二丙烯酰胺乙酸（DAAA），也可参与胶原的 Michael 加成反应，作为胶原的改性材料。

（二）铬鞣剂改性

传统的铬鞣工艺使用的铬鞣剂是工厂自己配制的铬鞣液。这种鞣制方法不仅因为工厂自己配制铬液会造成 Cr^{6+} 对环境的严重污染（Cr^{6+} 的毒性远大于 Cr^{3+}）；而且采用铬液进行鞣制，铬的吸收较差，废液往往还残留相当多的铬。因此，国外早在 20 世纪 50 年代就研制生产了固体铬鞣剂代替铬液，而我国于 20 世纪 80 年代末期才逐步采用商品铬粉，目前几乎已被所有制革厂接受。最简单的固体铬鞣剂，即是铬盐精，这类产品有德国 Bayer 公司的 Chromosal B，BASF 公司的 Chromitan B，国内也有一些化工厂生产铬盐精。采用铬盐精鞣制，铬的吸收虽比铬液要好些，但它毕竟只是铬液直接干燥后的产品，鞣制工艺与铬液的相差无几，操作也较为繁琐。在此基础上，又出现了铬盐精的改性产品：自碱化蒙囿铬鞣剂。这类鞣剂有 Bayer 公司的 Baychrom F，BASF 公司的 Chromitan MS，四川大学研制的 KMC 铬鞣剂也属此类产品。采用自碱化蒙囿铬鞣剂不仅可简化鞣制操作（不需再添加蒙囿剂和再提碱），而且与铬盐精相比，鞣制的革柔软，丰满性要好些，废液的铬含量也要低些。为了进一步改善铬的吸收，又对自碱化蒙囿铬鞣剂进行改性的产品为高吸收铬鞣剂，如 Bayer 公司的 Baychrom C 系列鞣剂产品，四川大学研制的 KRC 高吸收铬鞣剂。采用高吸收铬鞣剂进行鞣制，如果鞣制工艺控制得当,废鞣液中的铬含量可由常规铬鞣法的 3~8g/L 降至 0.5~1.0g/L。不同铬鞣剂鞣制效果的对比见表 2-41。

表 2-41　　　　　不同铬鞣剂鞣制效果对比(Cr_2O_3 用量 1.25%)

鞣剂种类	Ts/℃	废液中 Cr_2O_3/(g/L)	铬吸收率/%
铬液	92	2.02	67.7
Chromosal B	95	1.45	76.8
KMC	97	1.05	83.2
KRC	97	0.85	86.4
Chromosal B + Baychrom CH	98	0.72	88.5

从表 2-41 中的数据可见,尽管铬用量相同,但所用的铬鞣剂不同,铬的吸收情况是不一样的。传统的铬液鞣制法,铬的吸收最差,废鞣液中残留的铬最多,约有 1/3 的铬未被吸收,革 Ts 只有 92℃;铬盐精 Chromosal B 稍好些,有近 25% 的铬未在革内固定而残留在鞣液中,革 Ts 提高至 95℃;蒙囿型铬鞣剂 KMC,废液中 Cr_2O_3 含量为 1.05g/L,铬的吸收率已提高至 83.2%,革已能耐沸水不收缩;而高吸收铬鞣剂 KRC 和 Baychrom CH 可使废液中 Cr_2O_3 含量降到 1g/L 以下。

为了分析不同铬鞣剂鞣制对铬吸收的实质原因,用离子交换色谱法研究不同鞣制方法所得鞣液的组成特征,见表 2-42。

表 2-42　　　　　不同鞣制方法铬鞣液组成分析

| 鞣剂种类 | 取样时间 | 电荷 | | | | |
		阴中性	+1 价	+2 价	+3 价	+4 价以上
铬液	鞣制 5min	18.58	19.43	9.82	29.45	20.73
	鞣制结束	33.22	38.48	12.63	10.63	1.02
Chromosal B	鞣制 5min	45.68	23.45	14.22	12.04	—
	鞣制结束	36.33	37.85	9.34	8.51	3.22
KMC	鞣制 5min	80.78	11.38	4.34	—	—
	鞣制结束	46.42	36.48	6.55	5.99	
KRC	鞣制 5min	75.58	14.33	6.23	—	—
	鞣制结束	43.96	34.77	10.32	6.02	0.92
Chromosal B + Baychrom CH	鞣制 5min	42.23	32.58	11.95	8.72	—
	鞣制结束	32.47	38.11	10.86	9.58	4.13

由表 2-42 可见,蒙囿剂对铬鞣剂的组分电荷和分子质量大小起着决定性的作用。铬液鞣制法由于在鞣制初期没加蒙囿剂,所以阴中性、分子质量较小的组分较少;铬盐精 B 中有 SO_4^{2-} 的暂时隐匿作用,使阴中性电荷组分增多,分子质量较小的组分也增多;KMC 和 KRC 鞣剂同时具有 SO_4^{2-} 和外加有机酸根的双重蒙囿作用,因此它们的阴中性电荷组分最多,分子质量也较小。尽管蒙囿作用能改善铬的渗透,减缓铬与皮胶原的结合,提高铬的耐碱能力,提高革的质量,但是比较它们废鞣液中的铬组分电荷

分布和分子质量分布可发现：随着铬鞣剂蒙囿作用的增强，废液中残留的阴中性电荷、小分子组分逐渐增多。因此，较强的蒙囿作用虽然可促进铬在皮内的均匀分布，改善铬的吸收，提高革的Ts，但同时也增加了部分阴中性电荷、小分子组分转变为高阳电荷、大分子组分的难度，最终使废液中余留下较多的无鞣性的阴中性、小分子组分不能被皮胶原吸收。这就是高吸收铬鞣剂虽然可使铬吸收由60%～70%提高到85%～90%，但仍然难以达到95%以上的原因所在。当然如果只是一味地考虑提高铬的吸收率，在鞣制末期进一步提高pH，吸收率确实可达到95%以上，但这时残留在废液里的铬由于pH的升高，分子变大，电荷由低变高，鞣性增强而只能吸附在革表面，由此而易造成革粒面变粗，颜色发深，甚至出现裂面，革柔软丰满，弹性降低，这在实际生产中是不允许发生的。

（三）改进鞣制反应条件

根据铬与皮胶原的反应动力学，鞣制时铬的浓度、反应温度、pH、时间等因素均会影响铬与皮胶原的结合量。如何最大限度地降低铬的用量，降低pH和温度的变化幅度，最大限度地加大机械作用，提高pH、温度、浓度，就能提高铬的结合量。

早在90多年前，就有人研究了采用无液鞣法能改善铬的吸收。随后又将此法进一步完善，采用固体铬鞣剂代替鞣液鞣制，使鞣制初期铬的浓度更大，渗透更快，结合量可提高到75%。

不同的提碱剂和不同的提碱操作也会影响铬的吸收。如果提碱过程缓慢进行，pH逐渐升高，则不仅可改善铬的吸收，使铬吸收提高至80%，而且鞣制的革性能也好。自动提碱剂在市场上销售出现在20世纪60年代，对此类产品的性能和应用也有报道。我国的王裕芳也进行了用碳酸钙、白云石代替小苏打提碱的应用研究。

通过加入蒙囿剂和交联剂也可提高铬的吸收。如邻苯二甲酸钠能促进铬的吸收，提高革的丰满度，铬吸收达到80%；在鞣制中后期添加长链二羧酸盐能明显提高铬的吸收，铬吸收达到85%，废鞣液中Cr_2O_3含量可降至1g/L。

但就实际生产来说，考虑到革产品的质量要求和工厂的实际生产管理，只是单纯地通过控制以上工艺条件还不能达到使铬高吸收，废液中的铬含量仍然较高。

在鞣制后期添加含多羧基、多羟基的助鞣剂，虽然可有效地提高铬的结合量（铬吸收大于95%），降低废液中的铬含量（小于0.2g/L），但需要仔细操作，否则由于铬在革表面结合较多，铬的分布不均匀，会影响成革的柔软丰满度。

此外，还有人研究了用疏水性溶剂代替水作介质，如用烃类或氯化烃类作为鞣制反应的介质，铬鞣剂只溶解于水而不溶于溶剂，所以只与水相的皮胶原反应，这样就打破了溶剂介质和皮胶原之间的平衡，使铬鞣剂吸收很高，接近100%。当加入提碱剂时，如果是水性介质，提碱剂使水介质中的铬发生水解配聚，分子变大，电荷增高，从而阻止了其向皮内的扩散，这种情况在介质pH较高时更明显，而在溶剂介质中的铬鞣反应不会出现类似情况。但皮中的含水量对革质量影响很大，当裸皮中的水分含量为200%～300%时，能获得较好质量的革；如果皮中水分含量超过300%，在溶剂介质中又会出现新的水相，从而使介质和裸皮之间的平衡反应变得复杂，不易控制；当裸皮中的水分含量太少时，皮纤维的孔隙变小，不利于铬鞣剂的渗透。

三、不浸酸铬鞣法

传统的浸酸铬鞣方法中铬鞣剂的渗透与结合是一对相互矛盾的因素。鞣制 pH 变化范围一般在 2.0~4.0，鞣制初始 pH 低，胶原羧基的离解率很低，COO^- 基本上被 H^+ 封闭而失去活性，这时铬鞣剂的渗透占主导地位。铬鞣后期的提碱使皮外的 pH 首先提高，而皮内的 pH 较低，pH 的升高促使胶原羧基离解，同时加快铬配合物水解配聚，因而皮表面的铬鞣剂首先与皮胶原进行配位结合。鞣制结束时浴液的 pH 一般为 3.8~4.0，而对于较厚的皮，皮心 pH 要低于这个数值，这势必影响到皮内铬配合物的水解配聚以及胶原羧基的离解，从而限制了铬配合物与皮胶原的结合。研究表明：鞣制结束后革内的铬只有 10% 参与了交联作用，而参与铬配位的胶原羧基只有 1/60。因此，鞣制结束时，大部分铬是单点结合或未结合，这些铬在随后的水洗和其他加工过程中易迁移至浴液而被排掉。

不浸酸铬鞣剂是专为不浸酸鞣制而研制的鞣剂，它是在传统铬鞣剂反应的基础上引入有机酸、磺酸等反应制得。它的鞣制过程不同于浸酸鞣制，脱灰软化后的皮表面的 pH 一般是 7.5 左右，而软化结束时，胶原纤维的等电点为 5.5 左右。这时胶原羧基全部是离解状态，为胶原与铬的充分结合创造了先决条件。如果不经浸酸而直接用普通铬鞣剂进行鞣制，铬鞣剂便会首先在皮表面大量结合，很容易造成表面过鞣，并且鞣剂很难渗透完全。而在对常规铬鞣剂改性后得到的不浸酸铬鞣剂 C-2000，具有较强的耐碱稳定性。离子交换色谱分析：在铬鞣液陈放初期，溶液中 98% 以上的铬配合物为阴、中性配合物，并且在室温、较低的 pH 条件下铬配合物由阴、中性电荷向阳电荷转变的速度较慢，陈放 4~6h 后的铬鞣液中阳铬配合物的含量为 20% 左右，见表 2-43。

表 2-43　　　　　　　　　不同陈放时间的铬鞣液组分含量

陈放时间/h	阴、中性组分含量/%	阳性组分含量/%
0	98.52	1.21
2	91.13	8.58
4	81.45	18.55
6	79.79	20.21

不浸酸铬鞣时，浴液 pH 因铬鞣剂本身所残存的酸而迅速从 7.5 左右降至 3.0~4.0，较低的 pH 保证了浴液中铬鞣剂不至于过快转变为阳铬配合物。同时，表 2-44 表明，皮心在鞣制初期保持较高的 pH，从皮外到皮内的 pH 是梯度增加的。因此渗透进皮心的铬鞣剂处在高 pH 环境中，这样皮心的铬鞣剂受到相当于在浸酸铬鞣后期提高碱度的作用而发生水解配聚，电荷升高，分子变大，并与胶原羧基结合。只不过该"提碱"过程与浸酸铬鞣的提碱顺序相反，从皮内到皮外。由于铬鞣剂与皮胶原的结合是从皮心开始的，因此对后面铬鞣剂继续渗透的阻碍作用没有浸酸铬鞣中的那样大。同时皮心的铬鞣剂与皮胶原的结合，使皮内纤维间的铬浓度降低，从而促使皮外铬鞣剂的渗透。随着鞣制过程的进行，皮心的 pH 逐渐降低，鞣制 4~6h 后，皮内和皮外的

pH 便基本趋于一致。

表 2-44　　　　　　　　　　不同鞣制时间革内各层的 pH

鞣制时间/h	蓝革各层 pH				
	1(粒面层)	2	3	4	5(肉面层)
1	4.35	5.01	6.25	5.13	4.28
2	4.06	4.44	5.27	4.37	4.05
3	4.00	4.07	4.53	4.25	3.94
4	3.94	3.95	4.01	3.90	3.85
5*	3.86	3.89	3.85	3.82	3.84
7*	3.76	3.75	3.79	3.77	3.80

* 加水提温。

在不浸酸铬鞣 2~3h 后，蓝革的收缩温度便达到 90℃ 以上，这说明皮内的铬鞣剂在鞣制 2~3h 时，便能很大程度地与皮胶原结合，见表 2-45。

表 2-45　　　　　　　两种铬鞣方法中蓝革收缩温度随时间的变化

鞣制时间/h	不浸酸铬鞣蓝革收缩温度/℃	浸酸铬鞣蓝革收缩温度/℃
2	92	66
3	96	71
4	耐煮沸	72(开始提碱)
6	耐煮沸	90(提碱结束)

通过以上对不浸酸铬鞣机理的讨论，可知两种铬鞣方法最本质的不同之处在于：铬鞣剂与皮胶原结合顺序的不同。不浸酸铬鞣剂鞣制时，铬鞣剂与胶原羧基的结合顺序是从皮内到皮外，而常规浸酸铬鞣时，铬鞣剂与皮胶原的结合是从皮外到皮内。因此，在用不浸酸铬鞣剂进行鞣制时，可以一定程度地解决铬鞣剂在鞣制中渗透与结合的矛盾。这就是不浸酸铬鞣时铬吸收率较高并且铬在皮内分布较均匀的主要原因。

由广东盛方化工有限公司生产的不浸酸铬鞣剂 SF-1 是一种新型的、以铬为主，经特殊化学反应精制而成的铬鞣剂。采用 SF-1 鞣剂对软化裸皮直接进行鞣制，具有省去浸酸过程，缩短制革生产周期，避免浸酸过程大量使用盐和酸，减轻制革厂废水处理难度的特点；还具有渗透迅速，Cr_2O_3 在皮纤维间分布均匀，各层次吸收的 Cr_2O_3 差别小，制得的蓝湿革丰满，边腹部位紧实，粒面细致，部位差小，成品革手感柔软、丰满，富有弹性，粒面平细，松面现象明显改善等特性。由于具有这些特性，它特别适合于黄牛软鞋面革、山羊鞋面革、绵羊服装革等。应用工艺简单：脱灰软化后直接使用不浸酸鞣剂 SF-1 鞣制，液比：0.8，温度：常温，用量：C-2000 鞣剂 6.0%~8.0%。连续转动 4~5h，加热水至液比为 2.0，并使内温至 40~45℃，再继续转动 2~3h，pH 3.5~4.0，测收缩温度，达要求后停鼓过夜，次晨转 30min 出鼓。

四、铬鞣废液回收利用控制原理

铬鞣废液是制革厂污染最严重的废水之一。在常规鞣制过程中,铬的有效利用率在70%左右,其余的铬残留在废水中。一般废铬液中Cr_2O_3含量高达2~8g/L,如果直接排放不仅造成对环境的严重污染,而且也造成铬资源的巨大浪费。表2-46列出了每生产加工15t猪皮所产生的废铬液量。

表2-46   鞣制15t猪皮产生的废铬鞣液铬含量

废水名称	Cr_2O_3含量/kg	所占比例(以加入的总铬量计)/%
容易收集的废铬液	75	29.8
挤水时的废铬液	4.6	1.8
搭马排掉的废铬液	0.9	0.4
合计	80.5	32.0

如果铬鞣时不是采用高吸收清洁化铬鞣制工艺,而是采用的常规铬鞣法,那么按照表2-46中统计的数据来推测,每年因为废铬液排放掉的铬将上万吨(以红矾计),并且严重污染环境。因此,铬鞣废液的回收利用也属制革清洁鞣制工艺的一个重要环节。

目前已被普遍采用和较成熟的回收方法主要有碱沉淀回收法和直接循环利用法。

(一)碱沉淀回收法

1. 碱沉淀回收法原理

废铬鞣液的pH一般为4.0左右,这时的Cr^{3+}仍以铬配合物形式存在,能溶于水。当加碱将pH调至8~9时,便逐渐形成氢氧化铬沉淀,该沉淀物又可溶解于硫酸中,重新生成碱式硫酸铬,可重新用于铬鞣。以氢氧化钠沉淀为例,其主要化学反应式如下:

$$Cr(OH)SO_4 + 2NaOH \longrightarrow Na_2SO_4 + Cr(OH)_3 \tag{1}$$

$$Cr(OH)_3 + H_2SO_4 \longrightarrow Cr(OH)SO_4 + 2H_2O \tag{2}$$

反应式(1)表明碱能沉淀Cr^{3+},一般碱性越强的碱,生成氢氧化铬沉淀的速度越快,然而絮凝沉淀所需时间越长。pH升高有利于氢氧化铬沉淀的生成,但pH太高,氢氧化铬沉淀与氢氧化钠会进一步发生如下反应:

$$Cr(OH)_3 + NaOH \longrightarrow NaCrO_2 + 2H_2O$$

过高的pH使氢氧化铬沉淀又变成了可溶性铬酸盐,影响铬的回收效果。实际操作中一般控制温度为50~60℃,pH为8~9。如用氢氧化钠处理废铬液沉淀铬在pH 8左右即可快速完成铬的沉淀反应,但需加入絮凝剂帮助沉淀的凝聚,以便于对沉淀进行脱水和过滤处理。针对氢氧化钠作为铬沉淀剂的不足,结合用氧化镁作沉淀剂,可使铬的沉淀反应较缓和,形成的粒子较大,沉淀体积小,因而沉降迅速。

2. 碱沉淀回收法处理流程

处理过程为:将鞣制废铬液、挤水废铬液等全部收集至贮存槽,待静置平衡后用泵抽入沉淀池。在沉淀池中加入粉状氧化镁，调节 pH 至 8.0 以上，缓慢搅拌 2h 以上。静置后收集铬沉淀，再加入硫酸溶解沉淀，溶解时控制 pH 在 2.5~3.5。

一般处理废铬液时每千克 Cr_2O_3 需 MgO 0.25~0.4kg，溶解沉淀时每千克 Cr_2O_3 需 1.3kg 浓硫酸。

碱沉淀回收处理废铬液法在制革厂废水处理中被经常采用，其优点是回收处理后的铬鞣液与新配制的铬鞣液的铬配合物组成、电荷等性能非常相似，回收的铬鞣液性能较稳定，可用于任何品种皮革的鞣制加工过程，并且不降低成革质量。但该方法也存在一些缺点，如沉淀池中的上清液中含有大量中性盐，这些废液的产生又增加了废水中中性盐的含量，而且该法采用的收集废液、沉淀、压滤、溶解的处理过程较复杂，设备投资较大，运行成本较高。

3. 铬饼的回收利用

经过板框压滤机处理就得到组成较稳定的铬饼，铬饼中含有大量的铬，因此需对铬饼进行回收利用。常用的铬饼回收利用方法是用硫酸对铬饼进行酸化处理，用硫酸将铬饼溶解配制成一定碱度的碱式硫酸铬溶液，再将该铬液重新用于皮革的鞣制。在实际应用过程中发现，直接用硫酸酸化处理后制备的铬鞣液鞣制，容易出现蓝湿革粒面较粗、成革扁薄、蓝革颜色较暗等问题。

已有研究发现采用乙酸钠对酸化铬鞣液进行蒙囿改性后再用于鞣制，能明显提高回用铬液的鞣革性能。图 2-21 是乙酸钠不同用量所得铬鞣液样品（1、2、3、4、5 号样品对应乙酸钠与 Cr_2O_3 摩尔比分别为 0、0.25、0.5、0.75、1，均采用浓缩处理至固含量 50%~60%）与没加乙酸钠也未浓缩处理的酸化铬鞣液（0 号样品）以及商品铬鞣剂的 pH 电位滴定曲线的对比结果。

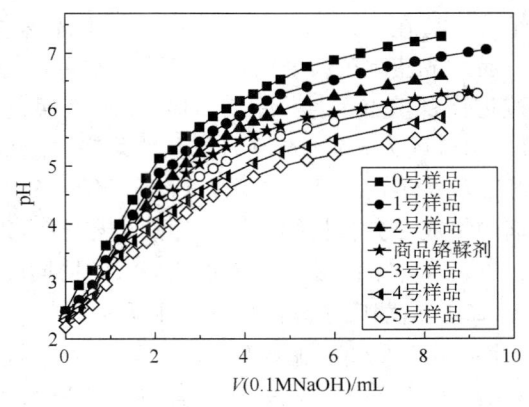

图 2-21 乙酸钠用量对酸化铬鞣液耐碱稳定性的影响

分析图 2-21 可知：在滴定过程中商品铬鞣剂的 pH 上升较缓慢，说明水解行为较缓和，而酸化未浓缩处理铬鞣液 0 号样品曲线上升较快，表明水解行为较快，耐碱稳定性差。商品铬鞣剂含有一定量的小分子有机酸盐蒙囿剂，故耐碱性能优良。比较 0 号样品没加乙酸钠也未浓缩处理的酸化铬鞣液和 1 号样品没加乙酸钠但是浓缩处理的酸化铬鞣液的 pH 电位滴定曲线可知，酸化铬鞣液经浓缩后其耐碱稳定性有所提高，表明加热浓缩能促进硫酸根取代不稳定的 H_2O 与 Cr^{3+} 的配位，降低了铬配合物的水解配聚能力。但是，仅仅通过浓缩不能大幅度提高耐碱性能。图 2-21 表明乙酸钠能有效提高酸化铬鞣液的耐碱能力，且随着乙酸钠加入量的增加，滴定曲线变得更加平缓，铬鞣液的耐碱稳定性进一步增强。其中 3 号样品乙酸钠与 Cr_2O_3 的摩尔比为 0.5 并进行浓缩处理至固含量 50%~60%

时测定得到的 pH 电位滴定曲线与商品铬鞣剂的最接近。采用离子交换色谱法对 0 号、3 号铬鞣液样品和商品铬鞣剂做鞣液的组成分析，得到的结果如表 2-47 所示。

表 2-47　　　　　不同酸化铬鞣液及商品铬鞣剂的各组分铬含量　　　　　单位:%

样品		电荷					回收率
		阴、中性	+1	+2	+3	+4	
商品铬鞣剂	刚溶解	86.37	12.41	—	—	—	98.78
	陈放 6h	39.61	22.43	13.70	6.71	7.31	89.13
0 号样品	直接测定	8.23	30.85	23.45	11.31	4.90	78.74
3 号样品	刚稀释	87.26	8.02	—	—	—	95.29
	陈放 6h	41.95	18.78	14.15	4.75	9.13	88.76

由表 2-47 可知，商品铬鞣剂刚稀释时，鞣液中 80% 以上是阴、中性配合物，可迅速渗透入裸皮并被皮胶原吸收；陈放 6h 后，组分数增加到 5 个，约 60% 以上为阳铬配合物，且阳电荷分布很均匀，鞣性较好。0 号样品未做浓缩处理的酸化铬鞣液的组分数为 6，从电荷来看，阴、中性组分不足 10%，+1、+2 和 +3 价阳电荷组分占 60% 以上，同时还含有约 5% 的 +4 价高阳电荷组分，回收率只有 78.74%，推测未被洗出的组分电荷在 +4 价以上。可见，0 号样品未做浓缩处理的酸化铬鞣液具有较强的收敛性，易造成蓝湿革粒面粗糙、扁薄、颜色深等问题。采用乙酸钠蒙囿改性并浓缩处理的酸化铬鞣液（3 号样品）的阳离子交换色谱可以看到，阴、中性组分占 87.26%，+1 价组分约为 8%，与 0 号样品酸化铬鞣液相比，阴、中性组分大幅增加；陈放 6h 后的组分数较多，有 7 个，阳电荷组分有 4 个，而且阳电荷组分分布较均匀。与商品铬鞣剂的组成百分含量很接近，但组分数多了 2 个，这同乙酸根与铬的配位方式的多样化，以及加热浓缩处理处理中硫酸根的协同配位有关。

（二）**铬鞣废液直接循环利用法**

铬鞣废液的直接循环利用法最早是由澳大利亚的 Davis M. H. 和 Scroggie J. G. 于 1973 年提出的。其基本方法是将收集的废铬鞣液经过滤、分析、材料补充后，直接用于浸酸、鞣制或复鞣等工序。铬鞣废液可长期循环使用。

1. 铬鞣废液的组成特征

离子色谱法分离分析铬鞣液和铬鞣废液的组成，结果见表 2-48。

表 2-48　　　　　　　铬鞣液和铬鞣废液的组成对比　　　　　　　单位:%

鞣液类别	电荷						
	阴、中性	+1 价	+2 价	+3 价	+4 价	+5 价	+6 价
铬鞣液	8.28	37.60	19.25	7.98	2.05	6.42	14.50
铬鞣废液	38.21	31.47	19.26	5.05	0.00	0.00	0.00

由表 2-48 可看出：废铬鞣液中含有的主要是低价铬配合物，其中以阴、中性及 +1 价组分含量最高。

比较铬鞣液和废铬鞣液的组成特征，可以发现经过鞣制，铬鞣液的高电荷组分几乎被皮吸收，而低电荷组分被皮吸收少，大多残留在废液里，所以，起鞣制作用的是高阳电荷铬配合物组分。

2. 铬鞣废液用于浸酸

铬鞣废液用硫酸调节 pH 至 2.5，静置不同时间的鞣液组成分析结果见表 2 – 49。

表 2 – 49	加酸后的废铬液的组成							单位：%
静置时间	电 荷							回收率
	阴、中性	+1 价	+2 价	+3 价	+4 价	+5 价	+6 价	
2h	31.50	29.60	28.48	5.05	0.00	0.00	0.00	94.63
7d	50.10	37.92	7.01	0.30	0.00	0.00	0.00	95.33

从表 2 – 49 的分离结果可看出：铬鞣废液加酸后静置 2h，阴中性、+1 及 +2 价组分含量相当；静置 7d 后，废液中铬配合物主要为阴中性及 +1 价组分；加酸能使铬配合物发生解聚作用，分子变小，电荷降低。因此，铬鞣废液在加酸静置后可用于浸酸工序。其组成分析表明：铬配合物以阴中性、+1 价电荷组分及低阳电荷组分为主，分子较小，利于铬的渗透，不会出现表面结合过多的现象。

铬鞣废液用于浸酸的实际操作中，应注意控制加料顺序，即先加酸到废铬液，当废铬液中的铬配合物组成变化达到平衡后，再用于浸酸。此外，循环用于浸酸的废铬液的温度控制也很重要，特别是在夏季。浸酸温度高，废液中铬配合物水解程度加大，容易造成"铬花"。同时，浸酸温度过高，酸对皮胶原水解加剧，易造成成革的空松和纤维的发脆，使成革强度降低。

3. 铬鞣废液用于鞣制

废铬液经蒸汽加热至 60～70℃，并保温 30min 后及静置 1 周的离子色谱分析结果见表 2 – 50。

表 2 – 50	废铬液加热后的组成特征							单位：%
废铬液处理	电 荷							回收率
	阴、中性	+1 价	+2 价	+3 价	+4 价	+5 价	+6 价	
60～70℃ 保温 30min	43.41	39.28	5.10	7.11	0.00	0.00	0.00	94.90
静置 7d	0.00	0.00	0.00	0.00	69.00	20.51	6.86	96.37

从表 2 – 50 的分离分析结果可看出，铬鞣废液加热至 60～70℃ 保温 30min 时，铬配合物仍多为阴中性及小于 +3 价的低阳电荷组分，而静置 7d 达平衡后，废液中的铬几乎水解为 +4 价及 +4 价以上高阳电荷组分，即加热并静置较长时间，促使铬配合物发生水解配聚作用，分子变大，电荷增高。

铬鞣废液的循环利用，将废铬液加温后用于铬鞣工序中的升温，以上的分析结果表明，废液加温并静置短暂时间，阴中性及低阳电荷组分较多；静置时间延长，高阳电荷组分增多。这就保证了废铬液用于铬鞣过程中升温的安全可靠：铬鞣中后期加入刚加热的废液用于升温，废液中铬配合物的电荷较低，在皮中更多地体现为渗透作用。避免了高阳电荷配合物对粒面的过度收敛产生的"粗面"现象。升温后，随着转鼓的有温转动过程，配合物发生水解，分子变大，电荷升高，逐步增强鞣制作用。

铬鞣废液直接循环利用法，投资少，见效快，不仅解决了铬鞣废液的排放问题，还能节约大量的盐和铬，减轻了中性盐和铬对环境的污染。实际操作中，控制废铬液浓度为 $11°Bé$，从而控制补加的中性盐量，铬鞣时 KMC 铬鞣剂用量由 7.0%减至 5.5%，经长期循环，仍能保证成革质量。

4. 工厂采用直接循环利用法需解决的问题

采用直接循环利用法可以提高铬鞣剂的利用率，减少铬鞣废水的排放，减少铬鞣废液处理的负担，节约铬鞣剂成本，减少中性盐和浸酸铬鞣新鲜用水。此方法门槛低、投资少、操作简单、效率高，为治理铬的污染，解决环境污染与资金、技术间的矛盾，找到了一条简单可行的路子。但是，该法目前仍然面临一些问题，在工厂的实际应用中仍需注意并力求解决。

（1）由于随着循环次数的增加，废液中含有未除去的油脂、蛋白质等有机物的积累，影响鞣革的质量，因此短时间内使用，成革质量可以达到要求，但是长时间使用会对皮革质量造成影响，比如颜色发暗、颜色不均匀及盐霜等质量问题。

（2）主鞣废液循环用于浸酸时的冷却和后期补水升温时加热产生的能耗问题，尤其是在我国广东沿海地区，夏季平均气温在30℃左右，自然降温不可行，而冰块降温的成本又太高，所以需要探索节能降耗的解决方案。

（3）目前国内轻革的生产不但主鞣绝大部分采用铬鞣法，铬鞣剂也普遍应用于革的复鞣工序，由此产生的铬复鞣废液铬的浓度较低，对这部分废铬液进行直接循环利用，液量平衡难以控制，因此在这样的制革厂只采用直接循环利用法不能将铬鞣废液全部回收利用。

（4）铬鞣废液循环分两部分，分别是前期的浸酸和后期的补水升温，其操作较繁琐，探索实现加料和补水的自动化的方法，将大大提高生产效率。

五、含铬废渣利用的原理及方法

铬鞣结束后的蓝革在制革厂经搭马静置后接着进行挤水、剖层、削匀、修边，然后再进行随后的复鞣、中和染色加脂等处理，蓝革削匀、修边会产生含铬削匀及边角废渣。统计表明，制革过程中原皮质量的约30%变成了含铬废渣，世界上每年要产生此类废渣60多万吨。而含铬废渣不能采用填埋或者焚烧进行处理，填埋时铬有可能渗透入地下水并污染水源，而焚烧过程很可能产生对环境不利的有毒化合物，且燃烧是将有用物质转化为低品位的热能，利用效率很低。要实现含铬废渣的资源化利用，必须将铬从皮胶原中脱除出来，同时也将胶原转变成可溶状态。从含铬废渣中提取分离铬和蛋白质的过程，其本质是脱铬反应，即交联键合反应的逆反应。脱铬的方法大致可分为酸法、碱法、酸碱交替法和氧化法。在上述方法实施的过程中胶原会进行部分水解，只是不同方法水解程度不一样。单纯用来水解的方法为酶法。

(一) 酸处理法

硫酸、盐酸、磷酸、草酸等均可用于含铬废渣的处理。利用浓酸对含铬废渣进行脱铬，胶原水解时胶原损失大，明胶产率低，铬也除不尽（草酸和硫酸的脱除率分别为 70% 和 40%）。研究发现，草酸的脱铬效果最好，其次是硫酸和甲酸。对水解而言，甲酸的效果最好，其次是硫酸和草酸。酸法处理含铬废渣只能得到低级皮胶和小分子多肽。

(二) 碱处理法

可用 MgO、NaOH – Na_2CO_3、CaO 等进行处理。一般而言，碱法比酸法处理的效果好。早在 1976 年，成都制革厂就采用 MgO 分次处理含铬废渣以提取明胶。增加碱的用量或延长碱处理时间，虽可提高铬的脱除率，但胶原损失也增大。

(三) 酸碱交替处理法

单用酸或碱使含铬废渣脱铬制备明胶都只能获得低级明胶或皮胶或简单水解产物。曾有人试图单用酸、碱、六偏磷酸钠、EDTA 或镁盐处理，虽未成功，但认为用酸碱交替处理可以获得一定的效果。日本专利曾报道过依次用石灰乳、浓硫酸、苛性钠、过氧化氢和浓硫酸处理含铬废渣以脱除其中的铬，其中，石灰液、浓硫酸和苛性钠可重复使用 3 次。采用酸碱交替法处理时要注意酸碱的使用顺序，一般先用碱处理，再用酸处理。

(四) 氧化脱铬处理法

在脱铬处理过程中加入氧化剂（如 H_2O_2）。实际上，氧化脱铬处理的是 Cr^{6+}，这是由于 Cr^{3+} 与胶原牢固结合，而 Cr^{6+} 与胶原结合不紧密，故容易脱除。氧化脱铬常在碱性条件下进行。以 H_2O_2 作氧化剂有两个作用：一是将 Cr^{3+} 氧化为 Cr^{6+}，二是增加体系中的 OH^- 浓度。目前，氧化法对存放过久的含铬废渣中的铬脱除效果不好。

(五) 酶处理法

在水解胶原方面，酶因其特殊的生物活性，具有其他试剂所不能比拟的性质，如水解产物的分子质量分布较窄，产物具有生物活性等，故使用酶法可生产高附加值的产品，如光学明胶、化妆品用明胶、水解动物蛋白等。然而，酶法处理前要先脱铬，因此工序较多，成本也较高。

此外，在捷克、斯洛伐克等一些东欧国家，研究人员采用微生物法通过培养嗜铬菌种对铬废渣进行脱铬处理，而此类菌种不会对胶原本身造成破坏。

六、铬鞣革在鞣后湿操作工序中铬的释放

在铬鞣和铬复鞣的废液中残留的铬浓度较高，一般为 300～5000mg/L。各国的法律法规对铬的排放都有严格的要求，我国制革废水排放标准要求车间排放口废水中铬的浓度低于 1.5mg/L。环保部门要求含铬废液的管道、废液池和含铬废弃物储存场所需做防渗处理，避免铬渗入土壤和地下水中。由于铬鞣革具有优异的综合性能，铬鞣法至今仍然是皮革的主要鞣制方法。但是，传统铬鞣法中，不仅铬鞣和铬复鞣废液中会残留一定浓度的铬，而且在鞣制后的染整工序中铬还会不断排放到废液中，铬的利用率实际上仅为 65%～75%。铬在制革过程多种废液中的存在，容易导致环境污染问题，也是一种资源浪费。Cr^{3+} 与皮胶原纤维存在多种结合方式，包括多点交联、单点结合

及物理沉积，因此铬鞣革中所结合的铬在后续工序的物理和化学作用下，会不同程度地释放出来。对于铬鞣、铬复鞣废液，由于其铬含量较高，制革企业一般非常注意对其进行回收利用，已经形成了铬的沉淀回收利用和废液直接循环利用等技术。但对于后续染整工序释放的铬，由于释放流程长，铬浓度低并混杂有其他化工材料，回收处理困难，尚无回收利用的合理技术。高吸收铬鞣剂或助剂的使用，虽然在增加铬的吸收率、减少铬用量方面可以起到一定的成效，但仍需面对后续工序的铬释放问题。

铬在蓝湿革中主要以两种形式存在，一是与胶原纤维结合的铬，二是存在于革内自由水中的未结合的铬。铬与皮胶原纤维存在多种结合方式，包括多点交联、单点结合及物理沉积，部分结合的铬在鞣后湿处理工序的物理和化学作用下会有不同程度的释出；未结合的铬会进入后续工序的浴液中，因此导致蓝湿革鞣后湿处理工序废液中含有一定浓度的铬。对典型制革厂的鞣后湿处理工序废液中铬浓度的调查发现，蓝湿革后湿处理工序废液中铬浓度在 10~450mg/L，远超过排放标准。鞣后湿处理工序中的废水量大，铬浓度较低，在铬的回收、处理方面存在较大的难度。这部分废水直排到污水处理厂后，铬大部分沉淀和污泥混合，虽然废水中铬的浓度能达到排放要求，但会导致制革污泥中铬的含量高。对典型制革厂的制革污泥（综合污泥）的铬调查发现，有些污泥的铬含量达到 8000~15000mg/kg 干泥。高铬含量的污泥为危险固废，制革厂一般委托有资质的单位处理，处理费用高。要解决制革铬污染问题，必须对蓝湿革鞣后湿处理工序中铬的释出问题予以高度重视。控制鞣后湿处理工序废水中的铬浓度，是迫切需要解决的问题。通过对典型制革厂鞣后各工序废液中铬浓度的调查发现，蓝湿革在后续湿处理工序中，革内的铬会有不同程度的释出，而导致废水中的铬的浓度超过排放要求（高于 1.5mg/L）。通过对蓝湿革的状态、存放时间及蓝湿革后处理主要工序的条件等因素对铬的释出影响的研究，得到如下结果：

（1）蓝湿革的鞣制条件和存放时间对后工序中铬的释出有较大的影响，鞣制末期适当提高革的 pH，并适当延长蓝湿革的存放时间，可以增加铬与皮纤维的结合程度，有效减少后工序中铬的释出。

（2）在蓝湿革的回湿、漂洗工序中，pH 对铬的释出有较大的影响，随着 pH 的升高，铬的释出量显著降低。因此在回湿工序中可适当提高 pH 至 5 以上，回湿液中铬的浓度低于 2mg/L，接近排放要求。

（3）蓝湿革的酸漂洗工序中，酸的种类和用量直接影响着铬的析出，避免柠檬酸和草酸等与铬配位能力强的酸的使用，并严格控制 pH，可以通过选择适当的酸，并在漂洗末期适当提高 pH，能有效减少铬的释出。

（4）中和过程中适当提高 pH，并避免使用与铬配位能力强的有机酸盐中和剂，可以有效降低中和废液中铬的浓度。

（5）加脂剂和加脂液的 pH 对铬的析出有较大的影响，加脂后期的甲酸固定使铬的释出量增加。因此需要对加脂剂进行优选，并对固定方法进行优化。

（6）经研究发现，不浸酸铬鞣革在鞣后湿加工过程中铬释放总量与常规铬鞣革相比可减少30%；丙烯酸类复鞣剂、氨基树脂类复鞣剂可以明显降低不浸酸铬鞣在鞣后湿加工过程中的铬释放，其中大分子丙烯酸复鞣剂复鞣过程中铬释放量可减少近80%。不浸酸铬鞣剂因能与皮胶原蛋白牢固结合，从而明显降低了皮革在鞣后湿操作过程中铬的释放量。

<h3 style="text-align:center">七、皮革中六价铬的形成因素、预防及监测方法</h3>

1. 皮革中六价铬产生的原因分析

成品革中检测出六价铬，是一个令人困惑而客观存在的问题。因为鞣革所用的铬鞣剂是三价的，而不是六价的，即使在鞣制过程中所使用的铬粉鞣剂中并没有检测出六价铬，但所生产出的皮革中仍然可能检测出六价铬。因此需要对皮革中六价铬形成的原因进行分析，以尽可能避免出现皮革中六价铬超标。现今已对皮革中六价铬含量有限制，一般要求残留在皮革中的六价铬含量需低于 5mg/kg。欧盟的指标更严，要求低于 3mg/kg，而皮革手套中要求低于 2mg/kg。

分析皮革中六价铬的形成原因主要存在以下几种观点：

（1）工艺中所用的原料不纯 目前使用的铬鞣剂是 Cr^{3+} 的配位化合物，其工业形态为铬粉。由于 Cr^{3+} 在很多条件（有氧化剂存在、偏碱性）下都非常容易被氧化成 Cr^{6+}，所以这可能是皮革中 Cr^{6+} 产生的原因。其实只有极少数生产条件不达标的工厂的铬粉里面含有少量的 Cr^{6+}，最终残留在皮革产品中。然而研究发现，就算鞣制工序使用的铬粉里面没有 Cr^{6+}，皮革成品中依然会有 Cr^{6+} 的存在。这就可以明显看出铬粉不可能是成革当中 Cr^{6+} 的主要来源。

（2）制革过程中浴液高 pH 对皮革中六价铬形成的影响 Cr^{6+} 的氧化性随着介质的 pH 升高，而急剧下降。在酸性条件下，Cr^{3+} 不易被氧化成 Cr^{6+}；在碱性条件下，Cr^{3+} 却易于被氧化成 Cr^{6+}。当溶液的 pH 大于 5 时即能发生氧化反应。由此可见若制革生产工艺流程中的有关工序 pH 大于 5 时，就有可能使皮革中形成 Cr^{6+}。实验表明，中和浴液的 pH 越高，皮革中就会产生更多的 Cr^{6+}。

（3）加脂剂（或油脂）对皮革中六价铬形成的影响 绝大部分的加脂剂的分子中的双键在空气中容易被氧化成过氧化物，而生成的过氧化物的氧化性很强，足以使皮革中的 Cr^{3+} 发生氧化。一定碘值的加脂剂都有使 Cr^{3+} 氧化为 Cr^{6+} 的能力。在相同的条件下，加脂剂的碘值与其氧化性成正比。不饱和性加脂剂由于其含有双键，而双键容易被氧化为过氧键。这种极其活泼的过氧键 pH 相对较高的条件下即可使铬从三价氧化为六价。但是氧化 Cr^{3+} 的性能与加脂剂的不饱和性却不存在正相关关系。这是因为只有处于游离状态的 Cr^{3+} 才容易被氧化。

（4）加热和光照能促进三价铬向六价铬的转化 含不饱和键的脂类物质在紫外光照射下，均可以产生自由基，当其与空气中的氧气分子结合，就形成过氧化物自由基和超氧化物自由基，它们有很强的氧化性，极易可将 Cr^{3+} 氧化成 Cr^{6+}。进行紫外光照、热老化等的实验研究，结果的确表明光照和加热都会使革中的 Cr^{6+} 含量增加。皮革样品在 85℃ 鼓风烘箱中处理 16h，其中可能形成含量极高的 Cr^{6+}。

（5）皮革存储时空气相对湿度 在成品革存储过程中，六价铬的含量会发生很大的改变。其中存储过程中空气的相对湿度是影响六价铬含量的主要因素之一。已有研究考察了湿度变化对皮革在储存过程中的六价铬含量的影响,将同种革样在从高到低不同的湿度环境中分别放置一段时间,测定皮革中六价铬含量;再将同一种皮革的存放湿度反向调节,然后检测皮革中六价铬含量。实验证明,随着空气湿度的减少,皮革中六价铬的含量会增加;反之,皮革中六价铬含量会减少。在高湿度条件下存储皮革,六价铬含量下降的趋势随温度的升高而加速。

2. 皮革中六价铬的预防

虽然导致皮革中六价铬产生的原因有很多种,单一的方法也许并不能完全阻止皮革中六价铬的生成,但是制革工作者对如何预防皮革中的六价铬的研究仍乐此不疲。大多数的研究主要集中在以下三个方面:植物鞣剂的预防作用、抗氧化剂的预防作用以及其他预防作用。

(1) 植物鞣剂的预防作用 许多植物鞣质都具有抗六价铬形成的作用,是由于其分子中存在酚羟基的原因。酚羟基能够捕获自由基,从而终止脂类自由基链式反应,防止过氧化自由基和超氧化自由基的形成,使三价铬不被氧化成六价铬。例如当使用亚硫酸化或磺化鱼油加脂剂加脂时,如果配合使用刺云实栲胶复鞣,当刺云实栲胶用量增大到2%及以上时,皮革经加热处理,六价铬检出量不超标,只有当用紫外线照射时,才能使皮革的六价铬检出量超标。

(2) 抗氧化剂的预防作用 皮革中六价铬产生的重要原因之一,就是加脂剂和皮革中的其他油脂类物质被氧化形成过氧化物产生自由基将三价铬氧化成六价铬。采用一些就有抗氧化功能的材料如 $Na_2S_2O_3$、Na_2SO_3、抗坏血酸、对苯二酚、没食子酸、鞣花酸、茶多酚、叔丁基对苯二酚等处理皮革,可防止皮革中加脂剂和其他油脂的氧化。研究发现,经上述材料处理后的革样经自然干燥后其六价铬含量均低于5mg/kg,而未经处理的革样六价铬含量达到10mg/kg以上。研究还发现当鞣花酸用量达到2%及以上时,皮革分别在加热和紫外灯照射下连续作用3天的过程中六价铬含量始终小于3mg/kg,符合欧盟标准。

(3) 预防皮革中六价铬形成的其他措施 除了上述常用的较好的预防六价铬的方法外,预防皮革中六价铬形成的其他措施还包括:在皮革制造过程中使用合格的铬粉和含铬鞣剂等;注意蓝湿革加工过程中的pH,尽量避免pH大于5;干燥整理阶段避免高温或紫外线直射等不利条件;皮革存储过程中,在保证皮革水分含量不超标或不影响其质量的前提下,控制环境的相对湿度不应过低。

3. 皮革中六价铬的监测方法及其原理

就目前已知的检测 Cr^{6+} 的方法虽然较多,但是适用于皮革中 Cr^{6+} 检测的方法主要有:IUC-18标准法、IUC-18标准方法的改进法、毛细管电泳法、离子交换-有色萃取液漂白法、甲基异丁基酮萃取-火焰原子吸收光谱法、流动注射分光光度法等。其中 IULTCS 规定的 IUC-18 标准法以及在 IUC-18 标准法基础上,做了进一步改进的方法在企业的皮革分析检测中被经常使用。下面针对以上方法的基本原理分别作简要介绍。

(1) IULTCS 规定的 IUC-18 标准方法 该方法是在如氮气这样的惰性气体保护

下，用磷酸氢二钾缓冲溶液（pH = 7.5～8.0）萃取的皮革样品（粉碎成碎末）中的 Cr^{6+}，直接在萃取后的混合液中加入显色剂与其发生氧化反应，Cr^{6+} 将显色剂二苯基卡巴肼氧化成二苯基卡巴腙，而其本身被还原为三价。二苯基卡巴腙和由 Cr^{6+} 刚刚还原得到的 Cr^{3+} 结合形成紫红色的配位化合物，这时用分光光度计在其最大吸收波长为 540nm 处进行检测。但是，对于染色革样，萃取液颜色会严重干扰检测结果。

（2）对 IUC - 18 标准方法的改进　日常生活中使用的皮革制品都是有各种颜色的，所以在检测 Cr^{6+} 的含量时，真正有价值并且实际使用的检测样品是染色之后的皮革。如果直接采用 IUC - 18 标准方法来测定 Cr^{6+}，肯定会有染料的颜色产生干扰。为了减小甚至排除这种干扰，在实际测定时需要对此方法进行改进。最常见的措施就是在比色之前使用特定的脱色剂处理萃取液，脱掉染料的颜色后再进行测定。

脱色处理根据其机理的不同，大致可分为吸附、絮凝、氧化法、电化学法及组合处理法。各种脱色方法的脱色效果与适用范围实际上相差很大，由于皮革中大部分采用的是阴离子水溶性染料，应该首选吸附与絮凝脱色法，如使用活性炭进行吸附脱色处理。由于活性炭具有吸附染料的能力，可以很好地排除颜色的干扰。

（3）毛细管电泳法　毛细管电泳法目前是一种比较成熟的高效分离技术。该项技术的操作大致是：毛细管中的溶液在外加电压的作用下，其中的各种离子由于粒径和所带电荷不同，电泳时迁移速率不同，经过不同时间到达紫外吸收光谱仪而分别被定量检测。该法灵敏度高，与 IUC - 18 标准方法所采用的二苯基卡巴肼分光光度法相比，毛细管电泳法最大的优势在于其选择性好，不受萃取液中染料颜色的干扰。

（4）离子交换 - 有色萃取液漂白法　鉴于 IUC - 18 标准方法的最大缺点是不能排除皮革中萃取出的染料对比色的干扰，还有就是同时被萃取出的 Cr^{3+} 可能会被氧化成 Cr^{6+} 从而造成测量值的偏大。为了规避这种误差，测定之前先要进行离子交换分离，除掉同时被萃取出的可溶性 Cr^{3+}。在加热的条件下，用强氧化剂 NaClO 氧化漂白干扰颜色，NaClO 的还原产物是 Cl_2，挥发出溶液体系。该方法中 Cr^{3+} 被交换分离掉，所以不可能被氧化成 Cr^{6+} 而产生误差。通过离子交换和氧化漂白处理之后，再采用常规的二苯基卡巴肼分光光度法测定 Cr^{6+} 的含量。

（5）甲基异丁基酮萃取 - 火焰原子吸收光谱法　把螯合萃取法和火焰原子吸收法结合起来测定皮革中 Cr^{6+} 含量。其操作主要是在经过 IUC - 18 标准方法处理后得到的萃取液中加入浓 HCl 使萃取出的 Cr^{6+} 形成配位化合物 $HCrO_3Cl$，然后用甲基异丁基酮（MIBK）萃取，有机相中的 Cr^{6+} 立即用火焰原子吸收光谱法定量分析。本实验中的相关试剂和仪器均要冷却到 4℃，因为只有此温度下 $HCrO_3Cl$ 才能稳定存在。

（6）流动注射分光光度法　流动注射分光光度法对试剂消耗量少，具有精度高、快捷等优点，容易使 Cr^{6+} 的分析检测实现自动化。将流动注射分析技术与分光光度检测相结合，具有简捷、灵敏度高、抗干扰能力强、方法重现性好、节约试剂等诸多优点。

复习思考题

1. 试分别叙述碱度相同和不同的硫酸铬、氯化铬、硝酸铬、高氯酸铬鞣液的组成。
2. 试述含有有机酸的铬鞣液和不含有机酸铬鞣液组成的差异。
3. 铬鞣液组分的电荷是如何确定的?
4. 铬鞣液组成与鞣革性能有何关系?
5. 何谓鞣剂的改性? 改性的途径有哪些? 试举例说明。
6. 试述无机鞣剂改性的实质。
7. 试述多金属配合鞣剂的鞣革特性。
8. 为什么国内外均采用固体铬鞣剂鞣制,而不采用液体铬鞣剂?
9. 何谓 Chromosol 法和 Baychrom 法?
10. 为什么 Baychrom C 系列鞣剂要与 Baychrom A 等配合使用?
11. 试举例说明猪服装革的鞣制方法。
12. 为什么在鞣制前要浸酸?
13. 酸盐和油预处理是怎么一回事? 试举例说明。
14. 无机鞣制初期,pH 高不好,为什么过低也不好?
15. 试述影响铬鞣的因素。
16. 实施高吸收铬鞣法有何意义? 可通过哪些途径实现铬的高吸收?
17. 不浸酸铬鞣法有何特点?
18. 为什么要进行铬鞣废液的回收利用? 碱沉淀回收法和直接循环利用法各有什么优缺点?
19. 请简述含铬废渣利用的原理及方法。
20. 如何提高碱沉淀回收铬鞣液的鞣革性能?
21. 分析皮革中六价铬产生的原因? 如何预防六价铬的产生?

参 考 文 献

[1] 李国英,陈劲,张铭让. 硫酸铬鞣液组成的研究 [J]. 中国皮革,1992,21 (10): 8 – 18.
[2] 李国英,陈劲,张铭让. 氯化铬鞣液组成的研究 [J]. 中国皮革,1993,22 (2): 18 – 23.
[3] 李国英,陈劲,张铭让. 硝酸铬鞣液组成的研究 [J]. 中国皮革,1993,22 (5): 18 – 24.
[4] 李国英,陈劲,张铭让. 高氯酸铬鞣液组成的研究 [J]. 中国皮革,1993,22 (9): 17 – 20.
[5] 李国英,陈劲,张铭让. 铬鞣液组成与鞣制性能的关系 [J]. 皮革化工,1991,16 (1): 1 – 7.
[6] 李国英,张铭让. KMC 系列铬鞣粉剂的分子设计和研制 [J]. 皮革科学与工程,1992,2 (1): 13 – 21.
[7] 陈锡如,石成风. SRT 复鞣剂的研究 [J]. 皮革科学与工程,1989,(1): 25 – 24.
[8] 张铭让,王坤余,吕荣玲. 用紫外可见分光光度法和 pH 电位滴定法研究溶液中 Cr – Zr – Al 异金属多核络合物的形成 [J]. 中国皮革学报,1982,(1): 2 – 25.

[9] 陈锡如,罗存荣.具有复鞣和固色功能的复合鞣剂[J].皮革科学与工程,1992,2(1):7-12.

[10] 张铭让.多金属配合鞣剂的特性及其在中高档革上的应用[J].中国皮革,1990,19(8):22-25.

[11] Erdmann H. Maskierungsvorgange bei der praktischen chromgerbung [J]. Das Leder, 1964, 15 (8): 181-190.

[12] Erdmann H. Die kondensation einkerniger chrome (Ⅲ) salze zu mehrkernigen [J]. Das Leder, 1963, 14 (11): 249-266.

[13] 石碧,陆忠兵.制革清洁生产技术[M].北京:化学工业出版社,2004.

[14] 李国英,张铭让.高吸收铬鞣发展论述[A].第四届亚洲国际皮革科学技术会议论文集.北京:1988, 11-15.

[15] Fearirheller S H. Chemical modification of collagen for improved chrome tannage [J]. J. Am. Leather Chem. Assoc., 1988, 83: 363-371.

[16] Chang J, Heidman E. Einfluβ reaktionsfahiger vorbehandungen aufdie chromgerbung [J]. Das Leader, 1991, 42: 229-243.

[17] Fuchs K, Kupper R. Glyoxylic acid: an interesting contributing to clean technology [J]. J. Am. Leather Chem. Assoc., 1993, 88: 402-409.

[18] Fuchs K, Kupfer R. Silicon dioxide: environmental friendly alternative for wet white manufacture [J]. J. Am. Leather Chem. Assoc., 1995, 90: 164-176.

[19] 陈武勇,兰方阳,尹洪雷.预处理对不浸酸鞣革性能的影响[J].中国皮革,2003,32(3).

[20] 陈占光,陈武勇.不浸酸铬鞣机理的探讨[J].中国皮革,2002,31(11).

[21] 陈武勇,陈占光. Synthesis of chrome tanning agent without pickling and its properties [A].亚洲皮革技术国际会议.韩国釜山:2002.

[22] 陈占光,陈武勇,张兆生.不浸酸铬鞣剂在牛皮工艺中的应用研究[J].中国皮革,2001,30(5).

[23] 陈武勇,叶述文.不浸酸铬鞣剂C-2000的应用研究[J].皮革化工,2000,16(6).

[24] 杨宗邃.鞣性异多核络合物[J].西北轻工业学院学报,1988.(1):66-73.

[25] 王裕芳.碳酸钙提高铬鞣液碱度的研究[J].中国皮革,1981,10(6):36-42.

[26] 刘洪,许卫东.铬革渣资源利用的方法[J].环境保护,1995,(4):37-38.

[27] 聂林杉,强西怀,章川波.皮革厂固体废弃物处理的进展[J].环境污染与防治,2001 (5): 268-270.

[28] 刘华晖,卿宁.含铬皮革固体废弃物的回收及利用现状[J].中国皮革,2008,37(15):23-27.

[29] Davis M H, Scroggie J G. Investigation of commercial chrome-tanning systems—Part Ⅲ—Re-cycling of Used Chrome Liquors [J]. Journal of the Society of Leather Technologists and Chemists, 1973, 57 (53): 53-58.

[30] Davis M H, Scroggie J G. Investigation of commercial chrome-tanning systems—Part Ⅳ—Re-cycling of chrome liquors and their use as a basic for pickling [J]. Journal of the Society of Leather Technologists and Chemists, 1973, 57 (81): 81-83.

[31] Davis M H, Scroggie J G. Investigation of commercial chrome-tanning systems—Part Ⅴ—Re-cycling of chrome liquors and their use as a basic for pickling [J]. Journal of The Society of Leather Technologists and Chemists, 1973, 57 (173): 173-176.

[32] France H G. Recycle of tan liquor from organic acid pickle/tan process [J]. Journal of The American Leather Chemists Association, 1975, 70 (5): 206-219.

[33] Keizo Wade, Kunio Shirai, Tmoyoshi Kubo. Investigation on the recycling of spent chrome liquor from the viewpoint of chrome complex composition [J]. Journal of The American Leather Chemists Association, 1981, 76 (9): 333 – 342.

[34] 赵勇. 皮革中六价铬的成因及预防 [J]. 中国皮革, 2005, 34 (7): 11 – 14.

[35] Dieter Graf, 刘显奎. 皮革中痕量六价铬的形成原因及其检测办法. 中国皮革, 2001, 30 (23): 16 – 21.

[36] 孙根行, 俞从正. 皮革中六价铬的研究进展 [J]. 中国皮革, 2002, 31 (7): 35 – 39.

[37] 江天肃, 翟庆洲, 李景梅, 等. 铬光度分析的进展. 冶金分析, 2003, 23 (4): 24 – 27.

[38] 刘素英, 丁绍兰, 郭体兵. 聚焦皮革中的六价铬及其测定方法. 中国皮革, 2002, 31 (15): 27 – 33.

[39] B. Ф. 西多利恩等. 在含铬、钛、锆和铝化合物的体系中络合物的形成 [J]. 中国皮革, 1984 (5): 44 – 45.

第三章 植物鞣质化学与植物鞣法

植物鞣质是含于植物体内的、能使生皮变成革的多元酚化合物。植物鞣质简称鞣质，在林产化学中又称为单宁，也有人将其称为植物多酚。富含鞣质，且有利用价值的植物的皮、干、叶、果称为植物鞣料。用水浸提植物鞣料提取鞣质所得的浸提液，叫作植物鞣液。植物鞣液经进一步处理而得到的固体块状物或粉状物，称为植物鞣剂或栲胶。

以植物鞣剂为主鞣制而成的革称为植物鞣革。植物鞣革主要有鞋底革（外底革和内底革）、工业用革、装具革、箱包革、凉席革等。植物鞣革的历史迄今已有数千年。由于植物鞣革具有独特的优点：成革组织紧密，坚实饱满，延伸性小，成型性好等，因此至今植物鞣法仍然是生产重革的基本鞣法。利用栲胶的良好填充性，生产轻革时，也常用它来进行复鞣或填充。同时，植物鞣剂作为一种绿色环保的鞣剂，可以替代铬鞣剂用于制造轻革，如鞋面革和汽车坐垫革。目前对无铬鞣革的需求日益增加，植物鞣剂制造轻革尤为重要。

植物鞣革的性质与植物鞣剂的性质和鞣制方法有关，而植物鞣剂的性质又主要是由其中鞣质的性质决定。

第一节 植 物 鞣 质

一、鞣 质 分 类

鞣质的分类方法有两种：热解产物分类法和化学分类法。

（一）热解产物分类法

根据鞣质在隔绝空气中加热到 180～200℃ 或与碱熔融时，所得分解产物的不同，将鞣质分为三类。

（1）没食子类鞣质 分解产物中含有邻苯三酚，如中国五棓子、橡椀鞣质等。

（2）儿茶类鞣质 分解产物中主要含有邻苯二酚，如落叶松、木麻黄、黑荆树皮鞣质等。

（3）混合类鞣质 分解产物中既含有邻苯三酚也含有邻苯二酚，如槲树皮、柚柑树皮和杨梅树皮鞣质等。

（二）化学分类法

根据鞣质的化学组成和化学键的特征，将鞣质分为两类：水解类鞣质和缩合类鞣质。

（1）水解类鞣质 它是多元酚羧酸与糖（主要是 d-葡萄糖）或其他物质（如多元醇），以酯键（$-\overset{\underset{\parallel}{O}}{C}-O-C-$）或糖苷键（$-C-O-C-$）结合而成的复杂化合物的混合物。由于易水解，因此这类鞣质称为水解类鞣质。

水解类鞣质与稀酸、稀碱、酶作用或与水煮沸，水解成多元酚羧酸（如没食子酸、鞣花酸、橡椀酸）和糖或多元醇。

根据所得多元酚酸的不同，水解类鞣质又可分为鞣酸类和鞣花酸类鞣质。前者水解后产生没食子酸，后者水解产生鞣花酸。中国五棓子鞣质属于鞣酸类，橡椀鞣质属于鞣花酸类。

(2) 缩合类鞣质　缩合类鞣质中所有的芳香环都是以碳链相连（$-\overset{|}{\underset{|}{C}}-\overset{|}{\underset{|}{C}}-$），在水溶液中不为酸或酶水解，与稀酸共煮或在强酸作用下，分子缩合变大，形成红粉（暗红色沉淀物）。

缩合类鞣质与水解类鞣质的基本结构示例如下：

缩合类鞣质（荆树皮鞣质）　　　　　水解类鞣质（五棓子鞣质）

在较早的一些书刊中，曾将鞣质分为3类：水解类、缩合类和混合类。随着鞣质化学结构鉴定研究的深入，人们发现，尽管混合类鞣质的结构中含有水解类鞣质的特征，但其主体结构和主要性质仍应归属于缩合类。例如，原来认为属于混合类的杨梅和柚柑鞣质，经组分、结构研究后，认为应归属于缩合类，从而在化学结构分类法中，取消了混合类。

化学分类法中的水解类和缩合类鞣质分别相对于热解产物分类法中没食子类和儿茶类鞣质。

(三) 区别两类鞣质的化学反应

植物鞣质分子结构中具有多个反应活性基团和活性部位，使其可以发生多种化学反应，这是鞣质分类的化学基础。酚羟基是鞣质最具特性的活性基团，使鞣质发生酚类反应（包括酚羟基和苯环上的反应）。除了酚羟基，鞣质分子中还有醇羟基和羧基等基团，使鞣质可以发生醇、酸的反应。水解类鞣质的酯键、糖苷键，缩合类鞣质结构单元间连接键、吡喃环中的醚键都属于相对不稳定化学键,易在酸、碱的介质中发生变化。由于反应本质不同,表现出来的性质不同,因而可以通过这些反应来鉴别和分类鞣质。

(1) 与稀酸共沸　水解类鞣质水解成简单成分,缩合类鞣质则生成暗红色的红粉沉淀。

(2) 溴水反应　缩合类鞣质产生橙红色或黄色沉淀(芳环溴代反应),而水解类鞣质则不产生沉淀(芳环上有3个羟基使之不易发生溴代)。

(3) 加三氯化铁试液　水解类鞣质呈蓝色或蓝黑色,并多有沉淀(邻苯三酚反应),缩合类鞣质呈绿或绿黑色溶液或沉淀(邻苯二酚反应)。

(4) 加醋酸铅试剂　均产生沉淀,但缩合类鞣质所生成的沉淀可溶于稀醋酸。

(5) 加甲醛和盐酸溶液微热　水解类鞣质不产生沉淀,而缩合类鞣质产生沉淀(间苯二酚与甲醛发生聚合反应)。

两类鞣质的定性反应见表3-1。

表3-1　　　　　　　　　　　鞣质的定性鉴别

实验项目	水 解 类	缩 合 类
明胶反应	沉淀	沉淀
铁矾反应	蓝色或蓝紫色	墨绿色
甲醛-盐酸反应	不沉淀或部分沉淀,滤液加铁矾液呈蓝色或蓝紫色	沉淀,滤液加铁矾液无颜色反应
溴水反应	生成可溶性溴衍生物,长期放置氧化后生成沉淀	沉淀
醋酸-醋酸铅反应	沉淀,加醋酸后沉淀不溶解或部分溶解,滤液加铁矾液不显色或显蓝紫色	沉淀,加醋酸后沉淀全部溶解,滤液加铁矾液呈墨绿色

二、鞣质的组成与结构

从各种植物中用水或有机溶剂浸提的鞣质,通常都是混合物,它们是由许多种化学结构极其近似的化合物组成。这些混合物组分复杂,各组分的相对分子质量差别不大,分布均匀。各个组分在化学结构上具有异构化作用,结构中含有大量羟基。这些都有利于鞣质分子在溶液中相互缔合,但给组分的分离提纯和鉴定带来了很大困难。

随着有机分析技术的迅速发展,有机微量分析、色谱、光谱、质谱、X-射线和核磁共振谱等先进技术被引用到鞣质化学研究领域,鞣质化学的研究工作进展较快,一些重要栲胶的鞣质组分和化学结构已基本上获得解决。

缩合类鞣质以儿茶素结构为主干,而水解类又分为以棓子鞣质为代表的缩酚酸酯型和属于鞣花酸鞣质的鞣花酸酯两种。儿茶素、间-双没食子酸和鞣花酸结构如下:

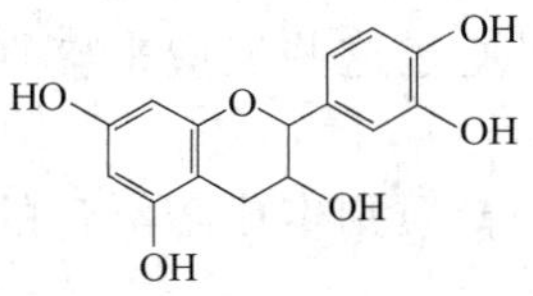

儿茶素 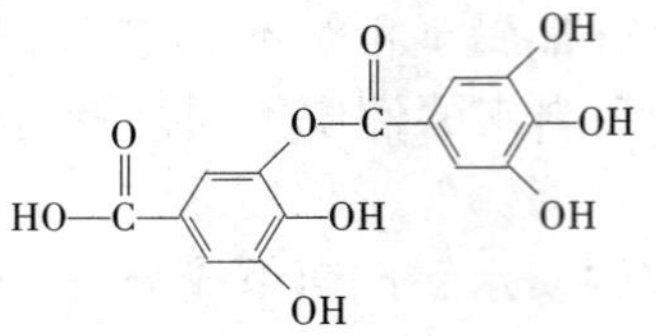　　　　　　　间-双没食子酸 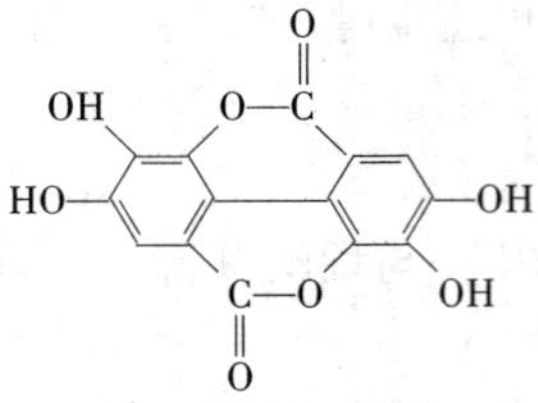　　　　　　鞣花酸

从上述结构可推导出，缩合类鞣质有酚羟基的特征反应，而水解类鞣质除酚羟基外，还有酚羟基的特征反应和酯基反应。一般认为，鞣质的相对分子质量为500～3000，相对分子质量太小，不足以在胶原肽链间形成交联；相对分子质量太大，难以渗透到胶原纤维的细微结构中，从而失去鞣性。因此，缩合类鞣质必须是2个分子以上儿茶素缩合的，才具有鞣性；水解类鞣酸鞣质必须有4～5个分子的没食子酸与糖结合在一起，才具有鞣性。

（一）水解类鞣质

水解类鞣质是糖类与多元酚酸作用生成的产物，一般以葡萄糖为鞣质的核心部分，多元酚酸（没食子酸、鞣花酸、橡椀酸等）是决定鞣质性质的关键部分。葡萄糖碳链上的羟基与酚酸上的羟基可形成酯键，也可以苷键形式相结合。此类鞣质中的酯键受酸、碱或酶的作用容易水解，其分子中的C—C键则不易因水解断裂。

根据主要水解产物的不同，水解类鞣质可以分为：

鞣酸鞣质：水解后产生没食子酸和葡萄糖。

鞣花酸鞣质：水解后产生没食子酸、鞣花酸、橡椀酸和葡萄糖。

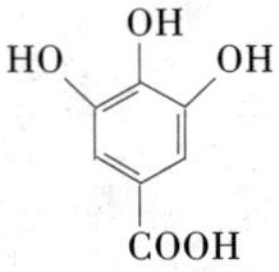

没食子酸（棓酸） 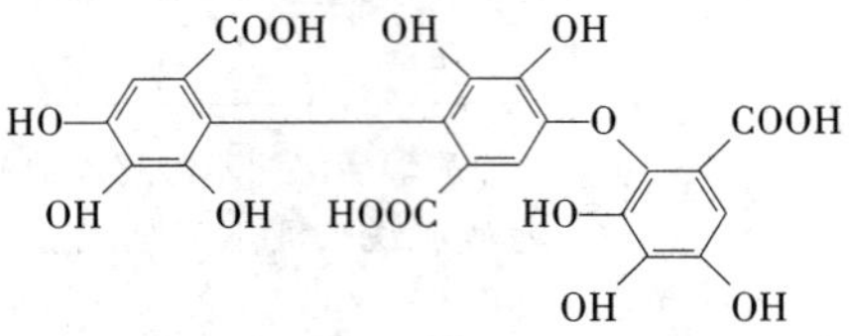　　　　　　橡椀酸

下面重点介绍五棓子鞣质和橡椀鞣质。

1. 五棓子鞣质

五棓子鞣质，我国药典上称为鞣酸，属于水解类中的鞣酸鞣质，水解时产生没食子酸和葡萄糖。

没食子酸，化学名称为3,4,5-三羟基苯甲酸，分子式为$C_7H_6O_5$（相对分子质量为170），无色针状晶体（水），熔点253℃（分解），易溶于丙酮，溶于乙醇、热水，难溶于冷水、乙醚，不溶于三氯甲烷和苯，遇$FeCl_3$显蓝色。在水溶液中，最大吸收波长为263nm。在紫外灯下显紫色，经氨气熏蒸后变深蓝。没食子酸是一种重要的有机原料，广泛用于化工、医药、食品、染料等行业。目前在工业上仍以含没食子鞣质的植物提取液经过酸水解而大量制取。

五棓子是寄生于漆树科盐肤木、红麸杨和青麸杨上的五棓子虫（寄生蚜虫）所产生的虫瘿，其主要成分为五棓子鞣质，含量可达60%～77%。

关于五倍子鞣质化学,曾有许多研究报道,存在着不同的看法。因为五倍子鞣质是一种复杂的混合物,从其水溶液中可以分离出一系列有不同比旋光度的成分。对五倍子鞣质水解后产生的葡萄糖和没食子酸的比例,以及将五倍子鞣质先经过甲基化反应转变为甲基化五倍子鞣质,再水解,其水解产物中能分离出3,4-二-邻甲基没食子酸和3,4,5-三-邻甲基没食子酸。因此认为无定形的中国五倍子鞣质是一些结构类似或互为异构体的混合物,由没食子酸与葡萄糖缩合成的酯,并提出了具有代表性的结构为五-间双没食子酰-β-葡萄糖:

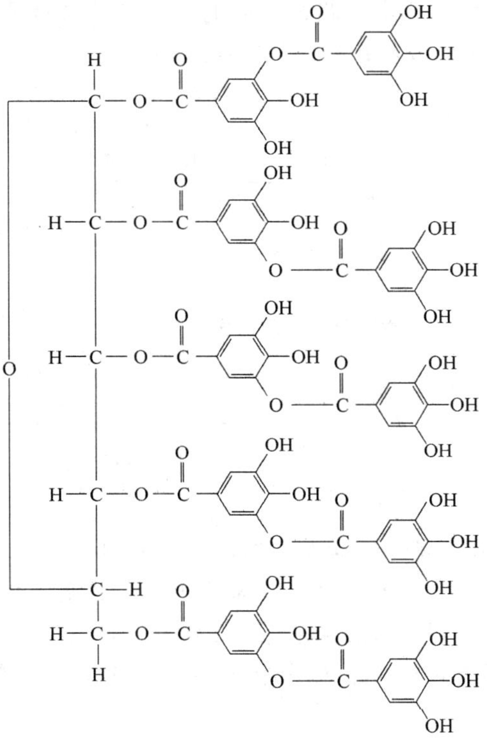

根据研究,中国五倍子鞣质是1,3,4,6-四-没食子酰-β-D-葡萄糖,其中2位上是2~4个间-没食酰链,结构式为:

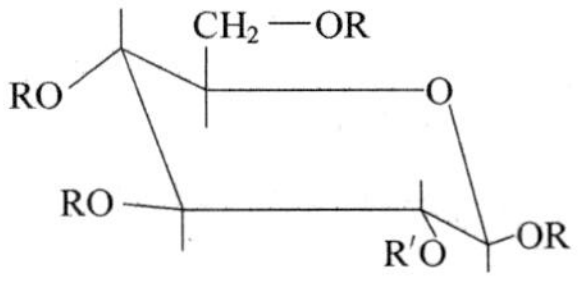

$n=0$,1或2

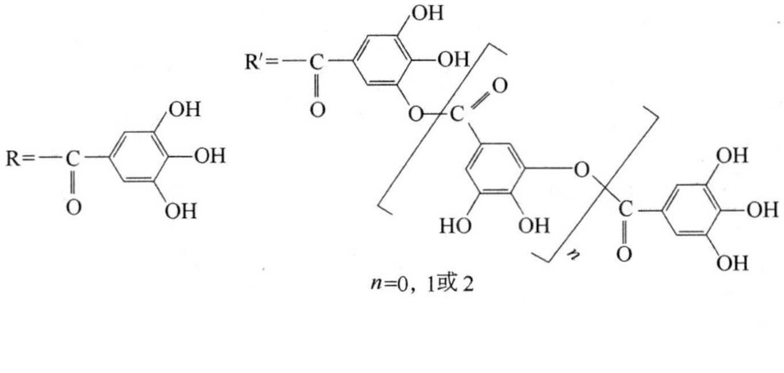

土耳其五棓子鞣质是混合物，含有1,3,4,6-四没食子酰-β-葡萄糖、1,2,3,6-四没食子酰-β-葡萄糖、3,4,6-三没食子酰-β-葡萄糖，其中没食子酰是2个或3个没食子酰基结合成的，还可能存在3个或3个以上的没食子酰基的链，没食子酰之间的键位置也未确定。

2. 橡椀鞣质

橡椀鞣质属于水解类中的鞣花酸鞣质，水解时除产生没食子酸和葡萄糖外，还产生鞣花酸和橡椀酸。在植物生物合成中，鞣花酸鞣质中的六羟基联苯二甲酰基是没食子鞣质中的2个没食子酰基氧化、偶合形成的，当鞣花酸鞣质水解时，其中含有的六羟基联苯二甲酸内酯化而形成鞣花酸，其反应式如下：

鞣花酸不溶于水，在鞣液中产生黄色沉淀，一般叫作黄粉。

德国海德堡大学的 Mayer 教授对小亚细栎和大鳞栎橡椀鞣质进行了研究，已基本解决了橡椀鞣质的结构问题。橡椀鞣质是栗木精、甜栗精、栗木橡椀酸、甜栗橡椀酸、橡椀精酸、异橡椀精酸和甜栗素等组成的混合物，这7种橡椀鞣质的结构式分别为：

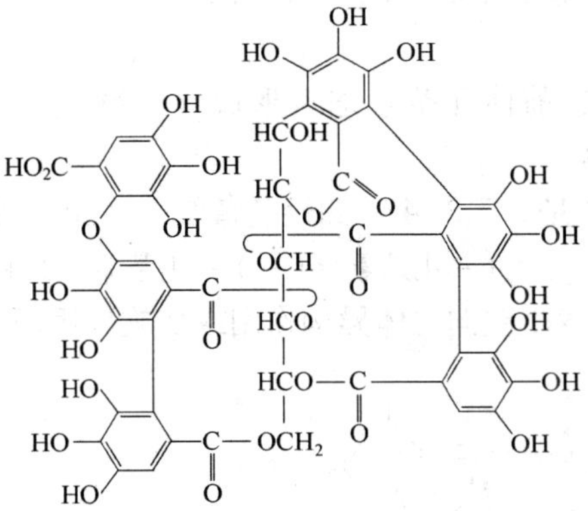

栗木橡椀酸
(Castavaloninic acid)

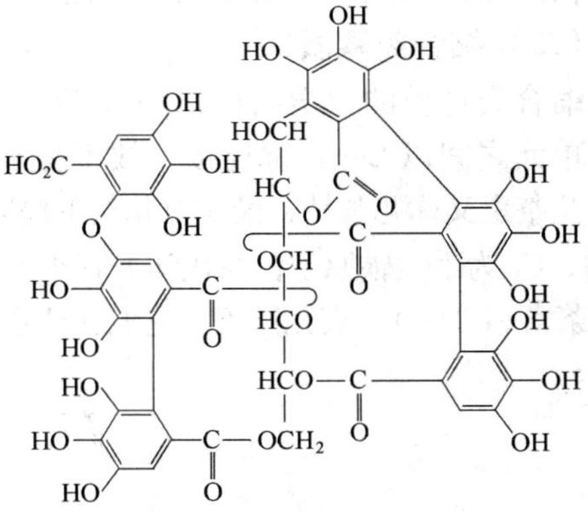

甜栗橡椀酸
(Vescavaloninic acid)

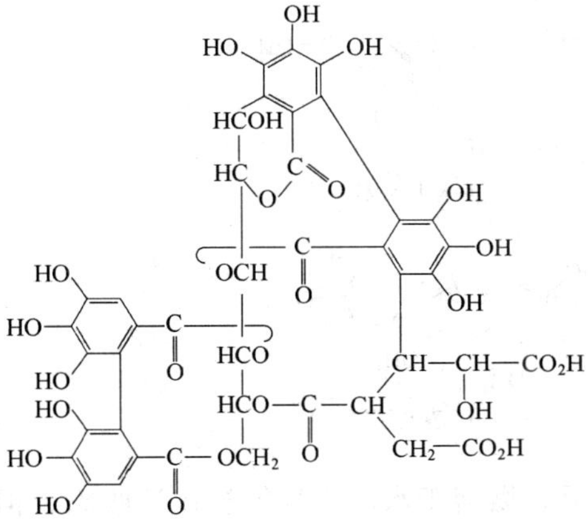

橡椀精酸
(Valolaginic acid)

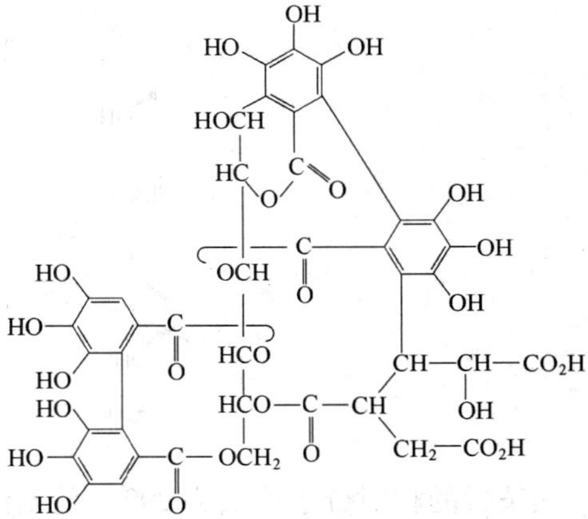

异橡椀精酸
(Isovalolaginic acid)

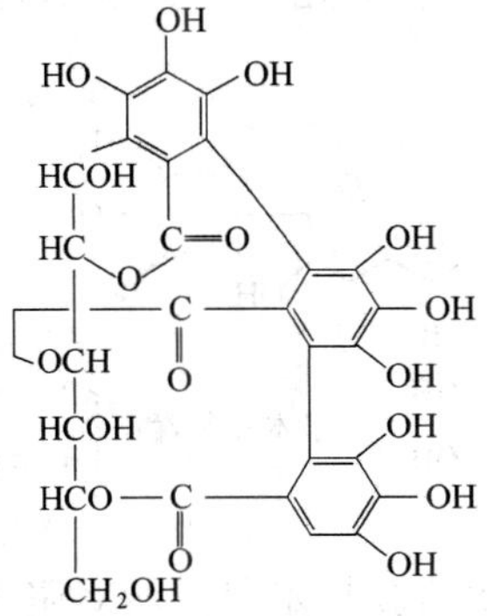

甜栗素 (Castalin)

在这7种结构式中，栗木精和甜栗精、栗木橡椀酸和甜栗橡椀酸、橡椀精酸和异橡椀精酸结构的差异主要在葡萄糖链碳－1位上的羟基所处的位置不同。

（二）缩合类鞣质

缩合类鞣质的化学结构比较复杂，它是通过前体儿茶素缩合形成缩合鞣质，由于缩聚单元之间以C—C键连接，故不易被酸水解。

儿茶素又称儿茶精，最初由儿茶中提取得到，是5,7,3′,4′－四羟基黄烷－3－醇，分子中C_2、C_3为手性碳原子，在化学上有4个异构体，（+）－儿茶素、（－）－儿茶素、（+）－表儿茶素和（－）－表儿茶素。它们在热水中容易发生差向立体异构作用或变旋作用而相互转化。

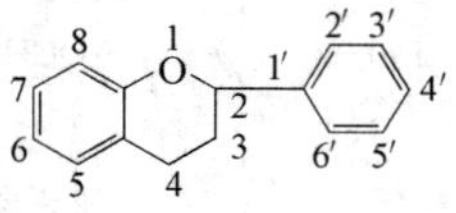
黄烷

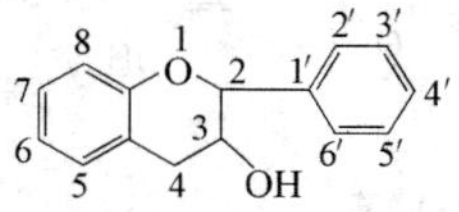
黄烷-3-醇

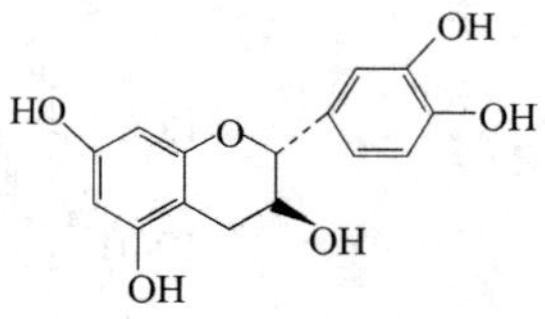
(+)-儿茶素

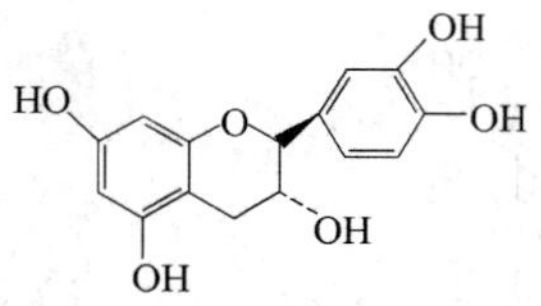
(–)-儿茶素

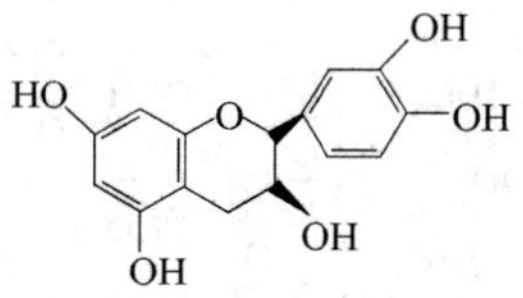
(+)-表儿茶素

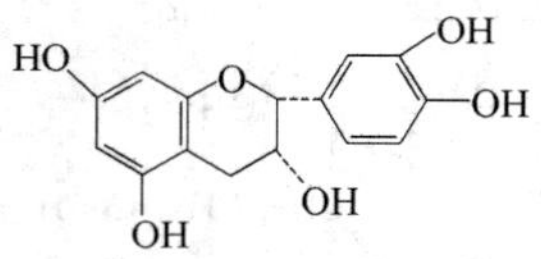
(–)-表儿茶素

儿茶素的相对分子质量为290，是无色结晶，微溶于水。它虽能被皮质吸附，但无鞣性，不能称为鞣质。儿茶素在水中加热至100℃以上或与酸共热以及受氧化酶作用，缩合成鞣质，继续作用则变成红粉。

目前已知的儿茶素类有：儿茶素、棓儿茶素、坚木儿茶素、荆树皮儿茶素，其结构通式如下：

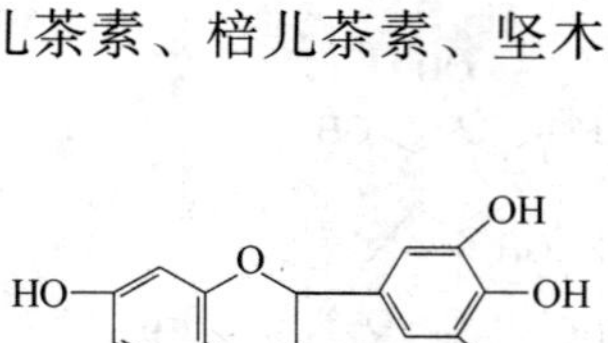

儿茶素：$\begin{cases} R_1 = OH \\ R_2 = H \end{cases}$　棓儿茶素：$\begin{cases} R_1 = OH \\ R_2 = OH \end{cases}$　坚木儿茶素：$\begin{cases} R_1 = H \\ R_2 = H \end{cases}$　荆树皮儿茶素：$\begin{cases} R_1 = H \\ R_2 = OH \end{cases}$

1. 坚木鞣质

在20世纪70年代，阿根廷坚木栲胶技术研究所对坚木鞣质进行过研究，认为在坚木心材和边材的交界处C_{15}的多元酚数量增加，它们是树叶中原始水解物质不断进行新陈代谢的产物。其中最简单的单体由一个A环（间苯二酚$R_1 = H$，或间苯三酚$R_1 =$

OH）和一个 B 环（邻苯二酚 $R_2 = H$，或邻苯三酚 $R_2 = OH$）经一个不规则的吡喃环连接起来，C_{15}结构单元如下：

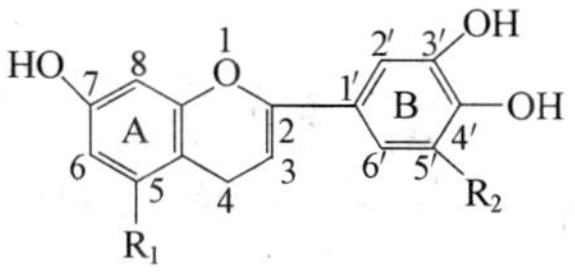

以上 C_{15} 结构受多元酚氧化酶的作用，多个缩合形成坚木鞣质。

多元酚 C_{15} 单元中，A 环 6、8 位和吡喃环 4 位最活泼，而 B 环的 $2'$、$6'$位次之。根据所测定的坚木鞣质的平均相对分子质量为 1000~1500，说明它可能主要是 $(C_{15})_{3\sim4}$ 结构的物质，因此坚木鞣质的典型结构式为：

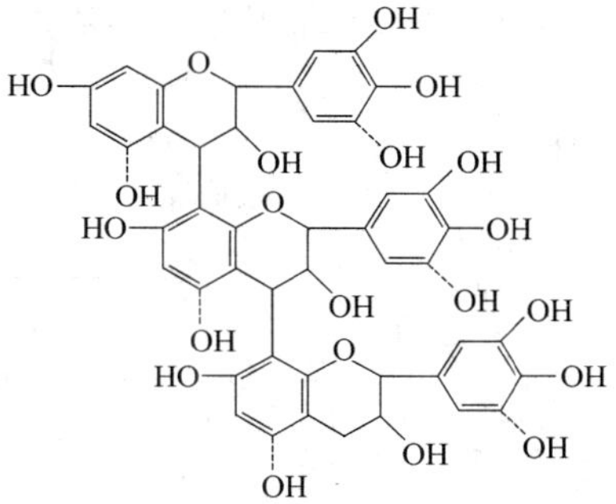

2. 黑荆树皮鞣质

黑荆树皮中主要单体多酚为（+）-儿茶素、（+）-棓儿茶素和（-）-无色刺槐定。由这些单体多酚缩合成黑荆树皮单宁的缩合过程的假设途径见图 3-1。

黑荆树皮鞣质中的三聚黄烷醇的 B 环以邻苯三酚型为主。自缩合过程一直进行到五聚或更大的聚合物，其平均相对分子质量为 1250，相当于 4~5 个黄烷醇类的缩聚物。进一步缩合可达相对分子质量 7000，即大约由 20 个黄烷醇单体组成的聚合物。这种高聚合度的分子在鞣革时不能很好渗入皮中。

3. 落叶松鞣质

落叶松鞣剂是我国使用量仅次于橡椀的一种植物鞣剂，研究落叶松鞣质的组分及其结构，对于更好地开发和利用落叶松鞣剂具有重大的实际意义。我国已故著名的单宁化学家张文德教授及其领导的单宁化学研究组，多年来从事落叶松鞣质组分结构研究工作。研究工作是将落叶松树皮粉碎后，用石油醚去酯，然后用丙酮浸提，浸提液经浓缩干燥除去丙酮后，用水溶解。在溶解过程中，分离出一部分水不溶物，所得水溶物，依次用乙醚和乙酸乙酯萃取，粗分为乙醚萃取物、乙酸乙酯萃取物和剩余水溶物三部分，而后进行一系列色谱分离分析、化学分析及仪器分析，结果见表 3-2。

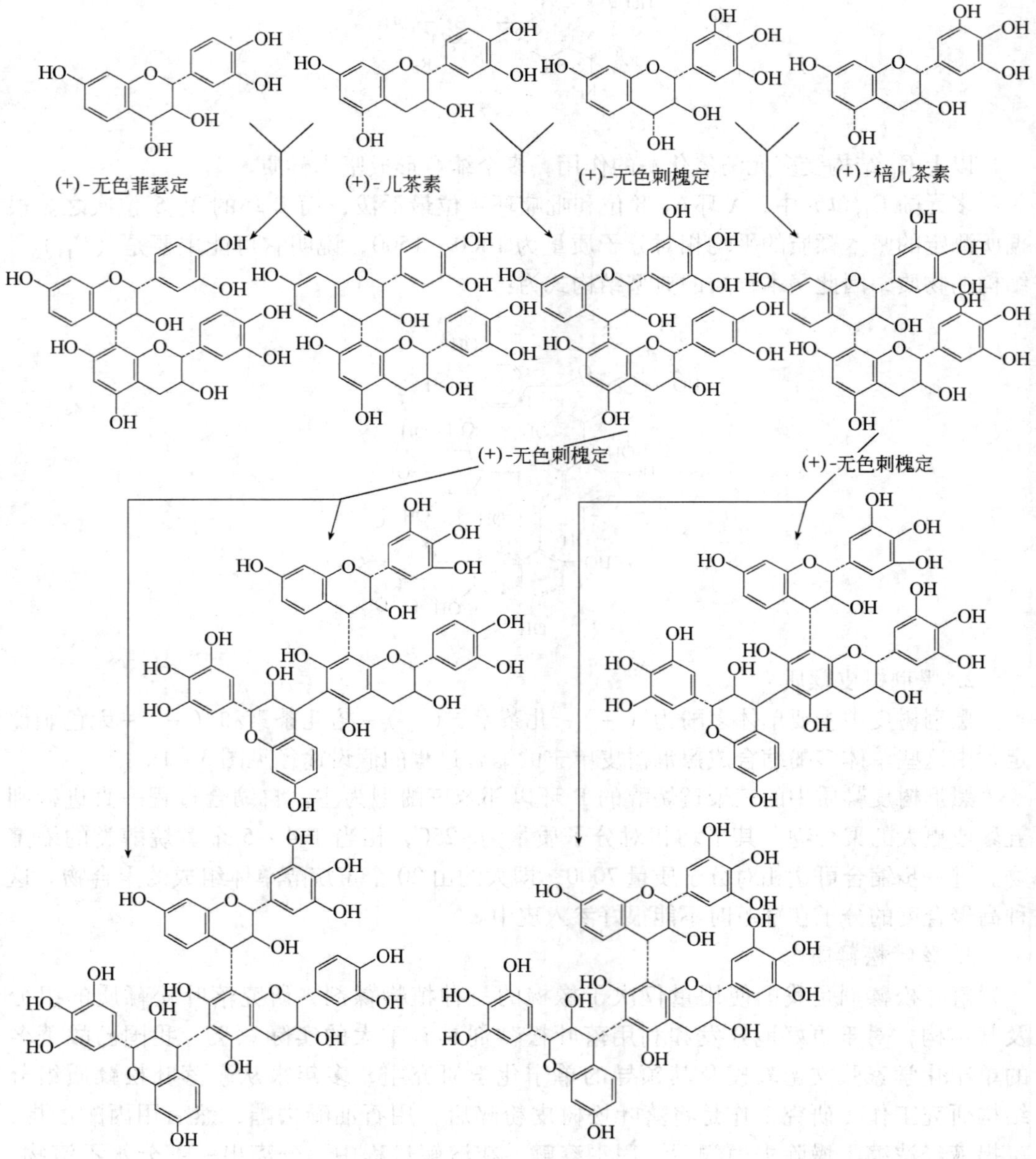

图 3-1 黑荆树皮鞣质缩合过程的假设途径

表 3-2　　落叶松树皮丙酮浸提物纯组分的分析测试结果

萃取分级	分离出的纯化合物	名　称	元素质量分数/%	相对分子质量	主要测试方法	在丙酮浸提物中的含量/%
乙醚萃取级分	B(1)	D-儿茶素	C-61.6 H-4.24	290	红外、核磁、质谱分析	18.68
	Ⅲ(2)	槲皮素	C-59.33 H-3.72	302		
	Ⅱ(1)	表阿夫素衍生物	C-59.33 H-4.66 O-30.55	542		
乙酸乙酯萃取级分	P_5	儿茶素五聚体	C-60.77 H-5.43	1442	红外、分光光度计、质谱、圆二色谱	30.59
	P_7	儿茶素七聚体	C-59.94 H-5.02	2018		
剩余水溶物级分	Ⅲ	儿茶素 a 聚体	C-55.90 H-4.56	—	红外、化学降解、质谱、圆二色谱	50.73
	Ⅳ	儿茶素 b 聚体	C-58.69 H-5.09	—		
	Ⅴ	儿茶素 c 聚体	C-56.72 H-4.20	—		
	Ⅵ	儿茶素 d 聚体	C-56.98 H-4.19	—		

通过对落叶松丙酮浸提物的一系列分离测定，获得了 9 种黄酮类化合物。说明落叶松鞣质是以儿茶素、槲皮素、阿夫素衍生物、儿茶素五聚体、儿茶素七聚体等多聚体组成的混合物，其中以儿茶素为母体的多聚体是落叶松鞣质的主要成分，因而提出了落叶松鞣质主要组分的通用化学结构式：

其中，$n = 0, 1, 2, 3, 4, 5, \cdots\cdots$

研究表明，落叶松鞣质是与儿茶和槟榔同一种类的鞣质，其相对分子质量在 2000 以上的儿茶素多聚体占 50% 以上。

4. 马占相思鞣质

马占相思（*Acacia manguim*）是一种豆科常绿乔木，其树皮中的鞣质属缩合类，含量约为25%。2004年广西百色林化总厂在国内首次利用马占相思树皮生产栲胶，马占相思栲胶具有良好的鞣革性能。四川大学皮革工程系从物理化学和胶体化学的角度对马占相思栲胶稳定性及鞣革性能进行系统研究。马来西亚 Yeoh Beng Hoong 等人运用 MALDI-TOF MS（基质辅助激光解析电离飞行时间质谱）和 CP-MAS^{13}CNMR（交叉极化结合魔角旋转技术^{13}C核磁共振法）等技术对马占相思鞣质的结构、组成及特性进行研究，发现马占相思鞣质的成分主要由坚木儿茶素、荆树皮儿茶素和棓儿茶素组成，其最大聚合度达到11个儿茶素单元（相对分子质量3200）。结构单元之间通过4、8位和4、6位连接组成鞣质，其结构有线性和支链型，如图3-2所示。

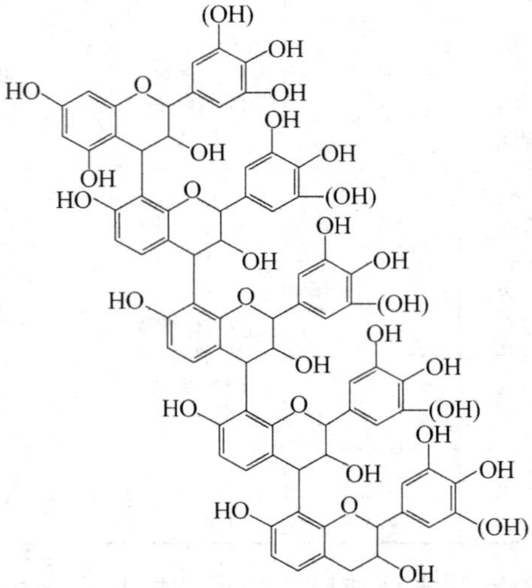

(a) 线性结构(4、8位连接)

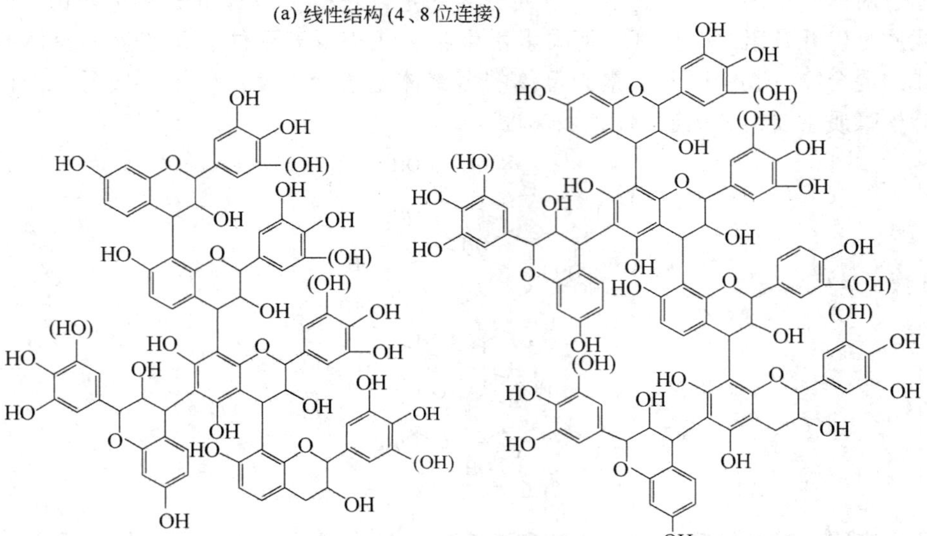

(b) 支链结构(4、8位和4、6位连接)

图3-2 马占相思鞣质结构示意图

5. 其他常见缩合类鞣质的化学组分

近年来缩合类鞣质化学的研究表明，缩合类鞣质是多聚的原花色素。原花色素在酸/醇溶液中加热产生花色素，如菲瑟定、刺槐定、花青定、翠雀定等。依照所含花色素的不同而将原花色素命名为原菲瑟定、原刺槐定、原花青定、原翠雀定等，如图 3－3 所示。

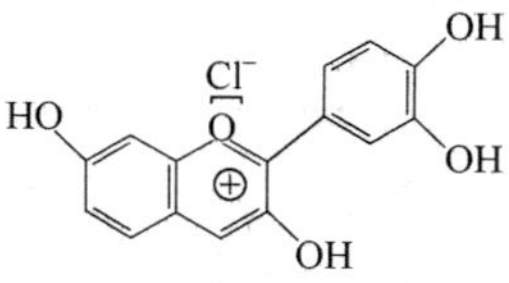

菲瑟定

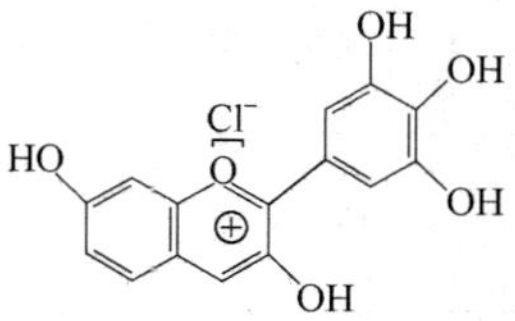

刺槐定

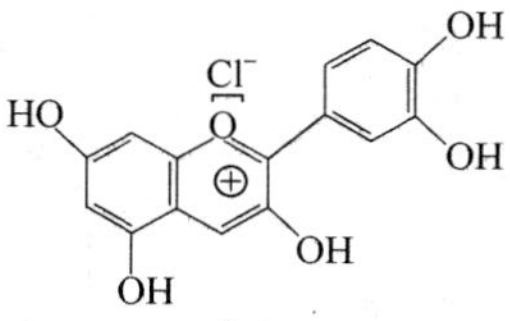

花青定

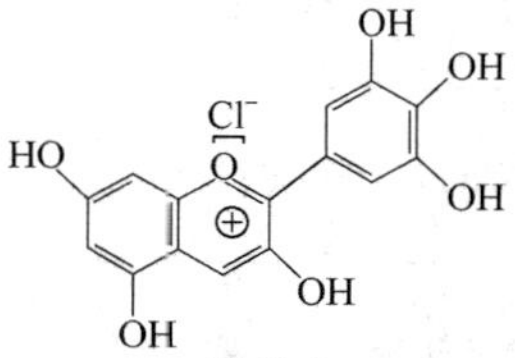

翠雀定

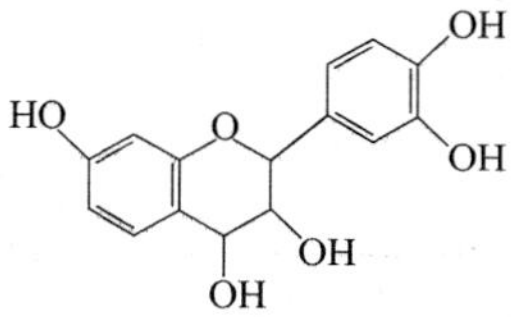

原菲瑟定

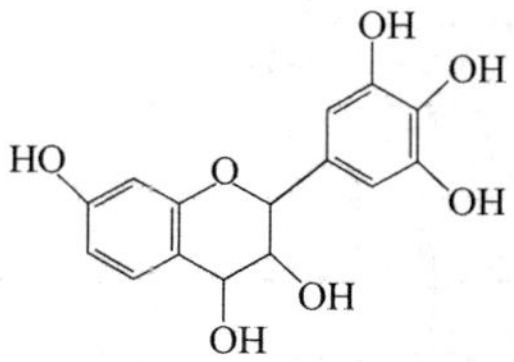

原刺槐定

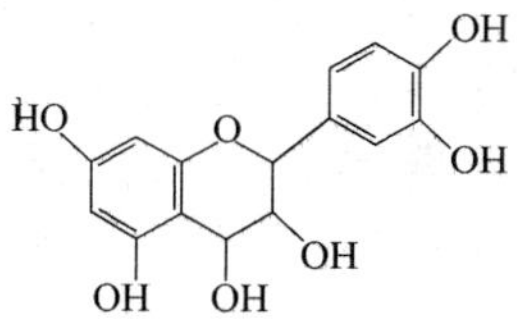

原花青定

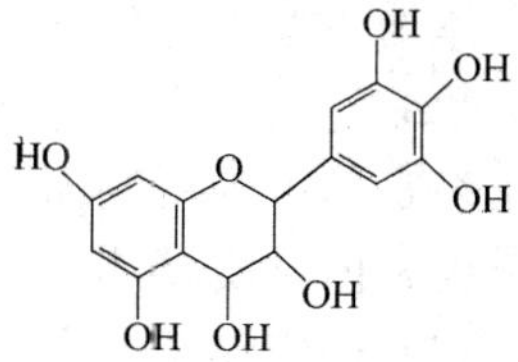

原翠雀定

图 3－3　缩合类栲胶内的黄酮类化合物

采用降解的方法对我国常用的缩合类鞣质，即落叶松、木麻黄、山槐、毛杨梅、柚柑、槲树皮、红根根皮及薯莨块茎所含缩合类鞣质的化学组分进行研究。原料的丙酮水浸提液，经盐析蒸发、过滤、氯仿萃取、乙酸乙酯萃取，所余水液加等量甲醇在葡聚糖凝胶 LH－20 柱中以甲醇－水洗脱，再以丙酮－水洗脱，洗下水溶性鞣质。

对水溶性鞣质的研究采用了花色素降解、硫解、间苯三酚降解、^{13}C－核磁共振、红外、紫外及旋光等方法。研究结果表明，8 种水溶性鞣质均为多聚的原花色素，见表 3－3。

表 3-3　　　　　　　　　　　多聚原花色素的化学结构特征

水溶性鞣质名称	原花色素类型	终端单元	构型(2,3-反式:2,3-顺式)	平均聚合度	具有棓酰酯单元占比例/%
落叶松树皮鞣质	原花青定	(+)-儿茶素:(-)-表儿茶素=8:2	4:6	8	0
木麻黄树皮鞣质	原花青定	(+)-儿茶素:(-)-表儿茶素=6:4	2:8	11	6
山槐树皮鞣质	原花青定	(+)-儿茶素:(-)-表儿茶素=6:4	2:8	14	0
毛杨梅树皮鞣质	原翠雀定	(+)-儿茶素:(-)-表儿茶素=6:4	1:9	14	40
柚柑树皮鞣质	原翠雀定:原花青定=3:1	(+)-棓儿茶素:(-)-表棓儿茶素=2:1	1:9	12	25
槲树皮鞣质	原翠雀定:原花青定=3:1	(+)-儿茶素:(+)-棓儿茶素=3:1	5:5	12	30
红根皮鞣质	原花青定	(+)-儿茶素	9:1	14	
薯茛块茎鞣质	原花青定	(+)-儿茶素:(-)-表儿茶素=4:6	2:8	16	0

从表 3-3 中可以看出：落叶松、木麻黄、山槐树皮鞣质，红根皮及薯茛块茎鞣质是以儿茶素为母体的典型缩合类鞣质（花色素降解生成花青定）；毛杨梅树皮则是以棓儿茶素母体为主的缩合类鞣质（花色素降解生成翠雀定）；柚柑树皮和槲树皮鞣质则是以儿茶素和棓儿茶素母体为主的缩合类鞣质（花色素降解生成花青定和翠雀定）。虽然毛杨梅、柚柑树皮和槲树皮鞣质中含有水解类鞣质的棓酰酯单元，但从棓酰酯单元占的比例数据看，它们仍应属于缩合类鞣质。

棓酰酯单元与儿茶素多聚体的结合形式示意如下：

[儿茶素四聚体结构图，标注"棓酰酯单元"]

三、鞣质的相对分子质量与鞣性

前已述及，植物鞣质是由许多结构极其相似的化合物组成的混合物。早在20世纪50年代，White就指出，植物鞣质应是那些相对分子质量在500~3000的植物多酚。分子太大，难以渗透到裸皮纤维中，不能产生鞣革作用；分子太小，不能在胶原肽链间发生多点结合，也没有鞣性。

利用高效液相色谱法（HPLC）、蒸汽压渗透法（VPO）、凝胶渗透色谱（GPC）和^{13}CNMR分析，可以得到鞣质的相对分子质量或聚合度。HPLC法是将聚黄烷醇（鞣质）醇解或硫解后降解成单体，利用HPLC对顶端单元与中间单元分离，通过计算顶端单元与中间单元面积比得到平均聚合度；VPO法则利用聚黄烷醇溶液与联苯甲酰胺在测试时产生的温差计算得到平均相对分子质量；^{13}CNMR法是利用终端单元与延伸单元上C-3信号峰面积比，直接计算得到平均聚合度大小；GPC分析得到平均相对分子质量的同时，还能得到鞣质相对分子质量分布的信息。

通过对已知结构的水解类鞣质的代表物——棓酰基葡萄糖与明胶生成沉淀的紫外吸收光谱研究结果，证明了相对分子质量为482的二棓酰基葡萄糖不与蛋白质反应，相对分子质量为636的三棓酰基葡萄糖与蛋白质有微弱的反应，而相对分子质量为788和940的四棓酰基葡萄糖和五棓酰基葡萄糖已能在明胶上发生多点结合，并使溶液中的明胶沉淀，五棓酰基葡萄糖结构示意如下：

[五棓酰基葡萄糖结构式，以及G（棓酰基）= 结构式，末端为OH或H]

对缩合类云杉鞣质丙酮水浸提物级分相对分子质量测定与鞣革性能研究表明：$\overline{M}_n = 350$的乙醚级分无鞣性或鞣性很小；而乙酸乙酯级分$\overline{M}_n \approx 860$则具有鞣性；在一

定范围内,相对分子质量越大结合性越好,而相对分子质量越小,渗透越快。云杉鞣质级分相对分子质量与鞣性见表3-4。

表3-4 云杉鞣质级分相对分子质量与鞣性

云杉鞣质级分	数均相对分子质量($\overline{M}_n$)(VPO法)	成革收缩温度/℃	革性能	渗透速度
乙醚级分	350	60	扁薄	快
乙酸乙酯级分	860	70	较丰满	较快
水级分	1550	74	丰满	慢
对比样	—	55	—	—

马占相思树皮经过浸提和萃取,得到乙醚级分、乙酸乙酯级分和水级分。研究表明,这3种级分中聚儿茶素的结构单元基本相同,差异主要表现在相对分子质量方面,乙醚级分平均相对分子质量为415,乙酸乙酯级分平均相对分子质量1788,水级分平均相对分子质量2808,鞣制胶原的热稳定性水级分最高,乙酸乙酯级分次之,乙醚级分最低(表3-5),说明鞣质与皮胶原的结合能力与聚儿茶素的相对分子质量呈正相关关系,相对分子质量大小是影响鞣质与皮胶原结合能力的主要因素。

表3-5 各级分中聚儿茶素的平均相对分子质量与鞣制胶原的热稳定性

级分	$\overline{M}_n$	平均聚合度[a]	$T_d^{[b]}$/℃	$T_s^{[c]}$/℃
乙醚级分	415	1.4	70.4	69.5
乙酸乙酯级分	1788	6.2	76.5	76.7
水级分	2808	9.8	81.7	79.2

注:a—以儿茶素为结构单元计(288u),b—DSC测试,c—纤维收缩温度仪测定。

在鞣质混合物中存在着各种不同的组分,这些组分的相对分子质量不同,因此鞣质的相对分子质量仅是一个平均概念,常常测出的是鞣质的数均相对分子质量。不同种类的鞣质,其相对分子质量不同;不同方法浸提和纯化所得鞣质的相对分子质量也不同;不同测定方法所得的相对分子质量也有差异,见表3-6。因此,尽管人们常将有鞣性的鞣质的相对分子质量定义在500~3000,但是却很难将所测相对分子质量与鞣性完全联系起来,鞣质的鞣性还与鞣质的结构和与鞣质伴生的某些非鞣质有关。

表3-6 鞣质的相对分子质量

水溶性鞣质	数均相对分子质量($\overline{M}_n$)		水溶性鞣质	数均相对分子质量($\overline{M}_n$)	
	蒸汽渗透压法	凝胶渗透色谱法		蒸汽渗透压法	凝胶渗透色谱法
落叶松	2851	2400	柚柑	4111	3430
木麻黄	3548	—	槲树	3706	—
山槐	4126	2400	红根	4402	—
毛杨梅	4997	3053	薯莨	4864	—

四、鞣质的化学性质

（一）鞣质与皮蛋白质作用

植物鞣质-蛋白质结合反应是鞣质最具特征性的反应之一。鞣质最初的定义就来自于它具有沉淀蛋白质的能力。使明胶溶液浑浊是鞣质定性的一种基本实验。鞣质与口腔唾液蛋白的结合，使人感觉到涩味，因此鞣质与蛋白质结合的这个性质又称为涩性或收敛性。

能与蛋白质反应是鞣质最重要的化学性质，这个反应广泛地存在于自然界。鞣质作为植物新陈代谢产物，其涩性使植物免于受到动物的噬食和微生物的腐蚀，构成植物的一种自我防御机制。与蛋白质的反应也是人类广泛利用鞣质的基础，植鞣的过程就是鞣质与皮蛋白质结合的过程。研究鞣质与皮蛋白质结合的机理是鞣制化学的重要课题，有关内容将在植鞣机理中详细讨论。

（二）鞣质与金属离子作用

鞣质与某些具有鞣性的金属离子如 Cr^{3+}、Al^{3+}、Fe^{3+} 等形成如下所示的络合物：

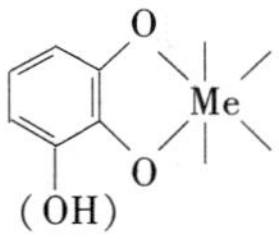

$$Me = Cr^{3+}, Al^{3+}, Fe^{3+}$$

1. 鞣质与 Fe^{3+} 的配位反应

鞣质-铁配合物的结构取决于体系的pH。在pH偏酸性条件下，邻苯二酚型酚羟基与 Fe^{3+} 生成绿色配合物，而连苯三酚型酚羟基生成蓝色配合物。鞣质以其两个邻位酚羟基以单离解或双离解的形式进入水合铁离子内界，取代水分子形成单配体的配合物，随着pH的提高，形成双取代的二配体 FeL_2^- 以及三取代的三配体 FeL_3^{3-}（图3-4），发生这种结构改变的pH范围与鞣质结构有关。

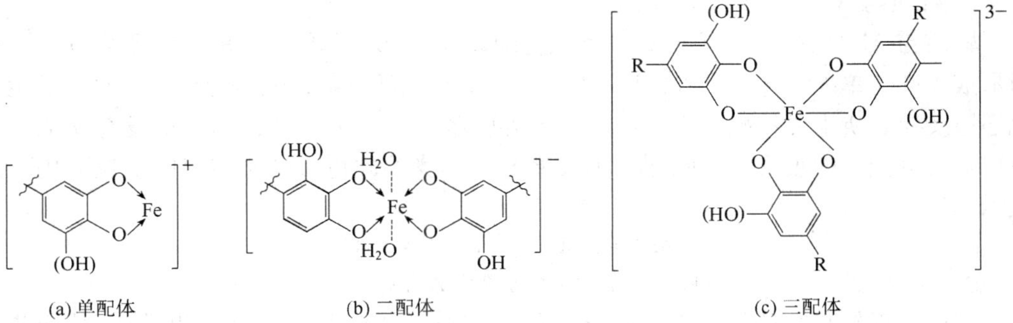

(a) 单配体　　(b) 二配体　　(c) 三配体

图 3-4　几种鞣质-铁配合物

不同的取代程度决定了配合物的颜色，邻苯二酚与三价铁生成单配体为绿色，双配体为蓝色，三配体为红色。从配体 π 轨道到铁 t_{2g} 轨道间的电荷转移跃迁是颜色变化的原因。

反应体系的 pH 和温度对配位反应的影响很大。随着 pH 的增高，双取代的情况在产物中的比例明显增高。例如橡树鞣质与 $Fe_2(SO_4)_3$ 在 pH 1.3~2.4 配合时，单取代占 57%，双取代占 37%；pH 5.3~7.0 时，单取代占 53%，双取代占 40%。Fe^{3+} 与鞣质的配位反应如图 3-5 所示。

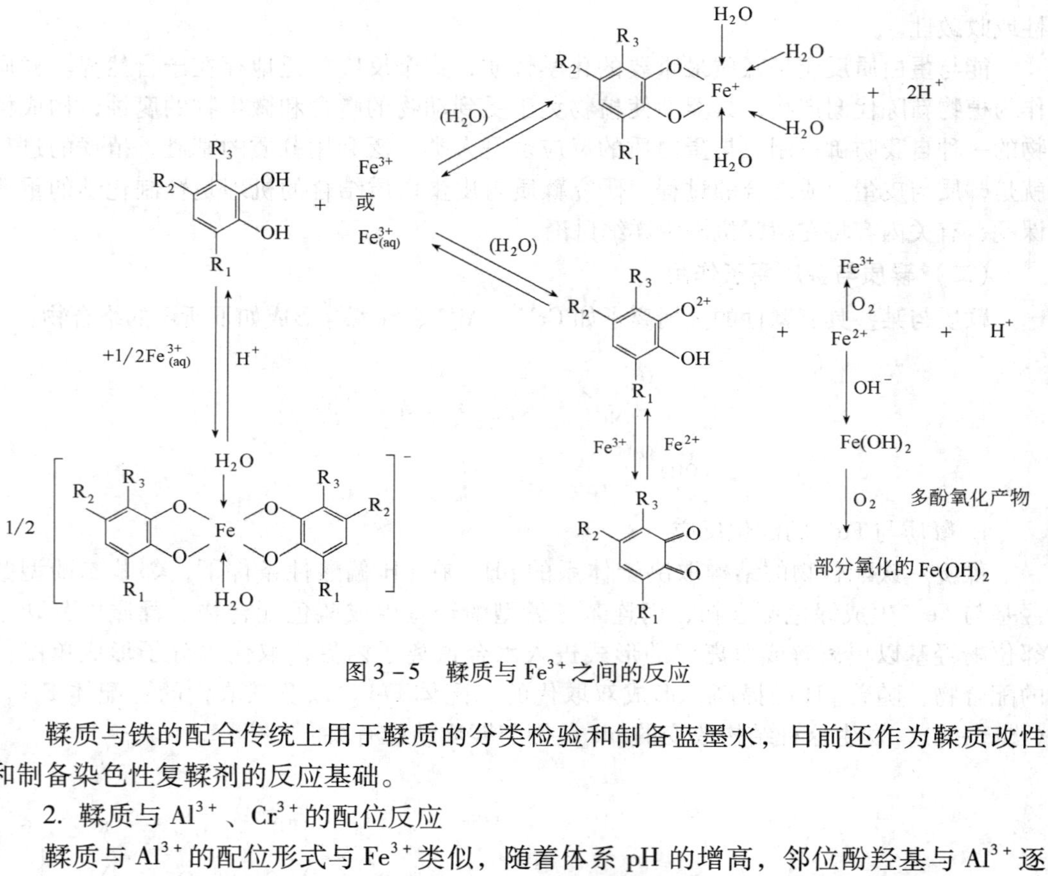

图 3-5 鞣质与 Fe^{3+} 之间的反应

鞣质与铁的配合传统上用于鞣质的分类检验和制备蓝墨水，目前还作为鞣质改性和制备染色性复鞣剂的反应基础。

2. 鞣质与 Al^{3+}、Cr^{3+} 的配位反应

鞣质与 Al^{3+} 的配位形式与 Fe^{3+} 类似，随着体系 pH 的增高，邻位酚羟基与 Al^{3+} 逐渐形成 1∶1（单配）、1∶2（双配）、1∶3（三配）型配合物，但是配合的同时不发生氧化还原反应。所生成的配合物使鞣质在紫外吸收区有很大改变，因为铝没有 d 电子而不影响可见光区的吸收，因此配位不改变鞣质本身的颜色。鞣质与铝的配位可用下式表示：

$$Al^{3+} + xH_2L \rightleftharpoons AlL_x^{3-2x} + 2xH^+$$

$x = 1、2、3$，对应的平衡常数为 k_1、k_2、k_3。

鞣质、铝盐和氨基酸可以组成三元配合体系，如在 Ser、Arg、Glu 等氨基酸共存下，鞣质酸与铝的沉淀物经重量分析，可得到 T-Al-OH-Ser 1∶5∶6∶2（鞣质酸∶Al∶OH∶氨基酸，摩尔比），T-Al-OH-Arg 1∶2∶2∶1，T-Al-OH-Glu 1∶2∶2∶1。这表明在鞣质酚羟基与 Al 配位的同时，氨基酸的羧基或氨基也进入配合物内界参与配位。

同时鞣质分子中尚有大量自由的酚羟基，因此，铝可以促进鞣质－蛋白质反应，在蛋白质分子间形成多点结合构成网状交联。对于不满足交联的小分子鞣质，铝可以形成分子间桥键从而促进其与蛋白质结合。

鞣质和 Cr^{3+} 的配合方式与 Al^{3+} 相同；而 Cr^{6+} 的配合与 Fe^{3+} 类似，配合的同时可将高价态的铬还原成 Cr^{3+}。此反应在酸催化下进行，具有强氧化性的 Cr^{6+} 可以打断棓酸酯类鞣质的糖环和酯键，使其分子裂解，产生大量亲水性羧基，同时得到还原态的 Cr^{3+} 参与配位，反应后可生成水溶性很好的配合产物。

鞣质与铝和铬的络合研究多用于皮革鞣制中的结合鞣法。此类反应已用于栲胶的改性及鞣质——金属络合鞣剂的制造。

（三）鞣质与甲醛作用

在缩合类鞣质分子中，间苯二酚型或间苯三酚型的 A 环上有一个强反应的亲核中心，间苯二酚型是 A 环 8 位，间苯三酚型是 A 环 6 位：

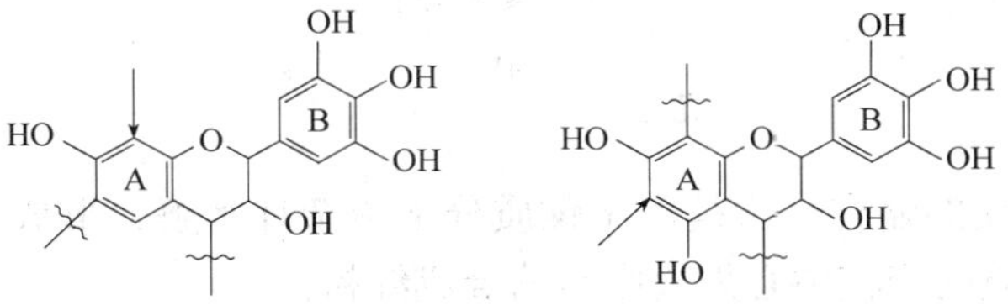

间苯二酚型　　　　　　　间苯三酚型

邻苯三酚和邻苯二酚的 B 环，在较高的 pH 条件下才是活泼的。间苯二酚与甲醛作用，产生强的两个官能团的亲电子物——邻位或对位羟基苄基正碳离子：

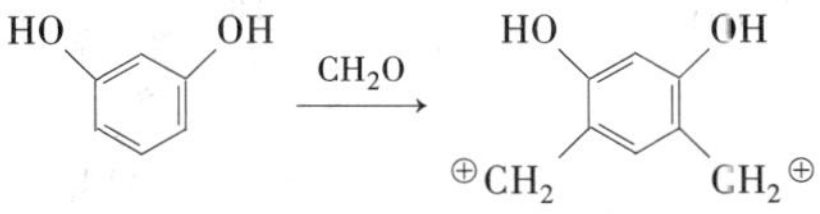

邻位或对位羟基苄基正碳离子分散在鞣质分子之间，与鞣质亲核中心形成桥键，促使鞣质分子交联：

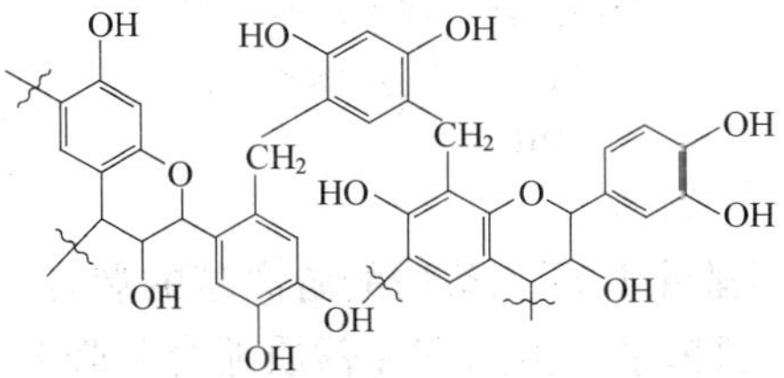

（四）鞣质的水解和缩合

在强无机酸存在和加热情况下，缩合类鞣质产生两种反应：降解和缩合。

（1）缩合类鞣质的降解　生成花色素和儿茶素，以典型的二聚儿茶素为例来说明：

（2）缩合类鞣质的缩合　这是由于鞣质分子中杂环水解，形成对-羟基苄基正碳离子，与另外的鞣质的亲核中心无规则地缩合成红粉：

在大气氧的存在下，不排除 B 环儿茶酚的游离基的偶合。

鞣质在 80%~100% 的酒精中，虽然存在鞣质缩合和降解，但以降解为主，形成花色素。在水多的条件下形成红粉或不溶的凝聚物。鞣质分子中上端和下端是间苯三酚型的黄酮类化合物，它们之间的键更容易降解，如黑荆树皮栲胶中的聚无色氰定鞣质。

水解类鞣质中的酯键和苷键在热和无机酸的作用下可以水解。在工业上，利用这种性质，制取没食子酸，反应式如下：

$(n=0,1,2)$

（五）鞣质的氧化

鞣质与酚类物质一样，容易氧化成醌类深色物质。缩合类鞣质的氧化随溶液 pH 增加而加快，pH 2.5 左右开始氧化，pH 大于 4.6 氧化加快，在碱性介质中或氧化酶的作用下氧化更快。此外，氧化与栲胶含水量有关，当栲胶含水约为 4% 时，其中的鞣质是稳定的，含水量大于 4%，可以被氧化。在上述两种条件下，缩合类鞣质氧化变黑。向溶液中加入少量亚硫酸氢钠或二氧化硫或有机酸，可阻止溶液氧化。

缩合类鞣质受日光照射而发红，这个现象与三黄烷醇类的氧化过程一致，其反应：

上述三黄烷醇类 R 为 OH 时，鞣质变红，可从荆树皮鞣质强烈变红的过程中看到。邻-羟基苯并酚酮型抑制剂可能阻止鞣质变红。

（六）鞣质与亚硫酸盐的作用

这是缩合类鞣质重要的化学性质，其反应详见栲胶的改性部分。

五、鞣质的分离与结构鉴定简介

1. 鞣质的提取

鞣质易受外界条件的影响，因此鞣质的提取宜在尽量短的时间内完成，以避免在水分、日光和酶的作用下其结构发生改变。由于鞣质在植物体内通常与蛋白质、多糖以氢键和疏水键形式形成稳定的分子复合物，所以提取溶剂不仅要对鞣质具有很好的溶解性，而且要有使氢键断裂的作用。常用有机溶剂和水的复合体系。影响提取效率的因素主要有：溶剂类型、pH、温度、提取次数和原料粉碎情况等。

（1）溶剂类型　广泛用于提取鞣质的溶剂有甲醇、乙醇、丙酮及其与水的混合溶剂（如70%的丙酮水），有时乙酸乙酯也用于提取鞣质，但收率较低。

（2）pH　由于鞣质的酚羟基和羧基显一定的酸性，因此随着溶液 pH 的升高，鞣质溶解度增大，鞣质的提取率增大。一些难溶于水的多酚类化合物，如鞣花酸、橡椀酸、红粉等，都可溶于碱性水溶液，因此常在甲醇与水、丙酮与水的混合溶剂中加入一些酸以增加鞣质的提取率。

（3）温度　升高温度，可以提高鞣质的溶解性和扩散速率，增加鞣质的提取率，但温度太高鞣质的结构会发生变化，同时也会增加杂质含量，因此通常在常温下浸提。

（4）提取次数　提取次数增加可提高提取率，但同时增加工作量和提取成本，一般在溶剂充分浸透的情况下，提取 3~4 次为宜。

（5）原料粉碎情况　原料粉碎适当，可以增加提取率，通常可将植物鞣料粉碎成适当大小（如直径 0.5~1.0mm），以增加鞣料与溶剂的接触面，促使鞣质更迅速而完全被浸提出来。

2. 鞣质的分离

常采用色谱法对鞣质进行分离，如 Sephadex LH-20 的凝胶柱色谱，缺点是不稳定，易与鞣质产生死结合，不易洗脱下来；聚乙烯凝胶 Toyopearl HW-40，可用碱水再生而长期使用。

3. 鞣质结构的鉴定方法

鞣质的结构可通过波谱分析确定，如紫外光谱（UV）、红外光谱（IR）、质谱（MS）、核磁共振（NMR）、圆二色谱（CD）以及 X-射线衍射（XRD）等。

鞣质的紫外光谱一般在 260~330nm 范围内显示特征吸收峰。红外光谱中，酯羰基出现在 $1680cm^{-1}$ 处，若含有双键共轭的羰基，在更低波数处出现吸收峰。羟基一般在 $3400cm^{-1}$ 处呈现出强峰。芳环一般在 $1620~1420cm^{-1}$ 出现 3 个特征吸收。这 3 组特征峰对于鉴别鞣质及推测新结构类型很有用。

质谱已广泛地用于鞣质的结构鉴定，从质谱图中可以得到鞣质的分子离子峰和一些特征碎片离子峰。有几种不同类型的质谱，如快原子轰击质谱（FAB-MS）、电喷雾质谱（ESI-MS）和基质辅助激光解析电离飞行时间质谱（MALDI-TOF MS）等。

核磁共振 NMR 技术在鞣质的研究中起到了关键性的作用，如 ^{1}H NMR 较容易识别水解类鞣质中的各种取代基，糖的构象可由氢的偶合常数（J）来确定。^{13}C NMR 谱可对鞣质的结构推测提供丰富的信息，包括多元酚的结构和数量等。另外，由糖碳上的化学位移可以推测糖与没食子酰基的结合位置等。用碳谱比较容易区别鞣质的类型。

将核磁共振与质谱结合则可以很好地确定鞣质的结构，例如 MALDI-TOF 结合 CNMR 方法，确定了马占相思鞣质结构。图 3-6 是分子质量为 500~4000u 的马占相思鞣质的 MALDI-TOF 图，由图可知所有的离子峰可以分为两个系列，主要系列的分子离子峰（m/z）为 1788、2076、2365、2653、2942、3246u，分别对应于马占相思鞣质的六、七、八、九、十、十一聚体。由于最大的分子质量为 3246u，说明马占相思鞣质的最大聚合度为 11。第二系列的分子离子峰（m/z）在 752、1041、1330、1635、1924、2212、2506u 出现了一系列的弱峰，相邻峰之间相差 288~289u 的重复部分，相当于一个儿茶素结构单元。这种聚合物是由重复的儿茶素单元通过 A 环上的 C_6、C_8 位链接两个 B 单元，通过杂环 C_4 位链接一个或者多个其他多酚单元。分子离子峰为 1924、2217、2506u 的部分说明存在 3 种分支的鞣质结构，同时具有分支的鞣质结构可能会出现在 2217u 和 2506u 部分。

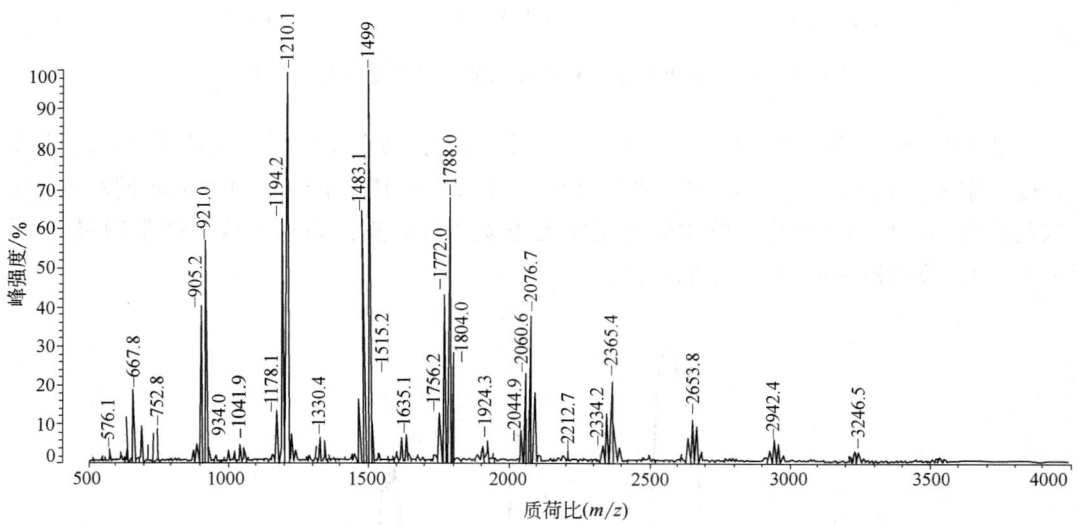

图 3-6　分子质量 500~4000u 的马占相思鞣质的 MALDI-TOF 图

图 3-7 是分子质量为 1150~1650u 的马占相思鞣质的 MALDI-TOF 图峰与峰之间主要分子离子峰为 273、289、304u，分别对应坚木儿茶素、荆树皮儿茶素和棓儿茶素（图3-8）。并且同一簇峰中的每个小峰之间分子质量相差 16u，16u 分子质量的增加来源于每个芳香环上连接羟基数量的不同。

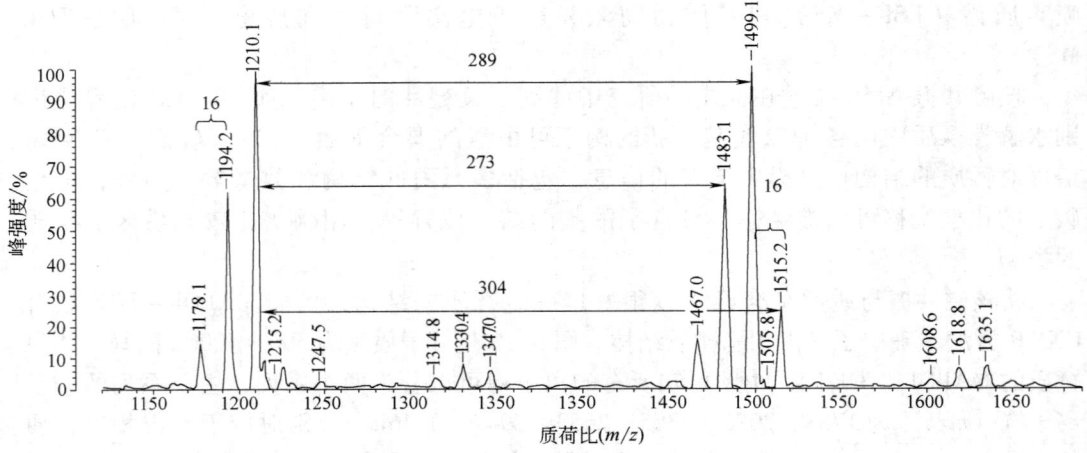

图 3-7 分子质量 1150~1650u 的马占相思鞣质的 MALDI-TOF 图

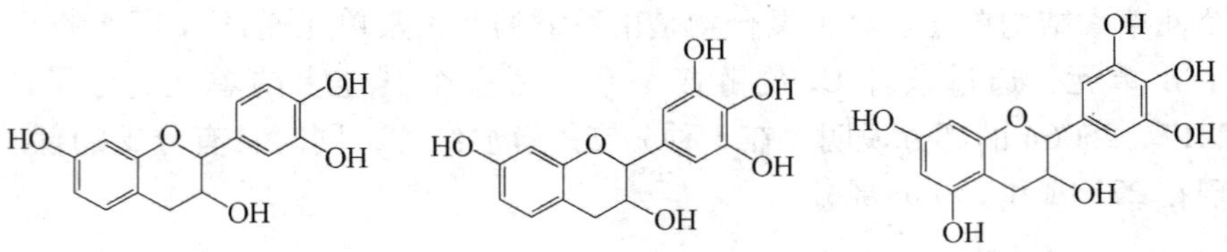

坚木儿茶素　　　　荆树皮儿茶素　　　　棓儿茶素

图 3-8 坚木儿茶素、荆树皮儿茶素和棓儿茶素结构式

从 CP-MAS ^{13}CNMR 图谱（图 3-9）可以发现，马占相思鞣质儿茶素有较高的聚合度。多酚之间 C_4—C_8、C_4—C_6 的链接键与（115~110）ppm 和 105ppm 的峰对应，这些说明马占相思鞣质聚合物主要由坚木儿茶素和荆树皮儿茶素组成。通常通过 A 环上 C_4—C_6 位的键和 C_4—C_8 位的键链接。

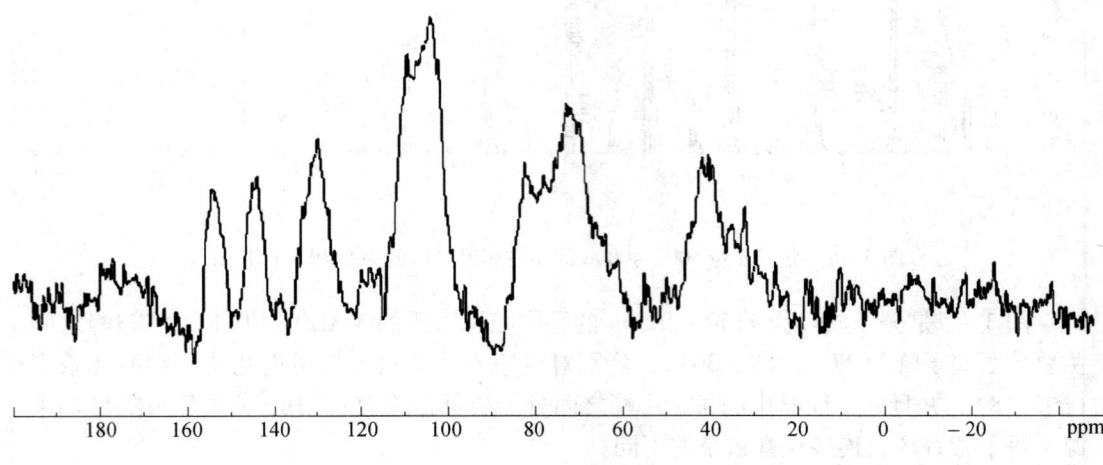

图 3-9 马占相思鞣质的 CP-MAS ^{13}CNMR 图谱

平均聚合度是缩合类鞣质重要的结构信息，MALDI-TOF 分析和低聚物频数分布的分析得到马占相思鞣质的平均聚合度为 7.2，此平均聚合度是由分析 921、1210、1499、1788 和 2076u 低聚物峰的强度计算数得到的。综上所述，得到马占相思鞣质结构（参见图 3-2）。

第二节 植物鞣剂

植物鞣剂俗称栲胶，是林产化学工业主产品之一。栲胶是一种重要的化工原材料，它在制革、石油、交通、矿业、化工、印染、造纸等行业中分别用作鞣剂、稀释剂、除垢剂、抑制剂、沉锗剂、防蚀剂、匀染剂、固色剂、着色剂等。制革用量最多，其次是石油，两者占栲胶总量的 70% 左右。

1949 年前，我国皮革生产全部依靠进口栲胶。1949 年以后，栲胶生产从无到有，发展很快。目前国内生产的栲胶基本上能满足制革生产需要，少量出口。

一、植物鞣料

植物界中含鞣质较多，有工业利用价值的树皮、木材、果荚（壳）和树叶等都是栲胶原料。低等植物几乎不含鞣质，只有高等植物特别是双子叶植物才含有较多的鞣质。到目前为止，在工业生产中有利用价值的不过二三十种，而国内外还在利用的植物鞣料主要有黑荆树、坚木、橡椀等十几种，见表 3-7。

表 3-7　　　　　　　　国内外工业用栲胶原料植物

名称	科别	特征	利用部位及鞣质含量/%	类别	主产国
荆树（Wattle）	含羞草科	乔木，单株高可达 25m，花淡黄，叶对生，荚果带状，种子 3~12 个，树龄 6 年左右即可利用	树皮 40~50	缩合	澳大利亚、南非、肯尼亚、巴西。中国已引种成功，并生产了栲胶
坚木（Quebracho）	漆树科	高大乔木，材质坚硬，心材红棕色，叶小，开小而淡色的花，翅果龄一般都在 200 年左右才有利用价值	心材 16~24	缩合	阿根廷、巴拉圭
落叶松（Larch）	松科	落叶大乔木，叶条形，球果，种子三角卵形，8 个月左右成熟，树龄百年以上才能利用	树皮 10~18	缩合	中国、俄罗斯
柚柑（Oil orange）	大戟科	落叶小乔木，高 5m 左右，叶线状，矩圆形，花簇生，果球形，10~11 个月成熟	树皮 20~28	缩合	中国、印度
杨梅（Strawberry tree）	杨梅科	常绿小乔木，叶互生，呈倒卵圆形、果球形，味酸，树皮较厚，表皮色深，含鞣质低	树皮 18~22	缩合	中国

续表

名称	科别	特征	利用部位及鞣质含量/%	类别	主产国
红根（Cherokee rose）	蔷薇科	藤木，有刺，花白或红色，秋后结籽，根皮色红，商用红根，包括金樱子等5~6种	根皮 15~24	缩合	中国
木麻黄（She Oak tree）	木麻黄科	乔木，高30m左右，叶退化，果球形，树皮棕黄色	树皮 15~22	缩合	中国、印度
栗木（Chestnut）	山毛榉科	落叶乔木，树高13~26m	木材 8~12	水解	法国、西班牙
橡椀树（Valonea tree）	山毛榉科	有大鳞栎、栓皮栎、麻栎等。大鳞栎小乔木，椀子大而多，叶长椭圆形；栓皮栎、麻栎系乔木，椀子杯状，椀刺少而小，壳较薄	椀壳 25~30	水解	土耳其（大鳞栎）、中国（栓皮栎、麻栎）
柯子（Myrobalan）	使君子科	落叶乔木，8~10月结果，核果卵形，幼时绿色，成熟时黄褐色，干后有棱5~6条，种子1枚	果实 20	水解	印度、巴基斯坦
漆树（Sumac）	漆树科	落叶乔木，高达20m，有乳汁	树叶 12~28	水解	中国、土耳其、阿尔巴尼亚
厚皮香（Ternstroemia gymnanthera Sprague）	山茶科	常绿小乔木或灌木，树皮厚而得名	树皮 25~25	缩合	中国
五棓子（Gall nut）	漆树科	漆树科植物叶上生长的虫瘿，表面呈灰褐色，中空，内有灰白色粉质，皮厚0.5cm左右	虫瘿 28~62	水解	中国、土耳其。其他用途价值高，极少用来制造栲胶
马占相思（Acacia mangium）	含羞草科	常绿乔木，主干通直，树型整齐，叶大，生长迅速	树皮 25以上	缩合	澳大利亚、巴布亚新几内亚、我国福建和广东等地
塔拉（Caesalpinias pinosa Kuntze）	苏木科	常绿具刺灌木或小乔木	塔拉豆荚壳 50~60	水解	原产南美洲，主产地为秘鲁、智利、玻利维亚等国

二、栲胶生产过程简介

栲胶生产主要属于化工操作过程，其生产流程如下：

```
           热水      蒸汽     亚硫酸盐    热空气
            ↓        ↓         ↓         ↓
原料 → 预处理 → 浸提 → 蒸发 → 浓胶处理 → 干燥 → 栲胶
        ↓       ↓     ↓
       杂质    废渣   水
```

（一）原料的粉碎

粉碎的目的是为了增加鞣料与水的接触面，促使鞣质更迅速而完全地浸提出来。因为虽然植物细胞的形状和大小不同，但其共同之处是都具有细胞壁。细胞壁具有半透膜的性质，它只能让较小的鞣质分子从细胞壁扩散到溶液中，因此在细胞壁没有被破坏的情况下，较大的而且鞣性较好的鞣质分子很难通过半透膜。由此可见，在从鞣料中提取鞣质时，为了使浸提过程更完全合理，就应对鞣料进行粉碎，尽量将含鞣质的细胞破裂，以适应扩散过程的正常进行。鞣料的粉碎应满足以下要求：①鞣料的粉碎及其形状，应不使鞣料在浸提器内结成团，阻塞通路，妨碍液体流动；②粉碎了的鞣料，其粒度要小，而被液体浸润的表面积却要最大；③要使鞣质从被粉碎的鞣料内扩散到周围溶液中的途径最短。

不同的鞣料，粉碎的限度也不相同，一般栲胶厂规定橡椀粉碎度为 0.5~1.0cm，落叶松树皮为 0.5~1.0cm，柚柑树皮为 0.25~1.0cm，红根为 5~7cm。

（二）鞣料的浸提

浸提在于从鞣料内的细胞组织中浸提出鞣质，而获得浸提液。鞣质的浸提是一种扩散过程。扩散作用的历程是：当两种浓度不同的溶液彼此接触时，相互渗透，即溶质进入低浓度的溶液中，使溶质浓度上升；而溶剂本身则透入高浓度的溶液中，使高浓度溶液稀释。由此可见，扩散作用就是溶质经过界层转移到低浓度的分散介质中的过程。

鞣料的浸提过程分为两个阶段：第一阶段为溶剂（水）扩散到鞣料内，将其中的一部分鞣质和可溶物溶解，在细胞内生成一种胞内溶液，而在鞣料外面形成浸提液。第二阶段是鞣质从胞内溶液转到浸提液里，破碎的细胞中的鞣质，与浸提液直接接触，所以扩散比较容易，而未经破碎的细胞中的鞣质，必须经过细胞壁才能进入浸提液中，所以浸提就比较困难。

当胞内溶液的鞣质浓度和浸提液中的鞣质浓度相等时，扩散就达到平衡，不再继续进行。这时如果把浸提液放出，注入低浓度的新液或清水，继续浸提，则扩散作用又重新开始，直到两相新平衡建立时为止。可以用菲克提出的扩散定律来解释浸提过程。

$$m = DA \frac{c_1 - c_2}{l} t$$

式中　m——经过几层溶剂扩散而透过的可溶物质量；
　　　A——溶剂层的面积；

$c_1 - c_2$——溶剂层界面的浓度差；

t——时间；

l——溶剂层的厚度；

D——比例常数，叫作扩散系数。

扩散系数在数量上相当于单位时间内，当浓度差等于 1 个单位时，扩散经过单位长度和单位面积上的物质量。

扩散系数 D 与扩散物质的种类（可溶物质的微粒大小）、温度、溶剂的黏度等有关，其关系式可表示为：

$$D = k_0 \frac{T}{\eta_0}$$

式中　k_0——可溶物质的微粒大小的特性常数；

T——溶液的热力学温度；

η_0——在相应温度下溶剂的黏度。

应当提出，在扩散过程中温度起着主要的作用。随着温度的提高，按照溶液的动力学理论，可溶物质的微粒的运动速度也随着提高，而溶剂的黏度则降低。

将 D 代入上式则有：$m = k_0 \frac{T}{\eta_0} A \frac{c_1 - c_2}{l} t$

在栲胶工厂中大都采用多罐逆流浸提方法。一般用四罐或六罐连成一浸提组，浸提液依次流经各罐，新料和清水呈相对方向进行。清水加入旧料中，此罐称为尾罐，浸提液依次从尾罐流至首罐，经首罐浸提新料后放出浓的浸提液，尾罐经多次浸提后即进行出渣，再装入新料又变成首罐，浸提液再从尾罐依次流入该新料罐进行浸提，如此形成连续的多罐逆流浸提法。

浸提过程直接影响到栲胶的质量，它受许多因素的影响，例如原料粉碎度和方法、浸提温度、浸提时间、浸提设备、水的用量和水质、机械作用以及是否添加亚硫酸盐等。

提高浸提温度，鞣质被浸提得更快更完全，但温度的提高有一定的限度，温度太高会导致鞣质的分解和破坏。各种鞣料都有适宜的浸提温度范围，如红根为 70~80℃，橡椀为 75~95℃。

在工厂中新料浸提应采用较低的温度，使易溶及热敏性大的鞣质首先溶于水中，经过多次浸提的旧料，其中所含鞣质不易溶于水中，且对热的稳定性较高，此时提高浸提温度，则会促使这些不易溶的鞣质溶解，使提出的鞣质量增加。

浸提时间也很重要，过长时间的低温浸提比高温、时间短的浸提过程鞣质的分解和破坏要多，所以应适当提高浸提温度，减少浸提次数和时间，以减少鞣质的损失，从而增加鞣质的抽出率。

（三）鞣液的净化

从鞣料中浸出的鞣液，往往含有沉淀及其他杂质，这些杂质不但影响鞣液的浓缩，而且会影响鞣革质量，所以必须进行净化。最简便办法是让鞣液静置，使沉淀物慢慢沉降下来，上面清液用泵抽出蒸发。

在工厂中为了减少鞣液中的沉淀物，可对鞣液进行亚硫酸化处理。

(四) 鞣液的浓缩

通常浸提液所含干物质一般不超过 5.0%～7.5%，其余都是水分，这种低浓度的浸提液，既不便于运输，也不能直接用以鞣革，必须加以浓缩。鞣液的浓缩是采用蒸发设备。

在选择蒸发器时，应考虑植物鞣液的特性：①鞣质过度受热时，要分解而生成不溶物；②鞣液极易产生泡沫，妨碍蒸发正常进行；③生成的积垢很难清除；④与铁器接触，鞣质要变色而损失；⑤鞣液的黏度大，在高浓度时特别显著。

根据以上所述，在选择蒸发器时，应注意下列各点：①采用真空蒸发，以免溶液在蒸发时与空气接触而变深，同时由于溶液沸点降低，也可避免鞣质的分解；②因为鞣质不能长期受热，所以不宜选用浸淹式蒸发器，最好采用薄膜式蒸发器，这样不仅可以提高传热系数，而且可以减少鞣质的分解作用；③由于鞣液易起泡沫，所以必须装设较大的气水分离器，使液体和气体容易分离，或使蒸发器的加热室与气水分离器分开装置；④因为鞣液的黏度大，不能采用对流作用不好的管外液体式蒸发器；⑤鞣液因不能与铁器接触，所以蒸发器及其管件都应采用铜材制造。

(五) 浓胶的干燥

蒸发所得的浓缩液，一般在 16～20°Bé，这种溶液状态的栲胶使运输、贮存都不方便，故须将浓胶干燥成粉状栲胶。

由于鞣质对热敏感，工厂中多采用喷雾干燥方式，浓胶以雾状喷入干燥塔内，雾滴与干燥介质（热空气）相遇，其内部水分借扩散作用到达表面，再从固体表面借热能而汽化，由空气将水蒸气带走，故干燥属于传质扩散过程。干燥过程进行很快，一般干燥时间为 15～30s，因为雾滴在高温区具有很大的表面，由于瞬间干燥，微粒温度不高，所以鞣质不会受到破坏。

干燥后的粉状栲胶含水分 3%～4%，易于溶解，在贮存时不易吸水，高温时也不软化。

三、栲胶的改性

栲胶在使用过程中有时出现沉淀多、颜色暗、易发霉、渗透性不好等问题，给制革生产带来一定的困难。为了改进栲胶性质满足制革生产等需要，常用亚硫酸盐等对栲胶进行改性。一般是在蒸发至一定浓度的浓胶中进行。

(一) 亚硫酸盐处理

1. 亚硫酸盐处理的目的和原理

向浓胶加入一定量的亚硫酸盐，在加热搅拌下进行处理，使鞣质分子中引入强亲水的磺酸基，故称磺化。浓胶进行磺化可以减少沉淀物，增进冷溶性，提高渗透速度，淡化栲胶颜色。

亚硫酸盐与缩合类鞣质可能有加成反应、置换反应、取代反应和杂环上的反应。

2. 亚硫酸化对栲胶的影响

制革生产中使用的植物鞣剂是在栲胶生产过程中亚硫酸化改性的产物。通过向鞣质分子中引入亲水性的磺酸基的同时适当降低其聚合度，达到增大鞣质提取率和水溶性的目的。亚硫酸化改性的聚儿茶素，磺化容易发生在 C 环的 C-3 位，同时结构单元间连接键易发生断裂,顶端单元生成儿茶素磺酸盐,底端单元生成儿茶素,磺化反应与降解反应同时发生(见下反应式)。

通过元素分析和核磁共振氢谱(^{1}HNMR)分析可得到鞣质中磺酸基位置及含量的信息,如工业栲胶杨梅中儿茶素与磺酸基摩尔比约为6.5,落叶松为7.5,马占相思为6.7~7.4。亚硫酸化后,鞣质的结构和性质发生了大的变化,鞣质所带磺酸基的数量和位置的不同,与栲胶的渗透和结合性有很大的关系。

(1)鞣质分子中引入磺酸基　鞣质分子中引入亲水的磺酸基,其结构发生改变,使栲胶沉淀减少,易溶于冷水。

(2)鞣质微粒变小和鞣质分解　由于鞣质微粒变小,使鞣液的稳定性增强,渗透速度得到提高。在磺化过程中,由于鞣质部分被分解为非鞣质,导致纯度下降,鞣革性能变差。因此亚硫酸盐用量应适当,一般不超过鞣质质量的10%。

(3)鞣质颜色淡化　鞣质易氧化生成醌类深色物质,用亚硫酸盐可以使醌类深色物质还原,取代基恢复到原有的羟基形式,鞣质颜色变浅。另外,在处理过程中,添加甲酸(或乙酸等)与未结合的亚硫酸氢钠(或焦亚硫酸氢钠等)反应,可使鞣质还原,颜色更浅。

(4)鞣液的pH升高　由于亚硫酸盐的加入,鞣液pH一般提高0.5~1.0。

由于生产用栲胶多是采用亚硫酸盐改性过的,因此,鞣剂中的鞣质结构与未改性的栲胶有差别,而鞣性上也有很大改变,此点应引起制革工作者的注意。

3. 高度亚硫酸化改性

按照传统制革工艺对栲胶性能的要求,亚硫酸化程度要适度,亚硫酸盐的用量不应超过鞣质质量的10%。按此要求生产的栲胶保持了较强的收敛性和填充性,适合于重革的鞣制和质地要求较紧实的轻革,如传统的鞋面革的复鞣。

突破传统的亚硫酸盐用量,应用高度亚硫酸化可以有效地改善栲胶的性能,使栲胶的性质更适合现代制革生产的需要。石碧等人对落叶松栲胶进行高度亚硫酸化改性,亚硫酸钠和亚硫酸氢钠的总用量达到30%，改性产物的相对分子质量变小，分布更均匀，色度值、黏度值、盐析值均下降，而pH提高，用于制革时，渗透速度增加，具有比传统方法生产的栲胶更优良的结合鞣、复鞣及填充性能。

陈武勇等人采用在高温和铝化合物存在下，对毛杨梅（Myrica esculenta）栲胶进行高度亚硫酸化改性，产物用作皮革中和剂。改性方案为：毛杨梅栲胶100份，$NaHSO_3$ 30份，Na_2SO_3 36份，含铝化合物1份，在129℃、165kPa下反应10h，得到改性栲胶产物。所得改性栲胶水溶性良好，5%溶液pH为7.15，10%溶液pH为7.0。分析表明，其鞣质含量在20%~30%，由于适量未反应的亚硫酸盐与改性鞣质组成缓冲体系，在pH 3.5~5.5具有良好的缓冲性。鞣性实验表明，经亚硫酸盐处理后，毛杨梅栲胶的鞣性显著下降，收敛性缓和，渗透迅速，用量为削匀蓝革质量的3%~5%，视铬复鞣后pH而定，1%的用量可使pH提高约0.3。由于改性栲胶还保留着适当的鞣性和填充性，因此它具有中和与复鞣的双重作用。

高度亚硫酸盐改性的反应机理如图3-10所示。在亲电试剂如$NaHSO_3$等存在下，多聚体容易发生端基裂解而生成C_4位上带—SO_3H的儿茶素-4-磺酸盐以及低聚体原花色素-4-磺酸盐等衍生物，或者发生杂环的开环反应并在C_2位上引入—SO_3H基团，但前者比后者容易发生。采用深度亚硫酸化改性后，产物的相对分子质量降低，栲胶的耐盐析性和耐酸性得到增强，见表3-8。

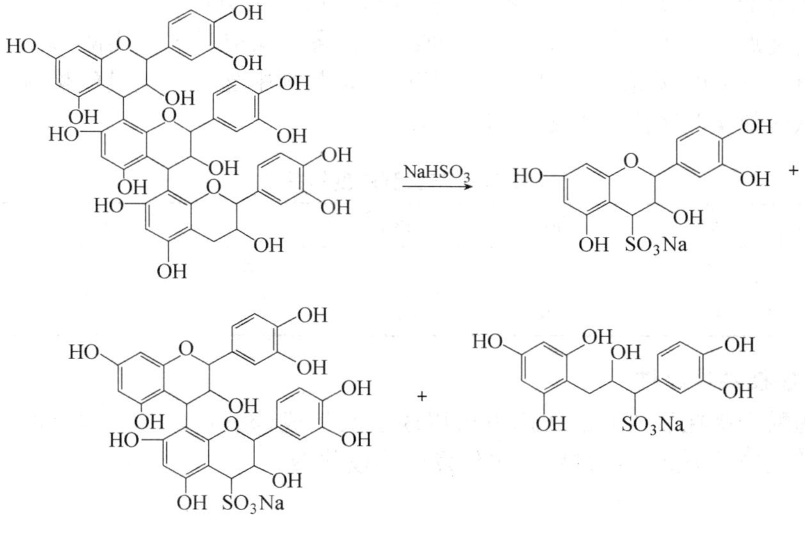

图3-10　高度亚硫酸盐改性的反应机理

表3-8　　　　　改性前后栲胶的耐盐析性和耐酸性（沉淀百分率）

项目	盐(NaCl)浓度/%			pH					
	5	10	20	7.0	6.0	5.0	4.0	3.0	2.0
落叶松栲胶/%	40	54	81	10.0	15.3	26.0	30.0	38.3	47.4
改性落叶松栲胶/%	0.9	1.1	1.4	0.0	0.9	1.0	1.7	2.3	7.9

注：测试栲胶的浓度为330g/L，测试耐盐析性时pH=4.0。

(二) 金属盐类改性

红矾、硫酸铝、偏钒酸铵、硼砂等都可用于栲胶改性，处理得当，可以改善栲胶溶解性，增进栲胶结合力。例如，用铬盐或铝盐处理浓胶，可提高鞣质含量，降低不溶物。处理的方法是以金属氧化物计，用量为鞣质的 0.05%~0.10%，温度 65~70℃，处理 2~4h。

金属盐类对栲胶的改性作用：一是小分子酚类物与金属盐络合，从而提高鞣质含量；二是金属盐与某些鞣质形成配合物，从而改善栲胶溶解性和提高结合力。

石碧等研究成功的 HS 鞣剂是金属盐改性栲胶的成功典范。应用催化降解的方法使橡椀鞣质分子结构变化，分子适当变小，然后与铬盐等发生络合反应，制得改性橡椀栲胶（HS 鞣剂）。HS 鞣剂渗透快、结合好。它既可以用于重革的前期鞣制，又可用于轻革的主鞣和复鞣。用 HS 鞣剂复鞣或固色，可以促进油脂和染料的吸收和固定，尤其适宜于黑色革的复鞣和固色，已在制革生产中广泛使用。

橡椀鞣质水解产生葡萄糖、没食子酸、鞣花酸和橡椀酸。在酸性条件和氧化剂红矾的存在下发生降解，其降解产物可起到红矾还原剂的作用以及与铬盐络合的作用。如果所用的橡椀栲胶适当过量，铬可与橡椀鞣质及其降解产物形成某种形式的协同作用，改善铬鞣剂的丰满性和填充性。方法是按常规铬鞣剂制备方法，先配制红矾钠-硫酸溶液，硫酸用量按理论碱度 40% 加入，然后一次加入红矾钠质量 40% 的橡椀栲胶，在 75~80℃条件下保温 4h，经喷雾干燥得到粉状铬-橡椀复鞣剂。该复鞣剂具有铬和栲胶复鞣的优点，成革柔软、丰满，粒面细致。铬-橡椀鞣剂的实测碱度与理论碱度之间存在 10%~20% 差值，见表 3-9。其原因是鞣剂中含有一定量的橡椀栲胶及其降解产物，从而使实测碱度大大低于理论碱度。

表 3-9　　　　　　　　　　理论碱度与实测碱度的关系　　　　　　　　　　单位：%

理论碱度	45	40	38	35	30	25
实测碱度	33	31	28	16	10	9
偏差	-12	-9	-10	-19	-20	-16

(三) 接枝共聚改性

鞣质的酚羟基在氧或酶的作用下可以脱去氢生成苯氧自由基。这个性质使鞣质可以按自由基反应的方式与丙烯酸类单体发生接枝共聚。

接枝共聚反应主要应用于缩合鞣质如云杉、槲木、儿茶鞣质的改性，这是因为缩合鞣质比水解鞣质具有更多的活泼氢，更易形成自由基。丙烯酸类单体有丙烯酸、丙烯酸甲酯、甲基丙烯酸甲酯、丙烯酸丁酯、丙烯酰胺等。引发剂可用过硫酸盐或过氧化氢，用后者反应进行得较快。

经接枝共聚而得到的改性鞣质，是一种黏性的分散体，能很好地用水稀释。改性鞣质具有某些合成高分子的性质，鞣制皮革填充性很好。

（四）树脂化改性

缩合类和水解类栲胶均可与甲醛、铵盐（胺）缩合，同时加亚硫酸盐，提高其溶解性能，制成改性栲胶，用作轻革复鞣剂。例如，荆树皮栲胶（相对分子质量1500），栲胶与甲醛、氨水、亚硫酸盐的摩尔比为：$1:(1.0\sim1.2):(0.5\sim1.0):0.125$。缩合反应条件为pH $7\sim8$，温度$45\sim55$℃，时间$2\sim3$h，经过缩合的浓胶经喷雾干燥，制成粉状的树脂型栲胶。

（五）两性化改性

根据Mannich反应原理，利用醛与鞣质分子和胺的反应，将胺结构引入已经亚硫酸化的鞣质分子中，使其成为两性化合物。以缩合类鞣质为例，改性后的两性化合物可示意如下：

CHR表示醛化合物去掉羰基中氧以后的剩余部分；R_1、R_2分别代表氢原子或其他部分

这种两性鞣剂可以溶解在酸性介质中，呈阳离子性，也可以溶于弱碱性介质中呈阴离子性。它与胶原的结合方式与一般植物鞣质有所不同。鞣制时在酸性条件下使鞣剂渗透，而后提高pH，促使鞣剂与皮结合。用两性栲胶与荆树皮栲胶相结合鞣革的Ts为88℃，而与戊二醛结合鞣革的Ts为90℃。

（六）降解改性

由植物浸提物获得的植物鞣剂，其相对分子质量分布较宽，由几百至几千，甚至上万。而某些附加值较高的应用领域如医药、食品、化妆品等，要求多酚的相对分子质量不能太大，$500\sim1500$较适宜。将栲胶、金属离子用于结合鞣时，最理想的方式是同浴使用，但由于栲胶中的大相对分子质量鞣质极易与金属离子配合沉淀，使这类鞣法不得不采取繁琐的分步鞣制的方案，从而降低了这类鞣法的实用性。因此，通过化学降解的方法，使栲胶中的大相对分子质量级分适度降解，对于拓展这类天然产物应用范围和提高其价值很有意义。例如，黑荆树皮栲胶经降解后相对分子质量为$189\sim796$的占了86%以上。这种降解产物具有良好的蒙囿性能，与常用的蒙囿剂相比，降解产物还具有选择性填充作用。降解的方法主要有氧化降解、酸降解、强烈亚硫酸化处理降解等。经过降解处理，引入活性基团，不仅可以使鞣质的相对分子质量降低，而且改善了鞣液的性质，使鞣质的鞣性缓和。改性栲胶可用于皮革的主鞣和复鞣。

缩合类和水解类栲胶经氧化降解后，与Ca^{2+}、Al^{3+}、Cu^{2+}、Fe^{3+}、Pb^{3+}等多种金

属离子的配位能力均较强,但降解程度不同,配合物的状态也不同。表3-10和表3-11表明,对黑荆树皮栲胶而言,当降解程度较低时,产物易与金属离子形成不溶性配合物,使金属离子在较低pH下即沉淀,其对金属离子的配合沉淀能力较原始栲胶更强。但当降解程度较高(H_2O_2用量60%)时,配合物的沉淀点则较高,且在一定比例条件下能形成在任何pH条件下均不沉淀的配合物。这是由于在氧化剂作用下,植物鞣质发生化学降解的同时产生羧基,羧基使多酚与金属离子的配合能力增强。但氧化程度较低时,多酚的相对分子质量仍然较大,配合物易沉淀。氧化降解程度较高时,降解产物不仅羧基含量较高,而且相对分子质量较小,自身水溶性好,因此能与金属离子形成可溶性的配合物并增加金属离子的耐碱性。

表3-10 黑荆树皮栲胶20% H_2O_2 氧化降解产物——$Cr_2(SO_4)_3$ 混合液的沉淀点

样品溶液	$Cr_2(SO_4)_3$	$Cr_2(SO_4)_3$:栲胶	$Cr_2(SO_4)_3$:20% H_2O_2 降解产物	$Cr_2(SO_4)_3$:40% H_2O_2 降解产物
质量比	—	1:0.5	1:0.5	1:0.5
沉淀点	4.81	3.98	2.13	2.10

注:栲胶降解产物含量1.6g/L,$Cr_2(SO_4)_3$含量1g/L,按质量比需要配制混合液;常温静置24h后测沉淀点。

表3-11 黑荆树皮栲胶60% H_2O_2 氧化降解产物——$Cr_2(SO_4)_3$ 混合液的沉淀点

样品溶液	$Cr_2(SO_4)_3$:降解产物						
	1:0	1:0.10	1:0.20	1:1.0	1:2.0	1:3.0	1:5.0
沉淀点	4.81	4.32	4.00	4.15	4.21	无浊点	无浊点

注:同表3-10。

橡椀栲胶所含鞣质属水解类中的鞣花酸型,具有相对分子质量大、水溶性差和沉淀较多等特点。用于鞣革时渗透缓慢,成革颜色暗淡,是栲胶中品质较差的品种。橡椀鞣质含葡萄糖环,很容易被氧化。轻微的氧化可使其部分羟基转变成醌型结构,外观变化表现为颜色加深,一般来说这是应尽量避免的。当氧化作用足够强时,分子中的糖环结构可能会遭到破坏,正如配制铬鞣液时,葡萄糖作为还原剂发生裂解一样,其结果会导致栲胶分子的降解,从而破坏了栲胶溶液的胶体状态,增强了其向皮内渗透的能力。基于这个思路,石碧等人选用了双氧水作氧化剂,对橡椀栲胶实施了氧化降解。其反应过程为:将栲胶溶解于其4倍质量的水中,用6%的氢氧化钠溶液调整pH至7.5~8.0,升温至70℃。双氧水(浓度50%)用量为栲胶质量的20%,在搅拌状态下于2h内滴加完,继续反应2h,降温,浓盐酸调整pH,真空干燥得改性产物。

氧化降解产物与栲胶相比,耐盐析性和耐酸性增强,见表3-12。改性产物颜色变浅,水溶液的明度值明显提高。^{13}C-NMR测试结果表明改性产物中含有羧基(δ=180),红外光谱的测试结果进一步证实了羧基的存在(在1726、1626cm^{-1}处有明显吸收)。因此,可以认为,在双氧水作用下,橡椀鞣质发生分子降解,已由酚类化合物转变成为酚羧酸类化合物。

表 3-12　　橡椀栲胶改性前后的耐盐析和耐酸性（沉淀百分率）

项目	盐浓度（NaCl）/%			pH			
	0	15	30	4.0	3.0	2.0	1.5
橡椀栲胶/%	7.25	22.08	28.10	7.25	36.96	54.81	64.61
改性橡椀栲胶/%	2.88	12.68	14.26	2.88	4.68	7.07	10.78

注：测试栲胶的浓度为100g/L，测试耐盐析性时 pH=4.0。

（七）鞣质的生物降解

鞣质性质与其相对分子质量密切相关，相对分子质量较大的鞣质往往具有较强的收敛性及抗营养性，从而限制或阻碍了其在许多相关领域中的应用，因此采用适当方法降低鞣质的相对分子质量具有重要意义。目前降低鞣质相对分子质量的方法主要有化学法和生物法，其中生物降解因可获得许多化学降解法无法得到的产物而备受人们关注。

（1）水解类鞣质的降解　植物鞣质对微生物具有广谱的抑制性，然而已发现有些微生物可以抵御鞣质的抑制作用，甚至以鞣质作为唯一碳源进行生长和繁殖。水解类鞣质分子中的酯键容易水解而更易被微生物利用，目前水解类鞣质的微生物降解方法较为成熟。表 3-13 列举出某些可降解水解类鞣质的微生物。

表 3-13　　可降解水解鞣质的微生物

	微生物	鞣质
细菌	无色杆菌（Achromobacter sp.）	五棓子
	棕色固氮菌（Azotobacter vinelandit）	五棓子
	大肠杆菌（Eschertchta coli）	五棓子
	荧光假单孢杆菌（Pseudomonas fluorescens）	五棓子
	肺炎克氏杆菌（Klebstella pneumomae）	塔拉
	马铃薯环腐病菌（Corynebacterium sp.）	五棓子
霉菌	丝状真菌（Filamentous fungi）	Mytras conmums 种子提取物
	黑曲霉（Aspergillus niter）	五棓子、橡椀
	青霉（Penicillium sp.）	五棓子
	烟曲霉（Aspergillus fumigatus）	五棓子
	内孢霉（Endomyces sp.）	橡椀
酵母菌	假丝酵母菌（Yeast Candida sp.）	橡椀

（2）缩合类鞣质的降解　缩合鞣质中聚黄烷醇的结构单元以 C—C 键相连，分子结构复杂，空间位阻较大，因此其生物降解困难得多，研究也较少。已筛选出可将落叶松鞣质降解为儿茶素的根霉；可降解荆树皮鞣质的产气肠杆菌属、聚团肠杆菌属、纤维单胞菌属和葡萄球菌属细菌；可降解坚木鞣质的纤维单胞菌属、节杆菌属、芽孢杆菌属、微球菌属、棒状杆菌属和假单胞菌属；可降解云杉鞣质的曲霉等。

利用曲霉属菌株（Aspergillus flavipes）对杨梅栲胶溶液进行降解，分析了降解前后鞣质的平均相对分子质量和栲胶溶液的电化学性质。结果表明，降解后鞣质相对分子质量下降，总酚及可溶性缩合鞣质含量降低，溶液 Zeta 电位绝对值升高、粒径减小、稳定性提高、pH 升高，见表 3 – 14。说明通过微生物降解可使鞣质的相对分子质量和栲胶中鞣质的含量下降，使鞣液稳定性提高。

表 3 – 14　　　　　　　降解前后杨梅栲胶溶液成分和性质变化

性质	粒径/nm	Zeta 电位/mV	pH	M_n	总酚/(g/L)	可溶性鞣质/(g/L)
降解前	129.7	-15.8	4.60	3371	4.84	3.96
降解后	72.0	-21.0	5.71	2658	2.21	2.48

四、栲胶的组成

栲胶溶解于水后，还有不溶成分，叫作不溶物。在溶解于水的部分中，能将皮变成革的物质叫作鞣质，没有鞣性的物质叫作非鞣质。它们之间的关系如下：

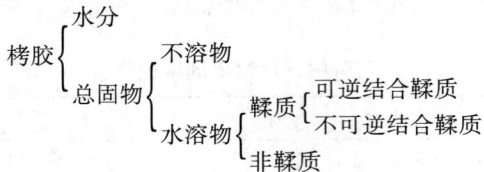

栲胶产品的分析数据见表 3 – 15、表 3 – 16。

表 3 – 15　　　　　　　某些国产栲胶的分析数据

分析项目	落叶松	柚柑	杨梅	木麻黄	橡椀	厚皮香	塔拉	马占相思
水分/%	6.0	11.0	12.0	8.0	10.0	8.9	12.6	14.1
鞣质含量/%	62.0	74.0	73.0	70.0	72.0	72.3	52.0	68.0
非鞣质含量/%	32.0	15.0	15.0	22.0	18.0	18.8	35.4	18.0
不溶物含量/%	2.0	3.0	2.2	3.0	1.5	1.0	5.2	1.1
沉淀物含量/%	2.5	1.6	1.4	1.0	1.0	0.45	30.2	4.6
红*	6.0	1~2	6.4	4~6	8~10	8~12	7~11	3.3
黄	8.3	6~8	10.0	8~12	16~18	16~23	3.5	6.7
蓝	0	0	0	0	0	0	0	0.3
pH	4.5~5.5	4.7	4.2	4.6	3.8	5.28	4.9	4.5~5.5

* 表中对应的是栲胶呈红色时的 pH，黄、蓝亦如此。

表 3-16　　　　　　　　　　某些国外栲胶的分析数据

分析项目	坚木	栗木	黑荆树皮	栲树皮	橡椀	塔拉
水分/%	7.5	6.2	8.0	7.8	11.4	12.4
鞣质含量/%	77.0	70.8	62.0	68.5	60.6	46.0
非鞣质含量/%	15.5	23.0	29.0	21.2	26.7	29.1
不溶物含量/%	0.0	0.0	1.0	2.5	1.3	12.5
灰分/%	6.0	6.3	8.5	5.6	5.9	—
红	2.0	3.5	0.5	11.7	1.8	—
黄	3.2	10.8	1.4	28.6	6.2	—
pH	4.4	4.3	3.9	4.1	3.6	3.4

（一）鞣质

鞣质是栲胶中的主要成分，占栲胶的70%～80%。将皮粉（或皮块）加入鞣质试样中，振荡一定时间后，用水较长时间洗涤吸收过鞣质的皮粉（或皮块），水洗下来的鞣质叫作可逆结合鞣质，而水洗不下来的鞣质叫作不可逆结合鞣质。不同种类的鞣质，其不可逆结合鞣质的量不同。不可逆结合鞣质与可逆结合鞣质并无严格的界限。规定不可逆结合鞣质占鞣质的百分率叫作收敛性（涩性），用于表示某种鞣质与皮结合的能力。

$$收敛性 = \frac{不可逆结合鞣质}{鞣质} \times 100\%$$

当鞣质与皮作用时，结合速度的快慢是与收敛性有关系的，收敛性大的鞣质与皮结合得快，反之结合得慢。

某些栲胶不可逆结合鞣质见表 3-17。

表 3-17　　　　　　　栲胶鞣液鞣制皮块分析（18℃）　　　　　　　单位：%

分析指标	木麻黄	落叶松	柚柑	山槐
吸着指数	109.8	107.3	104.4	103.3
自由水溶物	28.50	26.70	26.81	27.54
可逆结合鞣质	23.80	24.59	24.25	26.96
不可逆结合鞣质	57.13	54.92	53.04	52.08

（二）非鞣质

栲胶中没有鞣性的水溶性物质，统称为非鞣质。各种栲胶的非鞣质组成、含量各不相同。它们的主要是：糖类、酚类、有机酸、无机盐、色素、植物蛋白和某些含氮物质、木素衍生物等。

1. 非鞣质的各种主要成分

（1）糖类　主要是葡萄糖，也有戊糖和多糖，以水解类栲胶中含量较多，如橡椀栲胶含糖类6%～8%，坚木栲胶含糖类1%左右。在较高温度下浸提的栲胶中糖类含量也较高。

（2）酚类　主要是鞣质的基础物质和分解产物，如儿茶素、黄酮类、邻苯三酚、邻苯二酚等，其含量与原料种类和浸提条件有关。

（3）有机酸类　主要是乙酸、草酸、乳酸、没食子酸等，以水解类栲胶含量较多。

（4）无机盐　主要是钙盐、镁盐、铜盐、铁盐等。这些盐类是原料和浸提用水带来的。经亚硫酸盐处理的栲胶含量较多。

（5）含氮物质　主要是植物蛋白、氨基酸等，含量极微，低于1%。

（6）色素类　主要为黄酮类色素，它对栲胶的颜色有影响。

（7）木素衍生物　用亚硫酸盐浸提鞣料时，有少量的木素磺酸钠生成。

2. 非鞣质的作用

非鞣质本身虽然无鞣性，但它对鞣质的稳定、鞣液酸度的保持和鞣制过程都有着重要的作用。非鞣质中的有机酸、酚类和糖类物质是鞣质的基础物质和分解产物，可阻止鞣质的分解过程，起到促进鞣质稳定的作用。非鞣质中的有机酸及其盐使鞣液形成缓冲体系，可保持鞣液的酸、碱度，有利于鞣液的稳定。例如，通过纯化除去非鞣质的鞣液比未除去非鞣质的鞣液沉淀多，说明非鞣质在鞣液中起稳定剂的作用。

通过实际鞣革过程中鞣液浓度与电导率依赖性的研究，证实了非鞣质在鞣革中所起的作用：非鞣质分子小，比鞣质渗透快，鞣制初期可先透入皮内与皮纤维发生可逆结合作用，鞣质透入时再逐渐取代下非鞣质，这可以减缓鞣质与皮的结合速度，避免表面过鞣。除去非鞣质的鞣液，渗透速度极慢，并有表面过鞣的现象。

非鞣质也有不利的方面，主要是非鞣质的存在降低了栲胶的纯度，影响栲胶的鞣性。非鞣质中的糖类物质，经过各种酶的作用易发酵生酸，从而降低鞣液的pH，随着有机酸的产生，部分鞣质会发生分解。此外，如果非鞣质中无机盐含量过多，由于盐析作用，使鞣质胶粒脱水沉淀。

在一定条件下，典型的非鞣质有可能转变为鞣质。当已被皮粉吸收了鞣质后的非鞣质洗涤液（明胶试剂负反应）在真空下进行浓缩后，发现这种溶液用明胶试剂检验时产生反应；使之与皮粉作用，发现具有鞣性，说明有新的鞣质产生。又如，纯没食子酸和儿茶素以明胶试剂检验为负反应，无鞣性，应为典型的非鞣质。但在煮沸之后，与明胶试剂产生正反应，这是经过煮沸后，发生了非鞣质转化为鞣质的化学变化。前一实验中非鞣质转变为鞣质被认为既有聚合、氧化和缩合的化学反应，又有属于胶体状态的变化，而后一实验，则属典型的化学变化。

非鞣质在栲胶中的存在既有有利方面，也有不利方面。不同的原料，其非鞣质与鞣质之比也不同，为1:(2~6)。合适的比例有利于鞣制。

（三）不溶物

常温下，栲胶中不溶于水的物质叫作不溶物。当栲胶溶液浓度为3.75~4.25g/L时，溶液中不能通过中速滤纸——高岭土过滤层的物质称为不溶物。主要是鞣质的分解产物如黄粉（鞣花酸），或缩合产物如红粉；热水浸出来的果胶、树胶，在常温时成为不溶物；还有一部分碳酸钙或碳酸镁等无机盐。此外，原料碎屑、泥沙微粒等杂质也可能作为不溶物存在于栲胶中。

水解类栲胶中产生的沉淀，大部分为鞣质的分解产物如鞣花酸。缩合类栲胶中产生的沉淀，是这类鞣质的缩合和氧化的各种产物。例如坚木栲胶中的不溶物红粉同坚木栲质具有相同的结构，其区别只是缩合程度的大小不同，在这种情况下，鞣质与不溶物很难区分，大部分红粉可以再溶解而用以鞣革。

pH 的高低，对鞣液中不溶物含量的影响较大，pH 越高，不溶物越少；pH 越低，不溶物越多。这主要是由于 pH 的高低影响到鞣质微粒的分散与缔合。

鞣液浓度在 15% 以下时，鞣液的浓度越高，不溶物越多。但浓度在 15% 以上，也出现相反的结果，随着浓度的增高，不溶物反而减少，这与其中非鞣质含量相应地增加，而此时非鞣质起稳定鞣液的作用占主导地位有关。

由于温度升高，分子运动加快，因此不溶物随温度的升高而减少。

由此可见各种栲胶中的不溶物，并不是一成不变的，而是随着条件的改变而增减。掌握这些规律，对于在制革生产中减少不溶物，促使不溶物向可溶物转变，从而提高栲胶的利用率，是非常有用的。

五、栲胶颜色与 pH 的关系

栲胶颜色与 pH 有一定的关系，橡椀栲胶配成总固物为 0.5% 的比色浓度的溶液，用 10% HCl 和 10% NaOH 调节至不同 pH，分别用罗维邦比色计比色，结果见表 3-18。

由表 3-18 看出，橡椀栲胶颜色随 pH 的提高而色号增加，颜色加深；随着 pH 的降低而色号减少，颜色变浅。这是酚类、芳香族有色物质的通性。栲胶是酚的衍生物的有色物质，同样遵循着这一规律。另外由表 3-18 看出，橡椀栲胶溶液随着放置时间的延长，颜色加深。用其他的栲胶进行实验，也具有同样的规律。

表 3-18　　　　　　　　橡椀栲胶不同 pH 颜色变化

pH	2h 色号				72h 色号			
	红	黄	蓝	总	红	黄	蓝	总
2.45	7.4	37.0	0	44.4	8.5	38.0	0.1	46.6
3.50	8.1	38.0	0.3	46.4	10.2	40.0	1.0	51.2
4.05	10.0	37.0	0.5	47.5	11.0	43.0	0.7	54.7
4.60	10.6	38.0	0.4	49.0	13.0	46.0	1.0	60.0
5.02	11.7	37.0	0.5	49.2	12.5	46.0	1.0	59.5
6.00	13.9	39.0	0.9	53.8	15.0	44.0	1.0	60.0
7.40	19.9	59.6	1.1	80.6	23.0	59.9	3.1	86.0
8.30	24.0	67.9	2.2	94.1	29.0	68.0	4.2	101.2

六、栲胶组成与鞣性差异

鞣质分子结构可发生形变的程度，对成革的热稳定性有较大影响，鞣质分子结构刚性越强，分子越不容易发生空间构型变化，鞣革的热稳定性越高；反之，鞣质分子的刚性越弱，则鞣革的热稳定性越差，通常缩合类鞣质分子结构刚性较水解类强，鞣革的收缩温度较高。此外，鞣质的酚羟基数目越多，与胶原形成的交联越稳定，成革收缩温度越高。由于水解类鞣质分子易发生形变，因此水解类鞣质的吸收率往往较高。两类栲胶的鞣性差异如下：

一般水解类栲胶中含有机酸较多，溶液 pH 低，分子较小，收敛性较弱，成革的耐光性、坚实丰满性较好，但抗酶性和耐老化性差。而缩合类栲胶中有机酸含量较少，溶液 pH 较高，分子易聚合，收敛性强，成革的抗酶性、耐老化性良好，但成革坚实丰满性和耐光性较差。

第三节　植物鞣液的性质

一、栲胶的溶解性

栲胶在室温和高温下都可以较好地溶解，而且在温度较高的情况下溶解更好。溶解时，可以观察到沉淀的形成，但这并不表明达到饱和了，如果再继续添加栲胶，它还可以再继续溶解，并逐渐变成浆状，最后变成糊状，放置后变成了固体。由此可见，栲胶能以任何比例与水混溶，在水少的情况下，水溶于栲胶；在水多的情况下，栲胶顺利溶于水中，形成通常所指的植物鞣液。

上述现象的解释主要有两种：一是与栲胶的化学非均一性有关；二是栲胶与水形成氢键。

由许多组成相似的化合物所构成的混合物，一般都具有无定形物的特性，并具有产生过饱和溶液的倾向。栲胶是由许多组分相似的鞣质与非鞣质以及不溶物形成的混合物，因此具有无定形物的溶解特征。

栲胶中的鞣质与非鞣质结构中有很多极性基团，如羟基、羧基、磺酸基（亚硫酸化栲胶），它们能与水分子形成氢键，而氢键的形成则增加了栲胶的溶解性。

栲胶溶解于水时，要产生放热现象，这是因为鞣质与非鞣质分子和水分子发生氢键结合，伴随着氢键的产生而放出了热，热量的大小随栲胶的种类而异，坚木栲胶和五棓子栲胶溶解热分别为 222.2J/g 和 302.9J/g。栲胶与水形成氢键的又一例证，是把鞣液冷却到 -20℃，仍有 16.1% ~ 26.1% 的水未冻结成冰，这就意味着有部分水不是自由态的，而是与栲胶起水合反应而存在的。即使是纯的鞣质组分在真空条件下干燥很长时间，也还会带有一定量的结合水。

栲胶不仅能溶于水，而且能部分溶解于多种极性有机溶剂，如甲醇、乙醇、丙酮等。

二、鞣液的黏度

胶体溶液分亲液胶体和疏液胶体，鞣液属于亲液胶体溶液。图 3-11 表示两种胶体溶液和栲胶溶液的黏度曲线，疏液胶体的黏度随浓度的增大而增高，呈线性关系；亲液胶体和鞣液，当浓度增至一定时（栲胶溶液为 50%），黏度就显著增加。3 种栲胶的黏度见表 3-19。

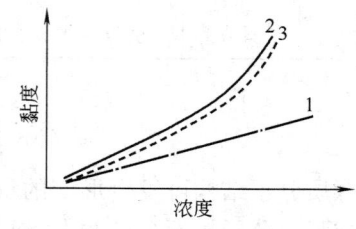

图 3-11　3 种胶体溶液的黏度曲线
1—疏液胶体　2—亲液胶体　3—栲胶溶液

从表3-19看出,随着鞣液浓度的增加,黏度的增大特别快,这是因为植物鞣质胶团是亲水性的,在它周围存在着缔合水,当浓度不大时,胶团彼此接触很少;而当浓度增高时,胶团彼此接触机会增多;当浓度增高到一定值时,胶团间发生了缔合,彼此连成一种网状结构形式,此时黏度增加很快。由于这种网状结构的形成而产生的黏度称为结构黏度。亲液胶体的黏度(η)与疏液胶体的黏度($\eta_牛$)和结构黏度($\eta_结$)之间的关系式为:

$$\eta = \eta_牛 + \eta_结$$

表3-19　　　　　　　　　3种栲胶的黏度　　　　　　　　单位:cm^2/s

浓度/%	黑荆树皮栲胶	柯子栲胶	混合栲胶*
10	1.600	1.155	1.165
12	1.900	1.174	1.195
16	2.589	1.494	1.380
20	4.257	1.783	1.935
25	6.561	2.523	2.500
30	15.360	3.699	2.640
35	31.740	6.140	6.520
40	63.000	11.500	11.730
45	194.600	32.400	15.100
50	546.000	39.600	28.110
55	574.000	163.800	77.200
60	1599.000	335.400	210.900
65	10480.000	837.600	788.000
70	—	2220.000	1830.000
75	—	13310.000	10880.000

* 由黑荆树皮和柯子混合制成。

栲胶溶液的黏度随温度升高而下降,溶液浓度越高,黏度下降幅度也越大。木麻黄栲胶溶液的黏度变化见表3-20。

表3-20　　　　　　　　　木麻黄栲胶溶液的黏度　　　　　　　　单位:cm^2/s

浓度/°Bé	温度/℃						
	30	40	50	60	70	80	90
3	1.01	0.98	0.96	0.95	0.94	0.92	0.92
4	1.02	0.99	0.97	0.95	0.94	0.93	0.92

续表

浓度/°Bé	温度/℃						
	30	40	50	60	70	80	90
5	1.03	1.00	0.97	0.95	0.94	0.93	0.92
12	1.59	1.24	1.17	1.11	1.08	1.05	1.03
15	1.83	1.50	1.33	1.27	1.23	1.18	1.14
20	19.34	6.25	3.73	2.28	1.92	1.58	1.45
22	33.49	14.29	7.45	5.73	2.77	2.31	2.11

三、鞣质的扩散作用

鞣质扩散过程的研究证明，鞣质透过多孔薄膜的速度为氯化钠的1/200，比非鞣质慢，同时透过多孔膜（羊皮纸）到膜外面溶液中的鞣质与膜内的鞣质比较，不仅微粒大小不同，而且鞣质的化学组成也不相同。例如用高锰酸钾滴定每部分渗析鞣质（从第一日到最后一日），发现1g鞣质所需高锰酸钾的量是不相同的。在渗析过程中，鞣质比非鞣质扩散慢，如图3-12所示。在渗析器内的溶液随着非鞣质的减少，鞣质微粒变大，溶液逐渐变浑浊，说明非鞣质对鞣质微粒起着稳定剂的作用。

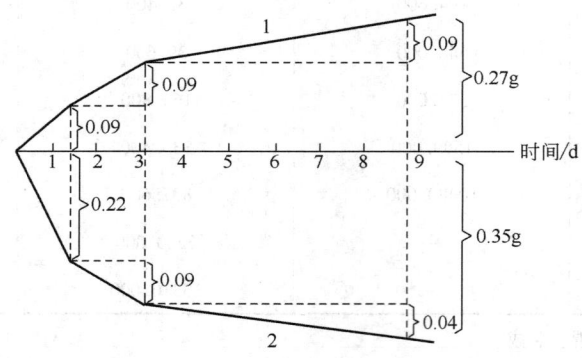

图3-12 鞣质与非鞣质通过半透膜的渗析情况
1—鞣质 2—非鞣质

实验证明，鞣液中鞣质通过薄膜的透析速度与其微粒缔合度有相反的关系，当透析速度缓慢时，表示微粒的缔合作用增加。例如，在鞣液中加入氯化钠，因鞣质微粒的缔合作用加强，使透过薄膜的速度降低；而用水稀释鞣液时，鞣质微粒分散，通过薄膜透析的速度就增加。

由于鞣质聚集体的缓慢分解，以及鞣质分子从溶液中继续除去，使缔合微粒与鞣质间的平衡被破坏，而且不能建立新的平衡，所以透析经过75天后，仍有鞣质继续透过薄膜，从而说明，在鞣制过程中鞣液中的胶体微粒不断发生解聚作用，而解聚后的微粒更容易透入胶原结构中，使鞣制得以顺利进行。

四、鞣液表面的吸附现象和表面张力

将不同的物质溶解于液体中，液体的表面张力将发生改变，这种改变与液相－气相界面上的吸附作用有关。根据吉布斯方程式：

$$G = -\frac{c}{RT} \cdot \frac{d\sigma}{dc}$$

式中　G——吸附量；
　　　R——气体常数；
　　　T——热力学温度；
　　　c——溶液的浓度；
　　　σ——表面张力。

说明吸附量依赖于溶液的浓度，以及溶液的表面张力随浓度的变化率。凡能降低溶液表面张力的溶质，在表面层的浓度必大于其在溶液内部的浓度，则是正吸附作用；反之，就是负吸附作用；表面张力是一种很容易测定的量，因此，可用它来作为吸附作用大小的尺度。

当鞣质溶解于水时，由于鞣质的分布是不均匀的，在水的表面层中的浓度大于液体内部的浓度，就使表面张力减少，发生正吸附作用。

用滴液法观察鞣液的表面现象，可以发现，植物鞣液表面张力随浓度的增加而下降；在延长放置时间的情况下，仍不断地下降，经过 75d 吸附也达不到平衡，见表 3–21、表 3–22。

表 3–21　　鞣质水溶液表面张力下降与浓度和放置时间的关系　　单位：erg/cm^2

时间	浓度/%				
	0.5	1.25	2.5	5	10
30min	0	0	0.1	0.1	0.35
18h	0.6	1.3	0.6	1.9	2.8
2d	0.7	1.2	0.5	2.8	4.9
5d	0.8	2.5	2.0	5.2	5.1
9d	1.1	2.9	3.5	6.1	9.1
11d	1.2	3.6	4.5	6.3	10.1
16d	1.3	3.8	5.7	7.6	10.8
29d	1.3	4.3	7.8	8.7	12.3
46d	1.7	4.8	9.7	10.2	13.9
75d	1.9	4.9	10.3	11.3	14.2

注：$1erg/cm^2 = 10^{-3}N/m$。

表 3-22　　各种鞣剂水溶液（含鞣质 10%）表面张力下降与放置时间的关系

单位：erg/cm^2

鞣剂名称	放置时间/d					
	0.125	1	2	5	10	23
坚木（亚硫酸化）	0.7	1.5	5.1	9.2	13.7	16.6
黑荆树皮	5.2	8.1	9.4	11.1	12.6	15.6
栗木	5.6	8.4	10.3	11.7	12.6	15.6
橡椀	6.5	8.7	10.6	13.6	15.6	18.4

表列数据说明了鞣质具有吸附活性。鞣液在放置的情况下，鞣质在表面层的吸附逐渐增加，很难达到平衡。因而无法测定平衡状态下的表面张力，也不能应用吉布斯公式计算吸附量。

五、鞣液的电化学性质

植物鞣液属于胶体溶液，在电化学性质上，表现出与胶体溶液相同的性质。

（一）鞣质胶团结构与 Zeta 电位

1. 鞣质胶团微粒的结构

如把鞣液放在直流电场中进行电泳，通过观察发现，鞣质微粒会向阳极移动，由此可见，鞣质微粒是带负电荷的。这种电荷的来源，一是鞣质离解的，二是非鞣质中得来的。鞣液中许多小的鞣质分子，常以非化学键力缔合成较大的鞣质微粒，因为这种微粒具有较大的表面自由能，并有吸附电荷的能力。根据双电层原理可知，这种较大的、能够吸附电荷的鞣质微粒在胶体溶液中叫作胶核。胶核是构成胶体粒子的基本物质，胶核与吸附层总称为胶粒，胶粒与扩散层总称为胶团，胶粒是带电的离子，而胶团则是电中性的物质。

胶核的周围有两层，一层叫作吸附层，另一层叫作扩散层。胶核直接连接吸附层，吸附层中紧贴胶核的是带负电荷的离子和带正电荷的离子，正电荷的离子数少于负电荷的。吸附层外面的一层为扩散层，扩散层中只有带正电荷的反离子，其电荷数等于吸附层内两种电荷的差数。胶粒带上了电荷以后，胶粒与胶粒之间则有排斥力，而且与扩散层的反离子发生吸引作用。因此，较大的分子微粒也能稳定存在溶液之中。鞣质在鞣液中之所以能成为胶体，除去它有亲水作用，能在微粒周围形成一个水合层以外，电荷的作用也是主要原因之一。

为了方便起见，可用 TH 表示鞣质的分子，在水溶液中，鞣质电离为带负电的离子：

$$TH \rightleftharpoons T^- + H^+$$

由此可写出鞣质微粒的近似结构：

$$\underbrace{\underbrace{\underbrace{[TH]_m}_{\text{胶核}} \cdot nT^- + (n-k)H^+}_{\text{吸附层}} \underbrace{kH^+}_{\text{扩散层}}}_{\text{胶团}}$$

其中胶粒为 $\{[TH]_m \cdot nT^- + (n-k)H^+\}$

式中　$[TH]_m$——聚集着 m 个鞣质分子的粒子；
　　　nT^-——每个胶核吸附着 n 个鞣质离子；
　　　k——扩散层中的氢离子数。

在植物鞣质溶液中，还存在许多非鞣质，它们影响着鞣质胶粒的结构，因而提出以下补充的鞣质微粒的结构：

$$\{[TH]_m \cdot {}^{nT^-}_{aR^-}(a+n-k)H^+\}kH^+$$

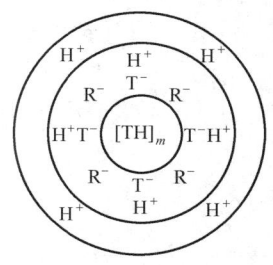

式中　R^-——已电离的非鞣质离子；
　　　a——被吸附的电离的非鞣质数量。

鞣质微粒的结构也可用图 3-13 表示。

高度分散的鞣质微粒的表面，吸附了电离的鞣质

图 3-13　鞣质微粒结构示意图

和非鞣质以及 H^+ 形成双电层以后，就保证了鞣液的稳定性。因为整个胶团是溶剂化的，这样就使得鞣质很自然地分散在水中，同时鞣质微粒的胶粒还带电，由于带相同的电荷，阻止了鞣质微粒的相互结合，使鞣液稳定。

在渗析实验中，非鞣质的逐渐除去，会使原来清亮的鞣液变得浑浊起来，这是因为参与形成双电层的非鞣质减少了，使其胶粒的稳定性降低。将沉淀变成胶体溶液的方法之一，就是在溶液中加入非鞣质，如糖、各种脂肪酸及最简单的多元酚等。它们能够被鞣质微粒吸附而形成稳定的胶粒，保证了鞣液的稳定性。

2. Zeta 电位

在直流电场中，当鞣质微粒向阳极移动时，在吸附层中的正电离子，随着胶粒一起移动，而扩散层中的正电离子则留在溶液中脱离了胶粒。胶粒和分散介质间便形成了电位差，这个电位差叫作 Zata 电位。

Zeta 电位值是判断胶体溶液是否稳定的一个重要指标。一般而言，Zeta 电位绝对值大于 30mV 的体系为稳定体系，而介于 ±30mV 之间的体系为不稳定体系。当 Zeta 电位值为 0 时，为溶液的等电点，处于等电点的胶团最容易发生聚集、沉淀现象，此时的胶团最不稳定。如果栲胶溶液的 Zeta 电位绝对值越大，则溶液越稳定。

栲胶溶液的 Zeta 电位绝对值随着 pH 升高而增大。加酸，鞣液的 Zeta 电位绝对值下降；加碱，Zeta 电位绝对值升高。因为鞣液中加入酸后，氢离子浓度增高，双电层的扩散层中的正电离子进入吸附层，使得双电层厚度变薄，导致 Zeta 电位绝对值下降。鞣液中加入碱后，氢离子浓度降低，吸附层中的部分反粒子进入扩散层，促使鞣质分子的酚羟基发生电离，Zeta 电位绝对值增大。而碱金属离子产生的压缩作用虽然会使双电层变薄，厚度降低，但 Zeta 电位绝对值降低。由图 3-14 可以看出，随着 NaOH 的加入，栲胶溶液的 Zeta 电位绝对值是增大的，由此说明胶粒的电离带来的 Zeta 电位绝对值升高的效果大于碱金属离子的压缩作用。

栲胶溶液的 Zeta 电位随着温度的升高出现了绝对值下降后又略有升高的趋势，在温度 20℃ 的时候，Zeta 电位绝对值最大，说明低温有益于栲胶稀溶液的稳定，如图 3-15 所示。

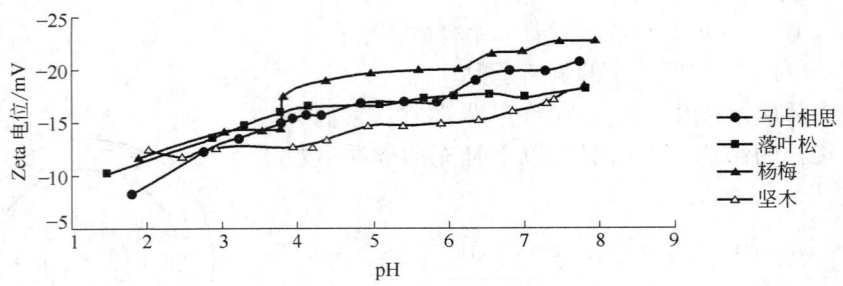

图 3-14 栲胶溶液的 Zeta 电位随 pH 的变化

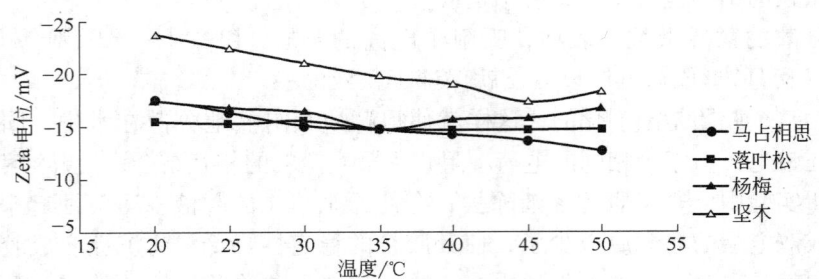

图 3-15 栲胶溶液的 Zeta 电位随温度的变化

鞣液中加入中性盐后 Zeta 电位绝对值会降低，导致鞣液不稳定，如图 3-16 所示。由于 NaCl 的加入不会明显降低氢离子浓度，因此不会引起鞣质微粒的酚羟基的电离。但因为碱金属离子产生压缩作用，双电层厚度变薄，从而导致鞣液的 Zeta 电位下降。

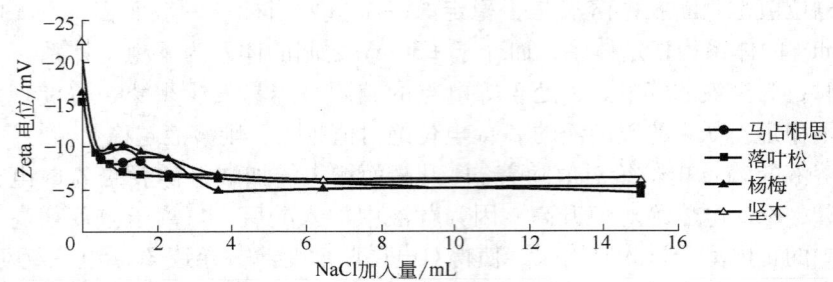

图 3-16 栲胶溶液的 Zeta 电位随 NaCl 浓度的变化

（二）鞣液的电导率

电导率的大小，表示溶液的导电能力，与溶液电解质含量有关。电解质增加，则电导率增加，反之减少。由于鞣液中电解质主要决定于非鞣质中能离解物质的量，因此电导率大，表明鞣液中能电离的非鞣质越多；反之，若电导率小，只能说明能电离的非鞣质少，而不说明鞣液中非鞣质就一定少。

鞣液的浓度对电导率有影响，随着栲胶溶液浓度的上升，非鞣质的含量相对增加，同时能解离的电解质含量相应的增大，故电导率就高，反之则低。表3-23是鞣液电导率测定结果，可以看出栲胶溶液电导率均随浓度的升高而增大，电导率增大的绝对值随着溶液浓度的增大而呈减小趋势。几种栲胶溶液在相同浓度下的电导率大小顺序为杨梅 > 马占相思 > 落叶松 > 坚木，说明杨梅栲胶中可电离的非鞣质高于马占相思、落叶松和坚木。

表3-23　　　　　　　　　　不同浓度栲胶溶液的电导率　　　　　　　　　单位：μS/mm

栲胶	栲胶溶液浓度/(g/L)					
	50	70	90	110	130	150
马占相思	4.22	5.5	6.45	7.33	8.08	8.25
落叶松	3.94	5.01	6.07	6.73	7.17	7.19
杨梅	4.48	5.82	6.89	7.97	8.85	9.08
坚木	2.9	3.71	4.72	5.59	6.04	6.18

（三）pH 和缓冲指数

鞣剂中的非鞣质，常含有或多或少的弱酸及其盐，因此，鞣液具有缓冲溶液的性质。在不同的鞣液中，pH 虽然相同，但未离解的酸含量却不相同，这是鞣液的一种特性，以"缓冲指数"表示。缓冲指数是使 100mL 浓度为 20°Bk（°Bk = $(d-1) \times 1000$，d 为相对密度）的鞣液改变一个 pH 单位，所需 1mol/L HCl 或 1mol/L NaOH 标准溶液的体积（mL）。

鞣液的缓冲性质，采用电位滴定法测定，在测定缓冲指数时，先将样品鞣液稀释到 20°Bk，随即测定 pH。pH 小于 3 的鞣液，用 NaOH 标准溶液滴定；若鞣液的 pH 高于 4.5，则用 HCl 标准溶液滴定；如鞣液的 pH 为 3.0~4.5，则需用两种标准溶液，分别测定其缓冲指数。当鞣液浓度低于 20°Bk 时，用原液测定，然后对鞣液的浓度加以校正。

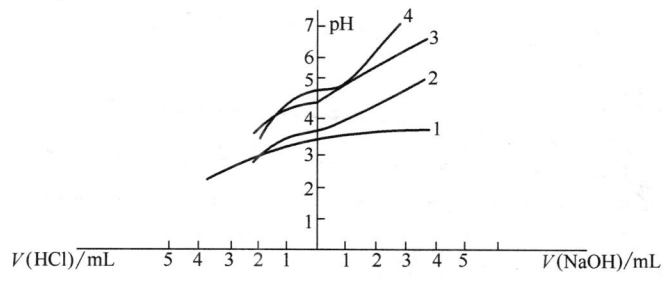

图 3-17　植物鞣质的电位滴定曲线图
1—五倍子，缓冲指数 4.12　2—橡椀，缓冲指数 2.02
3—红根，缓冲指数 1.76　4—铁杉，缓冲指数 1.53

一般说来，非鞣质含量多的鞣液及水解类鞣质的鞣液，缓冲指数较大。常见的几种国产鞣质的缓冲指数如图3-17所示。

植物鞣液的pH稳定性很大，加酸或加碱不容易使它改变，而且改变后，在鞣制过程中或经过一定时间的放置，仍将转变为原来的pH。

如以足够的酸碱量加入植物鞣液中，在一定的时间内，不仅可以改变鞣液的pH，而且对Zeta电位差和电导率也有显著的影响。

六、鞣质微粒在溶液中的变化

植物鞣液中的微粒易受各种不同因素的影响而变化，如鞣液的陈化，pH的变动，温度和浓度的提高或降低，均能使鞣液中鞣质微粒发生分散或聚集。而增加或减少鞣液中的杂质，同样将使缔合微粒发生变化。

将新配的鞣液与陈化过的鞣液的渗析速度进行比较，陈化鞣液渗析速度是逐渐下降的，证明在陈化过程中，鞣质微粒聚集度渐渐增加，甚至经过长时间的放置，聚集度也不能达到平衡，仍在不断地增加。

根据鞣液分子缔合的一般规律，分子运动越强烈，微粒越不易缔合。当提高鞣液的温度或降低鞣液的浓度时，会增加鞣质微粒的分散；提高鞣液的浓度或降低它的温度时，会促进微粒的缔合。鞣液的温度和浓度，对鞣质沉淀与溶解平衡的变化，起着决定性的作用。

鞣液中加入不同数量与性质的无机或有机化合物，可增加或减少鞣质的缔合微粒。

在鞣液中加入电解质主要是促进鞣质分子的缔合和沉淀的形成。例如鞣液中加入中性盐，则由于中性盐的脱水作用，鞣质微粒在布朗运动的过程中不断相互聚集，从而使鞣质微粒的体积有较大程度的增大，如图3-18所示。加入各种亲水的化合物，如蔗糖、简单的多元酚、磺化芳香族化合物和它的盐类等，可减少微粒的缔合，溶解沉淀。制革生产中常利用具有胶溶作用的物质，如各种合成鞣剂，来减少鞣液的沉淀。

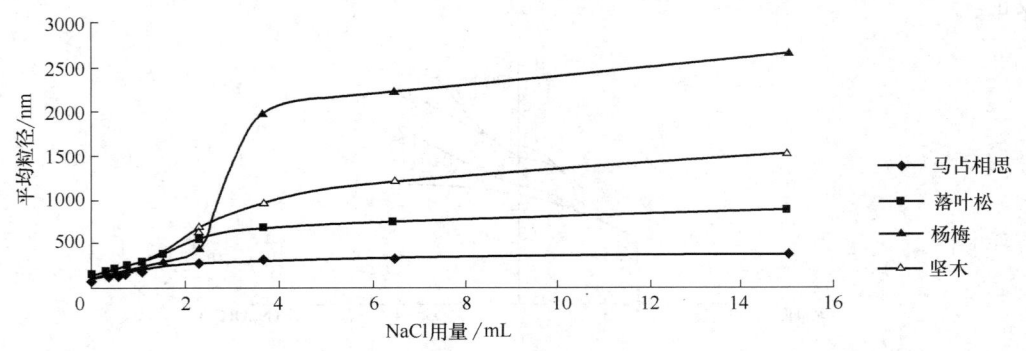

图3-18 栲胶微粒平均粒径随NaCl浓度变化

当两种不同的鞣液混合在一起时，可能使沉淀胶溶，如槲木与云杉树皮的混合鞣液。很明显，在这种混合情况下，其中第一种鞣剂的非鞣质可使第二种鞣剂的沉淀胶溶，或第二种鞣剂的非鞣质使第一种鞣剂的沉淀胶溶。根据这种性质，制革生产中常用多种栲胶搭配使用，以减少鞣液沉淀。

鞣质的聚集稳定度，主要决定于分子的缔合度，其次决定于所含稳定性杂质的作用。可由浓度对沉淀的关系来说明，如图3-19所示。

图3-19说明，除坚木外，其余鞣液均在中等浓度时沉淀量最高，这是因为在鞣液中鞣质的沉淀受稀释作用与其中所含稳定性杂质的影响。在稀鞣液中，鞣质微粒容易分散，沉淀减少；当鞣液浓度提高时，其中所含稳定性杂质，促使缔合微粒解聚，沉淀下降；而在中等浓度时，这两种因素对减少鞣质沉淀的影响最小，所以出现沉淀量的最高点。

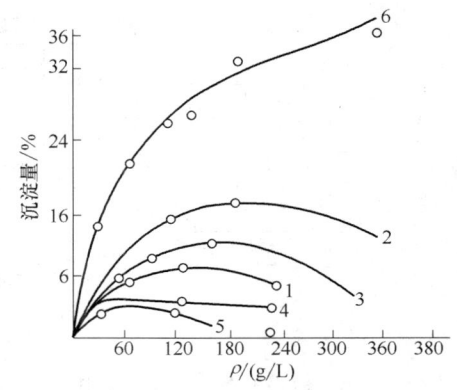

图 3-19 在各种不同浓度的鞣剂溶液中的沉淀量
1、2、3—槲木鞣剂 4—黑荆树皮鞣剂
5—栗木鞣剂 6—坚木鞣剂

第四节 植物鞣制

一、植物鞣革理论

在植物鞣革过程中，皮与鞣质作用后，表现出收缩温度提高，耐水、耐酶作用的能力增强，具有一定的物理力学性能，如成型性、丰满性、硬度和弹性等，这表明鞣质与胶原相互作用变成革，这是一种很复杂的变化。制革科学工作者多年来对此进行了一系列的研究，提出了物理作用和化学结合的学说。

(一) 鞣质与胶原结合的特性

① 结合量大，而且无化学定量关系。鞣质与胶原结合的多少，常用鞣制系数来量度。鞣制系数是单位质量皮质中所结合的鞣质质量的百分率，表达式为：

$$鞣制系数 = \frac{结合鞣质质量}{皮质质量} \times 100\%$$

一般底革的鞣制系数为60%~90%，取决于鞣制条件，甚至可高达120%，可见这种结合不是化学定量的。此外，鞣制系数也不与鞣液的浓度成正比关系，所以也不符合吸附规律。

② 鞣质与胶原结合力是不同的。水洗实验表明，植鞣革中的鞣质有易被水洗出的，难被水洗出的，不能被水洗出、而可被碱液洗出的，以及不能被碱液洗出的4种不同的部分。易被水洗出的鞣质是游离存在于革中或只是物理吸附而存在于革中的；难被水洗出部分可能是凝结于革中或以可逆结合方式存在于革中的；不能被水洗出，但可被碱液洗出的可能是电价结合的鞣质；而不能被碱液洗出部分可能是不可逆共价结合的鞣质，示意如下：

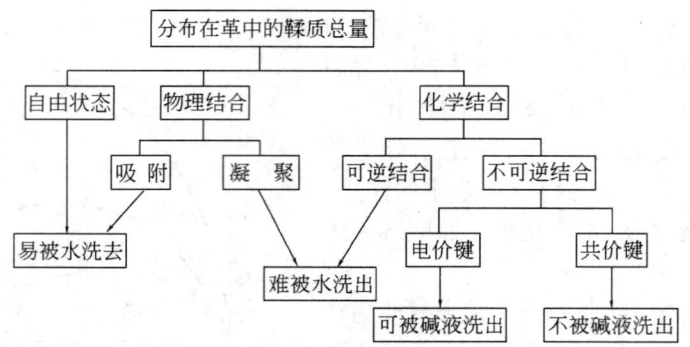

（二）与鞣质结合的胶原基团

皮胶原纤维是一个具有 3 根多肽链的三股螺旋体，每个多肽链有一个由—RCH—NH—CO—反复组成的一条长主链，它上面带有不同性质的氨基酸侧链，胶原中具有与鞣质起反应的官能基如下：

① 胶原主链上的肽基—NH—CO—，它有利于发生氢键结合。

② 胶原侧链上的—OH，可作为氢键结合的给予体或接受体，包括羟脯氨酸、丝氨酸、苏氨酸和酪氨酸残基上的羟基。

③ 胶原侧链上的—NH_2，可作为氢键结合的给予体或接受体，而带电荷的—NH_3^+ 能发生静电的结合，包括精氨酸和组氨酸的残基上的—NH_2 和带电荷的—NH_3^+。

④ 胶原侧链上的—COOH，有利于作为氢键结合的给予体或接受体，而带电荷的—COO^- 能发生静电的结合，包括天冬氨酸和谷氨酸残基上的—COOH 和带电荷的—COO^-。

⑤ 胶原具有非极性的部分，能与鞣质产生范德华力和疏水键的结合。

在植物鞣质中参与的反应基团有酚羟基、脂肪族羟基、吡喃环上的醚氧基、酚羧酸的酚羧基，以及其他能作为氢键结合的给予体或接受体的基团，或以范德华力结合的位置。

制革生产中所用的栲胶，大多是采用亚硫酸盐改性的，因此，在鞣质的结构中引入了磺酸基（—SO_3^-），磺酸基在胶原－鞣质反应体系中，也要参与作用。

（三）植物鞣革的物理学说

最简单的植鞣理论提出，鞣制作用只是鞣质单纯地遮盖在皮纤维的表面上，也就是说鞣质是单纯地沉积在胶原纤维上，这是早在 19 世纪较满意的植鞣理论，其主要依据是鞣质被胶原吸收，不能化学计量，纯属物理吸附现象。

随后曾提出表面张力效应，它能使鞣质从溶液中沉积在胶原的固相上，在干燥过程中保持纤维结构不变形。伴随干燥，"固定鞣质"的数量增加，但是，不是化学而是物理效应。从复杂的鞣液互溶效应讲，鞣质的某些组分是由于互相溶解或是胶溶作用存在于溶液中，当鞣液透入裸皮后，胶溶剂酚类分子被胶原吸取，互溶效应失掉了，使原来溶解的物质沉淀在纤维表面上，这些沉淀耐水洗，不溶解，虽没有发生真正的结合，但可以认为是"固定鞣质"。

这种沉积的性能，可以影响鞣质的耐水洗效应，在水洗过程中，对沉积鞣质的稀释，又可提高其沉淀效应，就如鞣液在稀释时，常出现沉淀那样。属于物理沉积"鞣"的润滑效应，能对革丰满性和弹性的提高起到一定的作用。从皮内浸洗鞣质的缓慢性，实质上是鞣液中常见的反胶溶作用。在皮革的陈化过程中，可溶鞣质渐渐变为固定鞣质，部分地是由于鞣液浓缩，但要使不溶物的沉积达到平衡，还需要一定的时间。

（四）植物鞣革的化学学说

由于对胶原与鞣质的认识还不完善，只能间接地推证有关植鞣的理论，许多制革工作者，通过研究和实践，提出了植鞣化学理论。具有普遍性的植鞣化学理论如下：

1. 多点氢键结合的观点

植物鞣是鞣质的酚羟基与皮胶原的多肽链上的—CO—NH—互相反应，以氢键结合成革。获得的验证是用脲甲醛缩合物能使植物鞣质的分析液生成水溶性的沉淀，而在这个缩合物中肽键是唯一的反应中心。由此说明，在植鞣过程中，胶原纤维的多肽链上的肽键与鞣质的酚羟基相互作用变成了革。又如聚酰胺纤维，同样只含有肽键这个反应中心，能与鞣质牢固结合，这就说明了—CO—NH—是胶原纤维的主要反应官能基，而酚羟基则是鞣质的主要反应点，所以在植鞣理论中认为多点氢键结合起着主要作用，示意如下：

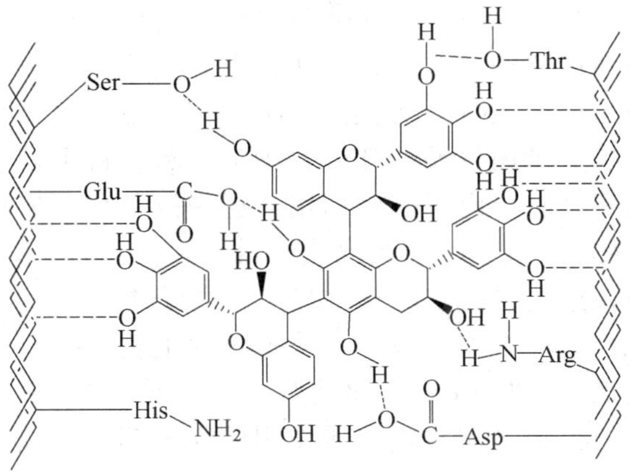

氢键结合不仅由肽键作为给予体或接受体，同样也由胶原不带电荷的—NH_2和未离解的—COOH作为给予体或接受体，与鞣质分子上的氧原子形成氢键，或由鞣质分子的酚羟基作为给予体，与肽链上羰基中的氧作为接受体形成氢键。

2. 电价键结合的观点

肽键虽是植鞣革中胶原起反应的主要位置，结合形式以氢键为主，但必须注意到鞣质与胶原的碱性基相结合，胶原的碱性基有带电荷的或不带电荷的，都被认为是起反应的结合位置，特别是带电荷的碱性基与鞣质具有相反电荷的羧基发生反应。水解类鞣质分子（如柯子、橡椀）带有自由的—COOH，在正常的鞣制pH条件下，鞣质的—COO^-与胶原的—NH_3^+以电价键相结合。这样的结合方式，根据实验可以得到证实，如裸皮在植鞣前用阳铬络合物鞣液预鞣，使胶原的氨基被释放，而易与鞣质结合并提高了结合量。如用苯醌溶液预鞣裸皮，封闭胶原碱性基，结果降低了鞣质的结合量。

水解类的鞣花酸鞣质,在固定结合的情况下,明显地降低了酸结合量。由此说明胶原与鞣质之间的反应,是以电价键结合的。但是必须指出,只有含羧基的水解类鞣质才能有电价键结合方式,因缩合类鞣质分子不含羧基,所以电价键结合不适用于缩合类鞣质。从鞣质的组分、结构看,电价键结合只是植鞣的次要结合形式。

3. 共价键结合的观点

在革中结合的鞣质,有的是经长期水洗或碱洗不掉的,认为是不可逆结合的鞣质,从而引出鞣质与胶原以共价键结合的概念:一是提出鞣质与胶原的碱性基开始以电价键结合,而后脱水形成共价键结合;二是认为鞣质与胶原的碱性基,能以醚的结构形式成共价键的结合或是以比氢键和电价键较强的价键力相结合,但这种观点尚有争议,仍待进一步研究。

4. 疏水键-氢键协同作用

一些生物和药物化学家也对植物鞣质-蛋白质反应机理进行了大量的研究。与多数制革化学家的研究方法不同,他们主要研究植物鞣质与水溶性蛋白质在溶液中的反应,这样不仅可避免因渗透等原因对实验结果产生的影响,也便于利用近代测试技术对反应结果进行定性和定量分析。这些研究工作导致了对植物鞣质-蛋白质反应机理的新认识,即疏水键在植物鞣质-蛋白质反应中起着重要作用,植物鞣质-蛋白质相互结合,是疏水键和氢键协同作用的结果。并一致认为图3-20所示的反应机理能最好地描述这种反应过程,即首先鞣质分子在蛋白质的某些位置发生疏水结合[图3-20(a)]。这些位置是蛋白质多肽中带芳环或脂肪侧链的氨基酸残基(如缬氨酸、亮氨酸、苯丙氨酸)比较集中的区域,特别是包含有对确定蛋白质构型有影响的脯氨酸残基时,由于疏水作用,这些位置在水溶液中形成的疏水区或称"疏水袋"(脯氨酸将促成这种"疏水袋"的存在)。含疏水基团的鞣质分子,首先以疏水反应形式进入这些"疏水袋",然后,鞣质的酚羟基与蛋白质链上某些适当位置的极性基团,如胍基、羟基、羧基、肽基等发生氢键结合,从而使鞣质-蛋白质结合进一步加强[图3-20(b)]。这些观点是在更为合理和先进的实验方法和测试技术的基础上提出的植物鞣质与蛋白质作用的新见解。但应提出的是,由于这类

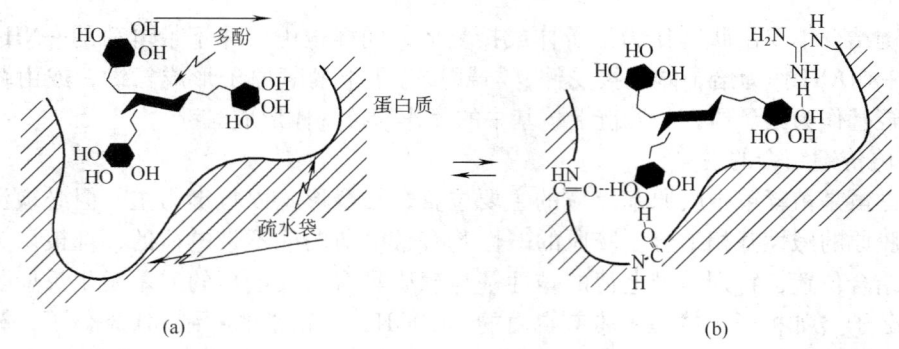

图3-20 植物鞣质-蛋白质反应机理示意图

研究是针对植物鞣质和蛋白质在水溶液中进行的反应，因而对鞣质和蛋白质的选择不仅受到仪器测试条件的限制，还受到两者溶解度的限制。溶解度太小、结构太复杂的植物鞣质和蛋白质不宜用于研究。实际上，这些研究多是选择简单酚（间苯三酚、儿茶酚、邻苯三酚、棓酸甲酯）和相对分子质量较小的多酚（儿茶素二聚体、棓酰基葡萄糖）代表植物鞣质；选择小分子蛋白质拟物（如 Caffeine）和溶解性好的蛋白质（如牛血清蛋白）来进行反应研究的。因此，可以认为，上述研究所获得的植物鞣质－蛋白质反应机理与真实的植物鞣质－蛋白质反应，特别是与植物鞣革机理还有一定的差距。

石碧博士制备了一系列不同相对分子质量的典型水解类鞣质。在此基础上，研究这些已知结构和亲水性的化合物与蛋白质的反应，从而可以较深刻地认识鞣质结构与其同蛋白质反应性的关系。并且，由于选择的蛋白质为相对分子质量为 10 万的明胶，因此，与以前的研究相比，该研究所得结论应更接近于植物鞣质－蛋白质反应的真实情况，也更接近植鞣机理。石碧博士的研究结果，支持了疏水键－氢键协同作用的观点。

总之，植物鞣质与皮的结合形式是多种多样的，既有物理吸附和凝结作用，又有化学结合。而化学结合又以多点氢键结合为主，也有其他化学结合方式如电价键和共价键结合，以及氢键－疏水键协同作用。

（五）植鞣机理的新进展

1. 协同单元理论

现代分析技术的进步使人们在鞣制机理研究方面获得了一些新的实验结果，现在人们逐步认识到，胶原的湿热稳定性的高低不仅决定于鞣质和皮胶原形成的交联键的强度，而且还取决于鞣剂与胶原协同单元的构象。交联键的键能大小只是影响胶原的收缩温度的一个因素，在鞣制胶原收缩的时候，鞣剂和皮胶原形成的交联键不一定被破坏。收缩温度除了与鞣制形成的交联键有关外，还与非直接和胶原连接部分的自由度有重要关系。自由度大的鞣质可以更容易地使反应官能团与相应的皮胶原纤维的官能基靠近，产生结合作用。但是，一旦有了足够的结合点，鞣质部分本身的刚度越高，鞣制胶原的湿热稳定性必然更高。

正如前面提到的，缩合类鞣质单元间是以 C—C 键连接的，由于有空间位阻，往往不能自由旋转，分子表现出较大的构象稳定性，分子构型比较僵硬，所以，用缩合类鞣质鞣的革的湿热稳定性通常比用水解类鞣质的更高。

同属缩合类的黑荆树皮鞣质和坚木鞣质所鞣的革收缩温度分别为 85、84℃，比用落叶松鞣质鞣的革的收缩温度（80℃）高，这可能是由于黑荆树皮鞣质和坚木鞣质均存在 4～8 位和 4～6 位两种结构方式，分子呈体型结构；而落叶松鞣质主要以 4～8 位缩合，分子呈线型结构。由于其线型结构刚度更小，所以，所鞣革的湿热稳定性更低。

坚木鞣质、黑荆树皮鞣质和落叶松鞣质的结构式如下：

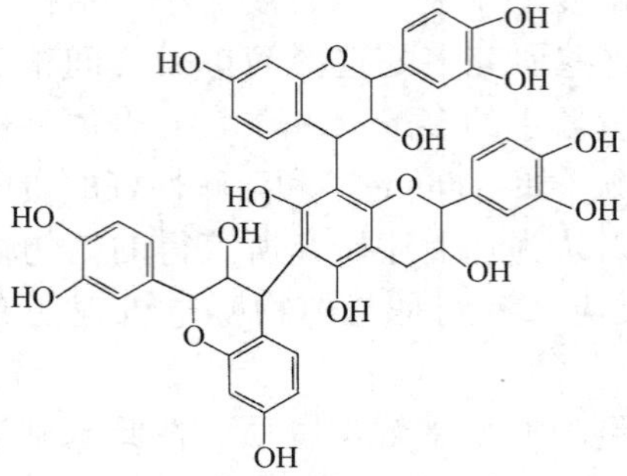

坚木鞣质

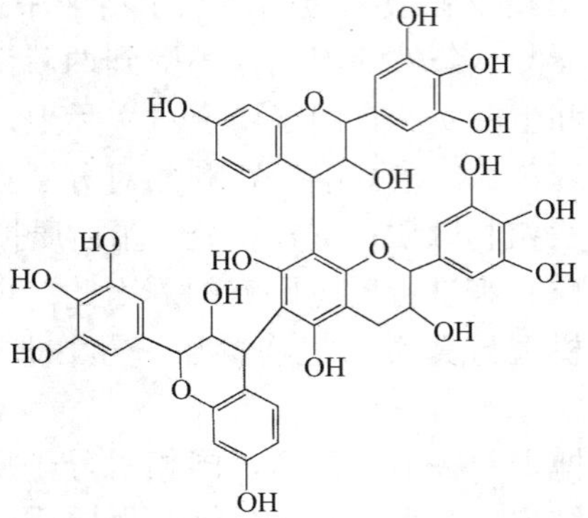

黑荆树皮鞣质

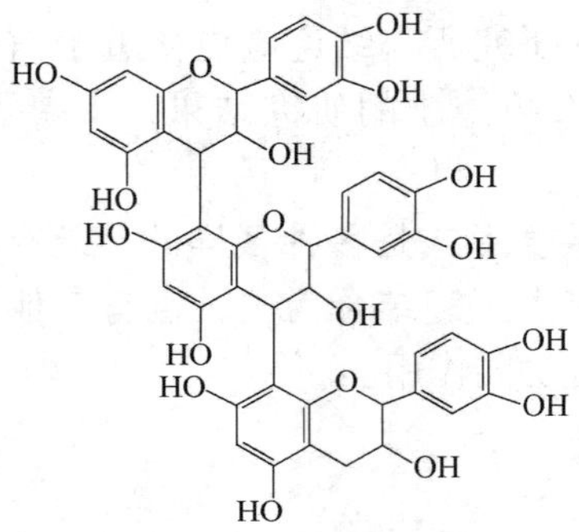

落叶松鞣质

植物鞣质水溶液有多分散体系的胶体特征，即使在1%浓度时也是如此，既有分子态的鞣质，也有以胶团形式存在的鞣质。这些胶粒形式的鞣质以静电作用大量地吸附和凝结沉积在皮纤维上和皮纤维之间，由于脱水后引起刚性增强，胶原结构旋转自由度降低，对所鞣革的湿热稳定性的提高也有作用。植物鞣剂鞣革时，所用鞣剂的量很大，产生这种作用是很自然的。

2. 微原纤维空洞区结合理论

计算机胶原模型模拟技术使人们在鞣制机理方面获得了一些新认识。这些计算机模拟技术是以胶原基本结构为基础，通过计算胶原分子与其他一些小分子（包括植物鞣剂）的成键参数（包括键能、生成热、偶极矩、水合能、极化能等）以推测其相互作用机理的方法。动物皮所含胶原主要为 I 型胶原，它的基本结构为 3 条左旋 α - 链 [$\alpha1(2)$、$\alpha2(1)$] 相互折叠盘绕构成的呈右手复合螺旋结构的原胶原分子。原胶原分子直径为1.5nm，长度为300nm。通过肽链间氢键作用、胶原分子内和分子间共价交联作用，原胶原分子形成左手五股螺旋结构的 Smith 模型微原纤维，最后是微原纤维按照 C-端、N-端相连的方式形成原纤维。透射电子显微镜研究证实，微原纤维具有明暗横纹间隔周期（D）的螺旋排列结构。King 等人通过建模进一步发现，一个明暗横纹间距 D（约67nm）是由一对重叠区（$0.4D$）和空洞区（$0.6D$）组成的（图3-21）。在 E. M. Brown 等人开发的 ERRC 牛皮 I 型胶原模型中，通过检测在赖氨酸和羟赖氨酸

的 ε - 氨基氮、天冬氨酸和谷氨酸的羧基氧及距离疏水基多肽主轴最近的碳原子周围的区域,发现57%的疏水氨基酸(苯丙氨酸、异亮氨酸、亮氨酸和缬氨酸)集中在空洞区,并且此处原子密度为21%,这低于重叠区类似基团周围原子密度。52%的酸性和碱性氨基酸残基集中于空洞区,并且在酸性氨基酸周围原子密度比重叠区低12%,碱性氨基酸周围原子密度比重叠区低17%(表3-24)。这些数据说明鞣剂更易于接近微纤维结构中空洞区活性位点。儿茶素是一种多酚分子,通常被用作植物鞣质的模型。E. M. Brown 等人利用 ERRC 胶原微纤维模型观测到儿茶素与胶原存在

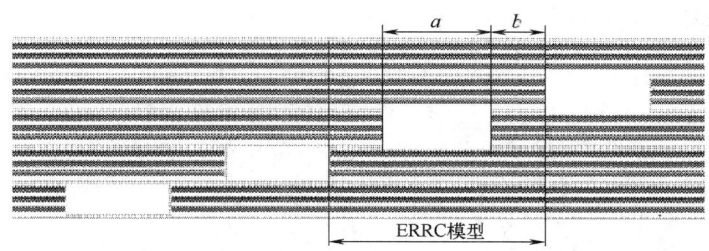

图3-21 按照 Smith 所提出的聚集方式的牛皮 I 型胶原顺序排列而标识出了空洞区 a、重叠区 b 和 ERRC 模型所代表的部分

表3-24 重叠区和空洞区氨基酸残基对比

氨基酸残基	疏水值[a]	空洞区		重叠区	
		氨基酸残基数	密度[b]	氨基酸残基数	密度[b]
Phe	1.00	33	109	17	218
Ile	0.94	21	197	26	192
Leu	0.94	57	111	48	140
Tyr	0.88	13	96	0	0
Val	0.83	52	135	38	165
Met	0.74	12	159	12	132
Ala	0.62	255	48	213	67
Thr	0.45	34	157	46	156
Ser	0.36	64	117	94	121
Lys	0.28	56	117	64	131
Gln	0.25	45	128	67	133
Hly	0.25	16	161	2	328
Asn	0.24	32	165	34	183
His	0.17	11	163	6	204
Glu	0.04	94	94	120	96

续表

氨基酸残基	疏水值[a]	空洞区		重叠区	
		氨基酸残基数	密度[b]	氨基酸残基数	密度[b]
Asp	0.03	67	117	46	135
Arg	0.00	105	90	119	93
总计[c]	—	2010	115	2349	130

注：a. Ⅰ型胶原的疏水性。
　　b. 氨基酸残基中 $\alpha-C$ 周围 1.2nm 大小非氢球形原子平均数量。
　　c. ERRC 模型中，重叠区和空洞区氨基酸残基总量和平均原子密度。

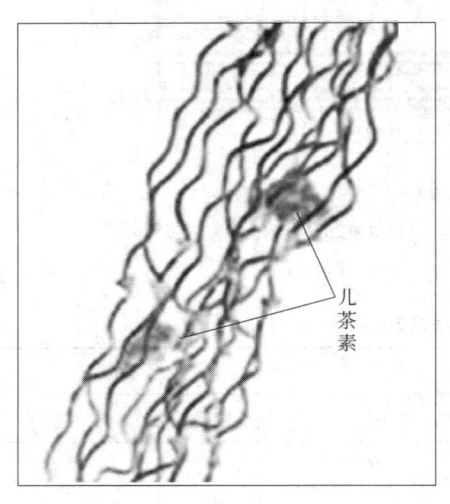

图3-22　儿茶素与胶原相互作用位点的 ERRC 模型（在微原纤维空洞区可发生氢键作用的位点发现了儿茶素分子）

氢键作用和疏水性相互作用（图3-22），这进一步证实了微纤维的空洞区是一个有利于多酚类植物单宁与胶原分子发生相互作用的区域。

二、影响植鞣的主要因素

在植鞣过程中，鞣质与皮之间的相互作用，主要表现为渗透与结合两个方面，这是鞣制全过程的一对主要矛盾。它们的存在、发展和转化，决定着鞣制反应历程。鞣制初期，鞣质与裸皮刚开始接触，鞣质微粒以自身热运动和裸皮内、外鞣液的浓度差而向皮内扩散、渗透，此时渗透处于主导地位，结合从属之。随着鞣质微粒不断渗透，大量鞣质进入裸皮深处，分布于胶原纤维结构内，并陆续被胶原表面所吸附或因聚集作用而沉积在纤维间，于是，鞣液中鞣质微粒减少，浓度降低，皮内外鞣液的浓度差减小，直至浓度达到平衡，则渗透与结合并存，此时应为鞣制中期。随着鞣质分子与胶原的反应，结合开始上升为主导地位。由于皮内剩余的自由鞣质微粒因结合而减少，旧的浓度平衡被破坏，促使鞣液中所剩的鞣质微粒继续向皮内渗透，以建立新的平衡。在鞣制过程中，渗透与结合是互为依存的，渗透过程中伴随着结合，结合过程中持续着渗透。当鞣质渗透量增大，其与胶原结合量就会增加；由于结合量的逐步提高，自由扩散剩余的鞣质微粒减少，渗透速度也就相应降低。

一般在鞣制初期，总希望渗透快而结合慢，以便鞣质尽快地渗透到裸皮内部，防止表面过鞣。植鞣末期，渗透基本完成，则希望加快结合，以促进鞣质与皮的良好结合，提高鞣制效果。

影响植鞣的因素虽然很多，但只要抓住了影响鞣质渗透与结合的因素，则抓住了植鞣的主要矛盾。这些因素有：裸皮状态、栲胶性质、鞣液浓度、鞣制温度、鞣液pH、鞣制时间、机械作用、中性盐影响等。

（一）裸皮状态

鞣液中的鞣质微粒向裸皮中渗透时，除了受微粒的扩散速度影响外，还要受裸皮的厚度和皮纤维的分散度的影响，而且这种影响在快速鞣制时起着决定性的作用。鞣质从皮的疏松部位的渗透速度比从紧实部位渗透要快，例如同一张猪皮进行植鞣，边腹部 3~4h 即可渗透，而臀背部位则需 24h 方能完全渗透。当用同一种栲胶鞣革时，鞣质透入经预处理的裸皮比未经预处理的裸皮快，并且比较均匀一致，无生心现象。

根据渗透压原理，如果将裸皮视为半透膜，皮内含水，皮外为一定浓度的鞣液，此时由于皮液两相间的浓度差，鞣液中鞣质会向皮内渗透。这种现象实质上是一种反渗透现象。产生反渗透作用的条件是：裸皮外的渗透压必须大于裸皮内的渗透压；皮纤维间的孔直径必须大于鞣质微粒的直径。

在植物鞣时，如果用传统的逆流慢鞣，因鞣液浓度逐步增高，浓度差跳跃不大，所以渗透压表现不明显。现在国内外重革鞣制，多采用小液比高浓度的鞣液，特别是将粉状栲胶直接加入转鼓中鞣制时，皮内含水，而皮外是浓栲胶液，如果皮纤维未得到充分分散，鞣质微粒超过了皮纤维间间隙，此时渗透压的作用就很明显，皮内水分会很快地渗透出来，使皮脱水，从而引起裸皮收缩，发生表面过鞣现象。

通过对裸皮进行鞣前预处理（预鞣），使胶原纤维进一步分散，纤维走向初步定形，以增大纤维之间的间隙，使鞣质向皮内渗透畅通，以利于鞣质渗透，这是快速鞣法的关键。选用预处理还是预鞣则取决于对成革的要求。

1. 硫酸钠预处理

裸皮在预处理以前要进行浸酸，目的是降低裸皮的 pH，使皮纤维得以进一步松散，增大皮纤维间隙，以便于鞣剂的渗透。浸酸后裸皮的 pH 较低（2.5~3.0），采用硫酸钠预处理，一是可以使裸皮具有与鞣液相适应的 pH（4.0~4.5），避免在强酸性范围内皮纤维结构受到破坏；二是由于硫酸钠的脱水作用，能使裸皮去酸脱水，使皮纤维更易分离，增大其毛细管渗透性，为鞣剂透入皮内创造有利条件。由于硫酸钠存在于皮纤维间隙中，鞣制时鞣剂很容易与皮纤维间隙中的中性盐置换，缓冲了鞣质与皮的结合，防止了表面过鞣现象的发生。

除硫酸钠外，还可使用亚硫酸钠和大苏打，其作用原理相同。

2. 铬预鞣

采用阳铬配合物预鞣，则它与胶原羧基结合，使胶原氨基活化，便于鞣质与氨基结合，增加鞣质的结合量。如采用阴铬配合物预鞣，则它主要与胶原的肽基和氨基作用，由于胶原的部分肽基和氨基钝化，从而减少胶原与鞣质的结合。

封闭胶原中的氨基，减少鞣质与胶原的结合，有利于鞣质的渗透；反之，封闭胶原中的羧基，增加鞣质与胶原的结合，应该不利于鞣质的渗透。但事实上，不论用阳铬配合物或用阴铬配合物预鞣，都能起到加速植鞣的作用，说明不论封闭胶原的羧基，增加氨基的反应能力，加强鞣质与胶原的结合；或是封闭胶原中的氨基，减少鞣质与胶原的结合，都有速鞣作用。这是因为不论哪一种铬鞣，预鞣后的皮已变成了革，胶原纤维已经固定，革的成型性和多孔性，可以经得起高浓度鞣液（或少浴）鞣制作用，鞣质的渗透途径也不会阻塞，因此可以加速植物鞣制。

实际用作铬预鞣的铬鞣剂中，以阳铬配合物为主，也有阴铬配合物和中性铬配合物存在，因而既可以加快植鞣速度，又可增加鞣质的结合量。由于铬可以和鞣质发生配合作用，增大了鞣质在皮中的牢固结合作用，鞣质耐水洗、碱洗的能力大大提高了，革的收缩温度也远比纯植鞣的高得多，纯植鞣 Ts 一般为 75~80℃，而只用1%红矾预鞣的植鞣革 Ts 高达95℃。

3. 油预鞣

裸皮浸酸后采用阳离子型油预鞣或用非离子型的油预鞣，由于油乳液迅速透入裸皮中，分布在胶原纤维周围，形成一层油膜把纤维包裹着，起着延缓鞣质与胶原的结合，有利于鞣质的渗透。由于皮纤维是在油润滑的状态下与鞣质发生作用，以及油脂的引入，所以油预鞣的成革较纯植鞣的软。此法可作为软底革的预鞣。

4. 合成鞣剂预鞣

合成鞣剂与栲胶在性质上基本相似，能作为辅助鞣剂或代用品，其溶液属于胶体状态，为多分散体系。辅助性合成鞣剂一般都具有表面活性剂的作用，能起帮助鞣质渗透和减少沉淀的作用。用它预鞣有两个作用，一是它先透入皮内，暂时封闭了胶原的氨基，减缓鞣质与胶原的结合；二是胶原纤维经合成鞣剂预鞣后，纤维初步定形，增大了纤维间隙，从而加快了鞣制速度。

5. 醛预鞣

用醛处理胶原，能将胶原中的碱性基，特别是赖氨酸的 ε - 氨基封闭，因此会减少鞣质的结合量。但是，醛预鞣后却能大大提高革的收缩温度，这是因为醛预鞣后，皮内常留有少量的微弱结合的醛和其聚合物，再用栲胶鞣制时，醛分子可与鞣质反应，在胶原相邻分子间生成了交联键，使革的收缩温度升高。醛预鞣后，鞣质渗透速度加快。用于醛预鞣的主要有甲醛和戊二醛。

（二）栲胶性质

不同的栲胶渗透性与结合力不同，成革的性质也有差异。鞣革时宜选用渗透快、结合力强、鞣性较好的栲胶。此外，也要考虑颜色、pH 等因素，进行适当的搭配组合，以达到成革的不同要求。

国外生产的坚木、荆树、栗木、橡椀栲胶是优良的栲胶，国内生产的柚柑、杨梅、厚皮香、黑荆树等栲胶也属于优良栲胶。根据研究给出几种栲胶的应用性能（表3-25），供选料时参考。

从表3-25看出，渗透速度以黑荆树和五棓子最快，红橡最慢。吸收力是在一定浓度和一定量的栲胶溶液中，鞣质被一定量皮粉所吸收的能力，以五棓子最高，木麻黄最低。结合力是鞣质与皮质的结合量，以荆树皮最高，木麻黄最低。一般说来，吸收力和结合力越高，与皮质结合越牢，则成革丰满，坚实性能好，重量得革率越高。重量得革率，以五棓子最高，荆树、红橡次之，柚柑、木麻黄最低。面积得革率，以木麻黄、杨梅、柚柑最大，黑荆树皮最小。

表 3-25　　几种主要栲胶的性能

栲胶	纯度/%	渗透速度/(h/35mm)	吸收率/%	结合率/%	重量得革率/(kg/100kg 灰皮)	面积得革率/(m²/100kg 灰皮)
杨梅	78.36	12	41.21	26.43	58.7	20
柚柑	74.64	12	43.53	27.06	54.6	20
木麻黄	74.99	10	24.43	18.52	54.3	20.3
落叶松	67.38	18	30.99	23.72	59.2	19.3
红橡	79.18	32	39.81	26.49	61.4	18.8
五棓子	88.18	6	53.47	31.94	67.6	19.7
黑荆树皮	85.51	6	51.45	34.80	61.4	18.2

厚皮香栲胶是四川大学、云南省林科院、思茅栲胶厂联合开发的一种新的优良栲胶。经与国外优良的黑荆树皮栲胶、国内优良的杨梅栲胶以及鞣性中等的落叶松栲胶进行对比实验，结果表明其渗透性略次于杨梅、黑荆树皮栲胶，而远比落叶松栲胶快，当杨梅、黑荆树皮栲胶渗透率为100%，厚皮香栲胶为93%，而落叶松栲胶仅为76%。在对比实验中，鞣制系数均大于杨梅和落叶松，与黑荆树皮栲胶接近，重量得革率大于黑荆树皮栲胶。近年来，已从国外引种荆树，并已生产了黑荆树皮栲胶，其鞣性与国外生产的基本相同。

（三）**鞣液的浓度**

根据菲克-艾因斯坦扩散定律：

$$\frac{dQ}{dt} = \frac{RT}{N} \cdot \frac{1}{6\pi\eta\gamma} \cdot S \cdot \frac{dc}{dx}$$

可知，浓度梯度 $\frac{dc}{dx}$ 既是扩散的动力，也是影响扩散的主要因素。为了加速鞣液渗透速度，可采用高浓度鞣液。由高浓鞣液造成裸皮内外溶液浓度的最大差额，将会大大加快渗透速度。

扩散速度随浓度提高而增加，在用明胶冻方法实验浓度对鞣液扩散速度的影响时，比较了几种国产植物鞣质的扩散速度，结果证明扩散速度随溶液浓度的增加而增加，如图 3-23 所示。它符合扩散规律，在一定时间内扩散物质的数量与浓度梯度成正比。同时说明在鞣制过程中，提高鞣液浓度（图 3-24），和鞣液的 pH 能加快渗透速度（图 3-25）。

各种鞣剂按扩散力递减的排列，第一类扩散力最大的鞣剂：包括槟榔、橡椀、亚硫酸化坚木鞣剂和荆树皮鞣剂；第二类扩散力较差的：其中有漆叶、柯子及栲树皮；第三类扩散力最小的是云杉鞣剂。

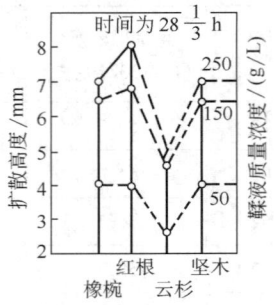 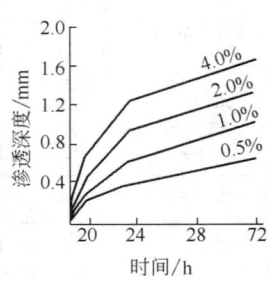

图3-23 浓度对扩散速度的影响　　　　图3-24 浓度与时间对渗透性的影响

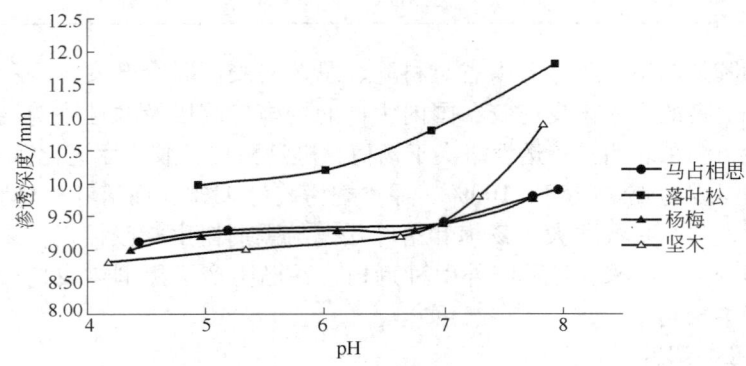

图3-25 不同pH条件下栲胶在3%明胶凝胶中的渗透深度

现在工厂中广泛采用的少浴高浓度的快速鞣法，是在鞣前基本控干转鼓内的水，留下湿裸皮，分段加入粉状栲胶，并补加适当的水使栲胶能被加入的水和逐渐由裸皮排出的少量水溶化。在每次加入栲胶时，鞣剂基本上存在以下3种状态：

$$固体部分 \rightleftharpoons 胶体部分 \rightleftharpoons 分子态分散部分$$

在裸皮鞣制进行过程中，裸皮不断地吸收鞣质，打破了它们之间的平衡状态，使得固体栲胶朝向分子态分散部分的方向移动，起着自动调整增浓的作用，形成高浓度鞣液，向皮内渗透。这样就起到了鞣质逐步加浓、鞣质快速地层层透入裸皮的作用。

在高浓度鞣液的鞣制情况下，一方面，鞣质的扩散速度随其溶液浓度的增加，加速鞣制的过程；另一方面，在高浓度鞣液下，鞣质的Zeta电位明显下降，鞣液的导电率显著增高，而Zeta电位和导电率都与鞣液的收敛性有一定的关系。实验证明，在含量为270g/L的鞣液中，鞣质的Zeta电位较低，鞣液的收敛性较弱，所以鞣质与皮质的结合作用不强烈，在皮表面上不形成过鞣，而能迅速透入裸皮，进行正常结合，从而有效地避免了鞣质与皮结合过快而造成皮表面过鞣的现象，以达到速鞣的目的。在少浴速鞣情况下，浓度高，则$\dfrac{dc}{dx}$大，扩散速度也大，但是根据质量作用定律，提高鞣液浓度，微粒的缔合度也会随之增加，同时鞣液黏度也会增大，这样对扩散不利。在少浴鞣制过程中，如果栲胶用量一定，采用液比大，鞣液浓度偏低，相应地会降低鞣剂透入皮内的速度；如采用液比小，鞣液浓度偏高，黏度过大，也将同样影响鞣剂的渗透。当采用液比适当，则可以提高扩散速度。

在少浴速鞣中，鞣液的浓度主要是由加水和排水来决定。表3－26是裸皮经阳离子油预鞣，采用液比为0.4，栲胶用量为40%时，裸皮的排水量与时间的关系。从表中可以看出裸皮排水量随时间的延长而增加，到4h可排出50%以上的水，并且裸皮能够被鞣剂排出的水是很有限的。液比与浓度的选择见表3－27。

表3－26　　　　　　　　　　　　排水量与时间的关系

项　目	时间/h				
	2	4	7	10	13
排水量/(g/100g裸皮)	2.14	2.54	3.52	4.09	4.92
阶段排水/%	43	52	72	83	100
渗透情况	—	—	—	—	刚透

表3－27　　　　　　　　　　　　液比与浓度的选择

结束液比	开始配比（栲胶：水）	鞣制效应	结束液比	开始配比（栲胶：水）	鞣制效应
0	1:0.2	-	0.38	1:(0.8~1.0)	+
0.25	1:(0.4~0.6)	+	0.45	1:(1.0~1.2)	+
0.33	1:(0.6~0.8)	+			

注：+ 表示有，- 表示无。

表3－27说明，以栲胶：水=1:0.4为最佳。当结束液比为0.25，则只需加入栲胶重40%~60%的水。当浓度达到一定程度（1:0.2）时，因黏度太大不能进行鞣革。

（四）鞣制温度

温度在植鞣过程中，对加快鞣质渗入裸皮的速度，增加鞣质与胶原的结合，是一个重要的因素。在一定的温度范围内，提高鞣液温度，将增加革中结合鞣质的总量和不可逆结合鞣质量，见表3－28。

表3－28　　　　　　温度和pH对黑荆树皮鞣质被皮粉结合的影响

温度/℃	100g蛋白质总结合量/g			100g蛋白质不可逆结合量/g		
	pH 3	pH 5	pH 8	pH 3	pH 5	pH 8
15	77.8	70.9	73.6	36.8	32.4	33.6
35	82.7	77.2	70.2	47.7	45.8	43.1

在相同pH下，提高鞣液温度，将增加鞣质的不可逆结合量，但却减少水溶物的结合量，它们的变化关系如图3－26所示。

在转鼓中植鞣时，增加温度不仅能提高革中不可逆结合鞣质量，而且也能增加革的硬性，一般控制在 35~40℃，升温不能太高，否则，就有可能引起裸皮的收缩而影响成革的质量。

（五）鞣液的 pH

pH 对鞣制的影响，主要有三个方面：一是鞣质渗透；二是鞣质与胶原的结合；三是成革的颜色。在鞣制过程中，鞣质与胶原是整个反应体系中的两个主体，鞣液 pH 的改变，既对鞣质，也对胶原发生作用。

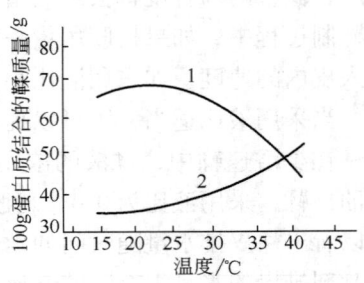

图 3-26 温度对黑荆树皮鞣质被皮粉结合的影响
1—水溶物结合量　2—不可逆结合量

1. pH 与鞣质的渗透

鞣液的 pH 对鞣质的渗透速度有很大的影响，提高植物鞣液的 pH，能加快鞣质渗透的速度，且在一定的范围内，随着裸皮 pH 的增加而渗透速度加快。由于渗透速度与扩散微粒粒径成反比，当提高鞣液 pH 时，鞣质微粒变小，于是渗透速度增加，如图 3-27 所示。pH 对鞣质微粒大小的影响，可示意如下：

$$(TH)_m \rightleftharpoons mTH \rightleftharpoons mT^- + mH^+ \xrightarrow{OH^-} T^- + H_2O$$

　　　胶核　　　　单个鞣质分子

pH 的提高，除了使鞣质微粒的负电荷增加外，也会使裸皮的正电荷减少，因此裸皮与鞣质的结合力降低，从而使渗透速度增加。

2. pH 与鞣质的结合

鞣液的 pH 对鞣制的影响很复杂，在鞣制初期和末期对鞣制的影响不同。

（1）初期结合的鞣质　在不同的 pH 下，鞣质与皮质的结合量有显著的不同。鞣质与皮质的结合有两个高峰（图 3-28，曲线1），第一个高峰在 pH 2，第二个高峰在 pH 8，而在 pH 为 4.7 时，即在裸皮的等电点时结合量最低。

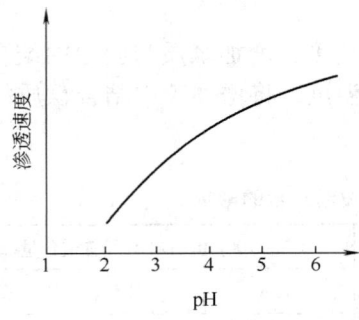

图 3-27 pH 对渗透的影响

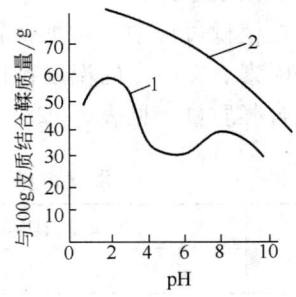

图 3-28 鞣质结合量与 pH 的关系
1—初期结合曲线　2—成革的结合鞣质曲线

在裸皮的等电点时，裸皮所带的净电荷为零，由于电价结合或由于电性吸引而结合的鞣质量减少，所以在 pH 4.7 时的结合量最低。在等电点的两边，鞣质的结合量增加，pH 2 是在强酸的范围内，在鞣制初期，胶原与鞣液之间的电位差很大，因而结合的鞣质较多。

（2）成革的结合鞣质　成革时，鞣质与胶原的结合，随 pH 的升高而降低（图 3-38 中曲线 2）。这是因为随着鞣制的进行，胶原纤维活性基周围已"覆盖"着鞣质，鞣质与胶原的结合不是主要的，主要是由于 pH 的改变对鞣质微粒分散与聚集的影响，从而影响到鞣质在革内的结合量。由于鞣质胶粒的等电点 pH 为 2.0~2.5，越接近于鞣质胶粒的等电点，胶粒越易因所带电荷降低或完全失去电荷性质（Zeta 电位为零）而沉积在胶原纤维间，因而成革的结合鞣质曲线是一条随 pH 升高而下降的曲线。

3. pH 与成革颜色

随着 pH 的升高，鞣质酚式结构易氧化变成醌式结构而使颜色加深，因而随 pH 升高，成革的颜色加深。

在实际制革生产中，既要考虑鞣质的渗透与结合，又要考虑成革的颜色，还要综合考虑成革的性质，因此，传统池鞣法的 pH，初期在 5.0 左右，后期为 3.8~4.0，目前生产上广泛采用的快速植鞣法的 pH 一般在 4.0~5.0，与栲胶的 pH 吻合。pH 为 2 时，成革结合的鞣质最多，但此时渗透要慢，且皮长期在低 pH 下鞣制，胶原会发生水解，而影响到成革的强度，因而要避免在此 pH 下鞣制。

根据鞣质渗透与结合的 pH 依赖性规律，也可用 pH 6~8 的高浓度鞣液鞣皮，在鞣透后再适当用乙酸调 pH 到 3.5~4.0，这样，既可缩短鞣制时间，又可增加鞣质的结合量。

（六）**中性盐的影响**

少量中性盐的存在，可使鞣液成为缓冲体系，有利于鞣液的稳定。但中性盐太多，则会带来不利的影响。这些影响主要有：①盐析作用而使鞣质胶团脱水，产生沉淀；②鞣性降低，中性盐的存在降低了鞣剂的纯度，鞣液的电化学性能发生变化，ξ-电位下降，电导率升高，因而总的表现为鞣性下降。

不同的栲胶，对中性盐的盐析耐受力不一样，表 3-29 给出了 4 种栲胶的盐析值和沉淀值。黑荆树皮栲胶耐中性盐析力最大，其次是杨梅、厚皮香，最差为落叶松栲胶。

表 3-29　　　　　　　　　4 种栲胶的沉淀值和盐析值

栲　胶	厚皮香	杨梅	黑荆树皮	落叶松
沉淀值/%	1.49	1.80	0.85	4.86
盐析值/mL	32.20	33.00	44.40	9.55

在植鞣时，中性盐主要是通过预处理而带入鞣液的，如实施芒硝预处理要引入无水硫酸钠，实施浸酸去酸法要引入 NaCl、Na_2SO_4 等。

石碧博士等研究了制革厂浸酸-去酸液（含 Na_2SO_4、NaCl、Na_2SO_3 等中性盐）对栲胶沉淀的影响。研究表明：Na_2SO_4 和 NaCl 对鞣液的 pH 影响很小，表现为对植物鞣质胶团产生很强的沉淀作用。而 Na_2SO_3 可使鞣液的 pH 明显升高,对鞣质胶团有增溶作用,但与此同时 Na_2SO_3 的盐析作用却有促使鞣质胶团沉淀的效应,总的效果表现为对栲胶溶液中的鞣质胶团的沉淀作用,但不及 Na_2SO_4 和 NaCl 突出。因此,解决植鞣时栲胶产生沉淀的关键,是尽量消除或减弱 Na_2SO_4 和 NaCl 的影响。

在制革生产中,根据成革的要求,可以采用其他预处理方法,如油预鞣、铬预鞣、合成鞣剂预鞣或者适当降低芒硝预处理和浸酸去酸预处理时盐的用量,以避免由于盐析产生沉淀而引起的浪费和对成革的不良影响。

(七) 鞣制时间

鞣质向皮内渗透与结合需要一定的时间,一般说来,鞣期越长裸皮结合的鞣质越多,成革鞣制系数越高。然而鞣期过长,一是会占用资金、设备;二是随时间延长鞣质胶团沉淀越多。因此,在实际制革生产中,达到要求即可结束鞣制。鞣制时间依植鞣方法及成革质量要求而定,如要求鞣制系数较高的外底革,鞣期略长,而内底革则鞣期较短。一般快速植鞣法鞣期为 1~3d。

(八) 机械作用

鞣制中利用转动设备的机械作用,增加鞣制的速度。在转鼓中的裸皮与栲胶一同受到搅动,同时裸皮在转动时被带上又落下,有一定的位能,裸皮在反复受弯折的挤压下,促使鞣液进入裸皮的毛细管和纤维间的空隙内。当裸皮不断弯折和伸张时,就产生像海绵一样的吸收和压出作用。机械作用还能进一步松散皮的构造,使鞣质更容易渗透入胶原的结构中。同时,转鼓转动与皮的摩擦作用能自动使鞣制温度升高,鞣液的黏度下降,促进鞣质的渗透与结合。因此在转动设备中鞣制速度比不动设备中快得多,这在原理上既符合扩散作用,也符合毛细管吸附作用。

前已述及,即使是快速植鞣也需 2d 左右时间,若连续转动这么长时间,一是会造成革面擦伤,特别是当鞣制一定时间后,革变硬而摩擦加剧;二是升温太快使皮蛋白质损失,成革的抗张强度下降。因此,实施快速植鞣时往往采用转停结合,前期多转,后期少转,加栲胶时多转等措施,控制鼓内温度在 40℃以下。

三、植物鞣革的等电点及表面电荷

胶原是裸皮的主要成分,它是一种两性离子化合物,同时含有带正电荷的氨基离子 (NH_3^+) 和带负电荷的羧基离子 (COO^-)。它既能与酸起作用,也能与碱起作用。它与酸、碱的反应示意如下:

$$^+H_3N-P-COOH \underset{H^+}{\overset{OH^-}{\rightleftharpoons}} {}^+H_3N-P-COO^- \underset{H^+}{\overset{OH^-}{\rightleftharpoons}} H_2N-P-COO^-$$
胶原

蛋白质在强碱性液中带负电荷,在强酸液中带正电荷。在某个 pH 的溶液中蛋白质的负电荷与正电荷数量相等,其净电荷为零时,此溶液的 pH 即为蛋白质的等电点。

未经任何处理的原料皮,其胶原的等电点约为 7.0,经过浸灰碱处理后,胶原的等电点移向酸性而降低至 4.7~5.3，经浸酸处理后等电点为 7.8~9.3，植物鞣剂处理后等电点为 3.2~4.0。

经植物鞣剂处理后，植物鞣革表面带负电荷，示意如下：

$$NH_3^+—P—COO^- + T^- \longrightarrow NH_3^+T^-—P—COO^-$$

裸皮　　　　鞣质负离子　　　　植鞣革

植鞣革带负电荷，一般应用阳离子性染料（碱性染料）进行染色，如用阴离子性染料（酸性或直接性染料）染色，则由于表面已带阴电荷，染色的色调不饱满。

植鞣革一般用中性油脂（如菜油、蓖麻油、液体石蜡）加油，如用阴离子性加脂剂加油则加脂剂渗入革内，而粒面层结合较少，会使成革过软而粒面缺油。

采用无机鞣剂（如铬复鞣剂）复鞣植鞣革，可以降低植鞣革的负电性或变成正电性，合理应用阳离子性染料和阴离子性染料的搭配染色，可解决植鞣革不能用阴离子性染料染色的问题。

植鞣革一般都带有栲胶的颜色，依所用栲胶的颜色的不同，所带的颜色不同，在植鞣革的染色时，染料的调配必须考虑革的底色。各种栲胶的颜色显色 pH 参见表 3-15、表 3-16。

第五节　植物鞣剂渗透过程及废液分析

一、植物鞣剂在皮中的渗透过程

采用常规植鞣工艺对裸皮进行鞣制。利用普鲁士蓝法（鞣液吸光度），电导法（鞣液中非鞣质），正丁醇-盐酸法（鞣液中鞣质含量变化），HPLC（鞣液中各组分含量）等，对不同鞣制时间的鞣液成分进行分析。

鞣液吸光度结果表明，植物鞣剂中酚类物质的总含量随鞣制时间的变化具有明显的规律性，随鞣制时间的延长呈现先逐渐减少，完全渗透后继续减少至最低值，随后逐渐增加（图 3-29）。

鞣液电导率结果表明，鞣液中电导率变化也是呈现先减少，后增加的规律。由于鞣液的电导率主要与鞣液中可电离的非鞣质有关，因而可以说，在鞣制过程中，鞣液中易电离的简单酚含量随鞣制时间的延长呈现先下降、后上升的规律（图 3-30）。

鞣液中鞣质含量与小分子酚类物质含量的变化规律有显著的区别，主要体现在鞣制进行 16~64h 时，鞣液中鞣质含量并未出现先下降、后上升的趋势，而是随着鞣制时间的延长，鞣质含量继续下降，至鞣制结束，下降趋势才逐渐平缓。表明从鞣制开始至鞣制结束，鞣质一直在不断地渗透进入皮内，整个鞣制过程并未发现鞣质由皮胶原内向鞣液渗出的现象（图 3-31）。

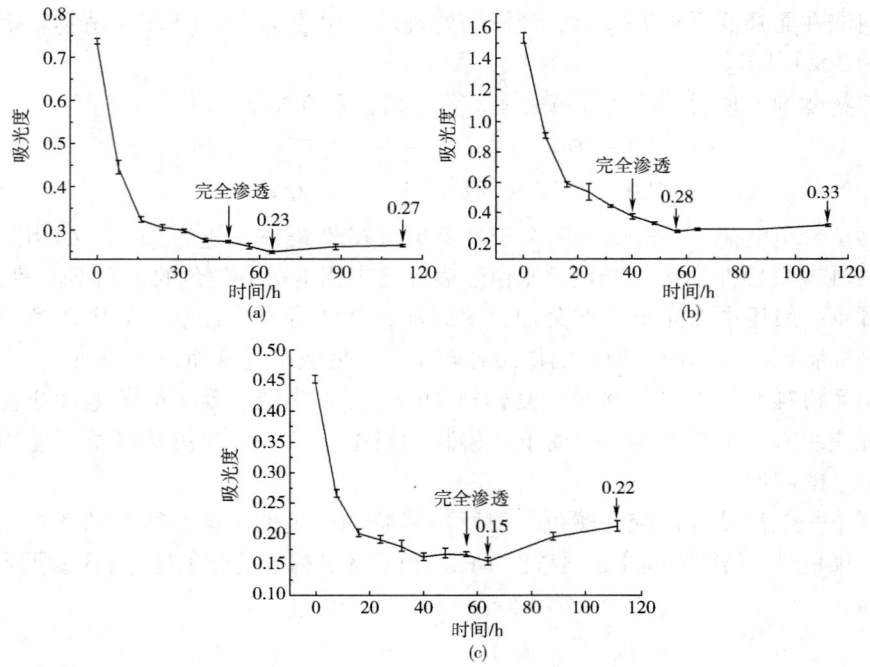

图 3-29 鞣液吸光度随鞣制时间变化规律
(a) 杨梅栲胶　(b) 落叶松栲胶　(c) 马占相思栲胶

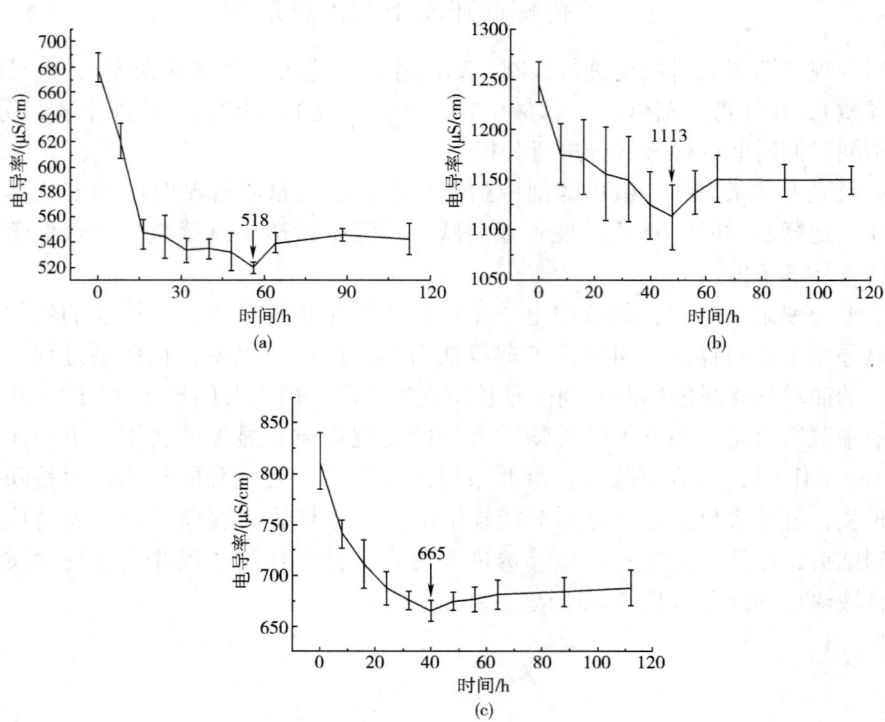

图 3-30 鞣液的电导率随鞣制时间变化规律
(a) 杨梅栲胶　(b) 落叶松栲胶　(c) 马占相思栲胶

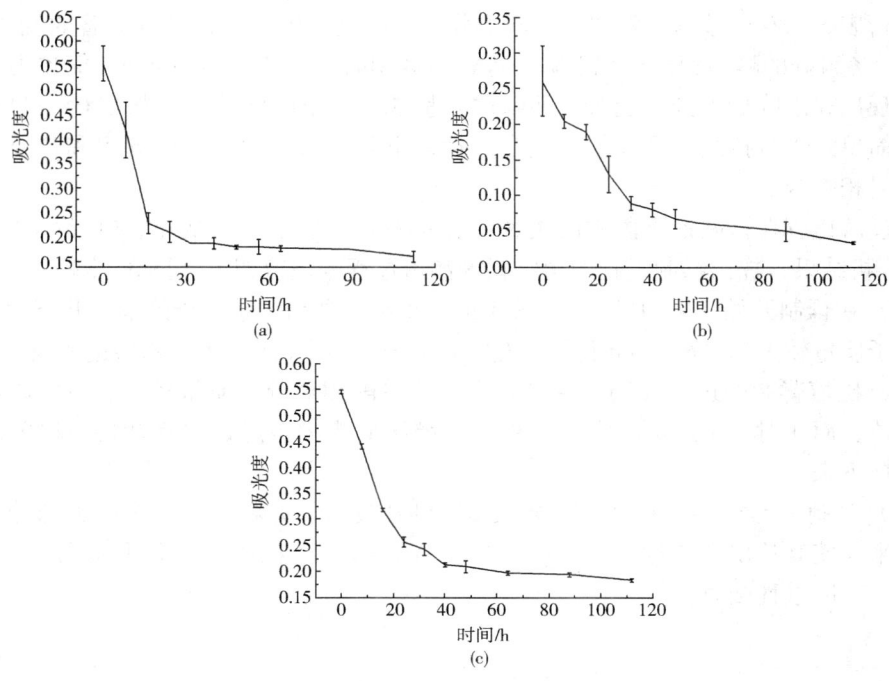

图 3-31 鞣液中鞣质的吸光度随鞣制时间变化规律
（a）杨梅栲胶　（b）落叶松栲胶　（c）马占相思栲胶

利用 HPLC 将鞣液中的简单酚和鞣质分成不同的组分，在以 C-18 色谱柱的反向色谱中，当流动相中甲醇含量低于 25% 时，检测到的组分为简单酚类，而相对分子质量较大的鞣质则随着流动相中的甲醇含量不断增大而流出色谱柱。对鞣制过程中鞣液的 HPLC 色谱峰进行积分，结果见表 3-30。

表 3-30　　　　　　　　　　简单酚与鞣质的峰面积

时间/h	杨梅栲胶		马占相思栲胶		落叶松栲胶	
	简单酚	鞣质	简单酚	鞣质	简单酚	鞣质
0	204.87	580.30	31.30	338.43	28.58	579.23
8	151.46	251.52	25.35	159.35	25.85	401.88
16	122.54	179.33	19.69	103.25	24.84	248.51
24	121.59	170.47	19.63	92.44	22.84	244.84
32	121.22	156.90	20.04	78.90	21.96	233.49
40	119.66	140.91	19.28	63.26	19.91	173.43
48	112.42	112.54	18.88	59.65	21.65	149.69
56	109.05	111.90	20.57	45.10	23.97	141.82
64	127.12	104.80	22.60	39.86	23.18	140.93
88	130.87	89.45	23.14	38.22	24.24	137.27
112	133.81	80.00	24.76	35.40	26.41	133.30

分析表3-30的数据可发现，不同组分在鞣制过程中的变化具有显著的规律。0~16h时，各组分的峰面积都呈现下降趋势，当鞣制时间延长至16~64h，简单酚类的峰面积呈现出先下降后上升的趋势，而鞣质则呈现一直下降的趋势，鞣制64~112h，鞣液中的简单酚含量持续上升，但鞣质含量持续下降，这种规律与电导率和鞣质含量的分析结果相吻合。

通过对栲胶在鞣制各阶段中酚类物质含量变化、多酚含量变化、电导率变化以及HPLC分析结果，提出鞣制过程中植物鞣剂渗透过程的规律如下（图3-32）：

（1）在鞣制开始（0~16h），鞣液中的简单酚，如棓儿茶素棓酰酯、儿茶素等，与相对分子质量较大的多酚，同时受到皮胶原内外渗透压作用，迅速渗透进入皮胶原。

（2）随着鞣制的进行（16~64h），由于简单酚相对分子质量较小、较快渗透到达皮心部位，而相对分子质量较大的多聚酚类继续向皮内渗透，并逐渐将简单酚从皮胶原上替换下来。

（3）鞣制进行至64~112h，大多数多酚到达皮心，并将皮胶原中的大部分简单酚替换下来，使其从皮内"渗出"至鞣液中，待简单酚、多酚与皮胶原的反应达到平衡状态时，鞣制过程结束。

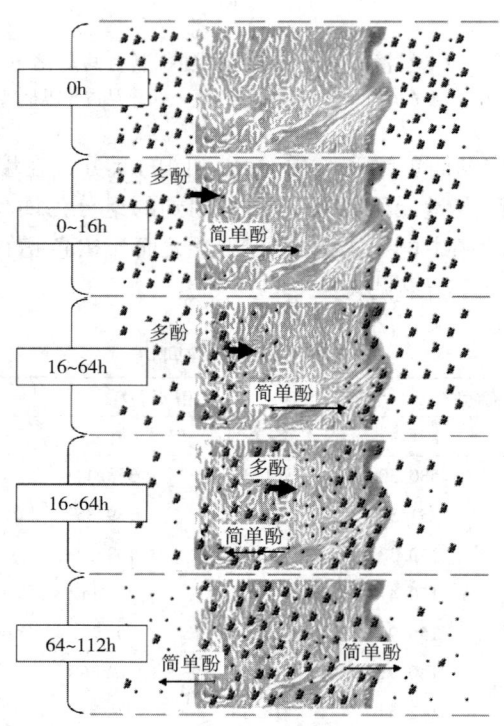

图3-32　鞣液中各酚类物质组分与皮胶原反应过程示意图

二、植鞣废液的成分及处理

（一）植鞣废液的成分

在常规植物鞣制工艺条件下，鞣液中30%~40%的酚类物质未被皮胶原吸收，包括简单酚（非鞣质）和聚黄烷醇（鞣质），其中聚黄烷醇仅占原鞣液的20%；与原鞣液相比，植鞣废液中的酚类物质具有简单酚含量多、聚黄烷醇含量少的特点，说明废液中主要是没有鞣性的非鞣质；植鞣废液中沉淀含量约为4%，其中水不溶性灰分含量约占20%，说明中性盐造成的鞣质沉淀，是废液中沉淀的主要相对来源。

采用FT-IR、MALDI-TOF MS、^{13}CNMR、GPC以及元素分析等方法，对鞣制废液与原栲胶鞣液中聚黄烷醇（鞣质）的结构进行了表征。研究发现植鞣废液与相应植物鞣液中鞣质结构差异主要表现在：①聚黄烷醇的结构单元的立体构型；②聚黄烷醇的种类；③相对分子质量分布与平均聚合度；④磺酸基含量。废液中的聚黄烷醇，都具有小相对分子质量组分含量较多、大相对分子质量组分含量较少，平均聚合度较低以及磺酸基含量较高的特点。说明相对分子质量分布、平均聚合度和磺酸基含量引起的结构差异，是造成鞣制结束后植鞣废液中聚黄烷醇剩余的主要原因，杨梅栲胶（CBT）和杨梅栲胶鞣制废液（EBT）中聚黄烷醇，马占相思栲胶（CAMT）和鞣制废液（EAMT）中聚黄烷醇的代表式如下。

（二）植鞣废液的处理

植鞣结束后，鞣液成为废液，其中剩余了较多的简单酚和少量聚黄烷醇。它们与皮胶原结合能力较弱，如果这些废液直接循环，则不能有效利用废液中的酚类物质，因为这些酚类物质随着循环利用过程一直保留在废液中，而不能与皮胶原结合。目前对植鞣废液的处理主要有以下方法。

（1）收集回用 植鞣结束后收集废液，过滤和沉淀后，取一定量的废液（栲胶量的 10%~30%）和新的栲胶一起在转鼓中进行鞣革，待使用数次后再进行沉淀、填埋处理。由于废液中有较多的简单酚，它们会随着循环过程一直保留在废液中，最后还是进入污水中。

（2）生物降解 采用生物降解可以降低废液中鞣质的相对分子质量，最终达到降低植鞣废液生物活性的目的。这种处理方法不仅无法利用废液中的鞣质，同时还会增加生产成本。

（3）植鞣废液的交联再生处理 在揭示造成植鞣废液中聚黄烷醇剩余原因的基础上，选择磺化-硫酸亚钛交联的方法处理废液，目的是使大相对分子质量的聚黄烷醇分子适当降低，然后再与三价钛盐作用，获得适当相对分子质量的鞣剂，反应原理如下所示：

磺化处理的条件为：磺化温度 90℃，磺化反应时间 8h，$NaHSO_3$ 和 $Na_2S_2O_6$ 的比例为 2:8，磺酸盐用量 20%（以聚黄烷醇质量计）；硫酸亚钛交联条件为：pH 2.5，反应时间 30min，硫酸亚钛用量为 8%。再生处理后，废液中聚黄烷醇的相对分子质量明显增大，大相对分子质量组分含量增多，小相对分子质量组分减少。经再生处理，废液中聚黄烷醇的结合鞣质与不可逆结合鞣质含量提高（图 3-33），鞣制

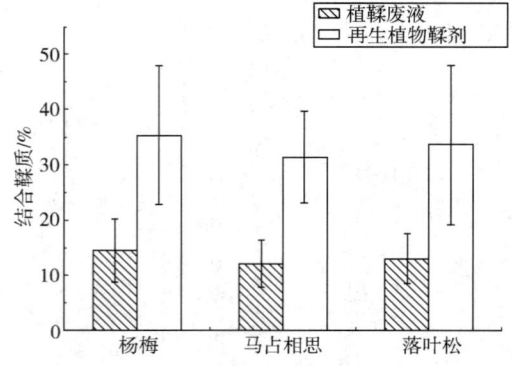

图 3-33 再生植物鞣剂与植鞣废液的结合鞣质

皮粉热稳定性上升（图3-34）。

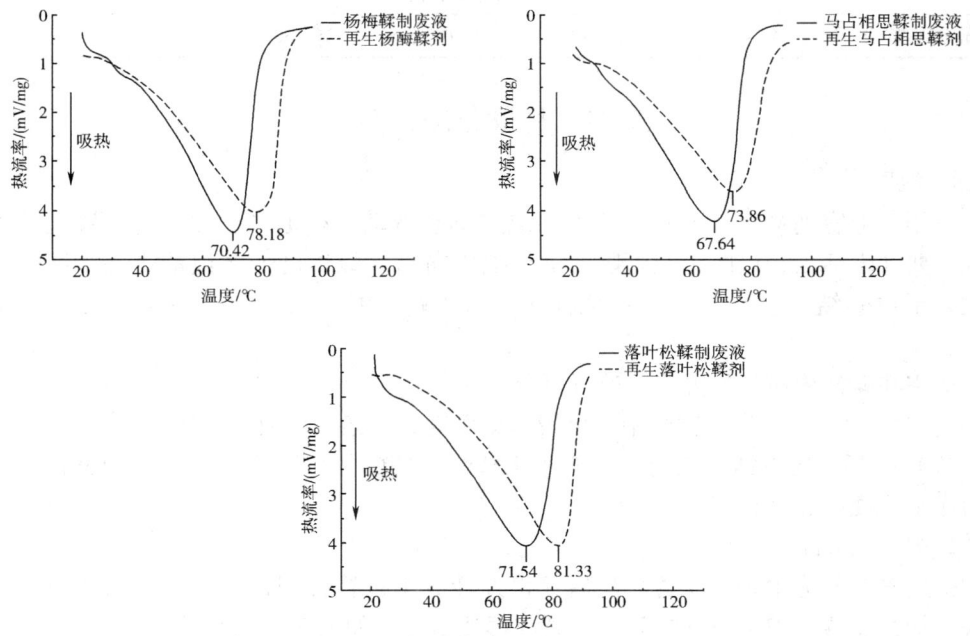

图3-34 再生植物鞣剂鞣制皮粉的DSC曲线

第六节 植鞣方法

一、植鞣方法的一般介绍

1. 鞣剂配方

（1）底革 要求用渗透性和填充性好的鞣剂，成革要求坚实、成型性良好。尤其外底革，要求硬度良好，耐磨性高。所以，可多配用橡椀等有利于坚实性的栲胶。例如可用橡椀30%~40%，落叶松70%~60%；或橡椀40%，厚皮香60%。

（2）装具革 要求渗透性良好，填充性中等的鞣剂，成革要求较底革软而有弹性，成型性良好，色泽较好。所以，应少配用或不用橡椀等栲胶。例如可用杨梅60%，柚柑25%，厚皮香15%。

（3）高浓度速鞣底革 初期要求用渗透性良好的栲胶，末期可加用增加硬度的栲胶。例如初期可用杨梅15%，厚皮香15%，末期用落叶松10%，用量标准以灰裸皮质量计。

2. 常见植鞣革鞣剂消耗量

常见植鞣革鞣剂消耗量（用量以灰裸皮质量计）见表3-31。

表 3-31		常见植鞣革鞣剂消耗量				单位：%
植鞣革	底革	装具革	结合鞣软底革	箱包革	鞋里革	凉席革
鞣剂消耗量	45~50	35~40	40	25~30	10~25	25~30

二、植鞣方法分类

1. 池鞣

采用鞣池容纳鞣液，可皮动液不动或皮不动液动进行池鞣。裸皮初入鞣池的半天之内，要加强活动，以防色花。以后每天把皮向高一级浓度的鞣液前进一步，顺序逆流上升至池鞣结束。此法是传统植鞣法，由于鞣期长，劳动生产率低，已很少单独采用。

按皮在鞣池内所处的方式，池鞣可分为：

（1）吊鞣 皮悬挂于鞣池中，可用行车倒动、摇架活动或人工倒动。

（2）卧鞣 皮平铺于池内，一般用于植鞣后期的热鞣阶段。此法节约鞣池，并可增加成革的硬度和平整度。

2. 池-鼓结合鞣

裸皮先在鞣池中基本鞣透，然后在慢速转鼓中进行鞣制，鼓速一般为 2~6r/min。此法可加快渗透，缩短植鞣时间。转鼓与鞣池示意图如图 3-35 所示。

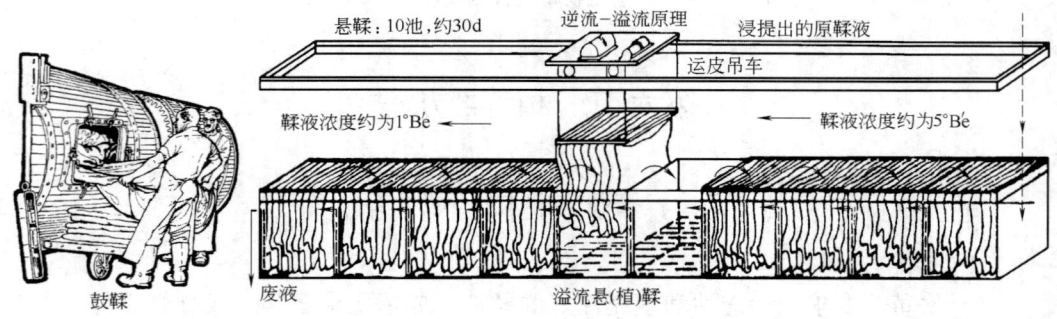

图 3-35 鼓鞣和溢流悬鞣示意图

注：d（相对密度）$= \dfrac{145}{145 - °Bé}$

3. 高浓度速鞣法

裸皮经适当预处理后，直接用高浓度或粉状栲胶鼓鞣，分几次，间隔一定时间加完所需栲胶，至植鞣结束。时间一般只需 2~3d。

三、植鞣方法举例（以植鞣底革为例）

1. 传统植鞣法（以池鼓结合鞣法为例）

（1）吊鞣 鞣液浓度 20~75°Bk，pH 4.8~4.2，时间 14~21d，裸皮若经适当预

处理,可从 35°Bk 开始吊鞣,共吊 6~7d 即可。

(2) 鼓鞣　鞣液浓度 80~130°Bk,pH 3.8~3.6(要成革坚实性好可降至 3.5~3.3),水 300%。可分 2~3 阶段鼓鞣,共鞣 2~4d,前两阶段采用温度 28~30℃,后一阶段可采用 35~40℃。铬预鞣的皮鼓鞣可升温至 60℃。

需要硬度较好的外底革,在鼓鞣后还可再进行热吊鞣或卧鞣。

2. 高浓度速鞣法

(1) 预处理或预鞣　常见的几种预处理方法见表 3-32。

表 3-32　　　　　　　　　　预处理的几种方法

预处理方法	预处理工艺	备注
铬预鞣	用以 Cr_2O_3 计 0.5%~1.0% 的铬鞣液(碱度 30%~33%)按铬鞣常规法进行	耐磨度可提高 50%
锆预鞣	用以 ZrO_2 计 1.00%~1.25% 的锆鞣液(碱度 45%)按锆鞣常规法进行	—
甲醛预鞣	裸皮经浸酸后,在液比 1、食盐 4%、甲醛用量 4%~5% 下处理 8~10h	可提高植鞣革的耐热和耐汗性
合成鞣剂预鞣	合成鞣剂 10%,预鞣 4~6h	—
油预鞣	乳化油 1%~2% 处理脱灰裸皮 40~60min	—
芒硝预处理	脱灰裸皮用无水硫酸钠 10% 处理 6h(无液干滚至渗透完全)	—
浸酸去酸处理	重浸酸,浸透后用大苏打 3%~5%(或亚硫酸钠 2%~3%)处理 1.0~1.5h	—

(2) 转鼓植鞣　预处理后的皮适当控干水分,然后立即进行转鼓植鞣。所用转鼓转速应低,一般为 2r/min。栲胶用量 35%~50%,一般分 3~5 次加完,间隔时间先短后长。植鞣中应严格注意鼓内升温情况,必要时少转多停。为避免泡沫过多,可加硫酸化油 0.5%~1.0%。

具体方案举例如下:

① 铬预鞣速鞣法(用量以脱灰裸皮质量计)。

浸酸:水 50%~80%,常温,0.2%~0.3% 硫酸,0.5% 的冰醋酸,4%~6% 的食盐,转 2~3h,pH 4.5~5.0。

铬预鞣:在酸液中进行,加入碱度 33% 的铬鞣粉 4%,转 3h 后加热水 60%,再转 1h 后加适量小苏打液,pH 4.0~4.2,总时间 4~5h。

转鼓植鞣:粉状栲胶 40%。其中杨梅栲胶占 50%,厚皮香栲胶 30%,落叶松栲胶 20%,共分 3 次加入鼓内。

第 1 次:栲胶 10%,水 5%,24~28℃,1h,pH 4.1。

第 2 次:栲胶 10%,29℃,3h,pH 4.1。

第 3 次：栲胶 20%，35℃，4h，pH 4.1。

以后按常法静置、退鞣、漂洗后交整理。

② 硫酸钠预处理速鞣法（用量以脱灰裸皮质量计）。

浸酸：无浴，20℃，无水硫酸钠 5%~6%，甲酸 0.75%，硫酸 0.75%，转 3.5h，pH 3.5~3.6。

硫酸钠处理：无水硫酸钠 6%，控水后干滚 6h，至完全渗透为止。

转鼓植鞣：荆树皮栲胶 45%，分 3 次加完。

第 1 次：加栲胶 25%，水 50%，pH 3.8~4.5，转 24h 至全透为止。

第 2 次：加栲胶 10%，pH 3.8~4.5，6h。

第 3 次：加栲胶 10%，pH 3.8~4.5，12h。

预处理与植鞣可在同一鼓内进行。整理时需加强水洗，以洗尽硫酸钠，避免返硝，其余同常法。

③ 浸酸去酸预处理速鞣法。

浸酸：水 80%，硫酸 1.0%~1.3%，食盐 5%~6%，3~5h，pH 2.5~3.0，排液。

去酸调节：硫代硫酸钠 3%~5%，1.5~3.0h，pH 3.0~3.5。

转鼓植鞣：粉状栲胶 40%~45%，分 5 次加完。

第 1 次：柚柑栲胶 8%~10%，2h。

第 2 次：柚柑栲胶 8%~10%，2.5h。

第 3 次：厚皮香栲胶 8%~10%，5h。

第 4 次：厚皮香栲胶 8%~10%，10~12h。

第 5 次：橡椀栲胶 5%~8%，50~53h。

另加水 6%~8%，第 2 次至第 5 次每次加 1/4。温度不超过 40℃，终 pH 4.0~4.5。预处理与植鞣可在同一鼓内进行，整理同常法。

四、植鞣革鞣后处理

1. 植鞣重革鞣后处理

重革的主鞣已赋予产品的各项性质，这些性质在整理过程中可以按照最终产品的要求进一步加以改善。可以通过整理调节植鞣革的性质，包括革的硬度、丰满性、弹性、色泽均匀度、粒面平滑性以及抗张强度等。在整理阶段还要对革进行防水处理。重革整理操作流程图如下：

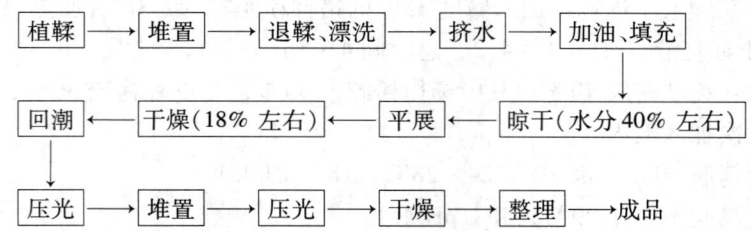

重革整理主要包括：退鞣与漂洗、挤水、加油与填充、干燥、平展、压光等。

(1) 退鞣与漂洗　退鞣漂洗的目的：使革的颜色均匀、浅淡、明亮；除去表面结合过多的鞣质，以防止成革裂面和反栲。

皮革堆置2d后，装入转鼓中，加100%的退鞣液（10°Bk的淡鞣液），转动30min后排液（排出的废液可供重复应用），再加100%的水（40℃），2%的漂白合成鞣剂或1%的草酸，转动30min后取出挤水。

(2) 挤水　挤水是重革生产中一道非常重要的工序，挤水有利于在加油过程中油脂的吸收。

(3) 加油与填充

[例1]　植鞣黄牛/水牛外底革，在转鼓中进行，可通过鼓轴通蒸汽升温。以下用量按挤水皮革质量计。

菜油1.5%，鱼油2.5%，合成加脂剂1%，葡萄糖2%，乙萘酚0.5%；温度30~35℃；时间45min。

[例2]　植鞣黄牛腰带革，在转鼓中进行。以下用量按挤水皮革质量计。

软皮白油3%，水50%，温度32~35℃，时间45min。

出鼓后搭马静置24h，然后表面涂菜油，将油均匀涂于革面，每张涂100~150g。

(4) 干燥　植物鞣革的干燥在第1天必须温和，之后逐渐加热，共干燥4天。皮革最初含水量为80%~85%，干燥4天后含水量达30%~35%。最初干燥温度为28~30℃，最终达40~45℃。在夏天亦可采用常温挂晾干燥法。

(5) 伸展　底革的伸展一般采用旋转式鼓形伸展机进行机械伸展。伸展的目的是使革平整、粒面光滑。

(6) 滚压　通常采用滚压机对底革进行滚压。滚压的目的是使革紧实，粒面平整、光滑。底革滚压机示意图如图3-36所示。

图3-36　底革滚压机示意图

[例]　工业带革整理

原料：选用优质底革的臀背部。

植物鞣工业带革的主要指标：鞣制系数>70%，抗张强度>25MPa，pH>3.5，伸长率<20%，可溶性物质<18%。

退鞣：在鞣池中进行。加500%~600%的水，38~40℃，将皮革挂在水中过夜（也可以在转鼓中进行，加300%的水，28~30℃，转动40min，停转2h）；接着用常温水洗涤30min，出鼓，堆置过夜；最后挤水、伸展、粒面施油。

加油：30份菜油，30份羊毛脂，20份合成磺化油，20份天然鱼油，混合均匀后加热至40~50℃，对粒面及肉面进行施油；伸展、挂晾干燥。

拉伸：挂晾干燥至半干状态，用拉伸机进行拉伸。最后干燥至最终要求。

2. 植鞣轻革鞣后处理

（1）回湿　先将坯革浸泡于含有少量防霉剂的37℃的水中，使革吸收相当于其一半质量的水分，然后将它们堆放过夜，以使革的水分含量均匀到40%～50%，这有利于后续机械操作。

（2）弱碱洗涤　用pH为8～9的弱碱如小苏打、亚硫酸钠或硼砂进行洗涤。通常在200%、35℃水的转鼓水浴中，加弱碱2%～3%（按削匀革质量计），转动45min。如果在45min结束时洗涤效果仍不理想，可换水重复进行这一操作。坯革上天然的或掺入的油脂对染色和涂饰会造成妨碍，因此如果发现坯革有此情况，可在洗涤时加进阴离子性的表面活性剂。

（3）厚度的调整　将坯革调整到客户所需要的厚度，如果坯革较厚，能获得一层可利用的剖层革，则应先剖皮，然后削匀。

（4）漂洗　通常先用草酸0.5%～1.0%（削匀革质量计）漂洗，然后再使用1%～3%亚硫酸氢盐、亚硫酸或硫代硫酸的钠盐二次漂洗。在酸化时，所产生的二氧化硫气体起漂白作用。在进行漂洗时，也可使用pH为1.5～2.0的辅助性合成鞣剂。

（5）复鞣　复鞣是使成革能适应植鞣轻革具体要求的主要工序。可以使用栲胶、合成鞣剂、树脂、聚合物鞣剂及这些化学物质的组合剂，也可使用矿物鞣剂。

对植鞣革采用何种复鞣方法，取决于以下4个主要因素：原料皮种类，如绵羊皮、山羊皮、猪皮或牛皮；植鞣法中主鞣使革形成的性能；成革的用途；主鞣形成的色泽以及复鞣剂赋予的色泽。

（6）染色与加脂　由于植鞣革具有阴离子性电荷，对阴离子性染料与加脂剂的亲和力较低，酸化固定的作用也受到限制。由于较低的湿热稳定性，浴液温度应小于45℃。

对染料的选用要谨慎，建议使用优质金属络合染料。可以用助剂如阳离子性树脂、铬铝混合物作为理想的染色固定剂。

可以在较低pH下多次加酸固定，如：100%45℃的水，2%的酸性染料，转15min；加1%的甲酸，转15min；加2%的酸性染料，转15min；加1%的甲酸，转30min；最后水洗以去除未结合的染料。

（7）成革干燥　复鞣染色加脂后的革，要搭马或平放堆置过夜，这样可以使染料、复鞣剂及加脂剂继续在皮内固定。

植鞣革的干燥有钉板、绷板或贴板等几种。干燥温度应为30～40℃，相对湿度为40%～60%，通风良好。干燥时间因皮张状况及厚度而定，通常为3～5h。只有植铬鞣革才具有足以耐热的性能，以承受真空干燥的高温。

（8）整理　植鞣轻革可用各种不同方法进行整饰。整饰之前要做一些准备工作，如调湿、拉软、修边、挑选分档以及可能进行性的磨革。植鞣轻革对于水溶性涂饰剂具有良好的涂层黏着性。传统方法是用酪素、白蛋白与合成聚酰胺混合成的蛋白质涂饰并打光，这样的革压花后能保持其花纹不变，还可涂蜡乳液进行热抛光。

3. 植鞣轻革工艺举例

对无铬鞣革的需求，使植物鞣剂在轻革方面的应用日渐增多，以植物鞣剂为主制造轻革的工艺也较为成熟。表 3-33、表 3-34 和表 3-35 分别给出植鞣箱包革、植鞣鞋面革和植鞣汽车坐垫革工艺，表中所用植物鞣剂的相关信息如图 3-37 所示。

表 3-33　　　　　　　　　　植鞣箱包革工艺

原材料：浸灰剖皮

操作	用量/%	化料	温度/℃	时间/min	备注
水洗	200	水	35		
	0.5	硫酸铵		15	
排液					
脱灰	100	水	35		
	2.0	硫酸铵		60~90	pH 8.0/8.5 酚酞切口无色
软化	X	软化酶			
	0.1	甲酸（10 倍水稀释）		20~30	pH 8.0/8.5
排液					
水洗	200	水	20	10	
排液到 50% 液比					
浸酸	6.0	盐		15	5.0~6.0°Bé
	0.5	甲酸（10 倍水稀释）		30	
	0.5	硫酸（10 倍水稀释）		180	pH 4.0/4.5 溴甲酚绿切口石灰绿
静置过夜					
预鞣	5.0	荆树皮栲胶 WS		30	
植鞣	10	荆树皮栲胶 FS			
	0.5	亚硫酸化鱼油（乳化后加入）		60	
	10	荆树皮栲胶 ME/OP			
	0.25	EDTA		60	
	10	荆树皮栲胶 RG			完全渗透
酸化	20	水	25		
	X	甲酸（10 倍水稀释）		90	pH 3.4/3.5
出皮，堆置两天，挤水，削匀					
以下用量以削匀皮质量计					
水洗	200	水	25	10	
排液					
漂洗	100	水	25		
	0.25	草酸（10 倍水稀释）			
	0.25	EDTA		20	检查：废液清澈

续表

操作	用量/%	化料	温度/℃	时间/min	备注
排液					
水洗	200	水	25	10	
排液					
中和	50	水	25		
	1.5	甲酸钠			
	0.25	碳酸氢钠		20	pH 4.5
复鞣/染色	2	荆树皮栲胶 ME/OP			
	X	染料			完全渗透
加脂	50	水	40		
	3	硫酸化合成加脂剂			
	1	羊毛脂（乳化后加入）		60	
酸化	X	甲酸（10 倍水稀释）		20	pH 3.4/3.6
排液					
水洗	200	水	20		
	0.1	防霉剂		10	

出皮，搭马过夜，挤水/伸展，挂晾干燥。

表 3-34　　植鞣鞋面革工艺

原材料：削匀后的半张白湿皮

操作	用量/%	化料	温度/℃	时间/min	备注
回湿	200	水	35		
	0.5	非离子润湿剂		15	
排液					
鞣制	100	水	30		
	5.0	荆树皮栲胶 CR		45	
中和	0.5	甲酸钠		20	
	1.5	中和复鞣剂		20	pH 4.0/4.5
	X	碳酸氢钠		30	pH 4.0/4.5
排液					
水洗	200	水	45	10	
排液					
复鞣/染色	100	水	45		
	5.0	荆树皮栲胶 WS		20	

续表

操作	用量/%	化料	温度/℃	时间/min	备注
	10	荆树皮栲胶 FS		20	
	10	荆树皮栲胶 ME		30	
	X	染料			完全渗透
排液					
加脂	100	水	60		
	5.0	硫酸化天然及合成加脂剂			
	1.4	亚硫酸化羊毛脂/鱼油			
	1.0	硫酸化与亚硫酸化天然及合成加脂剂（乳化后加入）		60	
酸化	1.0	甲酸（10倍水稀释）		20	pH 3.8/4.0
	X	染料		30	
	0.5	甲酸（10倍水稀释）		30	pH 3.5/3.8
排液					
水洗	200	水	25	10	
排液					

出皮，搭马过夜，挤水/伸展，绷板干燥或挂晾干燥至12%~14%的水分，振软，涂饰。

表3-35 植鞣汽车坐垫革工艺

原材料：削匀后的白湿皮，化料用量以削匀皮质量计

操作	用量/%	化料	温度/℃	时间/min	备注
水洗	200	水	40		
	0.5	非离子润湿剂		10	
排液					
中和	80	水	40		
	1.0	甲酸钠			
	2.0	中和复鞣剂		20	pH 4.7
	0.75	碳酸氢钠		20	pH 5.2
鞣制/复鞣和加脂	3.0	亚硫酸化天然及合成加脂剂			
	1.0	半合成亚硫酸化加脂剂（乳化后加入）		20	
	5.0	荆树皮栲胶 FS			
	5.0	塔拉栲胶			

续表

操作	用量/%	化料	温度/℃	时间/min	备注
	3.0	亚硫酸化天然及合成加脂剂（乳化后加入）			
	3.0	代替性合成鞣剂		10	
	X	染料		20	检查渗透情况
	5.0	荆树皮栲胶 FS			
	5.0	塔拉栲胶			
	3.0	亚硫酸化天然及合成加脂剂（乳化后加入）			
	3.0	代替性合成鞣剂		60	转动至完全渗透
	70	水	60	5	
	7.0	亚硫酸化天然及合成加脂剂			
	2.0	半合成亚硫酸化加脂剂（乳化后加入）		40	
酸化	1.0	甲酸（10倍水稀释）		20	pH 4.2
表面染色	X	染料		20	
酸化	1.0	甲酸（10倍水稀释）		30	pH 3.7
排液					
水洗	200	水	25	10	
排液					

出皮，搭马过夜，挤水/伸展，绷板干燥（最大40℃）至12%~14%的水分，振软，摔软（4h），振软，涂饰。

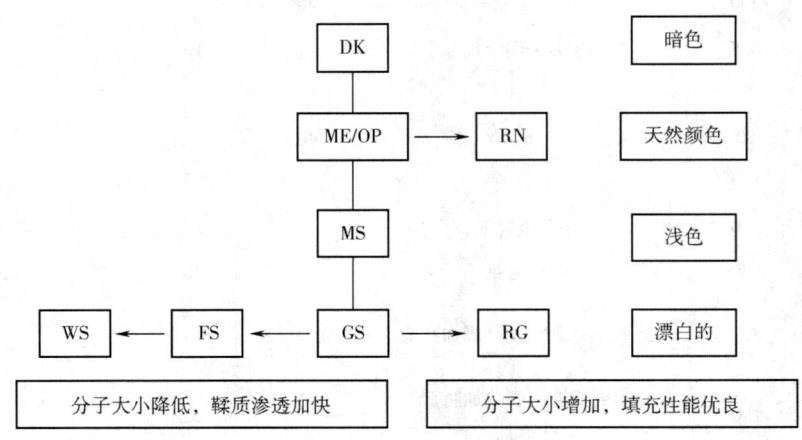

图 3-37　荆树皮栲胶产品

五、植鞣革的常见缺陷及其防止方法

1. 皱面与管皱

革面起大的皱纹或褶纹，称为皱面。皱面严重者称管皱。植鞣外底革面向内围绕直径为 5cm 的圆柱体（轮带革则围绕直径为 3cm 的圆柱体）弯曲 180°，若出现粗大管状皱纹，且放平后又不消失即为管皱。

（1）造成原因 脱灰不当造成裸皮酸膨胀，植鞣时又用收敛性较大或 pH 偏低的鞣液；传统植鞣法中，浓度递增差别太大；鼓鞣转动太快或时间太长。

（2）防止方法 脱灰适度，尽量不用无机酸处理，初鞣液要温和；浓度递增差不要过大，初鞣 pH 不过低；鼓鞣转速要慢，必要时少转多停。

2. 白花

裸皮表面出现的局部不吸收栲胶的白色印迹。

（1）造成原因 裸皮局部油脂污物未除净；灰皮在空气中露置过久，产生局部灰斑（碳酸钙）；原皮局部表面受细菌作用。

（2）防止方法 加强脱脂处理，必要时进行表面软化和净面处理；灰皮不久露空气中，堆放时应肉面向外，并用湿麻布搭盖；初鞣时，加强活动和检查，发现白花及时处理，用浓草酸溶液可除去白花。

3. 生心

鞣质未完全渗透到皮的内层所造成的缺陷。从切口断面上可以看出色泽不匀，中层浅淡，严重时，中间呈现一条胶状物。

（1）造成原因 裸皮硬实部位纤维在准备阶段中未分离好；裸皮膨胀度过大就进入植鞣；裸皮预处理不好，就进入高浓度植鞣；鞣制时间不够，鞣质还来不及透入皮内。

（2）防止方法 加强裸皮硬实部位的处理，达到纤维分离良好；脱灰处理适当，不使裸皮过度膨胀；高浓度鞣的裸皮要加强准备阶段和预处理操作；出鼓前进行检查，如有生心的可归到下批皮继续鞣制或适当延长时间。

4. 裂面

弯折革面至一定形状，革面出现裂纹。

（1）造成原因 原皮表面损害，局部发硬裂纹；裸皮局部烫伤；脱灰后水洗不足，表面有钙盐存在；表面填充过分，而又退鞣、漂洗不足。

（2）防止方法 加强准备阶段的控制，确保裸皮正常，加强退鞣漂洗。

5. 反栲

革面上出现颜色发暗的斑点。

（1）造成原因 干燥温度过高、速度过快，鞣质随水分向革面迁移；皮内吸附过多的未结合的鞣质。

（2）防止方法 严格控制干燥过程中的温度、湿度；鞣后应充分静置，加强退鞣漂洗。

第七节 植结合鞣法

植物鞣剂可以和任何其他无机鞣剂，如铬、铝、锆、钛等，任何其他有机鞣剂，如合成鞣剂、醛鞣剂、油鞣剂等结合鞣制皮革，以提高成革收缩温度，改善成革化学性质和物理机械性能。其中以植－铝结合鞣和植－醛结合鞣法最为重要，引起人们广泛关注。因为这些方法完全无铬，符合人们追求绿色、环保时尚的要求，而且从成革的化学性质和物理机械性能来看，它们最有希望代替铬鞣，成为制革生产主要的鞣制方法。

一、植－铝结合鞣法及其机理

纯植鞣革的收缩温度一般在 75～85℃，因而不能用于鞋面革、服装革等轻革的生产，而且纯植鞣法栲胶用量大，成革坚实，延伸性小，难以满足轻革对柔软度的要求。

目前轻革主要用三价铬配合物作为鞣剂，成革收缩温度≥100℃，具有轻、软的特点。由于铬盐被认为是一种对环境污染较严重的金属盐，因此制革化学家们一直在探索用其他鞣法取代铬鞣法，前提是所生产的革要具有与铬鞣革相似的性质，其重要标志是革的收缩温度（Ts）。植物鞣质－铝结合鞣法在收缩温度的提高方面是最成功的例子之一。用碱皮质量的 15% 左右的栲胶鞣制裸皮后，再用铝盐（2% Al_2O_3）复鞣，可获得 Ts≥110℃ 的革。植物鞣质是可再生的绿色资源，可生物降解；铝盐资源十分丰富，无污染。因此与铬鞣法相比，植－铝结合鞣法是一种有利于环保的皮革鞣制方法。

1. 植－铝结合鞣法的机理

植物鞣质与 Al^{3+} 的配位作用是植－铝结合鞣法的基础。表 3-36 和表 3-37 表明，在植－铝结合鞣中，水解类鞣质成革的收缩温度总是高于缩合类，这说明植－铝结合鞣法成革的收缩温度受鞣质种类的影响。水解类鞣质的酚羟基是以棓酰基形式存在的，属含吸电子基团的连苯三酚结构；缩合类鞣质是以儿茶素为基本结构单元，以 B 环酚羟基与 Al^{3+} 配合，B 环不含吸电子基团，并且多数情况下以邻苯二酚形式存在。这是两类鞣质用于植－铝结合鞣时成革收缩温度出现差异的主要原因。棓酰基和儿茶素的结构式如下：

棓酰基　　儿茶素

表 3 – 36　　　　常见国外栲胶用于植 – 铝结合鞣成革收缩温度　　　　单位：℃

栲 胶 种 类	植鞣	$Al_2(SO_4)_3$ 鞣制	植 – 铝结合鞣
云实（水解类）	68	80	115
柯子（水解类）	68	80	120
坚木（缩合类）	78	80	88
荆树皮（缩合类）	78	80	98

注：栲胶用量为酸皮质量的 15%，无水硫酸钠用量为酸皮质量的 8%。

表 3 – 37　　　　常见国产栲胶用于植 – 铝结合鞣成革收缩温度　　　　单位：℃

栲 胶 种 类	植鞣	$Al_2(SO_4)_3$ 鞣制	植 – 铝结合鞣
橡椀（水解类）	78	81	113
落叶松（缩合类）	80	81	95
木麻黄（缩合类）	86	81	107
山槐（缩合类）	88	81	105
杨梅（缩合类）	85	81	111
柚柑（缩合类）	87	81	113

注：栲胶用量为碱皮质量的 13.5%，无水硫酸钠用量为碱皮质量的 12%，3% 醋酸钠蒙面。

已有的研究表明，Al^{3+} 在与多元酚形成五元环配合物的同时，还能与羧基发生配合。用核磁共振观察到的多元酚 – Al – 甘氨酸配合物如下所示：

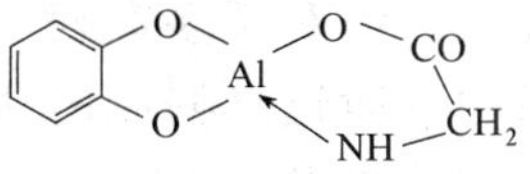

目前普遍接受的植 – 铝结合鞣法的机理为：裸皮经过植物鞣质鞣制后，鞣质先以氢键和疏水键与皮胶原结合，经过铝或其他金属离子复鞣，金属离子既能与皮胶原侧链的羧基以配位键结合，也可与鞣质分子发生配位结合，从而增加胶原纤维间的有效连接，提高胶原的湿热稳定性。此外，结合鞣的"聚合物学说"也有一定参考价值，可作为上述理论的补充。该学说认为，金属离子的配位作用使得已进入皮纤维的鞣质分子形成高聚物，它们仍主要以氢键形式与皮胶原结合，但单位分子的结合点大大增加，其中包括大量在肽链之间的氢键交联。氢键的作用力虽然较弱，但由于数量众多，从而使革的热稳定性大大提高，因此植 – 铝结合鞣收缩温度可以高达 120℃。

鞣质 – 铝配合物的形成均伴随着氢质子的释放，因此 pH 升高有利于它们的形成，即有利于交联反应的发生。由此可以解释如表 3 – 38 中所体现的植 – 铝结合鞣法成革收缩温度随 pH 上升而提高的规律。

表 3-38　　　　　　黑荆树皮栲胶-铝结合鞣法成革收缩温度　　　　　　单位：℃

革的状态和 pH	栲胶鞣制后的 pH 4.2	铝复鞣后的 pH 3.0	提碱后的 pH 3.3　　3.8	中和后的 pH 4.2　4.5　5.0　6.0
收缩温度	76	84	88　　95	105　115　117　116

注：栲胶用量为碱皮质量的 15%，$Al_2(SO_4)_3 \cdot 16H_2O$ 用量为削匀皮质量的 10%。

2. 植-铝结合鞣法

（1）栲胶与铝盐加入顺序　植物鞣质和铝盐的结合鞣可以按 3 种方式进行：①同时用栲胶和铝盐鞣制；②先用铝预鞣，再用栲胶复鞣；③先用栲胶预鞣，再用铝盐复鞣。方法①因栲胶和铝盐混合以后极易产生沉淀，不宜采用。后两种方法相比，方法③成革的收缩温度总是更高，如表 3-39 所示。表明栲胶与铝盐结合鞣法宜采用第③种方式，习惯上表示为植-铝结合鞣法。即先让相对分子质量较大的植物鞣质与胶原纤维充分形成多点氢键结合，之后再通过 Al^{3+} 的配合在胶原纤维间形成交联。

表 3-39　　　　　植-铝和铝-植结合鞣法成革收缩温度比较　　　　　　单位：℃

鞣　　法	收缩温度	鞣　　法	收缩温度
杨梅-铝	111	柚柑-铝	113
铝-杨梅	90	铝-柚柑	96
落叶松-铝	95	木麻黄-铝	107
铝-落叶松	87	铝-木麻黄	93

（2）栲胶的用量　植-铝结合鞣法用于轻革生产时，栲胶的用量越少，成革的植鞣感越弱，越接近铝鞣革的性质。但对于多数栲胶，当用量低于碱皮质量的 10% 时，鞣质难以完全渗透裸皮，因此一般选择栲胶的用量在 15% 左右。在相同用量条件下，采用水解类栲胶如橡椀、柯子栲胶，成革的收缩温度高于采用缩合类栲胶。但实际选用栲胶时，还要考虑它们对成革的其他性质特别是柔软性和粒面平细度的影响。一般在确保成革达到要求收缩温度（如 Ts≥100℃）的基础上，最好选用收敛性较温和、渗透性较好的栲胶，有时还需考虑栲胶的颜色。目前所用的栲胶中，黑荆树皮栲胶最适合这种鞣法，它不仅渗透快，收敛性温和，颜色浅，而且其黄烷-3-醇 B 环含有一定量的连苯三酚结构，与 Al^{3+} 的配合能力也较强，可使成革的收缩温度 ≥100℃。

（3）铝盐用量　Al_2O_3 用量为碱皮质量的 1.0%~1.2% 较适宜，继续增加用量，成革的收缩温度增加不多，而且容易使成革过度紧实，革的撕裂强度也会下降。制革厂常用的铝盐为硫酸铝 $Al_2(SO_4)_3 \cdot 16H_2O$，用量应为碱皮质量的 6.2%~6.8%。如果以削匀植鞣革计算，因其质量为碱皮质量的 70%，硫酸铝用量应为 9%~10%。

3. 植-铝结合鞣法生产牛鞋面革工艺举例

浸酸前按常规方法进行。以下工序按碱皮质量为用量基准。

（1）浸酸　水 30%，食盐 6%，甲酸钠 1%，转 5min；加硫酸 1%（稀释后加入），转 1h，pH 3.8。

（2）预处理　在浸酸液中进行。加 10% 无水硫酸钠，转 2h，pH 4.2。

（3）植鞣　在预处理液中进行，加 1% 辅助性合成鞣剂或 2% 亚硫酸化鱼油，转 30min；加 15% 黑荆树皮栲胶，转至全透（3~4h）；加 50% 常温水，转 2h，pH 4.2；最后水洗、挤水、削匀、称重（作为以下用料依据）。

（4）漂洗　水 150%，35℃，草酸或 EDTA 0.3%，转 20min，水洗。

（5）调整 pH　水 100%，甲酸 0.5%，转 30min，pH 3.0。

（6）铝鞣　水 70%，30℃，无水硫酸铝 10%，转 1h；加醋酸钠 1%，转 30min；加小苏打提碱至 pH 3.8，转 2.5h，水洗。

（7）中和　水 150%，30℃，1% 甲酸钙，0.5% 小苏打，转 1h，pH 4.5。中和应透（用溴甲酚绿检查），中和后革应耐沸水煮 2min。

染色加脂按常规方法进行，但酸固定时 pH 不应降至 4.0 以下。

二、植-醛结合鞣法及其机理

1. 植-醛结合鞣机理

植物鞣质与醛类化合物的结合鞣是另一类有可能取代铬鞣生产高湿热稳定性轻革的方法。这类结合鞣法的机理与植-铝结合鞣法不同，是通过醛与植物鞣质苯环的反应来加强胶原肽链间的交联，从而达到提高成革收缩温度的目的。

植-醛结合鞣时，鞣质、醛、皮胶原的结合方式可以由图 3-38 来表示。这种反应模型可以解释植-醛结合鞣革耐水洗、耐有机溶剂作用及具有高湿热稳定性等现象。

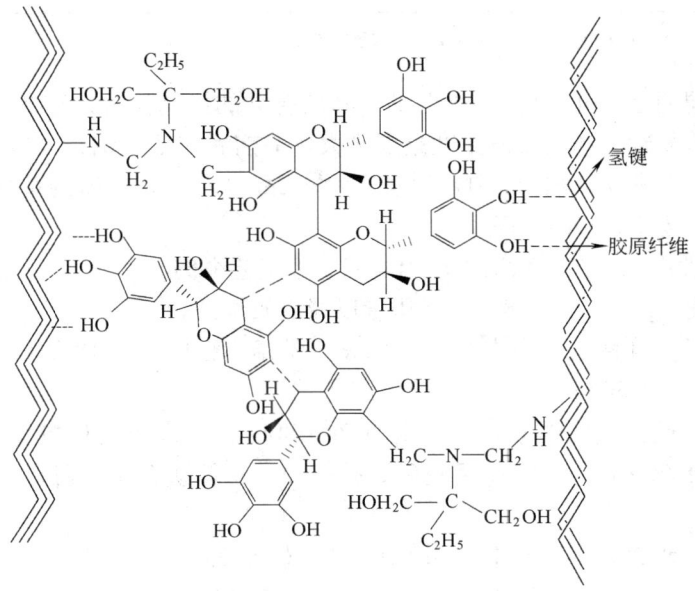

图 3-38　植-醛结合鞣的交联方式

植-醛结合鞣的作用过程可能是植物鞣质（缩合类）先渗透进皮内，与胶原形成多点氢键结合，然后加入的醛与胶原侧链氨基作用，形成席夫碱（Schiff's base），接着与胶原附近的缩合类鞣质的 A 环发生亲核反应，形成稳定的交联键。如果没有亲核性高的鞣质，形成的席夫碱就会和其他侧链氨基反应，形成交联即醛鞣。如果改变结合鞣的顺序，在醛和皮胶原充分作用后再加入鞣质，则不能产生植-醛协同效应，而且先加入的醛在胶原分子间形成交联会影响鞣质的渗透，因此收缩温度明显低于先植鞣后醛鞣的皮革，所以一般不采用先醛鞣后植鞣的顺序。

2. 植-改性戊二醛结合鞣

植物鞣质与改性戊二醛结合鞣的机理与使用甲醛时相似。由于改性戊二醛发生交联后，交联点之间可能存在柔性脂肪链，使胶原纤维间的可滑动性增加，成革柔软，因而有可能用植-改性戊二醛结合鞣法生产服装革。

改性戊二醛与植物鞣质的反应活性不及甲醛。用甲醛复鞣植鞣革，常温下 2h 即可使成革的收缩温度达到平衡。采用改性戊二醛时，不仅需要较长的复鞣时间，而且需要适当提高醛复鞣温度才能促进交联反应的完成，见表 3-40。

表 3-40　　　　黑荆树皮-改性戊二醛结合鞣成革收缩温度　　　　单位：℃

醛复鞣条件	改性戊二醛用量/%			
	2	4	6	8
20℃复鞣5h	91	92	92	92
20℃1h；40℃4h	92	93	95	96
20℃1h；50℃4h	96	96	96	96

注：栲胶用量 10%（以皮质量计），改性戊二醛浓度 27%。

与甲醛不同的是，pH 对植-改性戊二醛结合鞣的影响不大，在 pH 4.0 和 pH 5.5 进行改性戊二醛复鞣，革的收缩温度差别不大。但前者粒面更细致，后者粒面较粗糙。从表 3-40 中可以发现，用 2% 和 8% 的改性戊二醛（27%）复鞣的革，收缩温度没有差别，故其用量为 2%~4% 即可。

3. 植-改性戊二醛结合鞣法生产山羊服装革工艺举例

浸酸山羊皮，pH 2.5~2.8。以下用量以碱皮质量计。

(1) 预处理　在浸酸液中进行。水 50%，常温，合成鞣剂 DDS 4%，转 1h；加亚硫酸化鱼油 2%，转 30min。

(2) 植鞣　倒去预处理液，实际水 20%~30%，黑荆树皮栲胶 10%，转动 30h；加 40℃热水至水 200%，转 2h；甲酸 0.2%~0.3%，转动 30min，pH 3.8~4.0；静置过夜，水洗。

(3) 退鞣　水 200%，常温，$NaHSO_3$ 1%，转动 30min，水洗。

(4) 漂洗　水 200%，常温，草酸 0.5%，转动 30min，pH 3.8~4.0，水洗。

以削匀革质量为基准进行以下操作。

(5) 醛复鞣　水 80%，改性戊二醛 3%，转动 1h；加热水至水 200%，40~45℃，转动4h；出鼓静置过夜，水洗中和、复鞣、染色；加脂按常规工艺。

按照上述工艺生产的山羊服装革其性能指标见表3-41，能达到我国行业标准。"醛-植结合鞣"是指在材料用量相同，操作方法相对应条件下，先醛鞣，后用栲胶复鞣，其成革的总体性能不及"植-醛结合鞣"。

表3-41 黑荆树皮栲胶-改性戊二醛结合鞣成革物理性质

指　　标	植-醛结合鞣	醛-植结合鞣	QB/T 11872—2004
收缩温度/℃	95	91	≥90
规定负荷伸长率(规定负荷5MPa)/%	38	42	25~60
撕裂力/N	21.0	16.4	≥11

三、植-钛结合鞣

钛元素的价态有+1、+2、+3和+4价，由于只有Ti^{4+}为稳定状态，所以钛盐鞣性的研究主要在Ti^{4+}上，而忽略了Ti^{3+}可能具有的鞣性。Covington等人首次进行了植物鞣剂与硫酸的结合鞣实验，证实了Ti^{3+}与植物鞣剂结合鞣可以使成革具有较高的热稳定性（表3-42）。

表3-42　　　　　　　　　　　植-金属结合鞣

项目	Ti^{3+}	Ti^{4+}	Al^{3+}
收缩温度/℃	103±1	104±1	95±1
ΔH(J/g)	27±2	22±3	25±2
撕裂强度/(N/mm)	73±4	51±5	76±4

注：使用水解类漆树与柯子栲胶，缩合类荆树皮与坚木栲胶，用量为皮质量的10%，金属盐用量为1%（以金属氧化物计）。

采用栲胶与Ti^{3+}结合鞣，可以有先钛鞣后植鞣和先植鞣后钛鞣两种方法：①先植鞣后钛鞣，栲胶用量为皮质量的20%，水50%，全透后水洗10min，再加入1%钛鞣剂（TiO_2计）转12h。②先钛鞣后植鞣，1%钛鞣剂（以TiO_2计），水50%，转4h，双氧水检查切口，全透后用小苏打调节pH至4.0，水洗10min，加20%栲胶鞣制48h。同时，考察了栲胶和Ti^{3+}的用量，鞣制终点pH对结合鞣制效果的影响。

1. 栲胶加入顺序对胶原热稳定性的影响

采用植-钛的鞣制方法收缩温度可高达100℃，远高于单独用栲胶或钛鞣的方法。这是因为裸皮经过栲胶鞣制后，鞣质先通过氢键和疏水键与皮胶原结合，再经过钛盐复鞣，钛离子既可以与皮胶原侧链的羧基配位，也可以与鞣质分子配位。这种协同效应增加了胶原纤维间的有效连接，从而提高了胶原热稳定性。

而采用钛-植鞣制实验，在复鞣阶段，栲胶很难渗透进入皮内，成革收缩温度与单独使用钛鞣剂相当（表3-43）。采用皮粉代替皮块鞣制，钛-植鞣皮粉的热变性温度较高（表3-44），说明钛-植鞣法成革收缩温度低的原因主要是由于复鞣过程中栲胶无法在皮中完全渗透，从而无法实现栲胶与钛的协同作用。

使用栲胶和钛同时鞣制时，由于钛与栲胶混合立即生成沉淀，无法进行鞣制。

表 3-43　　栲胶的添加顺序对收缩温度的影响　　　　　单位：℃

加入顺序	马占相思	杨梅	余柑	钛	浸酸牛皮
单一鞣剂	82.0	80.0	83.0	66.3	56.0
先钛后植	70.0	66.0	69.0		
植钛同时	60.0	66.3	65.0		
先植后钛	96.0	102.0	103.0		

表 3-44　　鞣质的添加顺序对皮粉热变性温度的影响　　　单位：℃

加入顺序	马占相思	杨梅	余柑	钛	浸酸牛皮
单一鞣剂	111.3	115.0	115.2	101.0	93.9
植-钛	122.5	123.7	124.0		
钛-植	115.6	110.8	111.5		
植钛同时	110.8	110.8	106.4		

2. 栲胶用量对收缩温度的影响

结合表 3-45 和表 3-46 可以看出，栲胶与钛结合鞣成革收缩温度均随栲胶和钛的用量增加而升高。但相比之下要使马占相思栲胶-钛结合鞣达到最高收缩温度，需要的栲胶（19%）和钛（2.10%）较多。当栲胶用量达到一定量时，成革紧实，植鞣感明显增强，因此在实际鞣革过程中栲胶的用量不宜过多。

表 3-45　　　　　栲胶用量对收缩温度的影响　　　　　　单位：℃

栲胶种类	栲胶用量/%							
	10	12	14	16	17	18	19	20
马占相思	90.8	88.2	89.9	92.5	92.3	93.1	96.4	96.0
杨梅	89.7	92.2	97.3	104.5	104.7	103.4	104.0	103.0
余柑	84.1	93.9	98.2	102.4	106.4	105.3	106.2	105.6

表 3-46　　　　　钛用量对收缩温度的影响　　　　　　单位：℃

栲胶种类	钛用量/%							
	0.50	1.00	1.50	1.7	1.9	2.10	2.30	2.50
马占相思	81.2	88.5	88.6	88.2	92.8	96.0	95.4	95.1
杨梅	86.7	89.1	95.9	103.7	104.1	104.4	103.0	104.5
余柑	84.5	86.0	94.5	100.7	106.2	105.3	106.1	105.4

3. pH 的影响

升高 pH 有助于栲胶与钛的络合反应，随着鞣制终点 pH 的升高，革收缩温度上升，至 4.0 左右时，收缩温度达到最高；继续升高 pH，收缩温度变化不大（图 3-39）。说明随着 pH 的升高，栲胶与钛形成的络合物变大，在胶原纤维之间形成的交联增多，收缩温度上升，革热稳定性增强。

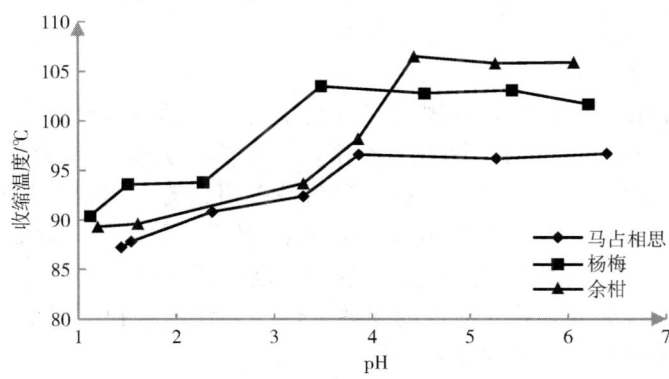

图 3-39　植-钛结合鞣 pH 与革收缩温度的关系

不同栲胶与钛结合鞣的革收缩温度不同，如马占相思 96.2℃；杨梅 104.0℃；余柑 106.1℃。根据石碧的研究，相同鞣剂用量下，水解类栲胶鞣革收缩温度高于缩合类，而栲胶中的连苯三酚结构是造成成革收缩温度差异的主要原因。因此，造成同是缩合类栲胶在植钛结合鞣中鞣性差异的原因主要有黄烷-3-醇结构单元中 B 环上羟基的数目和分子结构中是否含有棓酰基这两个因素。杨梅与余柑鞣质结构单元中有大量的连苯三酚和一定数量的棓酰基，它们与钛结合鞣的收缩温度高于结构单元中连苯三酚含量较少且无棓酰基存在的马占相思鞣质。

四、植物鞣剂的应用及发展趋势

1858 年发明铬鞣法之前，植物鞣质一直是最主要的制革鞣剂。之后，铬鞣剂在制革工业的轻革（如服装革、鞋面革）生产中占了主导地位。但世界制革行业现在每年仍使用约 50 万吨栲胶，主要用于底革、带革、箱包革、凉席革的鞣制和鞋面革的复鞣。由于栲胶具有填充性和成型性好等特性，在上述产品中的作用是其他鞣剂难以替代的。值得注意的是，近年来随着环保压力的增加，人们对更广泛地采用植物鞣质这一绿色资源取代污染性较严重的铬鞣剂产生了浓厚兴趣。

栲胶因其相对分子质量较大、收敛性太强、渗透性差以及颜色较深，难以满足轻革产品轻、薄、软的要求，因此在考虑用栲胶部分替代铬鞣剂用于轻革鞣制时，可以作以下几方面的改进：

1. 对植物鞣剂进行化学改性

前已述及，通过对植物鞣剂进行高度亚硫酸化改性，能够使其适合于现代制革生产的需要。另一种具有前景的改性方法是用其他的具有柔性链的高分子材料（如丙烯酸单体）进行接枝改性，所得产品用于鞣革可以改善成革的僵硬情况，从而提高革的丰满性。

2. 对植物鞣剂进行化学降解和生物降解

通过化学降解，植物鞣剂相对分子质量降低、水溶性增加、收敛性减弱，并且与金属离子形成可溶性的络合物能力增强，这使得鞣制所得成革颜色浅淡，易于后工序的染色处理。同时通过化学降解和生物降解有可能进一步开拓植物鞣质在医药、食品和化妆品等领域的应用。

3. 开发新的植物鞣剂

自然界中含有较多鞣质的栲胶原料资源是丰富的，然而到目前为止，在工业生产中有利用价值的不过二三十种，因此，有望从自然界中开发出新的植物鞣剂。例如，为解决栲胶原料短缺，广西百色林化总厂利用马占相思树皮制备了新类型的栲胶。这类栲胶的性质与进口的荆树皮栲胶相似，收敛性中等，黏度低，鞣制过程中沉淀少，渗透速度快，成革颜色浅淡，可用于生产重革，也可用于轻革的复鞣。用其复鞣蓝湿皮，革的丰满性、柔软性和粒面细致度等各项性能均优于柚柑、杨梅栲胶，接近荆树皮栲胶，可以代替进口的荆树皮栲胶。

4. 植－金属盐鞣制法

植－金属盐鞣制法是以优化栲胶和环境友好型金属盐之间的化学反应为主要研究方向，包括植物鞣剂种类的选择，因为在结合鞣中仅仅使用栲胶是远远不够的，为了得到活性更高的反应物，将粗提物中的鞣质与非鞣质分离是一种可行的方法，甚至通过化学方法对鞣质进行一定程度的改性。只有这样，植物鞣质才可像铬一样，在制革过程中获得精细化的应用。

复习思考题

1. 水解类鞣质分为几小类？它们水解后的主要产物中可能有哪些酚羧酸？举例说明。
2. 缩合类鞣质为什么不水解？它们由什么样的母体缩合而成的？举例说明。
3. 水解类和缩合类鞣质的结构特征是什么？
4. 如果在鞣液中除去非鞣质，鞣质在鞣液中会发生什么变化？
5. 为什么一般水解类鞣质的分子较小但成革却比缩合类鞣质鞣革坚实丰满？
6. 坚木鞣质、荆树皮鞣质和落叶松鞣质的结构有什么差异？
7. 为什么植鞣时温度一般控制在40℃以下？
8. 为什么植鞣革的加油多用中性油脂？
9. 画出鞣质微粒的胶团结构，并说明：胶团结构与鞣液稳定性的关系；胶团结构与Zeta电位的关系。
10. 写出$\beta-D$－葡萄糖、没食子酸、间－双没食子酸、鞣花酸、橡椀酸、儿茶素、棓儿茶素、坚木儿茶素、黑荆树皮儿茶素的化学结构式。并说明它们各存在于哪类植物鞣质中。

11. 儿茶素二聚体、儿茶素、没食子酸、鞣花酸有无鞣性？为什么？
12. 植物鞣质有哪些化学性质？这些化学性质与制革有何联系？
13. 甜栗橡椀酸与栗木橡椀酸在结构上有何异同？受稀酸作用后水解产物是否相同？
14. 非鞣质有哪些成分？它们与鞣质有何关系？对鞣制有何影响？
15. 写出三聚儿茶素的一种亚硫酸化产物，说明亚硫酸盐对红粉和黄粉有什么影响。
16. 栲胶颜色与 pH 有什么联系？
17. 植物鞣液具有胶体化学性质，鞣液属于胶体溶液，它是属于疏水胶体、亲水胶体，还是疏水胶体和亲水胶体共存的状态？试用鞣液的黏度和 ξ – 电位说明。
18. 简述鞣液的 pH 对鞣质与胶原结合的影响。
19. 简要叙述影响植物鞣制的因素。
20. 为什么高浓度鞣革不会产生表面过鞣现象？
21. 试述植鞣中浓度、pH、温度的影响，怎样控制它们？
22. 植鞣革为什么要退鞣漂洗？漂洗之后必须马上挤水进行下工序操作而不能堆置过久？
23. 简要叙述植物鞣革理论。
24. 如何证实鞣质与胶原的肽基发生氢键结合？
25. 写出鞣质与金属离子形成络合物的结构示意式，并说明随着 pH 的变化，络合物的结构有何变化？为什么？
26. 植物鞣质为什么要进行化学降解？化学降解后的鞣质可能有哪些方面的用途？
27. 为什么缩合类鞣质鞣革的收缩温度高于水解类？
28. 简述植 – 铝结合鞣法机理。
29. 简述植 – 醛结合鞣法机理。
30. 为什么植 – 铝、植 – 醛结合鞣法时，先植鞣的 Ts 较高？
31. 简要总结植鞣过程中鞣质与非鞣质渗透和结合的过程。
32. 根据鞣制化学和工艺原理，分析表 3 – 34 植鞣鞋面革工艺和表 3 – 35 植鞣汽车坐垫革工艺。
33. 在查阅相关文献的基础上，总结鞣质相对分子量测定的方法和原理。
34. 请根据所学鞣制化学原理与工艺，任拟一可行的植鞣轻革或植结合鞣工艺。
35. 在查阅相关文献的基础上，总结植鞣废液利用的方法。
36. 在查阅相关文献的基础上，总结植鞣废液循环利用关键科学问题。

参 考 文 献

[1] 张文德著. 植物鞣质化学及鞣料 [M]. 北京：轻工业出版社，1985.
[2] 成都科技大学，西北轻工业学院. 皮革分析检验 [M]. 北京：轻工业出版社，1984.
[3] 张文德. 落叶松栲胶理化性能的研究 [J]. 四川皮革，1979，4.

[4] 张文德, 蒋廷方, 蔡亚, 等. 快速植鞣条件选择 [J]. 皮革科技, 1982, 11 (8): 1-6.
[5] 制革手册编写组编. 制革手册 [M]. 北京: 轻工业出版社, 1977.
[6] 蒋廷方. 新品种冷杉和云杉栲胶物理化学性能的研究 [J]. 皮革科技, 1985, 13 (5).
[7] 魏庆元. 皮革鞣制化学 [M]. 北京: 轻工业出版社, 1979.
[8] 成都科技大学, 西北轻工业学院. 制革化学及工艺学 [M]. 北京: 轻工业出版社, 1982.
[9] 吴兴赤. 制革工艺 [M]. 四川: 四川科学技术出版社, 1985.
[10] 南京林学院. 林产化学工业手册 [M]. 北京: 中国林业出版社, 1981.
[11] 中国林业科学研究院科技情报所. 国外栲胶技术 [M]. 北京: 中国林业出版社, 1981.
[12] 石碧. 水解类植物鞣质性质. 化学改性及其应用研究 [D]: [博士论文]. 成都: 四川大学, 1992.
[13] 贺近恪, [澳] A. G. 布朗. 黑荆树及其利用 [M]. 北京: 中国林业出版社, 1991.
[14] 肖尊琰. 栲胶 [M]. 北京: 中国林业出版社, 1988.
[15] Haslam E. Chemistry and industry of forest products. 1992, Vol. 12.
[16] Bienkiewicz K. Physical chemistry of leather making. USA; R. E. Krieger Publishing Company, 1982.
[17] 陈武勇, 谢岩, 王永红, 等. 植鞣过程中鞣液性质变化的研究 [J]. 中国皮革, 1997, 26 (1): 33-35.
[18] 陈武勇, 等. 丽江云杉组分测定与鞣性研究 [J]. 林产化学与工业, 1992 (1).
[19] 陈武勇, 张文德. 厚皮香栲胶物理化学性质与鞣革性能研究 [J]. 成都科技大学学报, 1982 (2).
[20] 张文德, 周万兴, 陈武勇. 猪底革小液比高浓度速鞣法研究 [J]. 皮革科技, 1981, 10 (1): 11-14.
[21] 获原长一 [日]. 皮革生产实践 [M]. 王树生等, 译. 北京: 轻工业出版社, 1988.
[22] 陈武勇. 凉席革的性能与制造工艺 [J]. 中国皮革, 1992, 21 (6): 24-25.
[23] 俞良俊. 植物鞣法的新进展——两性鞣制法 [J]. 中国皮革, 1996, 25 (4): 28.
[24] 王鸿儒, 陈仪威. 两性植物鞣剂的制备及其鞣制性能的研究 [J]. 中国皮革, 1997, 26 (10): 14-16.
[25] 何有节, 何先祺, 杨子江. 用荆树皮栲胶制备新型蒙囿剂 [J]. 中国皮革, 1998, 27 (1): 3-5.
[26] 陈武勇, 田金平, 刘进. 黑色单宁染料的研究 [J]. 中国皮革, 1997, 26 (6): 14-16.
[27] 石碧, 狄莹. 植物多酚 [M]. 北京: 科学出版社, 2000.
[28] 张廷友. 鞣制化学 [M]. 成都: 四川大学出版社, 2003.
[29] 廖学品. 基于皮胶原纤维的吸附材料制备及吸附特性研究 [D]: [博士论文]. 成都: 四川大学, 2004.
[30] 陈武勇, 陈发奋, 田金平, 等. 栲胶重度亚硫酸化改性与应用研究 [J]. 林产化学与工业, 2002, 22 (4).
[31] 石碧, 陆忠兵. 制革清洁生产技术 [M]. 北京: 化学工业出版社, 2004.
[32] 宋立江, 石碧. 落叶松栲胶高度亚硫酸化改性及其产物的应用研究 [J]. 林产化学与工业, 1999, 19 (4).
[33] Colin Jones. 植鞣轻革的制作 [J]. 北京皮革, 2002, 2.
[34] 白坚. 皮革工业手册——制革分册 [M]. 北京: 中国轻工业出版社, 2000.
[35] 陈武勇, 王应红, 陈继平. 铬-橡椀复鞣剂的制备及应用研究 [J]. 中国皮革, 2005, 34 (17): 20-22.

[36] 陈瑜,何有节,石碧,等.荆树皮栲胶氧化改性产物与铬离子络合性能 [J].皮革科学与工程,2002,12(2):18-27.

[37] 何有节,满严严,谢玲,等.荆树皮栲胶氧化降解产物的官能团分析 [J].皮革科学与工程,2002,12(4):12-14.

[38] 狄莹,宋立江,石碧.橡椀栲胶氧化降解产物作制革的中和复鞣剂 [J].精细化工,1999(2):22-25.

[39] 石碧.植物鞣剂-金属盐结合鞣法 [J].中国皮革,2007,36(7):1-4.

[40] 梁发星,颜秀珍,谭晓勉,等.马占相思栲胶的性质及应用研究 [J].皮革科学与工程,2005,15(4):11-19.

[41] 滕博,龚英,陈武勇.马占相思栲胶胶体化学性质与鞣性研究 [J].中国皮革,2010,39(17):18-22.

[42] 石碧,王学川.皮革清洁生产技术与原理 [M].北京:化学工业出版社,2010.

[43] Hoong Y B, et al. Characterization of acacia mangium polyflavonoid tannins by MALDI-TOF mass spectrometry and CP-MAS 13C NMR. J. eurpolymj. 2010.03.

[44] Smith J W. Molecular pattern in native collagen [J]. Nature, 1968, 219: 157-158.

[45] F H Silver. Type I collagen fibrillogenesis in vitro. Additional evidence for the assembly mechanism [J]. J Biol Chem, 1981, 256 (10): 4973-4977.

[46] King G, Brown E M, Chen J M. Computer model of a bovine type I collagen microfibril [J]. Protein Engineering, 1996, 9: 43-49.

[47] Black S D, Mould D R. Development of hydrophobicity parameters to analyze proteins which beat post-or cotranslational modifications [J]. Anal. Biochem, 1991, 193: 72-82.

[48] E M Brown, P X Qi. Exploring a role in tanning for the gap region of the collagen fibril: Catechin-collagen interactions [J]. JALCA, 2008, 103: 290-297.

[49] (德) 福瑞兹.石他特著.制革化学与工艺学 [M].蒲敏功,译.北京:轻工业出版社,1958.

[50] Teng Bo, Jian Xiaoyun, Gao Yanping, et al. Comparison of polyflavonoids in bayberry tanning effluent and commercial bayberry tannin: Prerequisite information for vegetable tanning effluent recycling [J]. Journal of Cleaner Production, 2016, 112 (1): 972-979.

[51] Teng Bo, Gong Ying, Chen Wuyong. Molecular weights and tanning proper ties of tannin fractions from acacia mangium bark [J]. Journal of The Society of Leather Technologists and Chemists, 2013, 5 (97): 220-224.

[52] Teng Bo, Jian Xiaoyun, Gao Yanping, et al. Structural differences between commercial acacia mangium tannin and its effluent [J]. Journal of the American Leather Chemists Association, 2016, 111 (3): 92-100.

[53] Teng Bo, Jian Xiaoyun, Chen Wuyong. Effect of gallic acid content on tannin-titanium (Ⅲ) combination tanning [J]. Leather and Footwear Journal, 2013, 3 (13): 3-12.

[54] Teng Bo, Wu Jiacheng, Wang Yao, et al. Structural characteristics and collagen reaction ability of polyphenols in larch tanning wastewater-an important hint for vegetable tanning wastewater recycling. Polish journal of Environmental Studies, 2017, 26 (5), 2249-2257.

[55] 滕博,简晓昀,陈武勇,等.再生植物鞣剂的组成与鞣革性能研究 [J].中国皮革,2015,44(14):5-8.

[56] 滕博,周南,吴佳城,等.简单酚与多酚在皮胶原中的渗透过程.中国科技论文在线(http://www.paper.edu.cn),201606-806.

[57] 张金伟, 简晓昀, 滕博, 等. 黄柄曲霉对杨梅栲胶的降解过程研究 [J]. 中国科技论文, 2016, 11 (24): 2859–2864.

[58] Teng Bo, Wu Jiacheng, Chen Wuyong. Penetration of the polyflavonoids and simple phenolics: A mechanistic investigation of vegetable tanning. Journal of the American Leather Chemists Association, 2017, 112 (12): 420–427.

第四章 有机鞣制化学

第一节 合成鞣剂

早期的合成鞣剂仅限于那些鞣制性能与植物鞣剂相似的，主要是以芳香族化合物为原料的合成产品，用它来代替或部分代替植物鞣剂。目前，合成鞣剂是指用有机合成的方法所制成的鞣剂。按照这种广义的定义，合成鞣剂几乎包括除植物鞣剂外的所有有机鞣剂。它包括芳香族合成鞣剂、脂肪族合成鞣剂、树脂类合成鞣剂、醛类和醌类合成鞣剂等。在制革工业中，所指的合成鞣剂则主要指芳香族合成鞣剂，而其他类的合成鞣剂则只称某种鞣剂，如树脂鞣剂、醛鞣剂等。为了与生产实际中叫法一致，本书所指的合成鞣剂是指芳香族合成鞣剂，它是以芳香族化合物为主要原料合成的，具有鞣性的有机化合物。

一、合成鞣剂的分类

1. 按分子的化学组成和结构特征分类

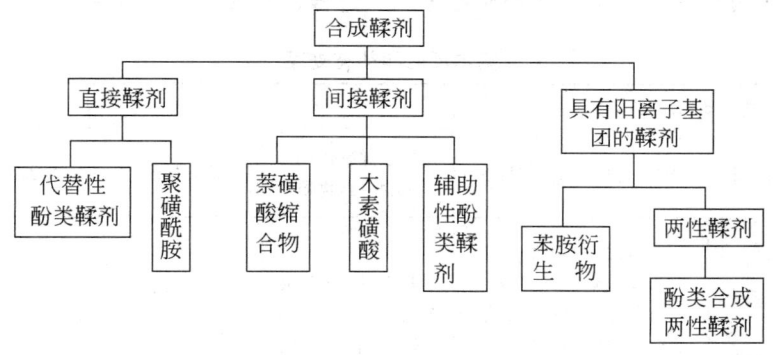

2. 按合成鞣剂的用途分类

（1）辅助性合成鞣剂　此类鞣剂分子中含有较多的磺酸基和少量的酚羟基，鞣剂 pH 低，分子较小，鞣液不能被盐析。由于鞣剂本身鞣性小，只能作辅助鞣剂使用。

（2）代替性合成鞣剂　此类鞣剂分子中含有较多的酚羟基和少量磺酸基，并含有砜桥或砜亚胺桥，鞣剂 pH 较高，分子大，大部分可被盐析。此类鞣剂本身具有良好的鞣性，可以单独鞣革，也可用于复鞣、填充。

上述两类合成鞣剂的特性见表 4-1。

（3）特殊性能的合成鞣剂　此类鞣剂是对皮革具有特殊作用的产品，例如，给予革白色的漂白性合成鞣剂；使铬鞣革充实的填充性合成鞣剂；鞣制和加油、鞣制和染色、鞣制—加油—染色—填充的多性能合成鞣剂等。

表 4-1　　　　　　　　　　芳香族合成鞣剂的分类特性

特　　性	辅助性鞣剂	代替性鞣剂
pH(分析浓度)	1.0~2.4	2.4~3.8
有效鞣性基团	磺酸基、酚羟基	磺酸基、酚羟基、羧基等
与皮结合方式	大部分是电价结合	电价结合、氢键结合（主要是氢键结合）
在1/3饱和食盐溶液中的盐析率/%	0	34.3~72.3
纯度/%	38~52	52~91
鞣制系数/%	16~27	21.5~67.4
鞣制用量/%	2~5	5~60
生产上可利用的特点	加快鞣速，提高鞣液利用率，防止鞣液沉淀和长霉，使坯革颜色浅淡，增加油脂吸收性能	加快鞣速，增加填充性能，改进颜色，改进油脂吸收程度。增加革的坚牢度、柔软性、填充性和耐光性能

二、合成鞣剂制造工艺简介

合成鞣剂的品种虽多，制造方法又多属专利，但就其反应类型和加工方法而言，则为数不多。可分为基本反应和补充处理两大过程，其要点详见表4-2。

表 4-2　　　　　　　　　　基本反应和补充处理

基　本　反　应		补　充　处　理		
增加分子中芳环数目	赋予合成鞣剂水溶性	加强鞣制作用减少有毒物质	调节酸度	浓缩、干燥、粉碎
1. 生成亚甲基、一甲基和二甲基亚甲基桥 2. 生成二甲基脲桥 3. 生成砜桥	1. 磺化 2. ω-磺化 3. 借助于甲醛缩合，使芳族磺酸与二羟二苯砜或酚的树脂结合 4. 酚醛树脂在芳族化合物中分散	1. 和甲醛补助缩合 2. 和有鞣性的无机化合物混合 3. 清除中性盐	1. 加入酸或碱 2. 加入缓冲混合剂	1. 蒸发 2. 蒸发和干燥 3. 蒸发、干燥和成粒 4. 蒸发、干燥和粉碎 5. 蒸发和喷雾干燥 6. 盐析和压制

（一）基本反应

制造合成鞣剂的基本反应有缩合、磺化，其目的是适当增加单体线型缩合的相对分子质量和赋予合成鞣剂良好的水溶性。

1. 磺化

磺化是以浓硫酸、发烟硫酸（$H_2SO_4 \cdot SO_3$）或氯磺酸来处理熔融态的酚、萘、蒽等，将磺酸基（—SO_3H）引入它们的分子内，从而赋予鞣剂适当的水溶性。过度磺化则会降低合成鞣剂的鞣性，因此磺化必须适度，最好每3~4个芳环上只有1个磺酸基。可以通过控制磺化反应的条件，来控制磺化程度。

根据磺化条件的不同，可以生成一磺酸、二磺酸和多磺酸以及砜型化合物（[结构式]）。磺酸基的引入，可以提高产品的溶解度，而砜型化合物的生成，则使原料的分子变大，给予它们良好的鞣制作用。

影响磺化过程的因素有：磺化剂的性质、磺化剂的浓度和用量、磺化的温度和时间，反应的趋向就取决于上述因素。

磺酸基在苯环上的取代属于亲电取代反应，符合苯环上的定位规律。

苯酚 + H_2SO_4 $\xrightarrow{\Delta}$ 邻羟基苯磺酸（低温） + 对羟基苯磺酸（高温 100℃）

对羟基苯磺酸 + 苯酚 $\xrightarrow{170℃}$ 砜型化合物

反应中间产物　　　　砜型化合物

萘 + H_2SO_4 $\xrightarrow{\Delta}$ 1-萘磺酸（低温 35~36℃） + 2-萘磺酸（高温 160℃）

蒽 + H_2SO_4
- 低温，α位磺化 → 1,5位 + 1,8位
- 高温，β位磺化 → 2,6位 + 2,7位

磺化反应是一个可逆反应，磺化过程的停止，与反应过程中不断生成的水有关：

萘 + H_2SO_4 $\rightleftharpoons$ 1-萘磺酸 + H_2O

由于硫酸被反应生成的水所稀释而使其反应力降低，硫酸的催化作用下降，以及由于

硫酸离解成离子而使其磺化反应达到平衡而停止。因此，适当加温，可以除去水分子，而使磺化反应易于进行；用浓硫酸和发烟硫酸有利于反应的进行。

磺化剂的用量也要影响到产品的性质。例如，在160℃对萘进行 β-磺化的最低 H_2SO_4 用量为 63.7%，而进行 β-二磺化用量为 81.4%。一部分未被磺化的原料可被生成的磺酸分散而完全溶解，但这种不完全磺化要降低鞣质含量，影响鞣剂鞣性。

应用 Na_2SO_3 代替硫酸作磺化剂，可将磺基引入原料酚侧链中，这样的磺化叫作磺甲基化或 ω-磺化：

$$\text{C}_6\text{H}_5\text{OH} + \text{CH}_2\text{O} + \text{Na}_2\text{SO}_3 \longrightarrow \text{C}_6\text{H}_4(\text{ONa})(\text{CH}_2\text{SO}_3\text{Na}) + \text{H}_2\text{O}$$

生成的磺酸，其磺基位于侧链上。凡磺基连在芳环上的磺酸，其酸性比连在侧链上的强。所以，制造合成鞣剂时，应用 ω-磺化比应用硫酸或发烟硫酸磺化的效果好一些。加入甲醛，可使磺化和缩合同时发生。

2. 缩合

缩合是制造合成鞣剂的一个重要过程，其目的是为了提高合成鞣剂分子中芳香环的数量。合成鞣剂的分子太小，鞣性不好；分子太大，则难以渗透，一般相对分子质量在 1000 以下。可以通过控制缩合反应的条件来控制缩合产物的相对分子质量。例如苯酚在酸性条件下进行缩合：

$$\text{C}_6\text{H}_5\text{OH} + \text{CH}_2\text{O} + \text{C}_6\text{H}_5\text{OH} \longrightarrow \text{HOC}_6\text{H}_4\text{CH}_2\text{C}_6\text{H}_4\text{OH}$$

生成物称为酚醛树脂，其硬度和相对分子质量都取决于甲醛与苯酚的摩尔比，摩尔比越大，平均相对分子质量越大，详见表4-3。

表4-3　　　　酚醛树脂缩合中甲醛用量对相对分子质量的影响

摩尔比(甲醛/苯酚)	每一分子中酚环的平均数	平均相对分子质量
0.5	2	300~350
0.66	3	450~500
0.75	4	600~700
0.80	5	750~900
0.90	10	1500~2000
1.0	—	—

缩合过程可在磺化前或磺化后进行，但先缩合后磺化一般反应较难进行（与苯环上取代基的定位效应有关），因此，多采取先磺化后缩合的方法进行。两种缩合过程的反应式如下所示：

先磺化后缩合：

$$\text{C}_6\text{H}_5\text{OH} + \text{CH}_2\text{O} + \text{HOC}_6\text{H}_4\text{SO}_3\text{H} \longrightarrow \text{HOC}_6\text{H}_4\text{CH}_2\text{C}_6\text{H}_3(\text{OH})(\text{SO}_3\text{H})$$

先缩合后磺化：

$$\text{HO-C}_6\text{H}_4\text{-H} + CH_2O + \text{H-C}_6\text{H}_4\text{-OH} \longrightarrow \text{HO-C}_6\text{H}_4\text{-CH}_2\text{-C}_6\text{H}_4\text{-OH}$$

$$\xrightarrow[\Delta]{H_2SO_4}$$

$$\text{HO-C}_6\text{H}_4\text{-CH}_2\text{-C}_6\text{H}_3(\text{OH})(\text{SO}_3\text{H})$$

缩合反应一般采用酸作为催化剂进行酸性缩合。缩合剂除了用甲醛外，还可用乙醛、丙酮、二羟甲基脲（ $O=C(NHCH_2OH)_2$ ），其缩合反应式分别为：

$$2\,C_6H_5OH + CH_3CHO \longrightarrow (HO\text{-}C_6H_4)_2CH\text{-}CH_3 + H_2O$$

$$2\,C_6H_5OH + CO(CH_3)_2 \longrightarrow (HO\text{-}C_6H_4)_2C(CH_3)_2 + H_2O$$

$$2\,C_6H_5OH + O=C(NHCH_2OH)_2 \longrightarrow (HO\text{-}C_6H_4\text{-}CH_2\text{-}NH)_2C=O + 2H_2O$$

（二）补充处理

经过基本反应（磺化与缩合）所获得的中间产品，最后还需进行补充处理。其目的：①加强合成鞣剂的鞣制作用，减少污水（制造合成鞣剂及鞣皮时产生的）中有害物质的含量（主要是未缩合的小分子酚类物质）；②赋予合成鞣剂一定的酸度；③赋予合成鞣剂所需的浓度或粉碎度（固体产品）。以下是补充处理的几个方面。

1. 二次缩合

在合成鞣剂的生产中，用甲醛对苯酚的低聚物进行二次缩合，是一种最普通和最重要的补充处理。由于一元酚和甲醛缩合后，反应混合物中经常残留少量没有反应的一元酚，它将使合成鞣剂及其鞣革呈不良气味，随废水进入河流造成污染，导致鱼类中毒死亡。所以，必须用甲醛对半成品进行补充处理，以消除游离酚。甲醛的添加量应能使未反应的苯酚转变成酚醛树脂。这一反应常在酸性介质中进行。通过二次缩合处理，可以显著地降低游离酚量，大大改善所制得的合成鞣剂的鞣性。

2. 除去杂质

合成鞣剂大都是多成分系统，除有效的鞣质外，还含有大量杂质，其数量可高达产品质量的 30%～40%。其中有多种无机盐,大部分为硫酸盐,它们将对鞣制产生不良影响。例如,与植物鞣剂混合使用时,由于盐析作用而使鞣质沉淀,从而增加鞣剂的消耗量。因此,为了改善合成鞣剂的鞣性,可添加氢氧化钙,使硫酸盐变成硫酸钙沉淀而除去。添加 10% $K_3Fe(CN)_6$ 溶液或六偏磷酸钠来除去合成鞣剂中的铁离子。也可用离子交换树脂来除去无机盐。

3. 中和

磺化后的产物中,还含有少量游离酸,由于革中含游离酸对革的质量有不利影响以及某些鞣法的需要,如合成鞣剂与植物鞣剂联合应用时,植物鞣剂的 pH 应为 3.5～5.0,因此合成鞣剂出厂前,根据需要应调整其酸度。

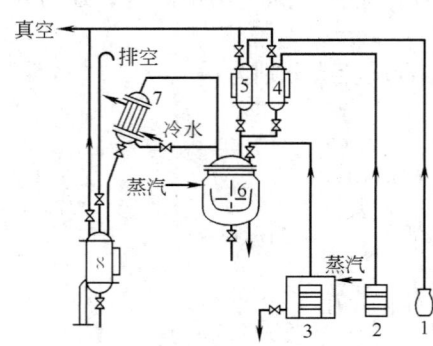

图 4-1 酚-醛合成鞣剂生产设备装置
1—硫酸槽　2—甲醛桶　3—苯酚熔化罐
4—甲醛高位计量槽　5—硫酸高位计量槽
6—反应釜　7—冷凝器　8—接水槽

对于强酸性产品,最常用氨水、氢氧化钠或碳酸钠进行中和。其中碳酸钠用于从粗蒽或萘所制得的磺化烃型合成鞣剂。用碳酸钠中和这类合成鞣剂时,冷却后即生成脆性固体物质,不必干燥即可输出,供皮革厂使用。

胶原吸附合成鞣剂,在有铵离子存在时,比在有钠离子存在时更强烈,因此,常用氨水来调节酸度。加入乙酸及醋酸盐,使溶液构成缓冲体系,有利于鞣制。

合成鞣剂可制成液体或固体。制成固体产品,可采用各种方法脱水,特别是在液膜设备中蒸发,制成块状,并加以粉碎;采用喷雾干燥法可制成粉状合成鞣剂。

生产合成鞣剂的设备大同小异,图 4-1 是酚-醛合成鞣剂的生产设备装置。

三、合成鞣剂制造举例

(一) 辅助性合成鞣剂

以萘-醛合成鞣剂为例。

1. 化学反应过程

$$磺化 \longrightarrow 缩合 \longrightarrow 中和$$

(1) 磺化反应　其目的是使鞣剂具有一定的水溶性。

$$\text{萘} + H_2SO_4 \xrightarrow{155℃以上} \text{萘}-SO_3H + H_2O$$

磺化产物中有:β-萘磺酸、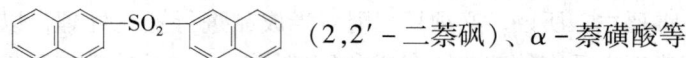(2,2'-二萘砜)、α-萘磺酸等。

(2) 缩合反应　其目的是通过提高鞣剂分子中芳香环的数量使鞣剂具有良好的鞣性。

$$2\,\text{萘}-SO_3H + CH_2O \xrightarrow{96～100℃} HO_3S-\text{萘}-CH_2-\text{萘}-SO_3H + H_2O$$

$$\text{HO}_3\text{S}-\text{萘}-\text{CH}_2-\text{萘}-\text{SO}_3\text{H} + 2\text{NaOH}$$

↓ 稀释
合成鞣剂 NF

$$\text{NaO}_3\text{S}-\text{萘}-\text{CH}_2-\text{萘}-\text{SO}_3\text{Na} + 2\text{H}_2\text{O}$$

扩散剂 N

缩合反应是放热反应，缓缓加入甲醛后，控制反应温度，继续搅拌，直到没有甲醛气味为止。

2. 原材料计算

$$\frac{1\text{mol 萘}}{1\text{mol H}_2\text{SO}_4 (100\%)} = \frac{128.17}{98.08}$$

$$\frac{1\text{mol 萘(或1mol 萘磺酸)}}{0.7\text{mol 甲醛}(100\%)} = \frac{128.17(\text{或}208.13)}{21.02}$$

根据反应式，甲醛的用量应为 0.5mol，用 0.7mol 的目的在于使缩合反应更完全。

3. 生产流程

精萘 → 粉碎 → 加热 → 磺化（155℃以上）→ 缩合（98~107℃）→ 稀释 → 出料 → NF合成鞣剂（pH1.0~1.2）
硫酸↓ 甲醛↓ 水↓
↓NaOH
中和 → 干燥 → 扩散剂N（pH7~9）

4. 用途

合成鞣剂 NF 主要用于调节植物鞣液的 pH，代替无机酸用于浸酸，促使植物鞣质渗透和鞣质沉淀溶解，植鞣革漂洗等。

扩散剂 N（又名扩散剂 NNO）主要用作染色匀染剂、植物鞣剂的分散剂、铬鞣的碱化剂、中和复鞣剂等。

（二）代替性合成鞣剂

代替性合成鞣剂以苯酚、甲苯酚和多元酚为原料，经缩合、磺化或 ω-磺化、中和等反应过程制成。它们都具有多个羟基，所以和胶原反应的能力较强，即显示出良好的鞣性。可以部分和大部分代替植物鞣剂，用于鞣制各种轻革和重革。

以酚-醛树脂合成鞣剂为例。

1. 反应过程

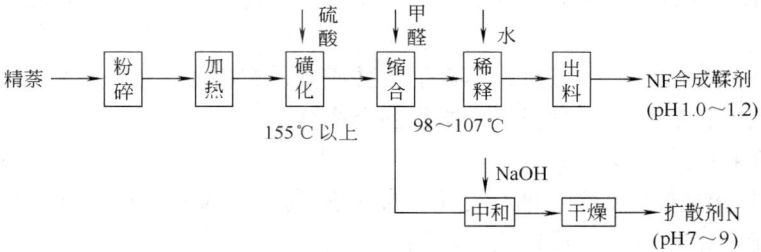

不溶于水的酚醛树脂

$$\text{溶于水的鞣剂:} \quad \left[\underset{\text{OH}}{\text{C}_6\text{H}_4}-\text{CH}_2-\underset{\text{OH}}{\underset{|}{\text{C}_6\text{H}_3}}-\text{CH}_2\right]_n - \underset{\text{OH}}{\text{C}_6\text{H}_3}-\text{SO}_3\text{H}$$

溶于水的鞣剂

缩合时甲醛与苯酚的摩尔比影响分子链的长短（反应式中 n 值的大小）。甲醛的用量大，则亚甲基桥越多，合成的线型结构的分子链就越长，相对来说端基就越少，酚-醛树脂难溶于水，水溶性差的酚-醛树脂是无法用作鞣剂的。一般甲醛与苯酚的摩尔比为 0.5~0.7。如摩尔比达到 1 时，线型结构转变成体型结构（酚醛塑料），则无法磺化。

磺化时磺化温度低，所得鞣剂颜色浅淡。一般用浓 H_2SO_4 和发烟硫酸，或者反应中加醋酸酐，使之与反应生成的 H_2O 结合，采取这些措施，磺化反应即可在 70~80℃下进行。

磺化产物中尚有单环酚酸和游离苯酚，有必要再加适量甲醛进行二次缩合。若甲醛与酚的摩尔比较大，缩合较完全，可不进行二次缩合，以防止生成黏稠性过大的合成鞣剂溶液。

中和时一般用碳酸钠、氨水，然后加乙酸或其他有机酸，以提高鞣剂的缓冲性能。

国产 2 号合成鞣剂就属这类反应制得的合成鞣剂。

2. ω-磺化的酚-醛合成鞣剂

在有亚硫酸钠或亚硫酸氢钠存在下，使苯酚或苯酚的缩合产物与甲醛缩合，制得磺酸基在侧链上的酚-醛合成鞣剂，例如：

$$\underset{\text{OH}}{\text{C}_6\text{H}_4}-\text{CH}_2-\left[\underset{\text{OH}}{\text{C}_6\text{H}_3}-\text{CH}_2\right]_n-\underset{\text{OH}}{\text{C}_6\text{H}_4} + \text{CH}_2\text{O} + \text{Na}_2\text{SO}_3$$

$\downarrow \omega$-磺化

产物：两端带 $\text{CH}_2\text{SO}_3\text{Na}$ 基团的酚-醛缩合物

$\downarrow \text{H}_2\text{SO}_4$ 中和

产物：两端带 $\text{CH}_2\text{SO}_3\text{H}$ 基团的酚-醛缩合物

H_2SO_4 中和后的 pH 为 4.5~5.0,再用乳酸调到 pH 为 3.8~4.2 即可蒸发得产品。国产 4 号、5 号合成鞣剂属于 ω - 磺化产品。

3. 酚 - 醛树脂合成鞣剂鞣性与应用

由酚 - 醛树脂合成鞣剂鞣制的革柔软、丰满、鞣制系数高、抗张强度高,收缩温度高达 82℃。这类鞣剂可单独用或与植物鞣剂联合鞣制重革,也可作铬鞣革的复鞣剂、填充剂用。

(三) 木素磺酸鞣剂和木素磺酸合成鞣剂

为了改进合成鞣剂的性能以及降低成本,在合成鞣剂生产中,广泛应用木素磺酸鞣剂作为分散剂。木素磺酸系从亚硫酸盐法制造纸浆的废碱液中提取的。还可从栲胶废渣中提取木素磺酸盐。

木素是一类以苯丙烷单元为骨架,具有网状结构的高聚物。虽然各种植物都含有木素,但它们的组成和结构并不完全一样。木素的 3 种基本结构单元如下:

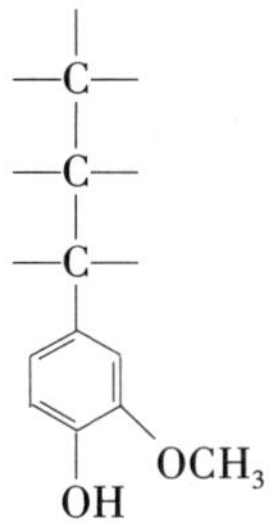

愈疮木基丙烷 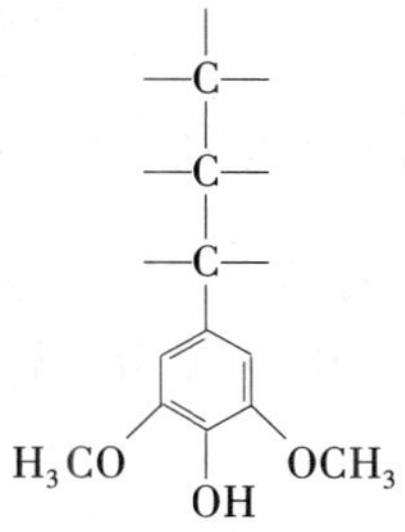　　　紫丁香基丙烷 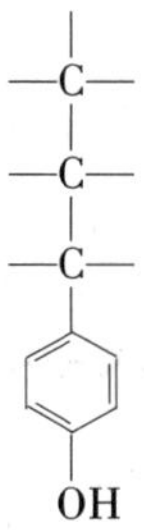　　　对 - 羟基苯基丙烷

木素大分子是由相同的或类似的结构单元重复连接而成的。基本单元间的连接键主要是几种醚键和 C—C 键。

应用亚硫酸盐法制造纸浆时,木素与蒸煮液中的亚硫酸盐和游离酸作用,变成可溶性的木素磺酸盐。蒸煮液中分离的木素磺酸盐,每 2~3 个结构单元中有 1 个磺酸基,因此,木素的水溶性很好,溶液属真溶液体系。

亚硫酸盐法所得的纸浆废液中,除木素磺酸盐外,还有纤维素的分解产物,各种糖以及无机杂质。用硫酸、硫酸钠、碳酸钠等处理以除去 Ca^{2+},即制得木素磺酸鞣剂。清除 Ca^{2+} 的反应可分别表示如下:

$$(\text{木素—SO}_3^-)_2 Ca^{2+} + H_2SO_4 \longrightarrow 2\,\text{木素—SO}_3H + CaSO_4 \downarrow$$

$$(\text{木素—SO}_3^-)_2 Ca^{2+} + Na_2SO_4 \longrightarrow 2\,\text{木素—SO}_3Na + CaSO_4 \downarrow$$

$$\text{木素—SO}_3^- \diagdown \text{Ca}^{2+} + \text{Na}_2\text{CO}_3 \longrightarrow 2\text{ 木素—SO}_3\text{Na} + \text{CaCO}_3\downarrow$$
$$\text{木素—SO}_3^- \diagup$$

采用碳酸钠处理，在生成 $CaCO_3$ 沉淀的同时，也要使其中的铁离子变成氢氧化铁沉淀。把不含钙和铁离子的液体浓缩和干燥，即得木素磺酸鞣剂。

木素磺酸鞣剂的特性是分散性和稳定性强，渗透速度快。最适渗透和最适结合都在强酸性范围内（pH 2）。单用这种鞣剂鞣成的革，成革扁薄，收缩温度几乎没有变化，因为，虽然磺酸基可以和胶原的氨基结合，但在胶原中几乎没有发生交联作用。主要利用它的分散性而与植物鞣剂和铬鞣剂结合使用。在制造合成鞣剂和树脂鞣剂时，常用它作分散剂，国产 7 号和 9 号合成鞣剂都是应用木素磺酸作分散剂制成的代替性合成鞣剂。7 号合成鞣剂的制备方法如下：

苯酚 ⟶ 缩合 ⟶ 磺化 ⟶ 混合 ⟶ 成品
（甲醛）　　（硫酸）　　（木素磺酸）

用这类鞣剂制得的革，成革淡黄，紧实而有弹性，不易裂面。

用木素磺酸与砜和甲醛缩合，可制成砜型合成鞣剂，反应如下：

$$\text{(HO-C}_6\text{H}_4\text{-SO}_2\text{-C}_6\text{H}_4\text{-OH)} + \text{木素—SO}_3\text{H} + \text{CH}_2\text{O} \xrightarrow[-\text{H}_2\text{O}]{105℃, 6h}$$

$$\text{HSO}_3\text{—木素—CH}_2\text{—(HO-C}_6\text{H}_3\text{-SO}_2\text{-C}_6\text{H}_3\text{(OH)-CH}_2\text{-C}_6\text{H}_3\text{(OH)-SO}_2\text{-C}_6\text{H}_3\text{-OH)—CH}_2\text{—木素—SO}_3\text{H}$$

（四）两性合成鞣剂和阳离子合成鞣剂

1. 两性合成鞣剂

两性合成鞣剂分子中带有氨基和羟基，在一定条件下可带正电或负电。两性合成鞣剂中虽然没有磺酸基，但由于含有亲水基团，所以它们能溶于水。

一般是利用酚和苯胺缩合制得。由于氨基的存在，在酸性介质中就能生成 $—\text{NH}_3^+\text{Cl}^-$ 型的化合物，而显示铵盐阳离子的性质。而当溶液的酸度降低时（pH 提高），鞣剂分子中所带的阳电荷逐渐减小，酚羟基的离解则逐步增加，而使氨基酚逐渐由阳离子活性的变为阴离子活性的。其变化过程可以用简单的氨基酚示意如下：

$$\underset{\text{OH}}{\overset{\text{NH}_3^+}{\bigcirc}} \underset{\text{H}^+}{\overset{\text{OH}^-}{\rightleftharpoons}} \underset{\text{OH}}{\overset{\text{NH}_2}{\bigcirc}} \underset{\text{H}^+}{\overset{\text{OH}^-}{\rightleftharpoons}} \underset{\text{O}^-}{\overset{\text{NH}_2}{\bigcirc}}$$

在酸性介质中，pH＜5时，两性合成鞣剂的溶解性良好，提高pH，其溶解度逐渐减小。

可采用下述方法制备不含磺酸基，并在微酸性介质中具有鞣性的两性合成鞣剂。

① 将55g间苯二酚、130g盐酸和100g水配成溶液，与102g 30%甲醛液混合并加热。

② 在温度8℃下，使55g间苯二酚、75g萘胺和75g甲醇的溶液与52g 30%甲醛液混合，反应终结后，将混合物放在水浴上加热。

2. 阳离子合成鞣剂

阳离子合成鞣剂是一种不含酚羟基的鞣剂，它是苯胺和甲醛的缩合物经热处理制得：

$$\text{C}_6\text{H}_5\text{NH}_2 + \text{CH}_2\text{O} + \text{NH}_4\text{Cl} \longrightarrow \text{[NH-CH}_2\text{-Ar-NH-CH}_2\text{-Ar-} \cdot \text{HCl]} \xrightarrow{\Delta}$$

阳离子合成鞣剂鞣制，先在酸性介质中渗入皮内，然后进行中和而使其在皮纤维间形成沉淀，从而产生一定程度的鞣制作用。

使苯酚、甲醛在硫酸铵的存在下，制得下列阳离子性合成鞣剂：

$$\text{C}_6\text{H}_5\text{OH} + \text{CH}_2\text{O} + (\text{NH}_4)_2\text{SO}_4 \xrightarrow{\Delta} \text{HO-Ar-CH}_2\text{-Ar-OH-CH}_2\text{-CH}_2\text{-}\overset{+}{\text{N}}\text{H}_3 \cdot \frac{^-\text{SO}_4}{2}$$

它主要用作固定剂，使进入革中的阴离子性物质（阴离子性染料、加脂剂、鞣剂等）生成不溶性的盐而固定于革内。

（五）金属络合合成鞣剂

合成鞣剂的酚羟基和磺酸基都能透入铬、铝络合物而生成含铬、含铝、含铬－铝或其他金属的合成鞣剂。这类含金属的合成鞣剂鞣性良好，能增加成革的丰满柔软度，改善由其他合成鞣剂鞣制带来的染色问题（浅色效应），这类鞣剂多用于复鞣。

制造金属络合合成鞣剂的途径有两种，混合配制法与反应配制法。混合配制法是在已反应制得的合成鞣剂溶液中加入金属盐类，如加入三价铬盐、三价铝盐等，在加热和搅拌的情况下，促使金属盐类与合成鞣剂的络合与混合。

反应配制法是将制造合成鞣剂的原料或预缩合物与铬盐（或铝盐）在加热的情况下进行反应，在反应过程中合成反应与铬合反应同时发生。

例如，国内所制含铝－铬的金属络合合成鞣剂，系由磺甲基化酚醛缩合物（80kg）、硫酸铝（80kg，溶于等量水中）、红矾钠（2kg，溶于8kg水中）、亚硫酸化纸浆废液（80kg）和乳化剂 STH（5kg），在加热搅拌的情况下反应制得。

德国 BASF 公司的 Basyntan AC，Bayer 公司的 Tanigan CU 属于铬－酚醛合成鞣剂，瑞士汽巴－嘉基公司的 Tannesco H 属于铬－砜－萘磺酸合成鞣剂。这些鞣剂在国内的一些制革厂中应用于复鞣，效果较好。国内也有同类产品。

（六）特殊性能合成鞣剂

这类合成鞣剂包括除具有鞣性外，还具有其他特殊性能的各种鞣剂：①白色革用合成鞣剂，能用以鞣制纯白而耐光的皮革；②具有加油性能的合成鞣剂，除具有鞣制性能外，还能使革获得牢固而深透的加油效果；③具有鞣制和染色性能的合成鞣剂，其结构中含有特殊的着色基团，能使革获得鲜艳而深透的颜色。

1. 白色革用合成鞣剂

用酚类为原料，经过磺化，再与脲和甲醛缩合，以及与苯酚或其同系物和甲醛的缩合物进行缩合。用这种方法得到的合成鞣剂用于铬鞣鞋面革的复鞣，可使革呈白色。

二羟二苯砜和脲、甲醛缩合，生成不溶性树脂，然后用萘磺酸将其分散，可制得耐光性合成鞣剂，用以漂白铬鞣革，可以产生迅速而强烈的表面复鞣效果，并能改善白色革的质量，使之具有良好的耐光性。这种鞣剂的成分为：

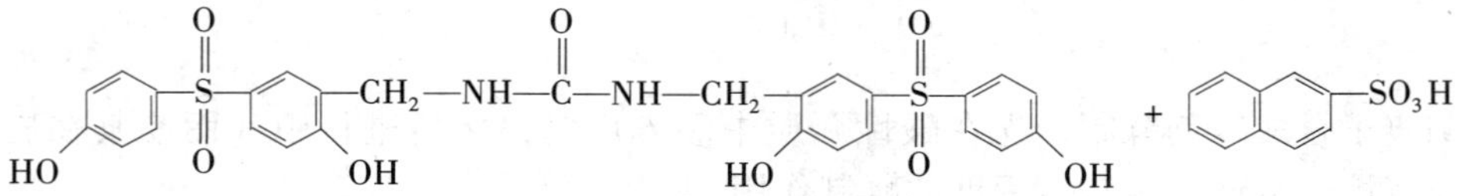

国内所制的合成鞣剂 HW 属于这一类型。

2. 白色皱纹革用合成鞣剂

这是一种芳环间含磺酰胺（—NH—SO$_2$—）桥的，其分子中至少含 3 个芳环的合成鞣剂。例如，对氨基苯磺酸和硝基甲苯磺酰氯（ClSO$_2$—C$_6$H$_3$(CH$_3$)(NO$_2$)）在微碱性溶液中反应，可以获得下列中间产品：

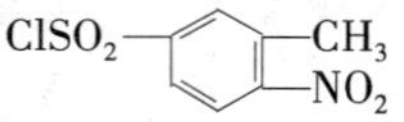

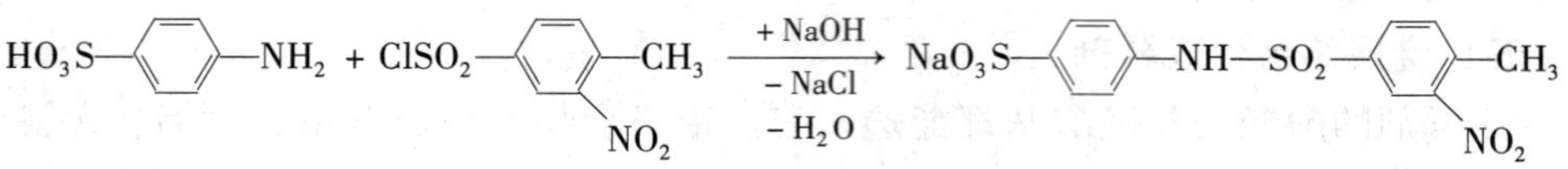

生成的硝基被还原成氨基后，再和硝基甲苯磺酰氯反应，即生成下列产物：

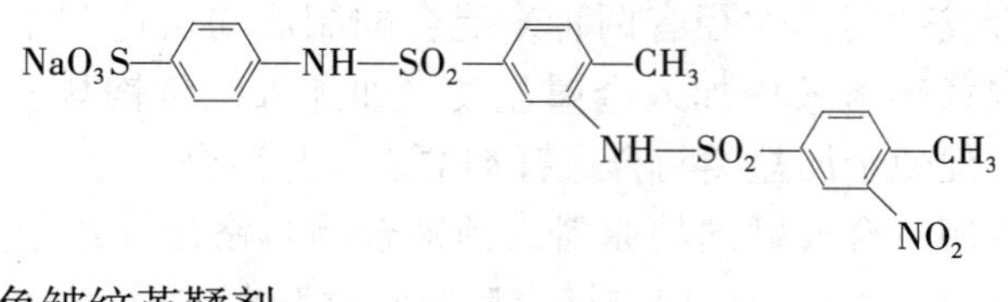

所得产品是一种白色皱纹革鞣剂。

同样，由间,间′－联苯胺二磺酸、间－硝基苯磺酰氯和邻二氯苯磺酰氯反应，可制成特殊合成鞣剂 LL，反应过程如下：

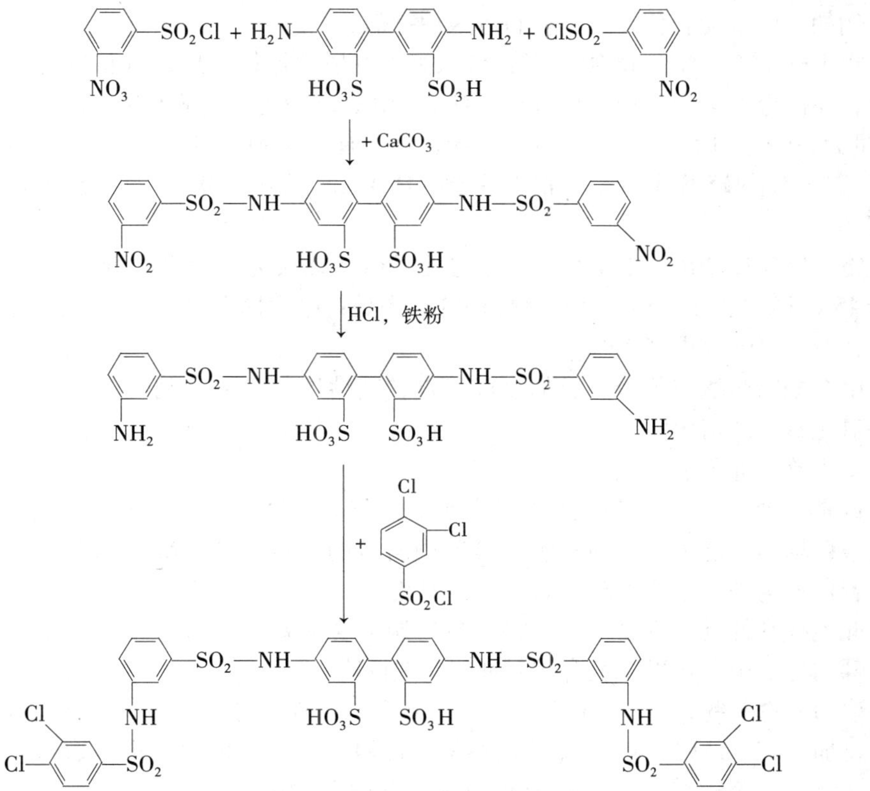

$$\text{(A)}$$

结构式 (A): 间硝基苯磺酰氯 + 联苯胺二磺酸 + 间硝基苯磺酰氯

↓ +CaCO$_3$

$$\text{(B)}$$

↓ HCl，铁粉

↓ + 邻二氯苯磺酰氯

合成鞣剂 LL

如果使半成品（B）再加硝基苯磺酰氯缩合，将所得硝基化合物在盐酸存在下用铁粉还原成氨基化合物，然后再和邻二氯苯磺酰氯缩合，可制得特殊的合成鞣剂 LLB：

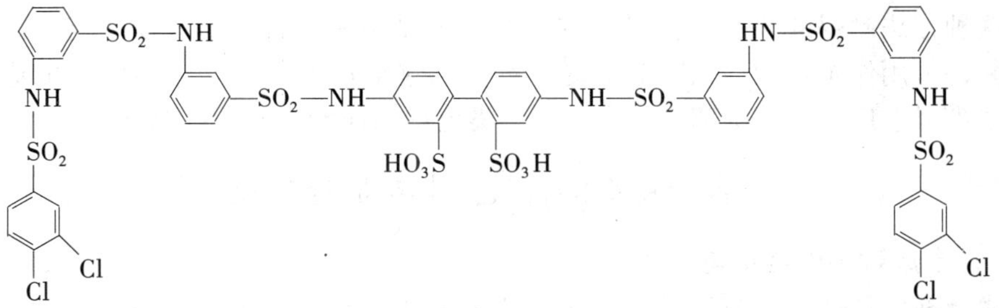

（合成鞣剂 LLB 结构式）

如果变更氨基衍生物和磺酰氯，可以制成多种合成鞣剂。

这类合成鞣剂不含游离酚羟基，所鞣成革色白并耐光。它们的收敛性强，用于初鞣，可使裸皮皱缩，制成皱纹革。由于制造工艺复杂，成本高，故它们只用于鞣制爬虫类美术革。

3. 加油合成鞣剂

这类合成鞣剂具有加油和鞣制两种性能。由于鞣剂分子中具有较长的碳氢链，因而具有加油性能。可以天然油脂或脂肪烃或其氧化物（合成脂肪酸）为基础制成。

例如，以苯酚和鱼油为原料制造这种鞣剂。

将100份工业苯酚和60份鱼油装入配备有搅拌器、加热设备和温度计的搪瓷反应器中，在混合均匀后，加150份水、41份（以SO_2计算）亚硫酸钠，然后将127.3份（含量为30%）甲醛液缓缓地加入。将混合物加热到90~98℃，并在此温度下搅拌8~12h。用30%的硫酸将所得产品中和到pH 4，成品在酸化时，应能和水生成稳定的乳液。

铬鞣绵羊皮和山羊皮染色后，用这种鞣剂（鞣质为削匀皮质量的2%），在温度不低于45℃下，加油1.5h，其鞣制加油的结果是：厚度提高20%，抗张强度提高15%~20%，粒面层强度提高20%~25%。

由合成脂肪酸与苯酚制成的合成鞣剂，其性质与上述鞣剂相似，只是它的加油成分是氧化石蜡的衍生物。

4. 染色合成鞣剂

这是一种在分子中具有鞣性部分和染色部分的鞣剂，它们能与皮纤维牢固结合，并使染色均匀。这种染料的颜色与鞣剂中所带的染色部分的颜色相同。染色时，除使粒面着色均匀外，还能提高粒面层的可塑性。

此类鞣剂的制造方法一般是将染料与制造合成鞣剂的材料或中间体反应，将染料加在鞣剂分子中。现以绿色合成鞣剂的制造说明：

取188份苯酚，在100℃下用204份硫酸（96%）磺化4h。让磺化物冷却到40~45℃，加入136份尿素和80份水的溶液，慢慢加入30%的甲醛进行缩合，直至无甲醛气味，缩合物溶于水为止，加50份50%的氢氧化钠中和。

在200份所得缩合物中，加入4份溶于18%盐酸中的碱性孔雀绿，再加4份30%的甲醛，在30~35℃下缩合2h，直至产品无甲醛气味，缩合物溶于水为止。然后用50%氢氧化钠30份中和，用20份甲酸和5份冰醋酸调pH至2.8~3.4。所得绿色合成鞣剂含鞣质34.2%，非鞣质13.5%，纯度71.7%。

用这种方法制得的产品，在鞣性方面基本上是由基础鞣剂的性质决定，随着所用原料不同，可用作主鞣剂、预鞣剂或复鞣剂。用它鞣过的革，颜色与缩合的染料色调相同，如染料选用适当，则革色非常耐光，染色均匀而能染透，色调纯正。

四、合成鞣剂的鞣性及其与胶原的反应

（一）合成鞣剂的结构与鞣性

合成鞣剂的鞣性与其分子结构有关，主要取决于鞣质分子的大小、分子中官能基的种类、数量、位置以及连接芳环桥键的类型。

1. 鞣剂分子的大小

制造合成鞣剂的原料为芳烃化合物、多元酚以及煤焦油、木焦油、木素磺酸等。这些原料本身是无鞣性的，或者鞣性很差，必须通过缩合使分子增大后，才有鞣性。一般来说，在不影响鞣剂分子渗透的前提下，分子越大，鞣性越好，填充性越强。综合渗透性与结合性，鞣剂平均相对分子质量以400~1000较好。

环形结构与鞣性也有关系，一般稠环的鞣性比单环好。例如，单环的芳烃经缩合后

鞣性很差。双环的萘经缩合后，具有鞣性。三环的蒽经过磺化，不经缩合，即具有鞣性。

由于缩合反应的复杂性，即使反应控制非常严格，也会有副反应发生或反应不完全，因此，合成鞣剂的相对分子质量只是平均概念，可以通过黏度法和凝胶渗透色谱法来测定鞣剂的平均相对分子质量。

2. 酚羟基和磺酸基

合成鞣剂多是芳烃和酚类经磺化、缩合或缩合、磺化制成的，其分子中主要含磺酸基和酚羟基。

磺酸基的主要作用是赋予鞣剂适当的水溶性。磺酸基离解性强，虽可与胶原的氨基成电价结合，但这种结合可逆，结合不牢。由于酚羟基可与胶原的氨基、肽基等形成氢键结合，因此，合成鞣剂的结合性主要体现在酚羟基上，或自身分子大，填充在皮内，或由于物理结合等因素。

由表4-4和表4-5可以看出，磺酸基数量的增加会显著地削弱鞣剂的鞣性。磺化的目的主要是赋予鞣剂水溶性，因此磺化程度只要保证鞣剂有足够的溶解性即可，最好每3~4个芳环上有1个磺酸基。从表4-4还可以看出，直接和酚环连接的磺酸基对合成鞣剂的影响要比和侧链连接的（ω-磺化）大一些。

表4-6表示了羟基与鞣性的关系，对于酚类合成鞣剂来说，鞣性与鞣质分子中酚羟基成正比，即分子中的酚羟基越多，鞣性越好。此外，酚羟基在环上的位置与鞣性也有关系。

表4-4　　　　　　　　　　　磺化与鞣性的关系

鞣　剂	分　子　式	收缩温度/℃	革的体积成型
2mol 苯酚+1mol 甲醛	HO—⟨⟩—CH$_2$—⟨⟩—OH	77	+++
磺化二羟二苯基甲烷	HO—⟨⟩—CH$_2$—⟨⟩—OH, SO$_3$H	71	+
ω-磺化-二羟二苯基甲烷	HO—⟨⟩—CH$_2$—⟨⟩—OH, CH$_2$SO$_3$H	75	++

表4-5　　　　　　　　　　　磺化程度与鞣性的关系

合成鞣剂牌号	纯度/%	牛皮腹部的革样	
		体积产率/%	鞣制系数/%
ΦT-90[①]（两次缩合）	49.5	220	34
ΦT-50（两次缩合）	65.9	301	56
ΦT-40（两次缩合）	79.0	322	60
ΦT-30（两次缩合）	84.0	378	87

注：①合成鞣剂牌号中的数字表示对酚醛树脂质量的硫酸用量（%）。

表 4-6　　　　　　　　　　　羟基与鞣性的关系

鞣剂组成	收缩温度/℃	革的表观密度/(g/cm³)
间苯二酚 + 0.5mol/L 甲醛	97	0.42
邻苯二酚 + 0.5mol/L 甲醛	85	0.55
苯酚 + 0.5mol/L 甲醛	78	0.70
苯酚 + 0.5mol/L 丙酮	70	0.85
α-萘酚 + 0.5mol/L 甲醛	91	—
β-萘酚 + 0.5mol/L 甲醛	79	—

3. 缩合桥型与鞣性

合成鞣剂的芳环间桥键的类型，对合成鞣剂的鞣性和耐光性有影响，例如砜桥（—SO$_2$—）和磺酰亚胺桥（—NH—SO$_2$—）都能加强芳香族合成鞣剂的鞣性和耐光性。这是因为这些桥键可以和胶原的氨基、羟基、肽基形成氢键以及桥键的存在使酚式结构得以稳定（即不易向醌式结构转变），因此具有砜桥和磺酰亚胺桥的合成鞣剂，其鞣性和耐光性较好。

缩合桥对鞣剂鞣性与耐光性影响的顺序依次为：

鞣性：—SO$_2$—NH— > —SO$_2$— > —CH$_2$—

耐光性：CH$_2$=CH—CH(—CH$_2$—) > —NHSO$_2$— > —SO$_2$— > CH$_3$—C(—CH$_3$)—CH$_3$ > —CH$_3$—O—CH$_3$— >

（二）合成鞣剂与胶原的反应

1. 芳磺酸型合成鞣剂

芳磺酸合成鞣剂与胶原的反应，主要以其磺酸基与胶原的氨基成电价结合，可以用下列简式表示：

$$^{-}OOC—P—NH_3^{+} + H^{+\ -}O_3S—R \longrightarrow HOOC—P \boxed{—NH_3^{+} \cdot\ ^{-}O_3S—} R$$

式中虚线框起来是表示生成的盐式化合物是不易离解的。胶原与芳磺酸的反应情况取决于所生成的盐式反应物的离解程度。多环芳磺酸（作为合成鞣剂应用的化合物）的阴离子对胶原的亲和力相当大，结合较牢，耐水洗，甚至部分地耐碳酸钠溶液洗涤。

胶原与磺化合成鞣剂所生成的反应物中，仍留下带电荷的羧基离子，而胶原则从两性电解质转变成多（缩）酸。其羧基在酸性介质中不会电离，因而也不会使裸皮发生较大膨胀。因此，有的制革厂采用芳磺酸与无机酸结合浸酸的方法，用于加强胶原的微细结构。

表 4-7 表明，芳磺酸化合物不能提高胶原的收缩温度。裸皮经磺酸型合成鞣剂的酸性溶液处理后，膨胀度减小，其结果是提高了裸皮的多孔性，从而提高裸皮的渗透性，鞣剂向皮内渗透更容易，加速了鞣制过程。

表4-7　　　　　　　　　　　各种酸对胶原的亲和力（0℃）

酸　类	化　学　式	pH	亲和力/(kcal/mol)	胶原的收缩温度/℃	胶原的膨胀度/%*
盐酸	HCl	2.5	-0.9	42	258
硫酸	H_2SO_4	3.3	-1.1	43	235
苯磺酸	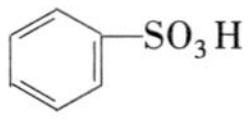 C₆H₅—SO₃H	—	—	58	198
对甲苯磺酸	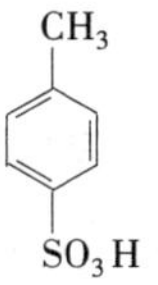 CH₃—C₆H₄—SO₃H	3.2	-2.7	—	—
β-萘磺酸	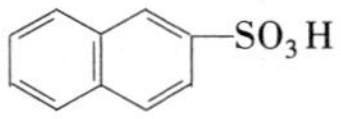 C₁₀H₇—SO₃H	3.85	-4.3	61	111

* 以胶原在水中的膨胀度作为100%计算。1kcal=4186.8J。

2. 不含磺酸基的酚类化合物

用酚类化合物鞣制的革样，经水-丙酮混合液多次处理，可以从革样中抽提出大部分结合的酚类鞣质，经处理后的革样完全丧失了革的性能，其收缩温度相当于裸皮的收缩温度，干燥后即失去其多孔性而呈角质态。如果酚类鞣剂的鞣制是共价键结合，则在丙酮等有机溶剂处理后就不会被抽提出，也不会被破坏。可见，用酚类化合物进行鞣制时，共价键结合并不具有决定性的意义。然而，合成鞣剂鞣革经水-丙酮混合液抽提处理后，鞣制效应虽然消失，但蛋白质结构中的酚分子仍有部分保持连接，因而认为酚桥以其一端以共价键和蛋白质结合。因此，用酚类化合物鞣制时，在相邻肽链之间可能生成两种桥键，即胶原和鞣剂分子以两个氢键（Ⅰ）或是以一个氢键及一个共价键结合（Ⅱ）：

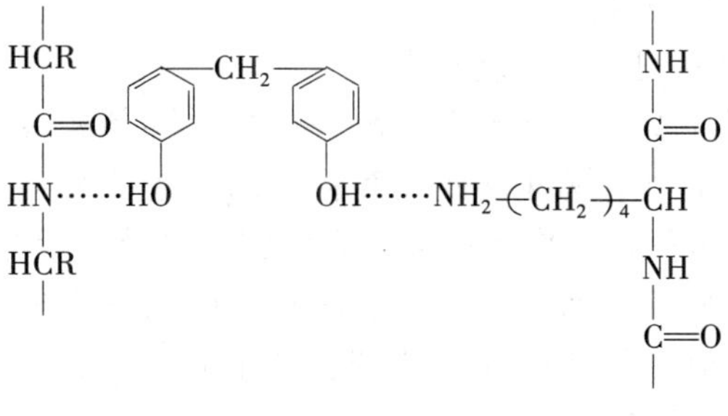

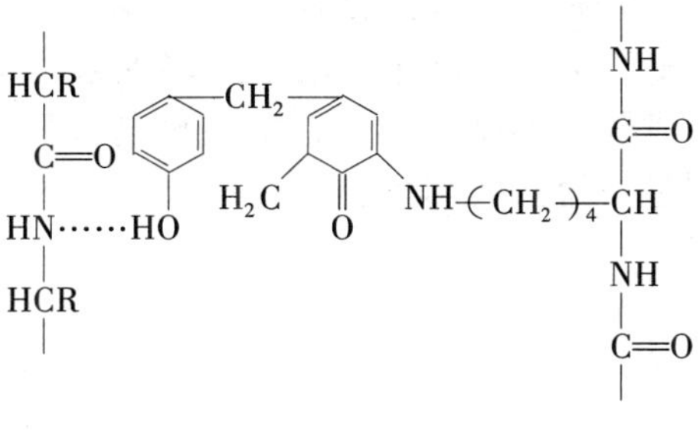

植物鞣革的氨基酸组成的测定结果，证实了共价－氢键桥形式的可能性。可以预料，用酚类合成鞣剂鞣制裸皮，同样可能形成这种桥键。

在碱性介质中，酚完全被氧化时，就转变成醌，合成鞣剂相应地失去其鞣性。当氧化不完全或只部分氧化时，由于还有一部分酚羟基保持不变，则获得另一种结果。可以 2,6－二羟基萘为例说明。

在无空气下用这种化合物鞣制，可使裸皮的收缩温度提高 11℃；在有空气下鞣成的革样，其收缩温度可提高 28℃；在 pH 为 8 的介质中，将反应产品小心氧化，可使收缩温度提高 53℃，即达到 115℃。

由于酮烯醇互变异构作用的结果，酚类化合物也可以生成酮型羰基。间苯二酚和间苯三酚的羟基具有转变成酮式的特殊倾向，而且当它们和甲醛缩合时，还可以促进这一转变。由间苯二酚与甲醛缩合生成的酚－醛树脂与三氯化铁反应不产生颜色变化，但由其他酚形成的酚－醛树脂，由于上述转变不如间苯二酚强，其酚羟基（烯醇式）明显地存在，因而能和三氯化铁生成深色化合物。

以上曾经提到，酚的低聚物鞣成的革样，用水－丙酮混合液处理，仍有一部分鞣质不会被抽提出。可以认为，在胶原结构中含有与蛋白质结合的、类似于醌的鞣质分子。在蛋白质结构中，与醌反应的中心是碱性氨基酸（精氨酸、赖氨酸和组氨酸）的侧链残基，而以精氨酸的胍基反应所生成的键具有特殊意义。如在鞣制前，先将这种基团封闭，则收缩温度提高的幅度大大下降。

由此可见，酚类合成鞣剂与胶原的结合既有氢键形式的结合，也有共价键形式的结合。

3. 含磺酸基和酚羟基的多环鞣剂

含磺酸基和酚羟基鞣剂的鞣性不是两者结合性的加合，而由于磺酸基是一个间位定位基，引入芳环后，使酚类化合物的鞣制作用减弱。如果是 ω－磺化反应，则引入的是磺甲基，由于磺甲基（$—CH_2—SO_3H$）是邻对位定位基，则它对酚类化合物的鞣制作用的不良影响就会大大减轻。

4. 合成鞣剂和无机鞣剂结合鞣制作用

在皮革生产中常用合成鞣剂与无机鞣剂进行联合鞣制或者用无机－合成鞣剂的结合鞣剂进行鞣制，鞣制作用不仅可以彼此互补，而且还能相互加强。例如，先铬鞣后再合成鞣剂联合鞣时，可使鞣制作用加强。表明铬络合物内界中，除胶原的官能基外，还有合成鞣剂的酚羟基和磺酸基进入，而生成复合的铬－合成鞣质分子。这种复合分子与胶原的结合比两种组分各自和胶原的结合更牢固。事实证明，在铬－合成鞣剂鞣制以后，要从革中除去全部鞣质，比只经铬鞣或合成鞣剂鞣制的困难得多，而且实际上是不可能的。目前，在皮革生产实际中，已经较多地采用铬－合成鞣剂，铬－铝－合成鞣剂等无机鞣剂和合成鞣剂的结合鞣法，加快鞣制过程，改进成革质量，减少或代替部分无机鞣剂（特别是铬盐）的用量。

五、合成鞣剂在制革中的应用

(一) 植鞣方面的应用

合成鞣剂在植鞣方面的应用包括预鞣、鞣制、复鞣和漂洗。

1. 预鞣和鞣制

在底革的池鞣法中,为了制成粒面细致的成革,可用适当的合成鞣剂进行预鞣。合成鞣剂的作用是降低裸皮粒面对植物鞣剂的亲和力,从而阻止粒面上结合的植物鞣剂过多,使革粒面较细致,革色较浅淡。

在转鼓中实施快速鞣时,应用适当的合成鞣剂预鞣,更具有特殊意义。用合成鞣剂进行预鞣,可以有效地防止由于表面过鞣而引起的成革皱面,使成革粒面更细致,颜色浅淡。

代替性合成鞣剂可在植鞣中代替部分植物鞣剂,与植物鞣剂混合使用,一般用量为 5%~15%。

辅助性合成鞣剂可用作植物鞣剂的稳定剂,促使沉淀溶解。这种溶解主要是由于合成鞣剂起着表面活性剂的作用,而未改变植物鞣质的性质。

2. 复鞣

合成鞣剂常用于植物鞣轻革(山羊、绵羊和小牛皮革)的复鞣,以除去表面结合的植物鞣剂,而代以缓和的合成鞣剂,使成革丰满、手感好、颜色浅淡。复鞣可以和加油一起进行。

3. 漂洗

植鞣革的漂洗一般用萘磺酸类辅助性合成鞣剂。磺酸的作用一是可以使表面结合的植物鞣质颜色变淡;二是通过胶溶作用除去革表面未结合的和结合过多的鞣质。由于合成鞣剂对氧化作用不敏感,故漂洗后革的耐光性得到改善。

(二) 铬鞣方面的应用

合成鞣剂在铬鞣方面的应用主要是:复鞣、中和、漂白和匀染。

1. 复鞣

加工修面革时为了利于磨面,加工正面革时为了获得手感更丰满的成革,都可用合成鞣剂复鞣。由于鞣剂的酚羟基和磺酸基可以和铬配位,因此用合成鞣剂复鞣铬鞣革,可以提高铬的结合量,成革更丰满和柔软。特别是含铬合成鞣剂用于服装革、软面革的复鞣,使成革丰满柔软的效果更好。根据复鞣要求,可以选用不同的合成鞣剂。

2. 中和

应用合成鞣剂中和,可以克服由于碱中和时所产生的革面粗糙性,缩短中和与复鞣的过程,并免除水洗操作。由于合成鞣剂价格比碱中和剂高,故虽有以上优点而未在中和操作中广泛采用。

3. 漂白

制造铬鞣白色革时,可用合成鞣剂复鞣,以掩盖铬鞣革的蓝色调。复鞣程度则取决于所需成革的白度,也取决于白色颜色修饰剂的数量。例如,轻铬鞣革,用适当合成鞣剂重复鞣,接着加入白色颜料(TiO$_2$)。

4. 匀染与固色

某些带磺酸基的合成鞣剂的结构类似于表面活性剂的典型结构,在结构中既有亲水基部分,又有亲油基部分。这些合成鞣剂用于染色匀染剂时,磺酸基先与铬鞣革在表面上结合,从而降低了阴离子染料(酸性和直接性染料)与革由于上染过快而产生的染色不均现象,起到了匀染剂的作用,染浅色革时尤其重要。如常用的一种匀染剂为扩散剂 N,其结构式如下:

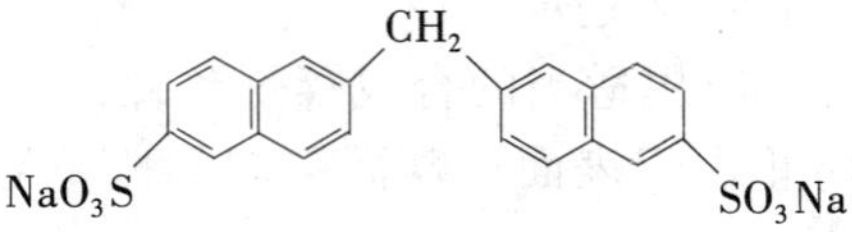

$$NaO_3S-\text{萘}-CH_2-\text{萘}-SO_3Na$$

在染色结束前加入阳离子型合成鞣剂,则可起到固定剂的作用。其原理是由于染料阴离子与合成鞣剂阳离子发生反应,将染料分子固定在革上,起到固色的作用。

(三) 特殊皮革的鞣制

制造白色革时,应用一般代替性合成鞣剂鞣制,成革在短期内,特别是暴露在日光下,就会变黄,而采用砜桥型合成鞣剂鞣制,可以获得质优而耐光的成革。

制造皱纹革时,应用那些对软化裸皮或铬鞣革具有很强亲和力而能使其起皱的特殊合成鞣剂(如 117 号合成鞣剂),可以获得粒面皱纹不同于压花效果的美术革。

利用耐光性合成鞣剂(如 6 号合成鞣剂)鞣制爬虫类皮革,既可保留这类皮的美好花纹,又可使皮革丰满柔软。

第二节 树脂鞣剂

树脂鞣是用某些树脂的单体或预聚体的水溶液或分散液来浸渍裸皮,当浸透之后改变条件使它们在皮内聚合成树脂,发生鞣制作用。所用来浸渍裸皮的树脂单体或预聚体或分散液称为树脂鞣剂。树脂鞣剂主要用作预鞣和复鞣剂,随着制革生产与皮革化工的不断发展,树脂鞣剂在制革中应用有越来越多的趋势。树脂鞣剂主要有:氨基树脂、丙烯酸树脂、苯乙烯和马来酸酐的共聚物、聚乙烯醇、环氧树脂等。

一、氨基树脂鞣剂

氨基树脂鞣剂是指由脲、硫脲、三聚氰胺或双氰胺与甲醛缩合制成的鞣剂。虽然它们的化学结构差别很大,但都具有下列共性:①它们都是单体或初聚物,复鞣过程中,在铬鞣革的正常酸度下,都能在革中进一步缩聚;②它们与植物鞣剂、酚类和酸性萘合成鞣剂相遇会发生沉淀;③它们与中性合成鞣剂是相容的,常利用这些合成鞣剂使其获得水溶性和分散性;④它们都具有良好的填充性,而且对革的松软部位(腹肷部)填充性特别好,从而使革粒面紧实,革身丰满,部位差缩小。

(一) 脲醛树脂鞣剂

脲醛树脂由于价廉,使用效果好,因此应用最广泛。

1. 脲醛树脂鞣剂的制备

脲和甲醛在中性或微碱性（pH 7~8）介质中进行反应，按它们的摩尔比不同，可能生成一羟甲基脲（脲:甲醛 = 1:1）、二羟甲基脲（脲:甲醛 = 1:2）和四羟甲基脲（脲:甲醛 = 1:4），反应式如下：

$$NH_2-\underset{\underset{O}{\|}}{C}-NH_2 + CH_2O \longrightarrow NH_2-\underset{\underset{O}{\|}}{C}-NH-CH_2OH$$
一羟甲基脲

$$NH_2-\underset{\underset{O}{\|}}{C}-NH_2 + 2CH_2O \longrightarrow HOCH_2-NH-CO-NH-CH_2OH$$
二羟甲基脲

$$NH_2-\underset{\underset{O}{\|}}{C}-NH_2 + 4CH_2O \longrightarrow \begin{matrix}HOH_2C\\ \\HOH_2C\end{matrix}N-CO-N\begin{matrix}CH_2OH\\ \\CH_2OH\end{matrix} \xrightarrow{\text{脱水}} HOCH_2-N\begin{matrix}CO\\ \\CH_2\end{matrix}N-CH_2OH$$

四羟甲基脲

在皮革生产中，主要应用二羟甲基脲与一羟甲基脲的混合物作为鞣剂。先用二羟甲基脲浸渍脱灰裸皮，然后酸化，使其在皮内发生缩合，从而产生鞣制作用。

制备二羟甲基脲可按下述方法进行：原料为甲醛液（30%）530mL（159g 甲醛，5.3mol）和脲150g（2.5mol）。在甲醛溶液中加10%氢氧化钠或28%氨水使溶液pH为7.5~8.0（石蕊试液呈蓝色），加少量 Na_2HPO_4，使溶液为 pH 7 的缓冲溶液。在室温或30~40℃和不断搅拌下，将脲分几次加入，放置一定时间，使反应达到完全，然后将生成的沉淀滤出，用乙醇洗涤，真空干燥，即得二羟甲基脲。

用硫脲代替脲，可制得二羟甲基硫脲。

脲和甲醛在有甲醇或乙醇存在下，容易制得二羟甲基脲的醚化产品。例如，在上述配料中，加96%的乙醇 100mL（2mol），即可制成二羟甲基脲的乙醇醚化物：

$$O=C\begin{matrix}NHCH_2OH\\ \\NHCH_2OH\end{matrix} + 2C_2H_5OH \longrightarrow O=C\begin{matrix}NHCH_2OC_2H_5\\ \\NHCH_2OC_2H_5\end{matrix}$$

这种化合物也可用于鞣革。鞣制过程中，在酸的作用下，醚键逐渐断裂，释出二羟甲基脲，而发生缩合和鞣制作用。应用醚化二羟甲基脲鞣制，树脂单体缩合速度较缓慢，鞣制更均匀。

2. 脲醛树脂鞣剂的改性

在脲醛树脂分子中引入一些基团（—SO_3H、—OH 或—NH_2），可使树脂完全溶于水。根据所引入的基团性能，可制成阴离子型、阳离子型、非离子型树脂。这些产品，不是预聚物，而是高分子缩合物。它们要被带相反电荷的物质所沉淀。

（1）阴离子型脲醛树脂　它是一种阴离子型改性树脂，带负电荷。其制法是：先制备脲醛树脂，再加入 NaHSO₃ 作为改性剂，即按下式反应而生成水溶性树脂：

$$RNHCONHCH_2OH + NaHSO_3 \longrightarrow RNHCONHCH_2SO_3^-Na^+ + H_2O$$

这种树脂要被明矾和其他阳离子高分子物质所沉淀。应用这种树脂处理前，要先用合成鞣剂对革进行处理，使粒面和肉面所带的阳电荷变成阴电荷，以避免树脂沉积在粒面层内。也可用硫酸化鱼油对革进行预加油，以代替合成鞣剂处理。

（2）阳离子型脲醛树脂　它是一种阳离子改性树脂，带正电荷，是以脲和甲醛，或脲、双氰胺和甲醛为基料，按一般方法制成树脂，然后用胺类物质对其进行改性。脲醛树脂和改性剂的反应如下所示：

$$HOCH_2NHCONHCH_2OH + RNH_2 \longrightarrow \underset{\underset{R}{N}}{\overset{NH-CO-NH}{\underset{CH_2\quad CH_2}{|\quad\quad|}}}$$

在酸性介质中，聚合物显阳离子性，在铬鞣的后期，可直接将这种树脂加入鞣液。采用阴离子合成鞣剂轻微复鞣，以固定树脂。也常在染色和加油后应用，以促进染料和油脂的吸收与固定。绒面革、服装革经酸性染料染色、水洗后，用阳离子树脂处理 20~30min。这样除使染料固定外，还能提高革的丰满性。

（3）非离子型树脂　它是以脲和甲醛为基本原料而制成的非离子型树脂，并使树脂和多元醇反应使其稳定。它最适用于改善植物鞣内底革的耐汗性。

3. 脲醛树脂鞣剂的应用

将裸皮置于 5% 的食盐溶液中（液比为1），加入 10% 的羟甲基脲（溶于 30 份水中），转动 4h 以上，然后用硫酸调节 pH 至 2.5（缩合的最适酸度），继续转动至革收缩温度为 80~95℃，pH 4.5 时，鞣制结束。

裸皮收缩温度的提高，表明在鞣制过程中，羟甲基脲和胶原发生了反应。二羟甲基脲与胶原的反应式可表示如下：

$$HOOC-P-NH_2 + HOCH_2NH-\underset{\underset{O}{\|}}{C}-NHCH_2OH + H_2N-P-COOH$$

胶原　　　　　　　　　　　　　　　　胶原

$$\downarrow$$

$$HOOC-P-NH-CH_2-HN-\underset{\underset{O}{\|}}{C}-NH-CH_2-HN-P-COOH + 2H_2O$$

反应的速度取决于鞣液的 pH 和温度。pH 越低，缩聚越快，内部脱水倾向越大，成革越硬；反之，pH 较高（弱酸性），反应缓慢，成革可塑性较大。提高温度，反应加快，但成革较柔软。

脲醛树脂鞣革，色白、耐光、耐酸碱，可用阴离子染料染色。这种革的最大缺陷是吸水快、吸水量多。树脂本身可吸收其自重几倍的水，吸水量随羟基数的增加而增加。吸收水绝大部分为结合水，在 100℃ 下短时干燥不易除去。由于树脂鞣革具有上述缺陷，而且在皮革陈放过程中，还可能产生甲醛，使皮纤维干枯和脆裂，因此用量宜少，并且宜与铬鞣剂结合使用。

（二）三聚氰胺树脂鞣剂

1. 三聚氰胺树脂鞣剂及其在皮内的缩合

三聚氰胺是一种环状化合物，由于含有3个对称的氨基：

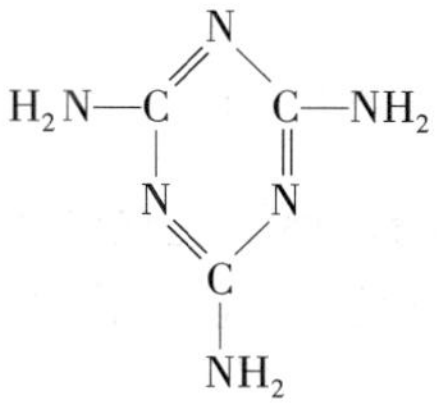

$$\text{三聚氰胺结构式}$$

提高了它与甲醛的反应性，在反应时有迅速生成网状结构树脂的倾向。

三聚氰胺是一种白色棱形晶体，在水中溶解度不大（100℃为5%），易溶于甘油和吡啶中，在氢氧化钾和液体氨溶液中溶解良好。

在中性或微碱性介质中，三聚氰胺容易和甲醛缩合，根据两者的摩尔比、介质的pH、反应时间和温度等的不同，可能获得从一羟甲基三聚氰胺到六羟甲基三聚氰胺的各种羟甲基衍生物。在加热下，各种羟甲基三聚氰胺相互作用而生成树脂。当三聚氰胺和甲醛的摩尔比为1:3时，一般可获得水溶性树脂。这种溶液在贮存过程中还要继续发生缩合作用，而使溶液的黏度提高，形成透明的胶冻。为了防止出现这种现象，可在三聚氰胺-甲醛树脂溶液中加入少量硼砂（树脂质量的2%），把介质的pH提高到9.0~9.5。在碱性介质中，三聚氰胺衍生物比较稳定，不会继续发生缩合作用。

皮革鞣制主要应用三羟甲基三聚氰胺及其醚化产品。先用这种初缩体浸渍裸皮，然后在酸性介质中略微提高温度，使初缩体在皮内缩聚成不溶于水的树脂。全部反应历程可表示如下：

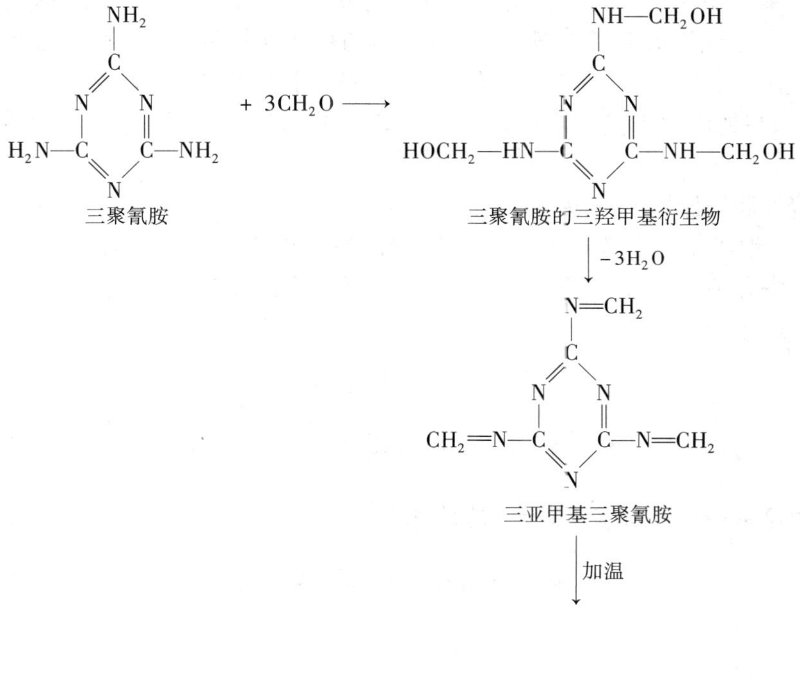

$$\text{三聚氰胺} + 3CH_2O \longrightarrow \text{三聚氰胺的三羟甲基衍生物}$$

$$\xrightarrow{-3H_2O} \text{三亚甲基三聚氰胺}$$

↓加温

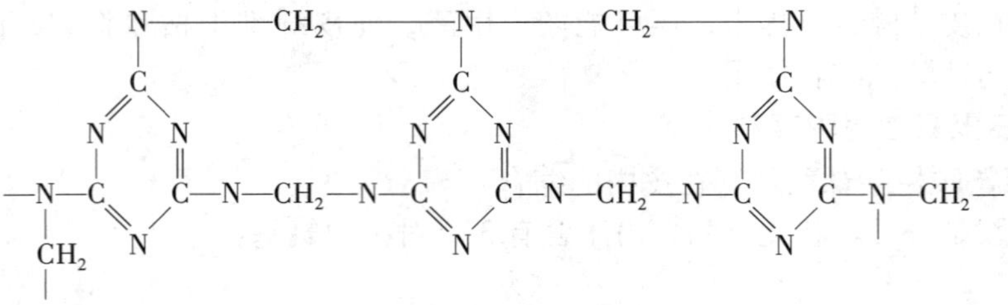

不溶不黏的三度产物

聚合时，首先获得可溶黏性树脂，继续受热则主要转变成不溶不黏的三度产物。

在酸性介质中，羟甲基化合物的反应能力很大，甚至在冷时就开始缩合。缩合反应如下：

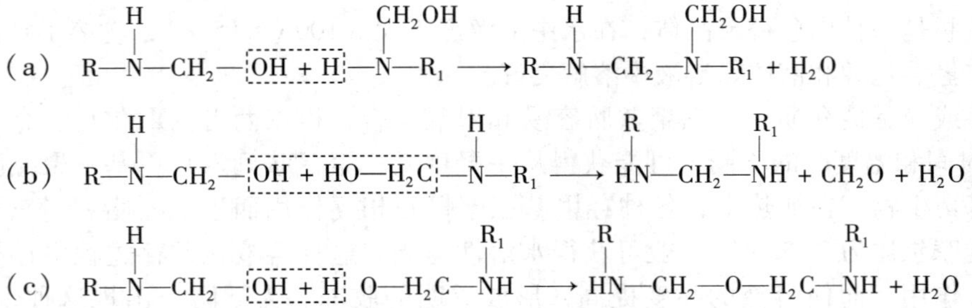

（a）R—N(H)—CH$_2$—[OH + H]—N(CH$_2$OH)—R$_1$ ⟶ R—N(H)—CH$_2$—N(CH$_2$OH)—R$_1$ + H$_2$O

（b）R—N(H)—CH$_2$—[OH + HO—H$_2$C]—N(H)—R$_1$ ⟶ HN(R)—CH$_2$—NH(R$_1$) + CH$_2$O + H$_2$O

（c）R—N(H)—CH$_2$—[OH + H]O—H$_2$C—N(R$_1$)H ⟶ HN(R)—CH$_2$—O—H$_2$C—NH(R$_1$) + H$_2$O

在制革过程中"硬化作用"不会终结，因为要反应达到终结，温度应在100℃以上，所需酸浓度很高，这是在制革时所不能采用的，所以在革中形成树脂的过程要延长，并由于羟甲基的反应力高，也不会停止在一定阶段上，因而可能产生下列不良结果：

① 树脂缩合不完全，疏水性较小，对湿气敏感，要发生肿胀，成革吸湿度大。
② 在革中形成不溶树脂的缩合过程中，要继续释出甲醛，如（b）式所示。

甲醛量多，对皮纤维状态有不良作用，可在短期内使革的力学强度下降。所以，在鞣制皮革时，只能应用少量三羟甲基三聚氰胺，并与铬、铝、锆的化合物和植物鞣剂结合应用。

2. 三聚氰胺树脂鞣剂的改性

为了更好地应用羟甲基树脂，可封闭其羟甲基而加以改性。例如：

（1）用多元酚（间苯二酚）、羟基羧酸、羟基磺酸或它们的盐、亚硫酸盐等进行醚化

$$R—NH—CH_2—[OH + H]\,O—R_1$$

$$R—NH—CH_2—[OH + H]\,O—CH_2—COOH$$

（2）用氨基羧酸、氨基磺酸或它们的盐处理

$$R—NH—CH_2—[OH + H]\,SO_3Na$$

$$R-NH-CH_2-\boxed{OH+H}\ NH-CH_2-CH_2-SO_3Na$$

$$R-NH-CH_2-\boxed{OH+H}\ NH-C_6H_4SO_3Na$$

改性后的产品，特别是含有磺酸基的产品，具有较大的水溶性，比含羟甲基的树脂更稳定，羟甲基树脂和胶原的反应类似于甲醛。含磺氨酸或萘磺酸的缩合物的性能，介于树脂和合成鞣剂之间。

3. 三聚氰胺树脂鞣法

三聚氰胺树脂鞣制的方法和条件与脲醛树脂鞣法相似。鞣制可应用三聚氰胺初缩体或缩聚体的水分散体，而以应用后者较多，效果较好。用三聚氰胺单体及其三羟甲基化合物进行鞣革实验对比，后者鞣制较快，所鞣成的革收缩温度较高，所以，在实际中多用三羟甲基三聚氰胺作鞣剂，可用于铬鞣革复鞣，也可作为铬鞣的预鞣。

（1）羟甲基三聚氰胺鞣制　　鞣制时，用鞣剂处理脱灰软化裸皮 3~4h，然后将 pH 降低到 4.5~5.0，转动 24~48h，水洗和加油。用三聚氰胺树脂鞣制的革色白、丰满、耐光，收缩温度 80~90℃。

（2）三聚氰胺树脂复鞣法　　三聚氰胺树脂，主要用于鞣制白色革，在加树脂前，要用中性（不能用酸性）萘合成鞣剂处理。具体操作如下：

革经过剖层、削匀和称重后，置入复鞣转鼓中，50℃ 水洗 10min，加水（49~50℃）100% 和中性萘合成鞣剂 3%，转动 5~10min；加 3% 溶于 49℃水中的三聚氰胺树脂，转动 30min；加 0.5% 中性合成鞣剂，转动 15min。如果溶液 pH 在 4.5 以上，加 0.25% 甲酸，转动 10min，pH 4.0~4.4。

漂白后，水洗 10min，倒出一部分水，加一定量的白色颜料，然后加入油乳液。加油后，堆置一夜，伸展，贴板干燥。

如果剖层和削匀后，革的 pH 太低，则在复鞣时要进行补充中和。中和要应用能均匀渗透入革内的中和剂（亚硫酸钠、甲酸钠、碳酸氢钠等），中和前后都要充分水洗，然后用树脂复鞣。

（三）双氰胺 - 甲醛树脂鞣剂

1. 双氰胺树脂的制备

由于脲和三聚氰胺的羟甲基树脂所具有的不良性能，所以在皮革中开始越来越多地应用双氰胺 - 甲醛树脂鞣剂作为铬鞣的预鞣剂或复鞣剂。

在微碱性介质中，1mol 双氰胺和 3.6~5.0mol 甲醛缩合，即可制得双氰胺树脂鞣剂。在缩合的中间阶段，树脂变成不溶解的，但继续添加甲醛又会溶解。反应可能经由一羟甲基化合物到四羟甲基双氰胺，还可能生成甲醛缩羟甲基双氰胺：

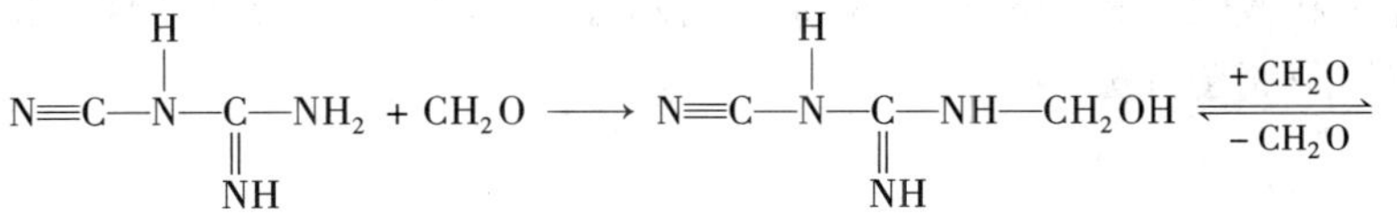

$$\mathrm{N{\equiv}C-\underset{\underset{NH}{\|}}{N}-\underset{H}{\overset{H}{N}}-NH_2 + CH_2O \longrightarrow N{\equiv}C-\underset{\underset{NH}{\|}}{N}-\underset{H}{\overset{H}{N}}-NH-CH_2OH \xrightleftharpoons[-CH_2O]{+CH_2O}}$$

$$\text{N} \equiv \text{C} - \overset{\text{H}}{\underset{\underset{\text{NH}}{\|}}{\text{N}}} - \text{C} - \text{NH} - \text{CH}_2 - \text{O} - \text{CH}_2\text{OH}$$

甲醛缩羟甲基双氰胺

双氰胺和甲醛缩合物为基础，可能获得阴离子型和阳离子型产品。它们的制备方法多属专利，可按制备脲醛树脂和三聚氰胺树脂的方法进行制备。例如制备阴离子型双氰胺树脂，可在 pH 7.5，按 1mol 双氰胺用含 4.1mol 甲醛的甲醛溶液，以硼砂作催化剂，另将 0.346mol 亚硫酸氢钠加入混合物中，然后在水浴上（100℃）加热 12h，过滤并在减压下除去没有反应的甲醛。反应如下：

$$\underset{\text{羟甲基双氰胺}}{\text{R—NH—CH}_2\text{OH}} + \text{HSO}_3\text{Na} \longrightarrow \underset{\text{磺甲基双氰胺}}{\text{R—NH—CH}_2\text{—SO}_3^-\text{Na}^+} + \text{H}_2\text{O}$$

所得产品中含有少量游离甲醛。

制备阳离子型双氰胺树脂，可按 1mol 双氰胺取用含 4.5mol 甲醛的甲醛溶液，用硼砂作催化剂，在水浴上（100℃）加热 6h，所得产品过滤，减压除去没有反应的甲醛。将所得水溶性双氰胺树脂进行喷雾干燥，即制得粉状产品。

双氰胺树脂的稳定性高，比三聚氰胺和脲醛树脂优越。虽然它们的性能不如天然植物鞣剂，但适用于结合鞣，特别是和铬鞣剂结合鞣制。双氰胺和革的反应，类似于其他高分子离子化合物，可用酸、盐及一些合成鞣剂使它变成不溶状态而在皮内固定。

双氰胺树脂的填充性强，使用时先在热的碱性溶液中，使之渗入革内，然后酸化，使其沉积于革内。铬鞣革中含有足够使树脂沉淀的酸，所以用以处理铬鞣革，可使树脂大量沉积在皮的松软部分，少量沉积在紧实部分，由于其鞣性微弱，因而不会造成皱面。应用这种树脂复鞣铬革，可以获得各部位紧密均匀的成革，从而大大提高革的出裁率。

2. 双氰胺树脂的应用

在皮革生产中，双氰胺树脂常作为铬鞣的预鞣剂或铬革的填充剂。

（1）双氰胺树脂－铬鞣　此法的要点是，在铬鞣前，以水溶性双氰胺树脂处理脱灰和软化后的裸皮，代替浸酸，进行无盐铬鞣，以改进铬鞣工艺和成品革的质量。

水溶性双氰胺树脂是一种改性树脂，其产品分为 4 种：①以中性萘醛合成鞣剂分散的产品；②双氰胺、甲醛和萘醛分散剂在有亚硫酸氢钠存在下的缩聚物；③在木素磺酸中分散的产品；④在有甲酸存在下制成的阳离子型双氰胺树脂。

上述水溶性树脂，都具有隐匿作用，能进入铬络合物内界，将反位排列的水分子和硫酸根排出。这一事实可在铬鞣液和树脂混合时鞣液 pH 的改变得到证实。

铬络合物和改性双氰胺树脂的反应，简示如下（式中 R 为含活性官能团的树脂骨架，X 为酸的阴离子部分）：

$$\left[\begin{array}{c}OH\\|\\Cr(H_2O)_5\end{array}\right]^{2+}X^{2-} + N\equiv C-R-SO_3H \longrightarrow \left[\begin{array}{c}C\equiv N\\|\\R\\|\\NH\\|\\CH_2OH\end{array} \begin{array}{c}O\\\|\\-S-\\\|\\O\end{array} \begin{array}{c}OH\\|\\O-Cr(H_2O)_4\end{array}\right]^{+} X^{-} + HX + H_2O$$

铬鞣时，大部分铬络合物与胶原是单点结合，所以采用树脂-铬鞣，可使树脂和结合的铬络合物之间发生配位结合，而有助于提高铬的结合，使真皮结构变得更紧实。

下面以生产实际中常用的双氰胺和铬鞣剂的鞣制为例，阐明这一工艺的特征。

猪裸皮经过脱灰和软化后，用温度为35~37℃的流水洗。用裸皮质量的1.5%树脂（以树脂的总固体量计算）处理30~40min。水60%~70%，温度35~37℃，加裸皮质量的2.0%~2.2%（以Cr_2O_3计）、碱度为26%~30%的铬鞣液，鞣制3~5h。

这一鞣制方法的历程可概括为：脱灰和软化的裸皮，其pH约为7，胶原的碱性基大部分不带电荷，而其羧基则完全电离，这就为树脂的羟甲基和不带电荷的胶原氨基的反应创造了良好条件。树脂和胶原的结合是单官能基结合，一部分未参加鞣制（交联）。树脂处理后，裸皮的肿胀降低，多孔性提高，有利于铬鞣剂的渗透。

铬鞣开始时，铬盐首先和废液中的树脂反应，而使阳铬络合物转变成中性和阴性的。由铬鞣液浑浊度的提高和pH的降低，说明树脂的活性基团具有隐匿作用，能抑制胶原羧基在铬络合物内的配位作用，从而促使铬盐迅速地渗入皮内。随着鞣制过程的进行，铬络合物除与胶原直接结合，也和与胶原成单点结合的树脂结合，生成大量交联键。未与胶原结合的树脂，在酸的作用下缩聚成大分子而沉积于皮内，起了填充的作用。

胶原和铬、树脂以及树脂和铬的结合很牢固，鞣制结束后的洗涤、静置均不影响革的热稳定性和铬含量，因而可以省去鞣后的静置。由于裸皮没有浸酸，也就可以不进行中和，这样就大大便于进行鞣制、染色和加油的连续操作。

生产性实验结果表明，此法可以提高成革的面积得率，从而降低原皮耗用量，缩短鞣制时间，提高设备的利用率；成革丰满、紧实、细致，各部位差别小，质量良好。

(2) 双氰胺树脂复鞣　双氰胺树脂突出的优点是：能够增加皮革粒面的致密性，改善皮革的手感；在皮革结构松弛的部位，如腹肷部选择性填充，从而减少皮革松面。双氰胺树脂广泛用于牛皮软鞋面革复鞣，代表性的产品有Bayer公司的雷宁精R 7 (Retingan R 7)，其用法举例如下：黄牛蓝湿革削匀，铬复鞣，中和（pH 4.8 左右），然后树脂复鞣。水50%，温度40℃，加入3%丙烯酸树脂复鞣剂和0.5%精制鱼油，时间30min。在同浴中加入3%双氰胺树脂（雷宁精R 7）、3%代替性合成鞣剂和2.0%黑色染料，转动70~80min（染色全透），加100%、80℃水和1.0%甲酸，转动20min，排液、水洗、加油、顶染。

(四) 树脂鞣剂原位生成鞣革方法

在鞣制过程中，氨基树脂鞣剂粒子的粒径过小不足以在胶原纤维的活性基团之间搭桥成键，鞣制作用较弱，相应的成革扁薄、湿热稳定性低、力学性能下降。鞣剂粒子的粒径大小和结构演变对鞣剂的渗透、结合及鞣制效应有至关重要的影响。理想的鞣制条件是在鞣制前期控制鞣剂分子小粒径，有助于渗透，而后期鞣剂分子粒径增大则利于与胶原纤维上的活性基团结合，从而提高鞣制效果。为了解决渗透与结合的矛盾，可对氨基树脂鞣剂进行醚化封端和喷雾干燥来降低其自缩聚的倾向，从而控制鞣剂粒子的粒径。也可采用原位生成鞣革方法（in-situ tannage），即先将树脂鞣剂前驱体引入皮胶原纤维中，然后在一定的诱发条件下，前驱体原位生成高活性的鞣剂粒子，利用鞣剂粒子与胶原上的活性基团的化学键合作用实现生皮的鞣制。在原位鞣革过程中，通过控制反应条件来定性甚至定量调节鞣剂粒子的粒径，有助于加强鞣剂渗透和结合的可操控性，提高鞣革的预见性，从而促进鞣革效率的提升。以氨基树脂的原位鞣革方法举例如下：以软化山羊皮增重30%为用料基准，水100%，三聚氰胺9%，分3次加入装有软化皮的转鼓中，间隔30min，一定温度下转3h，按不同的摩尔比加入计量的甲醛，用碳酸钠和碳酸氢钠调pH至一定值后恒温转一定时间。用甲酸调低pH后转一定时间，水洗，出鼓，挂晾干燥。分别控制单一变量（pH、摩尔比、温度、反应时间）进行鞣革，分析鞣剂粒子粒径的变化及其对皮革湿热稳定性的影响，结果如图4-2所示。

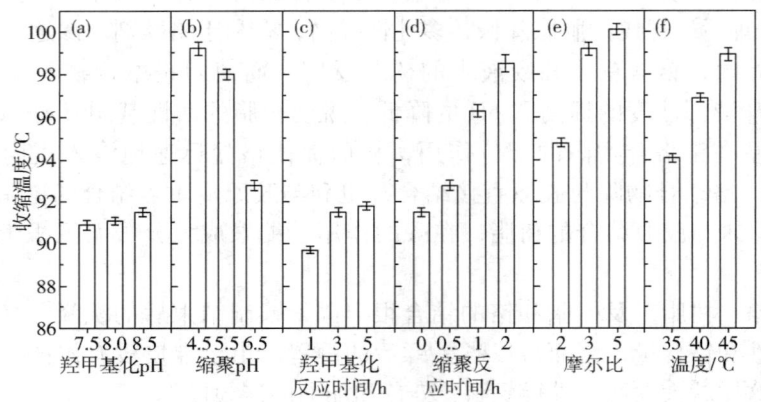

图4-2 不同鞣制条件下皮革的收缩温度
（a）羟甲基化pH （b）缩聚pH （c）羟甲基化反应时间
（d）缩聚反应时间 （e）甲醛与三聚氰胺摩尔比 （f）温度

在羟甲基化反应阶段，鞣剂粒子粒径小，皮革的收缩温度较低；而在缩聚阶段，随着缩聚pH的降低、反应温度的升高、摩尔比的增大及反应时间的延长、树脂鞣剂粒子的粒径不断增大，皮革的收缩温度不断提高。鞣制体系是一个裸皮-鞣液的非均相体系，鞣制前期（羟甲基反应阶段）中间体粒径较小，鞣剂粒子易于渗入胶原纤维间隙；鞣制后期，通过调节pH，羟甲基衍生物在胶原纤维内部原位缩聚，鞣剂粒子粒径增大，鞣剂粒子上的羟甲基等活性基团与皮胶原纤维上的氨基、羟基或羟甲基（甲醛与胶原上的氨基反应的产物）等反应，从而在皮胶原纤维之间搭桥成键，提高胶原的湿热稳定性，完成生皮的鞣制。研究表明，三聚氰胺-甲醛（MF）树脂原位鞣革的最佳条件是：前期控制pH在8.5，摩尔比为3:1，温度45℃，羟甲基化反应3h，后期缩聚阶段降低pH至4.5，45℃下缩聚反应2h。

（五）氨基树脂鞣剂的性质及与胶原的结合

氨基树脂鞣剂的应用形式主要有两种：一是树脂预聚体如上所述的树脂鞣剂原位生成鞣革方法，用的是其鞣性；二是具有较大相对分子质量的缩聚体用于复鞣，优点是选择性填充。

1. 氨基树脂鞣剂的性质

氨基树脂鞣剂含有较多的羟甲基（—CH_2OH），树脂预聚体溶于水；在酸的催化下，预聚体分子能够缩聚，缩聚体能继续缩聚；鞣制时，一般在较高 pH 情况下（中性或微碱性）使树脂预聚体分子渗透，然后改变条件（降低 pH），使其在皮内聚合；复鞣时，在铬鞣革的正常酸度下，能在皮内聚合；与植鞣剂、酸性合成鞣剂相遇会沉淀，与中性合成鞣剂相容。

2. 氨基树脂鞣剂的结合

氨基树脂鞣剂可以通过羟甲基与胶原的氨基共价结合，与肽基形成氢键结合；树脂的预聚体或聚合体在皮内缩聚，填充在纤维间，表现在革的填充性与丰满性。

（六）氨基树脂鞣剂的优缺点

常用氨基树脂鞣剂的代表性产品有 Relugan D（三聚氰胺，BASF 公司）和 Tannigan R7（双氰胺，Bayer 公司），它们都是较大分子的缩聚体，国内也有类似的产品。

1. 优点

选择性填充作用，可以缩小皮革的部位差，减少松面；使成革粒面紧实，耐熨烫；色白、耐光、耐酸碱；用于结合鞣（铬-树脂鞣剂、植-树脂鞣剂）起固定铬或栲胶的作用。

2. 缺点

用量太多，则成革塑料感强，严重时成革裂面；成革吸水性强，耐老化性差。原因是，氨基树脂鞣剂有大量的羟甲基，吸水性强，在成革放置过程中会释放出甲醛或自身缩聚，使皮纤维脆裂。

二、丙烯酸树脂鞣剂

丙烯酸聚合物作为丙烯酸树脂鞣剂使用，是从 20 世纪 60 年代开始的。

丙烯酸树脂绝大多数是共聚物，它的共聚单体有：丙烯酸、丙烯酰胺、丙烯腈、丙烯酸酯、醋酸乙烯、苯乙烯等。所以，丙烯酸树脂是一大类聚合物的总称，不同单体的共聚物，性质差异很大。作为鞣剂使用的丙烯酸树脂，主要是由丙烯酸、甲基丙烯酸的聚合物或两者的聚合物。

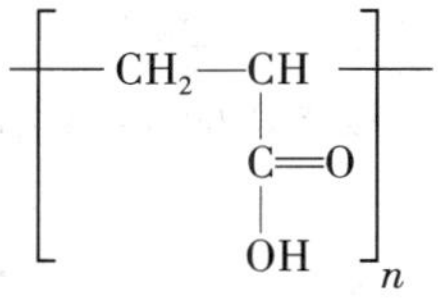

聚丙烯酸 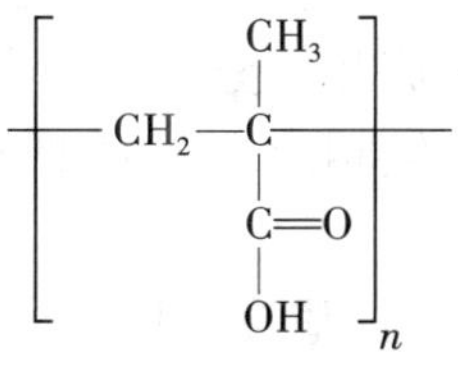　　　　　聚甲基丙烯酸 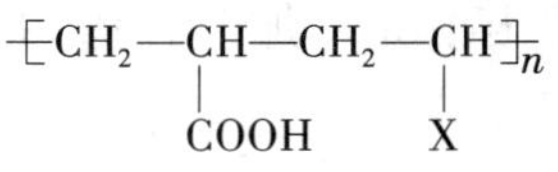　　　　丙烯酸树脂共聚物（X 代表其他基团）

(一) 丙烯酸树脂鞣剂的制备

1. 一般制备方法

聚丙烯酸，可采用一般热聚合的方法，从丙烯酸单体（$CH_2=CH-COOH$）来制备。应用单体质量 0.3% 的过硫酸铵 [$(NH_4)_2S_2O_3$] 或过硫酸钾（$K_2S_2O_3$）作引发剂。进行聚合反应时，将引发剂分为两份，间隔数分钟后加入反应液中，聚合反应在 60℃ 下进行，所得聚合物易溶于水。聚合物与碱反应时即生成聚丙烯酸盐。其溶液的 pH 为 6.5～7.0，可用碳酸氢钠调节到所需的 pH。按黏度法测定所得聚合物的相对分子质量为 4000～6000。

2. 改性丙烯酸树脂鞣剂

应用聚丙烯酸鞣剂鞣制的革，常常出现裂面。为了消除这一缺陷，可用不饱和硫酸化油和铬盐进行改性。前法是使丙烯酸、甲基丙烯酸或其混合物与不饱和硫酸化油共聚，制成混合鞣剂。一般常用价格较低的甲基丙烯酸，其用量为丙烯酸的 100% 或使用 75% 的甲基丙烯酸及 25% 的丙烯酸。硫酸化油的用量为所用不饱和酸量的 10%～20%。

为使丙烯酸能和硫酸化油发生共聚反应，应控制油脂的硫酸化程度，使之保留一定数量的双键。若用含羟基的硫酸化蓖麻油时，则应尽量使其羟基硫酸化，而保留其不饱和键；应用含油酸甘油酯为主的橄榄油时，则应使其分子中的 3 个双键（3 个油酸链上的）只有 1 个或 2 个被硫酸化，保留 1 个或 2 个双键。可以用链长为 C_{12}～C_{18} 的其他动植物油如鳕鱼肝油、蓖麻油、玉米油、棉子油、菜子油、茶子油等代替橄榄油。

共聚反应在水介质中进行。将硫酸化油（10%～20%）溶于水中，使其浓度为 5%～10%，加入 0.5%～6.0% 水溶性引发剂（过氧化氢或过硫酸盐）和 0.2%～3.5% 调节剂（链转移剂、羟胺或羟胺盐、巯基乙醇或丙醇、羟基醋酸、抗坏血酸等），于室温或升高温度至 97℃ 下，加入 80%～90% 丙烯酸单体进行共聚。要求所生成的共聚物呈酸的形态，浓度为 33%，黏度（25℃时）为 10～300Pa·s，平均相对分子质量 5000～50000。制得的共聚物能溶于水，可稀释，能较长期地存于水中而不明显地析出油，可用以单独鞣制或复鞣各种皮革。

利用丙烯酸酯类单体与戊二醛共聚产物，可以使皮革柔软，而且填充作用明显。

以甲基丙烯酸为主的鞣剂和以丙烯酸为主的鞣剂相比较，前者鞣制的革柔软丰满、粒面细、色略深；而后者则色白，但粒面不如前者细，且略板硬。实验证明：甲基丙烯酸的比例控制在 40%～60%，丙烯酸的比例控制在 15%～25% 时，效果最好。丙烯酸丁酯可淡化鞣剂的色泽，增加鞣剂的填充能力，但是对鞣性无贡献，所以比例控制在 5% 左右为合适。应用实验表明，树脂相对分子质量在 6000～20000 时都有鞣性，也能表现出填充、加脂、漂白等性能，但相对分子质量在 8000～12000 时表现出最佳效果。

在聚合物链中引入羧基、羟甲基、氨基等活性基团，可以与皮蛋白质或铬鞣革结合，也具有匀染、助染等性能，它们是反应性树脂鞣剂。

(二) 丙烯酸树脂鞣剂的性能

1. 与铬、铝络合物配位性

聚丙烯酸可与铬、铝形成配位络合物：

$$
\begin{array}{c}
-CH_2-CH-CH_2-CH- \\
\quad\quad |\quad\quad\quad\quad | \\
\left[\begin{array}{c} COO^- \\ Al(H_2O)_4 \\ COO^- \end{array}\right] \quad \left[\begin{array}{c} COO^- \\ Al(H_2O)_4 \\ COO^- \end{array}\right] \\
\quad\quad |\quad\quad\quad\quad | \\
-H_2C-CH-CH_2-CH-CH_2-CH-
\end{array}
$$

与铝鞣结合进行联合鞣制时，一般在鞣前用浸酸皮质量2%的（按总固体质量计）聚丙烯酸处理，后用稳定的（用酒石酸蒙面的）铝盐鞣制。Al_2O_3用量为皮质量的2.5%，初鞣时 pH 4.4，结束时 pH 4.2。鞣制效果按收缩温度判断：裸皮的收缩温度为43.5℃，鞣制后为85℃。鞣制机理可用下式表示：

$$
\text{铝配位化合物 + 胶原(P) + 聚丙烯酸}
$$

$$
\begin{array}{c}
\cdots-CH_2-CH-CH_2-CH-CH_2-CH-CH_2-CH-\cdots \\
\left[\begin{array}{c} COO^- \\ Al(H_2O)_3 \\ COO^- \end{array}\right] \quad \begin{array}{c} COOH \\ P \\ HO \end{array} \quad \left[\begin{array}{c} COO^- \\ Al(H_2O)_3 \\ COO^- \end{array}\right] \quad COOH \\
\cdots-CH_2-CH-CH_2-CH-CH_2-CH-CH_2-CH-\cdots \\
COOH
\end{array}
$$

鞣制所生成的［铝配位化合物－聚丙烯酸－胶原－铝配位化合物］牢固，耐水洗，由于交联键增多，使得收缩温度显著提高。

在低 pH 下丙烯酸树脂鞣剂显非离子性，主要与胶原的肽基氢键结合，成为质子的供给体而显鞣性。如用丙烯酸树脂复鞣铬革，则它可与铬配合物结合，其结合方式类似于铝位化配合物。它易在铬鞣革粒面上沉积，使粒面变脆。

2. 填充性和增厚性

用丙烯酸树脂复鞣可同时使革获得填充性和厚度增加，特别是对革松软部分的填充具有选择性。Prentiss 用丙烯酸树脂、坚木鞣剂、代替性合成鞣剂对铬鞣革复鞣的对比实验结果表明：丙烯酸树脂复鞣的革的厚度增加不亚于其他两种鞣剂；丙烯酸树脂鞣剂既可使革获得填充和增厚，又不会影响到革的柔软性。这是丙烯酸树脂鞣剂的突出优点。

3. 耐光性和耐氧化性

由于丙烯酸树脂鞣剂分子中没有芳环，它不易像芳香族合成鞣剂和植物鞣剂那样由酚式结构氧化成醌式而变色，因此，它比酚类和萘类以及耐光性合成鞣剂更耐光。

用适量的丙烯酸树脂与植物鞣剂结合进行复鞣，也能获得良好的耐光性和耐氧化性。例如，用12%的荆树皮鞣剂单独复鞣和加入1%及3%的丙烯酸树脂鞣剂结合复鞣，复鞣革加热到100℃，紫外线照射24h做耐光实验；氧化剂溶液中浸泡做耐氧化性实验。实验表明，荆树皮鞣剂单独鞣革色泽深褐，耐光性不好，而在荆树皮鞣剂中加入1%及3%的丙烯酸树脂复鞣的革，耐光性和耐氧化性都良好，成革颜色浅淡。用坚木、栗木鞣剂做实验，也得到同样的结果。

（三）丙烯酸树脂鞣剂的应用条件

丙烯酸树脂主要用于铬鞣革的复鞣，成革粒面细致平整，手感丰满柔软而不松面，能减小皮革的部位差。它可以用于猪、牛、羊皮的复鞣，尤其适用于要求粒面平细的猪、牛、羊软革类（鞋面、服装等）和沙发革。丙烯酸树脂鞣剂的缺点是染深色时对色泽的影响较大，可以通过和含铬复鞣剂的配合使用或调整复鞣工艺或通过阳离子型的助染剂，来部分解决此问题。

丙烯酸树脂鞣剂应用较广泛，产品品种较多，如，国外罗姆·哈斯公司的 Retan 540 和 Retan 500，BASF 公司的 Relugan RE。

国内对丙烯酸复鞣剂的研究和生产起步较晚，直到20世纪80年代初期才开始着手研究。中国皮革和制鞋工业研究院段镇基院士于1981年开始丙烯酸树脂鞣剂的研究，1985年通过鉴定并生产出PAT助鞣剂。此后四川大学、中科院成都有机所、陕西科技大学也先后进行了这方面的研究，已研制生产出与国外同类产品相当的 ART、CAR、PAT 等丙烯酸树脂鞣剂，并已在制革生产中广泛应用。丙烯酸树脂鞣剂应用效果的好坏与应用条件有关，影响因素主要有 pH、电荷、温度。

1. pH

研究表明，丙烯酸树脂鞣剂应用的 pH 在 4.0 左右，但各厂家生产的树脂鞣剂使用的 pH 略有不同，如 Retan 500 pH 3.25~4.25，Retan 540 pH 3.7~4.4，Relugan RE pH 4.2~5.5，国产 ART 系列 pH 5.5~6.0。溶液 pH 的不同，影响到树脂自身的缩聚、与胶原的结合以及与铬的配位等，最终影响到其复鞣、填充性。

2. 电荷

为了使树脂向革纤维内部渗透、均匀分布，电荷状态是首先需要考虑的问题。一般树脂多属阴离子型的，而阳离子型和非离子型较少，因此多研究阴离子型树脂鞣剂对铬鞣革的复鞣。阴离子型树脂本身不具有离子型电荷，而是使用的分散剂（乳化剂）或为使分散液稳定而带有保护胶体的电荷显阴离子型。由于铬鞣革带正电荷，因此，在复鞣中，分散剂被阳铬离子或革纤维吸附，使分散剂从分散液中分离出来，是这类树脂鞣剂复鞣时在革表面沉淀的原因。若先以萘磺酸类合成鞣剂或其他磺酸类鞣剂处理，使之掩蔽铬鞣革的阳电荷，可得到满意的结果。如，Prentiss 把阳电性的铬鞣猪革，在用丙烯酸树脂鞣剂复鞣前，以阴离子型的萘类合成鞣剂处理，得到表4-8的结果。

表4-8　　　　　　　　萘类合成鞣剂处理前后树脂的分布情况　　　　　单位:%

层　次	树脂含量	各层分配①	经预处理后树脂含量	各层分配①
1(粒面)	14.8	60.4	7.8	37.0
2	1.3	5.3	3.1	14.7
3(中层)	0.2	0.8	0.8	3.8
4	0.8	3.3	2.8	13.3
5(肉面)	7.4	30.2	6.6	31.2
总计	24.5	100.0	21.1	100.0

注：① 分配值由含量计算出。

由于这种处理，在粒面层的树脂含量由60.4%降至37%，中层由9.4%增至31.8%，而肉面层变化不大。这是因为萘磺酸合成鞣剂对铬具有蒙囿效果和使革阴电荷增加，从而促进树脂的渗透，进而达到防止树脂在粒面沉积过多和在横断面中分布均匀的目的。

3. 温度

使用丙烯酸树脂鞣剂时，温度的影响对浸酸皮和铬鞣革是不同的。就铬革的复鞣而论，也因树脂的不同或复鞣方法差异而有所不同，一般为40~60℃。

(四) 丙烯酸树脂复鞣剂的复鞣机理

随着丙烯酸树脂鞣剂在制革厂的广泛应用，人们对丙烯酸树脂类鞣剂的鞣制机理越加重视。由于丙烯酸树脂鞣剂多作为铬鞣革的复鞣剂使用，因而对其复鞣机理进行了大量的工作，形成了以下一些观点。

1. 结构网络模型

结构网络模型认为：用丙烯酸树脂复鞣剂复鞣后，成革丰满，粒面毛孔缩小，不均匀性降低，且没有明显的缺陷。这是由于树脂进入皮革纤维的分子链间，其羧基和腈基等均能与皮革内部或表面的铬，及大分子链上的氨基、羧基通过配位键、氢键而形成化学交联网络。另外，树脂与纤维分子链间还存在着强烈的分子间力，分子链间又可相互缠结、吸附。总的效果是形成了物理缠结-吸附网络，从而起到填充和复鞣作用，如图4-3所示。

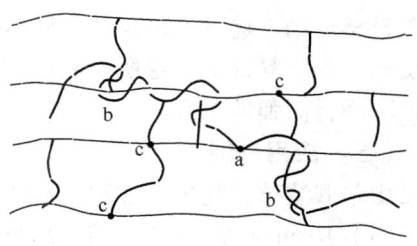

图4-3　树脂复鞣革的结构网络模型
a—吸附点　b—缠结点　c—交联点

2. 配位机理

丙烯酸树脂鞣剂的羧基与铬鞣革中的Cr^{3+}发生配位作用，形成胶原-铬-丙烯酸树脂三位一体的螯合物，如图4-4所示。

3. 丙烯酸树脂复鞣革微观结构

丙烯酸树脂复鞣铬革的原纤维之间存在一些无定形树脂"颗粒"，这些"颗粒"不仅与纤维间发生交联，而且"撑开"纤维，分裂纤维，在超分子的高次结构中造成

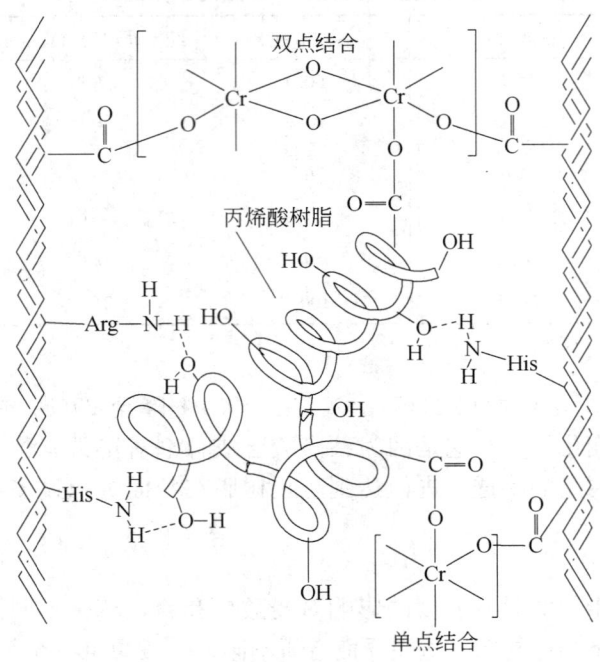

图4-4 丙烯酸树脂与肽链、铬相互作用

新的空隙，使更多的纤维链段有更大的活动空间，有更多可能的构象。这是经丙烯酸树脂复鞣剂复鞣后皮革柔软、丰满的微观机制。

潘津生教授通过电镜研究，认为丙烯酸树脂（Retan 540）鞣剂通过增大铬鞣坯革中铬鞣剂的尺寸和形成原纤维的包裹膜，阻止了未结合的或结合不牢固的铬鞣剂分子的外迁移运动，促进了铬鞣剂与胶原纤维活性基团的反应，增加了肽链间及革纤维间的交联。加之复鞣剂本身所具有的填充性，使复鞣坯革的抗张强度、断裂伸长率和柔软性下降，而弹性上升。

（五）应用举例

山羊服装革，削匀→称重→水洗→中和→复鞣→铬复鞣。

(1) 中和　水150%，温度45℃，NH_4HCO_3 2%（从鼓轴分3次加入化好的 NH_4HCO_3），转45min，控制pH在5.5，切口溴甲酚绿检查全蓝，水洗。

(2) 复鞣　水150%，温度40℃，丙烯酸树脂（CAR-Ⅱ）4%，转动1.5h后测pH，检查复鞣情况，水洗。

(3) 铬复鞣　水100%，温度40℃，铬液（碱度为38%）0.5%（以 Cr_2O_3 计），转动1h后测pH，$NaHCO_3$ 1.5%，分3次提碱，控制pH 5.0~5.5，水洗，转入染色、加脂工序。

在丙烯酸树脂复鞣后，增加了铬复鞣工序，其目的一是促使树脂在皮内固定，二是改善革的染色性。

三、乙烯基型聚合物

在鞣前或鞣后将聚合物引入裸皮或革内，可赋予成革特殊的性能，使革更紧实、更丰满，耐摩擦、耐热性提高，吸水性和透水性减小。然而用聚合物处理时，虽能赋予皮革以优良性能，但也可能在真皮纤维表面上形成薄膜，把结构间的空隙填满，从而降低革的卫生性能；还可能在革的表面上发生树脂化作用，以及分布不均匀，影响成革质量，所以必须选用那些能消除上述缺陷，而且保留皮革天然的优良性能的聚合物。对这些物质的要求为：不易在革纤维上形成薄膜，但能使胶原分子链发生交联结合而形成网状结构，并能以其官能基和胶原、鞣剂进行反应。在皮革生产中，目前主要应用苯乙烯-马来酸酐共聚物。

苯乙烯（$\text{C}_6\text{H}_5\text{—CH=CH}_2$）在常温是液体，无色，带有辛辣气味，沸点 145.2℃，凝固点为 -30.6℃，相对密度 0.906，难溶于水。

苯乙烯分子中苯环的侧链上含有双键，容易发生聚合反应及和其他单体如马来酸酐发生共聚反应。苯乙烯和马来酸酐按等摩尔比（1:1）在苯或二甲苯溶剂中，以过氧化苯甲酰为引发剂进行共聚，即可获得两者的共聚物。聚合时，苯乙烯中的双键断裂，产生下列反应：

$$\text{C}_6\text{H}_5\text{—CH=CH}_2 + \begin{array}{c}\text{CH=CH}\\ \text{OC}\quad\text{CO}\\ \diagdown\text{O}\diagup\end{array} \longrightarrow \left[\cdots\text{CH—CH}_2\text{—CH—CH}\cdots \begin{array}{c}|\quad\quad\quad\quad\quad\quad\\\text{C}_6\text{H}_5\quad\text{OC}\quad\text{CO}\\ \diagdown\text{O}\diagup\end{array}\right]_n$$

生成的共聚物是一种白色粉末，不溶于水，也不溶于苯，但能溶于碱（NaOH 或 NH_4OH）液中，生成苯乙烯-马来酸酐的所谓半钠盐。鞣制时应用含 20%~25% 共聚物的溶液。

1. 苯乙烯-马来酸酐共聚物合成工艺

（1）原料 苯乙烯 104 份，马来酸酐 98 份，过氧化苯甲酰 0.05 份，二甲苯 1000mL，蒸馏水 300 份，无水碳酸氢钠约 60 份，17%~18% 盐酸。

（2）步骤 将上述除蒸馏水、无水碳酸氢钠、盐酸以外物质加入烧瓶中混合（先将马来酸酐溶于瓶中），然后将烧瓶置于水浴上加热至 80~85℃，30min 后将出现气泡（表示聚合反应开始）。在出现气泡时，应立即将反应瓶冷却，以防爆沸（因瓶内的放热反应猛烈）。此时由于放出大量热，如不及时将浴温冷却，瓶内反应液的温度将自动升到 135~140℃。

所得共聚物是一种乳白浓浆。在 2h 内将聚合物冷却到 80℃，然后在聚合物中加入 300 份的蒸馏水和约 60 份无水碳酸氢钠，搅拌均匀，并在具有回流冷却器的瓶中，微加热，控制温度为 80~85℃，加热 6h，将二甲苯蒸出。溶液中残留共聚物的钠盐，可用盐酸使其从溶液中沉淀出来。为此，可在溶解的共聚物中滴入 17%~18% 的盐酸，即生成白色絮状沉淀，在漏斗中用稀盐酸洗涤沉淀，所得产品中含有其他低分子杂质，可利用流水渗析法把它们除去，最后将净化产品在 80~85℃ 干燥。成品溶解于水，特别易溶于含少量 NaOH 的水中。

这种鞣剂鞣制的革，可用矿物鞣剂（铬、铝、锆、钛等）复鞣。与稳定的铝鞣剂进行结合鞣，效果良好。

2. 苯乙烯－马来酸酐共聚物鞣制过程

由于这种树脂溶液在强酸性溶液中要沉淀，经过软化浸酸后的绵羊皮或山羊皮需先进行裸皮去酸。应用醋酸钠去酸，pH 4.5，然后，用苯乙烯－马来酸酐共聚物（用量为 2%～4% 干共聚物）溶液处理裸皮，并用碳酸钠或硫酸调节 pH，使 pH 保持在 5 左右。转动时间：绒面革为 1～3h，压花革为 3～6h。浸泡一夜后，转动 1h，把 pH 调节到 3.5，继续转动，直到鞣剂被吸尽，即将溶液酸化时，无沉淀或仅有少量沉淀生成为止。可采用无机鞣剂处理，使共聚物固定。

（1）制造白色压花山羊革　可于转鼓中添加 8%～12% 硫酸铝、3% 结晶醋酸钠，继续转动 1h，然后中和。

（2）制造白色山羊绒面革　共聚物鞣剂被吸尽后，将浴液酸化到 pH 为 1.5～2.2。然后添加 10%～15% 硫酸锆，继续转动 1～3h，中和到 pH 4.5 左右。

（3）制造有色山羊绒面革　将浴液调节到 pH 3.0～3.5，加铬鞣液，继续转动 1～3h。将革中和到 pH 4.5 左右，流水洗 0.5～1.0h。

也可用共聚物对铬鞣革进行复鞣，复鞣前，将在制品 pH 调节到 3.0～4.0，然后用共聚物复鞣。复鞣后的革耐光、填充、着色、丝光性都较好。

四、聚氨酯树脂鞣剂

聚氨基甲酸酯是分子结构中含有重复的氨基甲酸酯基（ $-NH-\overset{O}{\underset{\|}{C}}-O-$ ）的高分子聚合物的总称，简称聚氨酯。聚氨酯已广泛用作皮革涂饰剂的成膜物，它具有光泽好、耐摩擦、耐曲折、耐老化、耐热、耐寒和耐溶剂等优良性能。

聚氨酯用于复鞣、填充（干填充和湿填充），能有效地解决松面问题，使成革丰满、柔韧、有弹性。聚氨酯树脂复鞣剂虽不如丙烯酸树脂应用普遍，但由于它与丙烯酸树脂配合使用，能克服丙烯酸树脂热黏冷脆的缺陷，因而受到人们的重视。聚氨酯复鞣剂有：Bayer 公司的利华坦 C（阴离子型）、利华坦 K（阳离子型），国内南京皮化厂的 APU－Ⅰ（阴离子型）、CPU－Ⅰ（阳离子型）等产品。

聚氨酯复鞣剂的制造属于专利，其详细的制造方法均属技术秘密。下面仅对某种聚氨酯乳液的制法举例，以说明其一般的制造原理和方法。

以己二酸、乙二醇的线性聚酯和己二酸、一缩二乙二醇、甘油的支化聚酯同二异氰酸酯反应生成预聚体，再以一缩二乙二醇为扩链剂进行扩链，然后与二羟基羧酸反应生成成盐亲水基团，最后以三乙胺中和，制成聚氨酯水乳液。

反应机理大致如下：

$$n\text{HO}\!\!\sim\!\!\text{OH} \ +\ (n+1)\text{OCN}-\text{R}-\text{NCO} \xrightarrow[\text{催化剂}]{80\sim100℃}$$

$$\text{OCN} - \left[R-N-C-O \sim\sim O-C-N \right]_n - R-NCO$$
$$\underset{H}{|}\underset{O}{\|}\underset{O}{\|}\underset{H}{|}$$
聚氨酯预聚体

$$2n\text{OCN} - \left[RN-C-O \sim\sim O-C-N \right]_n - RNCO \;+\; n \begin{array}{l} \text{HO}-\text{CHCOOH} \\ \text{HO}-\text{CHCOOH} \end{array}$$

↓ 50~60℃

$$\text{OCN} - \left[R-NH-\underset{\|}{C}-O-\underset{|}{\overset{H}{C}}-\underset{|}{\overset{H}{C}}-O-\underset{\|}{C}-NH \right]_n - RNCO$$
$$\underset{\text{COOH}}{|}\underset{\text{COOH}}{|}$$

↓ 用三乙胺中和

$$\text{OCN} - \left[R-NHC-O-\underset{|}{\overset{H}{C}}-\underset{|}{\overset{H}{C}}-O-CNH \right]_n - RNCO$$
$${}^{+}[R_3HN]OOCCOO[NHR_3]^{-}$$

该聚氨酯乳液是一种结构复杂的高聚物，它是由不同结构和不同相对分子质量高聚物组成的混合物。

聚氨酯复鞣剂广泛用于不涂饰革、家具革、服装革、软鞋面革等。阴离子型聚氨酯复鞣剂可与其他阴离子型材料同浴，而阳离子型聚氨酯复鞣剂应用时一般不能与带羟基的鞣剂（如栲胶和酚类合成鞣剂）同浴使用，否则会产生沉淀。中间应水洗，换浴。聚氨酯复鞣剂在黄牛软鞋面革方面的应用工艺如下：

（1）水洗　水200%，温度40℃，转10min，排水。

（2）复鞣　水200%，温度40℃，聚氨酯复鞣剂4%（利华坦K，阳离子型，4倍水稀释后加入），转60min，排液。

（3）中和　水100%，温度40℃，单宁精PF（Tanigan PF，中和复鞣剂）2.5%，小苏打0.2%，转30min，pH 4.5。

（4）预染色加脂　在中和液中进行。皮革染料1%，匀染剂2.0%，转20min；加脂剂1.5%，转15min。

（5）复鞣　在预加脂浴中进行。聚氨酯复鞣剂（利华坦C，阴离子型）5%，雷宁精R 7（双氰胺树脂复鞣剂）2%，转20min，加单宁精OS（代替性合成鞣剂）3%，转60min；然后水洗，顶染及主加脂。

五、超支化聚合物鞣剂

超支化聚合物是高度支化的聚合物（图4-5），具有一定的相对分子质量分布，分

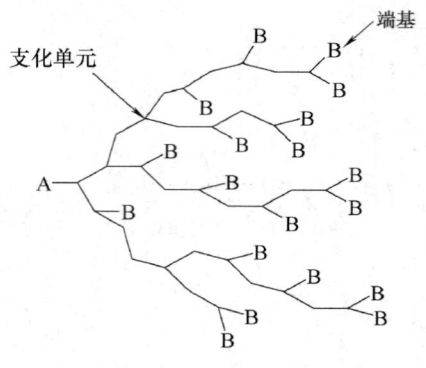

图 4-5 超支化聚合物结构示意图

子结构中包含部分线性结构单元，一般呈椭球状，官能团部分位于表面，部分位于分子中线性结构单元上。超支化聚合物具有较低的溶液和熔体黏度、良好的溶解性、很多的端基等。其合成方法有：缩合法、ABX 单体加成法、固体聚合、自缩合乙烯基聚合法、开环聚合、质子转移聚合等。表征超支化聚合物性质的主要参数有支化度、相对分子质量及分布、黏度、玻璃化温度等。

近年来，超支化聚合物以其新奇的结构、独特的物理和化学性质、潜在的应用前景，引起了化学家们的高度重视，并逐渐成为高分子科学研究的热点。由于超支化聚合物高度支化的结构，分子链缠绕少，较难结晶，使溶解性能大大提高。与相同相对分子质量的线型分子相比，超支化聚合物的流体力学半径小，熔融态活度低，具有较高的流变性。由于聚合物由多官能团单体聚合而成，因此分子外围带有大量末端官能团，并且这些末端官能团可以通过端基改性，获得所需性能的聚合物。超支化聚合物还具有独特的内部微孔，可以螯合离子、吸附小分子。改性的超支化聚合物可带有大量端羧基，作为聚阴离子与线型聚阳离子进行静电吸附自组装。超支化聚合物独特的结构使其在生物、医药、涂料、化妆品、农业等领域都有广泛的应用，可以作为流变促进剂、特种催化剂、药物载体纳米反应池和光固化涂料等，同时也引起了制革工作者的关注。

超支化聚合物分子外观为椭球形，具有大量的端基，可与皮胶原纤维上的活性基团（如羟基、氨基、羧基等）发生化学结合，也可与三价铬离子络合，从而可作皮革鞣剂、复鞣剂及其助剂。与一般的高吸收铬鞣助剂相比，超支化聚合物的络合基团更多，吸收和固定铬的效果更好，同时可以节约铬盐，减少水中的铬污染，保护环境，达到一举两得的效果。其与铬鞣革的结合如图 4-6 所示。

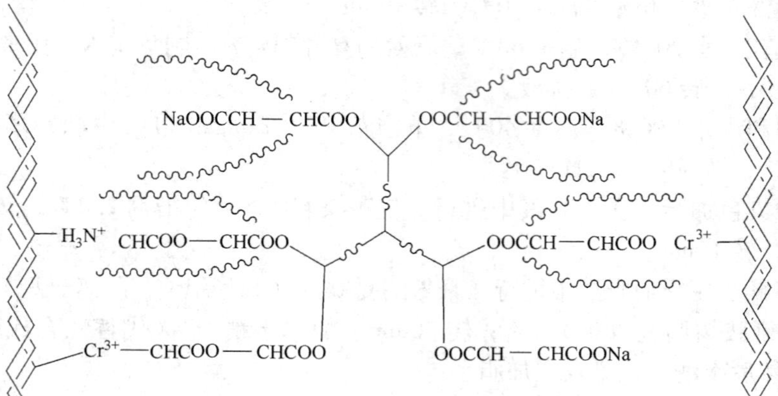

图 4-6 超支化聚合物作为复鞣剂和主鞣剂在胶原中的结合示意图

目前，有关在制革工业中应用的超支化聚合物还处于研发阶段。刘白玲等人提出了"$A_2+B_3+CA_2$"反应体系，在分子末端引入更多亲水基团，得到超支化水性聚合物；末端官能团可为引入其他单体获得超支化丙烯酸树脂聚合物创造条件。合成的超支化聚合物既有超支化的特殊性能，又能有效避免皮化材料中使用的丙烯酸、聚氨酯树脂的一些缺点。以己二酸（单体A_2）、甘油（单体B_3）和顺酐（CA_2）为例简述其合成过程（图4-7）。

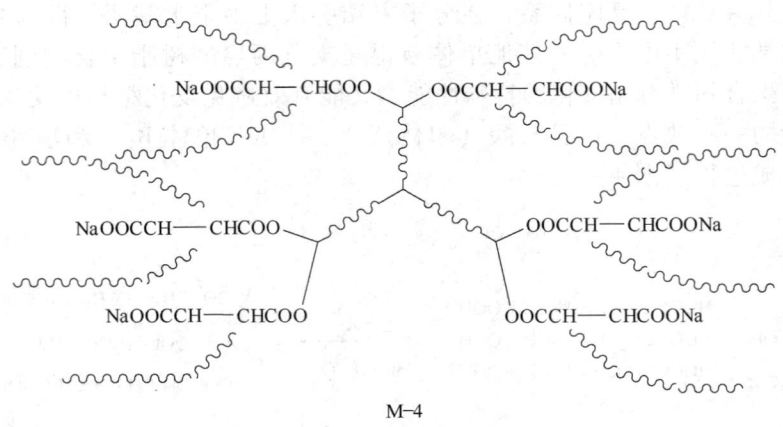

图 4-7 合成超支化聚合物的示意图
R_1 = H、CH_3　R_2 = H、CH_3、CH_2CH_3、$CH_2CH_2CH_3$

王学川等人采用"准一步法",由丁二酸酐和二乙醇胺合成超支化聚合物铬鞣助剂,并将其用于铬鞣中,吸收铬的效果明显,当使用量为1%时,铬鞣废液中的Cr_2O_3含量可减少45%。李龙等人以三聚氯氰和间苯三酚为主要原料,采用发散法合成了端酚基的树枝状化合物 G1 和 G2,这类多元酚化合物是一种结构新颖的合成鞣剂,可提高生皮胶原纤维的收缩温度;它和铝盐结合鞣可以获得良好的协同鞣制效应,使生皮胶原纤维热变性温度由49℃增加到95℃以上。管建军等人通过"一步法"由三聚氯氰和均苯三酚合成了一种端羟基的超支化聚合物(HTHP),HTHP可作为一种铬鞣助剂应用于皮革铬鞣工序中。实验结果表明:HTHP对于增加皮胶原对铬盐的吸收和固定具有显著效果,HTHP用量在1%时,铬鞣废液中的Cr_2O_3含量由1.42g/L降低到0.60g/L,坯革的收缩温度由90℃提高到94℃,且粒面细致,在后续染色加油处理中可改善坯革对染料和加脂剂的吸收。

采用超支化丙烯酸树脂复鞣剂和一般的丙烯酸树脂复鞣剂复鞣,比较了复鞣效果,其结果显示了超支化丙烯酸树脂复鞣剂赋予皮革优良弹性、丰满性、柔软性和粒面细致性的突出优点,见表4-9。

表4-9　超支化丙烯酸树脂复鞣剂复鞣效果

项　目	超支化丙烯酸树脂复鞣剂	某国产丙烯酸树脂复鞣剂
废液残留 Cr^{3+} 含量/(mg/L)	2.23	3.12
增厚程度/%	10	5
面积缩小程度/%	7	7
废液残留油脂量*	4	5
废液清澈程度*	4	4

续表

项　目	超支化丙烯酸树脂复鞣剂	某国产丙烯酸树脂复鞣剂
败色程度*	4	3
柔软性*	5	4
丰满度*	5	4
弹性*	5	4
粒面细致度*	4	4
综合评价	优	良

*5分为最好，1分为最差。

第三节　醛　鞣

一、醛鞣剂

很早以前，人们发现甲醛能使动物的组织变硬，并据此用甲醛鞣革。

醛的种类很多，一般都能与含有氨基的化合物发生反应，同样也能与皮蛋白质中的自由基反应，因而具有一定鞣性。研究结果表明，只有甲醛、丙烯醛及含2~5个碳原子的二醛及双醛淀粉、双醛纤维素具有良好的鞣性。从鞣制性能来看，在所研究的醛中以丙烯醛与戊二醛最优，其次为甲醛、乙二醛、丁二醛、双醛淀粉，而丙二醛和己二醛鞣革性能较差。由于丙烯醛具有易挥发、刺激性强、性能不稳定、毒性大等特点，因而很难进入实用阶段。甲醛、戊二醛及其衍生物、噁唑烷等作为预鞣剂或复鞣剂目前已被广泛应用于制革工业。一些醛鞣剂鞣性见表4-10。

表4-10　　　　　　　　几种醛的鞣性

成革性能	甲醛	乙二醛	戊二醛	改性戊二醛	糠醛	双醛淀粉
收缩温度/℃	90	86	84	86	80	80
柔软丰满性	差	较好	好	好	较好	较好
颜色	白	白	黄	白	棕	白
耐汗性	良	良	优	优	—	—
最适鞣制pH	8	7.5	7	7	6.4	8

（一）甲醛

甲醛（HCHO）是含1个碳原子的醛，是醛类中最简单的化合物。甲醛在常温下是气体，沸点-21℃，有难闻的刺激味，易溶于水，常以水溶液状态保存。甲醛的40%水溶液俗称"福尔马林"，是很好的消毒剂和固定剂。

甲醛鞣革具有许多特点，如革色纯白，遇日光不变色，能耐汗液作用，对于酸、碱、氧化剂、还原剂，有较强的抵抗力，不怕水洗，对金属的腐蚀性较小等。但还存在某些缺点，如革身扁薄，不耐陈化，容易变脆，对湿热作用的稳定性较小等。因而，实际上很少采用纯甲醛鞣革，可采用结合鞣法加以改进。

甲醛的结构式为 $\mathrm{H-\overset{\overset{O}{\|}}{C}-H}$，具有羰基上连接2个氢原子的特殊结构，因而性质活泼，具有很高的反应能力，能参与很多反应。它与鞣制有关的性质如下：

1. 甲醛与氨基化合物作用

$$\mathrm{P-NH_2 + O=CH_2 \longrightarrow P-N=CH_2 + H_2O}$$
$$\mathrm{2P-NH_2 + HCHO \longrightarrow P-NH-CH_2-HN-P + H_2O}$$

甲醛能与蛋白质的自由氨基反应形成亚甲基化合物，这就是甲醛的鞣制机理。由于这一性质，甲醛不仅可作醛鞣剂，而且在整理工程中还可作蛋白涂饰剂的固定剂。

2. 缩合作用

甲醛是常用的缩合物，在制造合成鞣剂中常常要利用甲醛的这一重要特性。

3. 聚合作用

甲醛在一定条件下易自身聚合，生成多聚甲醛，例如：

$$(n+2)\mathrm{HCHO} \xrightarrow{\mathrm{H^+}} \mathrm{[CH_2-O-(CH_2-O)_{\mathit{n}}CH_2-O]}$$

多聚甲醛

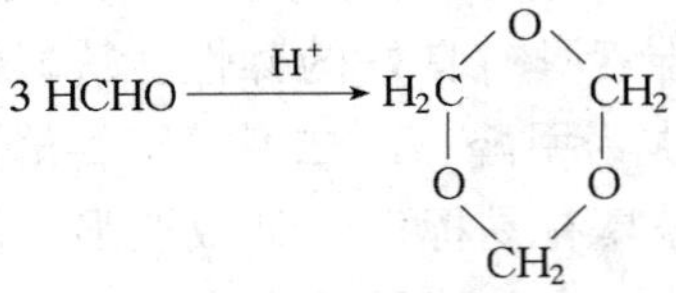

$$3\mathrm{HCHO} \xrightarrow{\mathrm{H^+}} \text{三聚甲醛（六元环结构）}$$

甲醛分子自身聚合的性质对于甲醛鞣革是不利的，因为在酸性范围内进行甲醛鞣制，未结合的甲醛可能由于形成上述聚合物而导致成革粒面树脂化，从而引起醛鞣革的裂面。

（二）戊二醛

戊二醛带有2个醛基，其化学结构式为 $\mathrm{OHC-CH_2-CH_2-CH_2-CHO}$。纯戊二醛在常温下是液体，未经稀释的高浓度戊二醛极易聚合。戊二醛的合成产品为水溶液，浓度一般为25%左右，不高于50%。戊二醛鞣性良好，是一种优良的醛鞣剂。特点如下：

① 裸皮吸收戊二醛的速度和结合量比较突出。如在pH 5时，乙二醛几乎无鞣制作用；甲醛被裸皮吸收1/3，2.5h后收缩温度才达到78℃；而戊二醛能被裸皮吸收70%，1h后收缩温度就达到80℃。

② 鞣制用的戊二醛水溶液不发生自聚合作用，因而不会造成成革粒面树脂化而发硬变脆的现象。

③ 戊二醛成革耐汗、耐水洗和耐碱，单独鞣革比甲醛好。用于铬鞣革的预鞣或复鞣，效果良好，可节约红矾，减轻革的质量，增加全张革的均匀性。

由于戊二醛分子本身就有一定长度，不需要缩聚就可与胶原氨基作用，而且是带双官能团的分子，结合点比甲醛分子多，生成的环状结构稳定，故戊二醛的鞣性及成革的性质远比甲醛好。

（三）改性戊二醛

为了降低戊二醛的价格，消除戊二醛鞣革色泽黄的缺点，可以对戊二醛进行改进。目前国内改性戊二醛产品主要有3种类型：甲醛改性戊二醛、氨基树脂改性戊二醛、丙烯酸树脂改性戊二醛。

甲醛改性戊二醛的反应原理，可用以下反应式说明：

$$\text{OHC-CH}_2\text{-CH}_2\text{-CH}_2\text{-CHO} + \text{HCHO} \xrightarrow[\Delta]{\text{OH}^-} \text{环状产物} \quad n_1, n_2 = 0, 1, 2$$

改性戊二醛的特点为：

① 成革色泽洁白，即使在 pH 10 的条件下，制品也不发黄，适于浅色、白色革和毛皮。

② 水溶性好，性质稳定，不聚合，不易氧化，耐贮存。

③ 挥发性极小，无明显刺激性气味。

④ 应用工艺条件和成革质量与戊二醛相同，具有所有戊二醛鞣的优点。

（四）噁唑烷鞣剂

噁唑烷又称为四氢噁唑，是醛与 β - 氨基醇类的缩合物。常见的噁唑烷有3种：一种是噁唑烷Ⅰ，4,4 - 二甲基 - 1,3 - 噁唑烷；第二种是噁唑烷Ⅱ，1 - 氮杂 - 3,7 - 二噁二环 - 5 - 乙基（3,3,0）辛烷；第三种是噁唑烷Ⅲ，5 - 羟甲基 - 1 - 杂氮 - 3,7 - 二噁唑（3,3,0）辛烷。

噁唑烷Ⅰ　　　　噁唑烷Ⅱ　　　　噁唑烷Ⅲ

噁唑烷可以与酚和蛋白质发生交联反应，因而具有鞣性。鞣制机理的研究表明，噁唑烷水解产生的羟甲基是其主要的活性交联基团，另外由于树脂化也起到一定填充作用。反应原理为：

$$\underset{}{\text{[结构式:2-乙基-1,3-二氧唑烷]}} \xrightarrow{H_2O} \underset{}{\text{[四羟基化合物结构]}}$$

$$\text{[四羟基化合物]} + 2\,P-NH_2 \longrightarrow \text{[交联产物]} + 2H_2O$$
（皮胶原）

1. 噁唑烷鞣革特点

① 成革色白、不泛黄，柔软、丰满，适宜于制造白色革和毛皮。鞣制毛皮，毛不易沾色，收缩性小。噁唑烷单独鞣革的综合性能较差，可用于预鞣和复鞣。

② 与胶原氨基等产生共价结合，成革耐水洗性和耐汗性好。由于噁唑烷分子中含阳离子基团，其复鞣的革易于用阴离子染料染色。

③ 在较宽的 pH 范围内发挥鞣性，在 pH 为 10 时，可达到最大的鞣效，坯革收缩温度可达 87℃。

国内在"七五"期间将噁唑烷鞣剂的开发研究列为国家攻关项目，相应地开发出两种具有实际应用价值的噁唑烷鞣剂，一种是二乙醇胺与甲醛的反应产物，称为 OX-2 噁唑烷鞣剂；另一种是 OX-2 与丙烯酸树脂鞣剂共混改性的产物，该产品的商品名为 DOX。

OX-2 鞣剂的制备反应如下：

$$HN(CH_2CH_2OH)_2 + HCHO \longrightarrow HOCH_2CH_2-N\underset{}{\bigcirc}O + H_2O$$
OX-2 鞣剂

2. 噁唑烷鞣剂制备举例

在 500mL 三口瓶中加入 105g 二乙醇胺和 50g 水，在搅拌下加入 30g 多聚甲醛，用 60~70℃ 的水浴加热，继续搅拌 0.5h，然后在室温下放置 24h。将反应液减压蒸馏，收集 118~120℃ 馏分即为产物（99.2g），收率为 85%。

3. 噁唑烷鞣剂鞣法

山羊鞋面革的复鞣：液比 150%，温度为 38~40℃，柔软型聚合物鞣剂 2%，转动 60min；OX-2 噁唑烷鞣剂 3%，转动 60min；甲酸钠 0.5%，转动 90min，复鞣结束时 pH 为 4.2~4.5。

（五）有机膦鞣剂

常见的有机膦鞣剂为四羟甲基季膦盐，简称为 THP 盐，化学分子式为 $C_4H_{12}O_4P$。其结构式为：

$$\left[\begin{array}{c} \text{CH}_2\text{OH} \\ | \\ \text{HOH}_2\text{C}-\text{P}-\text{CH}_2\text{OH} \\ | \\ \text{CH}_2\text{OH} \end{array} \right]_n X^{n-}$$

式中 X 为 Cl^-、OH^- 或 SO_4^{2-}，如 X 为 SO_4^{2-} 则为四羟甲基硫酸膦（简称 THPS），其结构式为：

$$\left[\begin{array}{c} \text{CH}_2\text{OH} \\ | \\ \text{HOH}_2\text{C}-\text{P}-\text{CH}_2\text{OH} \\ | \\ \text{CH}_2\text{OH} \end{array} \right]_2 SO_4$$

四羟甲基膦盐最早是在 1921 年由 A. Hoffman 在实验室制得，他首先利用磷化铝与水作用产生磷化氢气体，然后将磷化氢气体通入甲醛和浓盐酸溶液进行反应，当反应完成后，蒸去挥发性成分和水，得到四羟甲基膦盐。汞、氯铂酸钾等均可作为该反应的催化剂。反应原理为：

$$M_3P_n + 3H_2O \longrightarrow M(OH)_n + PH_3$$
$$PH_3 + 4HCHO + H^+ \longrightarrow (HOCH_2)_4P^+$$

大多数化工厂均采用这种方法来制备 THP 盐，不过采用的磷化物不再局限于磷化铝，可以采用磷化钙、磷化锌等一系列磷化物。吸收液也不再局限于甲醛和浓盐酸，可以用甲醛与浓硫酸等作为吸收液。

1. 有机膦鞣剂鞣革的特点

① 鞣革外观为白色，适合做浅色皮革。
② 鞣革具有优异的湿热稳定性，收缩温度可达 80～85℃。
③ 鞣制的白湿革具有极好的透气性和优异的耐光性。
④ 鞣革具有良好的物理力学性能，其撕裂强度优于铬鞣革。
⑤ 有机膦本身是一种阻燃剂，用其鞣制的皮革具有较好的阻燃特性。

由于四羟甲基膦盐分子结构中有 4 个活泼的羟甲基，能与胶原产生良好的结合，通过活泼的羟甲基与胶原的氨基和酰氨基产生多点交联作用，示意如下：

$$\text{——NH—CH}_2-\overset{\overset{\displaystyle \text{CH}_2\text{OH}}{|}}{\underset{\underset{\displaystyle \text{O}}{\|}}{\text{P}}}-\text{CH}_2-\text{NH——}$$

2. 工艺控制

① pH：浸酸时 pH 应控制在 3.4～3.6，以有利于有机膦鞣剂的渗透。鞣制后期提碱至 pH 5.0～5.5，这样可使有机膦鞣剂得到牢固结合。

② 用量：有机膦鞣剂适宜的用量是 1.5%～2.0%，用量过多会降低皮革的撕裂强度和抗张强度。

尽可能选用无铵脱灰剂和无铵软化酶进行脱灰和软化，这样可提高有机膦鞣剂的结合率。

用有机膦鞣剂鞣制的白湿革，固定结束后还应进行氧化处理，将白湿革中未结合的残留的有机膦氧化而去除。否则，残留在白湿革中的游离的有机膦盐会影响白湿革的撕裂强度和耐光性。

3. 操作实例

以有机膦鞣剂鞣制绵羊服装革为例。使用无铵脱灰剂脱灰，采用无铵酶软化，浸酸至 pH 为 3.4～3.6，用 2% 四羟甲基膦鞣剂鞣制 4h，结束后提碱至 pH 5.0～5.5，脱水固定，然后用 2.5% 过硼酸钠氧化。

4. THPS 与铁盐结合鞣

杜晓声等人研究了四羟甲基硫酸膦（THPS）和亚铁盐的结合鞣，亚铁盐为硫酸亚铁、草酸亚铁、氯化亚铁和硫酸亚铁铵 4 种。浸酸山羊皮，鞣前调 pH 至 2.5～2.8，鞣制时，先加入 2% 的 THPS，转 60min，然后加入 2% 的亚铁盐（以 FeO 计），转 120min；加酒石酸钠 2%，转 30min；加小苏打 2%，转 90min，调 pH 至 5.2～5.5；最后漂洗、中和、复鞣、染色、加脂、晾干。研究表明，这几种亚铁盐中，THPS 与硫酸亚铁结合鞣革的性能最好，收缩温度为 90.3℃，撕裂强度 23N/mm，伸长率 35%，耐老化性最优。结合鞣革的收缩温度尽管与单独的 THPS（88℃）差别不大，然而却降低了 THPS 的用量，提高了成革的综合性能。

二、醛 鞣 机 理

醛鞣的化学过程是羰基与蛋白质的氨基等活泼基团形成共价交联的过程，人们普遍认为含双官能基的醛具有较好的鞣性是由于易于形成交联。甲醛、糠醛由于自身易于聚合，因此可形成链状交联结构，它们是仅有的两种鞣性较好的单醛。

氨基是醛鞣时主要的交联点，氨基与羰基的反应是两步完成的，即亲核加成与 β-消除反应。首先由氨基中氮上的孤对电子对羰基进攻发生亲核加成，并很快发生质子转移，最后则脱水形成稳定的烯胺键：

$$P—NH_2 + HCOR \longrightarrow P—NHC(OH)HR \longrightarrow P—N=CHR + H_2O$$

胶原氨基与甲醛的反应如下所示：

$$P—NH_2 + (CH_2O)_n + H_2N—P \longrightarrow P—N=CH—(CH_2)_{n-2}CH=N—P + 2H_2O$$

反应式中 $(CH_2O)_n$ 代表聚甲醛，n 大于 4，因为只有一定甲醛的分子缩聚后才能在肽链间形成交联键，产生鞣性。

戊二醛是具较大相对分子质量的双官能团的鞣剂，具有较好的鞣性。戊二醛与胶原的反应如下所示：

$$P—NH_2 + OHC—(CH_2)_3—CHO + H_2N—P \longrightarrow P—N=CH—(CH_2)_3—CH=N—P + 2H_2O$$

显然这一反应与介质的 pH 关系很大，在强酸性介质中由于氨基的质子化而无孤对电子可向羰基进攻，反应受到抑制；碱可催化这一反应，不过太强的碱会引起醛的聚合、歧化等反应。强碱与质子的结合也影响了质子转移和脱水反应，所以对鞣制会产生不利影响。

pH 不仅影响反应速度，也决定了反应的方向和程度，所以也决定了最后鞣制的效果，不同的醛与不同的氨基化合物有不同的最适 pH，如糠醛与氨基脲在 pH 3.13 时反应最快。从鞣革的角度看，典型的醛鞣在微碱性介质中反应最快，而在中性和微酸性条件下可获得较好的成革，对毛皮来说酸性条件下则有利于保护毛被。

醛与羟基、胍基、咪唑基、酚羟基、酰胺基等也可发生共价结合，但一般反应程度较小，对鞣制过程不起主要作用。

醛与蛋白质结合主要有四种类型：①物理吸附，易于被水洗下；②处于动态的化学平衡状，可因介质而改变；③稳定且化学不可逆的共价结合；④抗酸碱、抗化学试剂作用。

三、醛鞣的控制

（一）影响醛鞣的主要因素

1. pH

从醛鞣的机理可知，醛的羰基主要与胶原氨基反应，在胶原纤维间形成共价交联产生了鞣制作用，故胶原氨基的离解状态对醛鞣的影响很大。

对甲醛鞣革而言，当 pH 较低，在酸性范围内时，胶原氨基以—NH_3^+ 存在，与醛的结合少；当 pH 6~7 时，氨基处于不带电状态，以—NH_2 存在，显示出鞣性；当 pH 达 8.7 时，氨基被充分抑制，鞣制作用最大；当 pH 再升高，裸皮易发生碱膨胀，成革发硬发脆。

对戊二醛鞣革而言，在低 pH 下其与蛋白质的反应进行得很慢，随着 pH 的升高，反应速度加快。综合考虑戊二醛渗透与结合的关系，戊二醛与皮胶原反应的最适 pH 为 6~8，弱碱性范围内鞣制，戊二醛的利用率较高。

改性戊二醛与皮胶原氨基的反应是二级反应，反应速度受 pH 的影响很大，在 pH 为 7.2 时达最大值。但在实际鞣制时将 pH 控制在弱酸性范围内即可取得理想的鞣制效果。

2. 浓度及醛用量

增加醛的浓度可以加快鞣制速度，增加醛的结合量，改进鞣革的效果。但浓度过高会产生皮革表面过鞣的缺陷。另外，浓度升高，甲醛的挥发量增加，污染环境，对操作人员的健康不利，浓度过高还会降低皮纤维的强度。故纯醛鞣及醛复鞣均应采用稀醛鞣液。

对甲醛而言，随着甲醛用量增加，鞣制作用增强，收敛性逐渐提高。实验表明，甲醛用量为 4% 时（40% 甲醛溶液），革的延伸性和挠曲性最好。

在铬鞣工艺中增加戊二醛预鞣工序，可以提高铬鞣剂的渗透速度，获得较好的鞣制效果。戊二醛预鞣的用量为裸皮质量的 3% 左右（25% 戊二醛溶液）。

戊二醛（50% 浓度）用于结合鞣时，其用量为 4% 比较合适。增大用量则耐洗、耐汗性提高，但用量高于 8% 时不仅成本增加，戊二醛浪费大，成革性能的提高也不多。

戊二醛用于复鞣时用量为削匀革质量的2%~5%。

3. 鞣制时间

在适当条件下，大部分醛在鞣制最初30min内就与皮结合了，但结合不是就此停止，延长时间可增加醛的吸收量和结合量。

4. 温度

提高温度可加快鞣制作用，提高醛的结合量，但温度太高则易产生粒面粗糙等缺陷，因此一般醛鞣控制在30~35℃。

在现代制革生产中，戊二醛主要用于各类软革的复鞣，如服装革、手套革、软鞋面革等。戊二醛可与其他鞣剂，如合成鞣剂、栲胶、氨基树脂、乙烯基类聚合物鞣剂、聚氨酯鞣剂等配合用于轻革的复鞣。因醛基可与其他鞣剂中的一些活性基团（如氨基、羧基等）反应，故使用时最好分步加入。

从成革的理化指标来看，醛鞣革的收缩温度一般在80~90℃，其抗张强度等综合性能则不及铬鞣革，所以醛鞣还不能完全代替铬鞣。

醛鞣革的突出优点是由于共价交联的稳定性所表现出来的耐水洗、耐汗、耐溶剂、耐碱、耐氧化剂等耐化学药品性，因此醛鞣后革可在碱性或氧化性介质中操作，其应用范围也较广。

（二）甲醛鞣法

1. 适宜条件

（1）鞣液的pH　pH小于4时，鞣性很差；pH大于8.7时，皮易碱肿而使成革发脆。所以，一般控制pH在6~7。

（2）鞣液的浓度　1%以下就可以达到满意的收缩温度，浓度增加，鞣制速度加快，但收缩温度并无提高。相反，浓度过大会造成革的抗张强度下降。一般最适浓度为甲醛含量占裸皮质量的3%~4%，厚皮也不超过5%~6%。

（3）鞣液的温度　提高温度，鞣速加快，能尽快达到要求的收缩温度。但升温会使甲醛的挥发加剧，所以一般控制在30~35℃为宜。

（4）鞣制的时间　初鞣30min内，就可以达到鞣制要求。延长时间可增加甲醛的吸收和结合，但即使经过几个月仍不能达到平衡。所以，一般甲醛鞣可以几小时内结束。

（5）中性盐　甲醛鞣中加入3%~4%的食盐或芒硝，可防止裸皮肿胀，有利于革的鞣制和收缩温度的提高。

2. 操作举例

在皮革鞣制中，很少采用纯甲醛鞣，偶尔用于生产浅色高级手套革，多用于皮革和毛皮的结合鞣法。

（1）羊皮手套革的甲醛鞣法　采用浸酸皮质量100%的水，4%的硫酸钠，6%~10%的甲醛水溶液（36%~40%），初鞣pH 2~3，转动4h左右，用硼砂中和，并升温至37℃左右，最终pH 6.8~7.0，最终液比2.0~2.5，收缩温度82℃左右。流水洗去过量甲醛。

（2）毛皮的甲醛鞣法　鞣液含甲醛10~30g/L，pH 7~8，食盐40~50g/L，温度

30℃，鞣制时间 12~16h，最后加入适量硫酸中和过量的碱，pH 6~7。

应当注意，毛被能强烈地吸收甲醛。甲醛鞣后的毛皮宜用高级加脂剂加油。

（三）戊二醛鞣法

1. 适宜条件

（1）鞣液 pH　pH 在 4~5 或 7~8，鞣制都能进行，但后者对戊二醛的利用率较高，鞣制效果更好。

（2）鞣液浓度　以无水戊二醛含量占裸皮质量的 4% 左右为宜。

（3）鞣液温度　30~35℃。

（4）鞣制时间　6~8h。

（5）中性盐　可加无水硫酸钠 10% 或食盐 10%。

2. 操作举例

戊二醛鞣法可单独鞣制皮革，也可用于结合鞣，以后者效果更好。以纯戊二醛鞣法为例，水 100%（用料以浸酸裸皮质量计，下同），无水戊二醛 3.75%，无水硫酸钠 10%，碳酸氢钠 0.8%，鞣制 3h 后再加碳酸氢钠 5%，继续转动 5h，最终 pH 8.3，收缩温度 83℃，水洗 30min 结束。

（四）改性戊二醛鞣法

1. 适宜条件

（1）用量　改性戊二醛可单独用于鞣制毛皮和耐洗手套革等，服装革采用结合鞣效果好，改性戊二醛用量一般约 4%。

（2）pH　pH 是影响鞣制的主要因素。虽然实验证明改性戊二醛与氨基的反应是二级反应，而且在 pH 7.2 达到最高速度。实际鞣制的 pH 可控制在弱酸性范围，并不影响最终结果。

（3）温度　提高温度，可加快鞣制。在 10℃ 以下则反应困难，但高于 40℃ 易导致粒面粗糙，高于 50℃ 毛皮质量也不易控制，所以鞣制初期在 25℃ 左右较好。

2. 操作举例

（1）白色耐洗山羊正面服装革　水 100%，常温，在 0.5h 内加入稀释 10 倍的改性戊二醛 4%，转 1h，加 3% 甲酸钠调 pH 至 4.5，再在 0.5h 内流加稀释 1 倍的改性戊二醛 6%，转动 1.5h，分 2 次加入 1% 大苏打调 pH 至 4.5，再用小苏打调 pH 至 7，浸泡 5h，搭马过夜。

（2）猪绒面服装革（复鞣）　3% 红矾初鞣的削匀蓝湿革，称重。水 150%，温度 40℃，改性戊二醛 2.5%，用 2% 醋酸钠调 pH 至 4.5，转 2h 后，用 1% 碳酸氢钠调 pH，在 1h 内调 pH 至 6，停鼓过夜。

第四节　油　鞣

一、油　鞣　剂

油鞣革具有独特的特点，主要是革的纤维细致，革的柔软性、延伸性、透气性非常良好，能耐水或皂液洗涤而干后不变性。用途极广，除能制衣服、手套和鞋等日用品外，还能加工过滤高级汽油和擦拭光学仪器等特殊使用的革。

1. 海产动物油

这类油脂的主要成分是含有不饱和脂肪酸的甘油酯，脂肪酸中所含的不饱和双键经氧化后，便能达到油鞣的效果。衡量脂肪酸不饱和程度的主要指标是碘值，几种海产动物油的碘值见表4－11。

表4－11　　　　　　　　　　几种海产动物油碘值

海产动物油	碘值	海产动物油	碘值
海豹油	145～182	海豚油	130～140
鳕鱼肝油	160～180	鲸油	102～144

油鞣剂要求碘值在130以上。

2. 不饱和的植物油

以亚麻油（碘值174～202）和蚕蛹油（碘值135～138）鞣性最好。

3. 合成油鞣剂

合成油鞣剂又叫烷基磺酰氯，化学式为R—SO_2Cl，式中R为C_{15}～C_{30}的脂肪烷烃。合成流程和反应式如下：

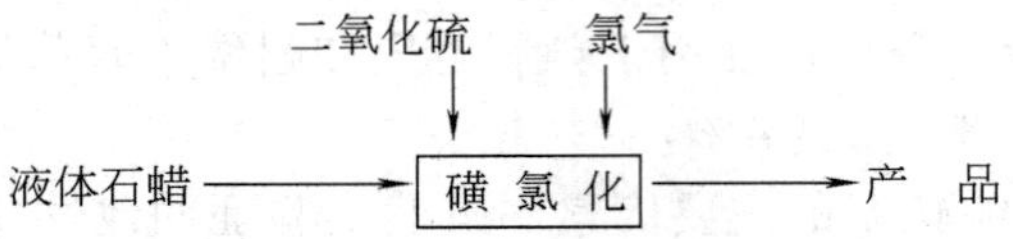

$$RH + SO_2 + Cl_2 \xrightarrow[\text{吡啶}]{\text{光照}} R\text{—}SO_2Cl + HCl$$

二、油 鞣 机 理

（一）天然油脂鞣制机理

目前，对油鞣的机理尚无定论，一些有代表性的观点可归纳如下：

1. 油鞣是物理吸附过程

当油鞣剂透入皮纤维之间时，因分子引力的作用，使油脂分子大量被吸附在皮纤维表面上，也可能因不饱和键的被氧化，而形成牢固包围纤维表面的膜，从而使生皮变性，具有革的某些性质。

这种理论不能解释油鞣过程的不可逆性和油鞣革的许多特性，所以，只能认为油鞣过程中可能存在这种物理吸附现象。

2. 油鞣是化学过程

这种理论认为油鞣主要是油鞣剂不饱和双键被氧化带上过氧基而非常活泼，很易分解生成新的官能基，而与胶原极性基产生复杂的化学结合。

（1）不饱和双键氧化生成过氧化物，而过氧化物直接与胶原的氨基或肽基反应：

$$R_1-CH=CH-R_2\cdots CH=CH-R_3\cdots COOH(不饱和脂肪酸)$$

$$\Big\downarrow 氧化\ O_2$$

$$R_1-\underset{O-O}{CH-CH}-R_2\cdots \underset{O-O}{CH-CH}-R_3\cdots COOH(过氧化物)$$

① 与胶原氨基结合：

$$R_1-\underset{O-O}{CH-CH}-R_2\cdots \underset{\underset{P-NH\ HN-P}{|\ \ \ \ \ \ \ \ |}}{CH-CH}-R_3\cdots COOH$$

② 与胶原肽基结合：

$$R_1-\underset{O-O}{CH-CH}-R_2\cdots \underset{\underset{P-\underset{O}{C}-N\ \ N-\underset{O}{C}-P}{|\ \ \ \ \ \ \ \ \ \ \ \ \ |}}{CH-CH}-R_3\cdots COOH$$

（2）过氧化脂肪酸发生分子重排，并脱水形成内酯存在于皮纤维间：

$$R_1-\underset{O-O}{CH-CH}-R_2\cdots \underset{O-O}{CH-CH}-R_3\cdots COOH$$

$$\Big\downarrow 重排$$

$$R_1-\underset{OH}{CH}-\underset{O}{C}-R_2\cdots \underset{OH}{CH}-\underset{O}{C}-R_3\cdots COOH$$

$$\Big\downarrow 脱水$$

$$R_1-\underset{O}{CH}-\underset{\ }{C}-R_2\cdots \underset{OH}{CH}-\underset{\ }{C}-R_2\cdots \underset{\ }{C}=O\quad(内酯物)$$

（3）过氧化脂肪酸断链形成醛类，产生醛鞣作用：

$$R_1-\underset{O-O}{CH-CH}-R_2\cdots \underset{O-O}{CH-CH}-R_3\cdots COOH$$

$$\Big\downarrow 断链$$

$$R_1-\underset{O}{\overset{H}{C}}\ +\ \underset{O}{\overset{H}{C}}-R_2-\underset{O}{\overset{H}{C}}\ +\ \underset{O}{\overset{H}{C}}-R_3\cdots COOH$$

综合起来，可以认为油鞣分 3 个阶段：首先是油鞣剂透入皮纤维内，包围在皮纤维表面上；然后是油脂中的不饱和脂肪酸被氧化成过氧化物，并重排或裂解成醛类或醇类产物；最后是这些物质与皮胶原官能基之间发生复杂的作用，使皮变成革。为了促使油脂氧化和与胶原结合，油鞣常需要在一定温度和湿度条件下进行。

近期周华龙博士通过实验证实，油脂氧化反应双键是至关重要的，但不是唯一的，影响氧化深度的因素与双键相对位置和构型有十分紧密的关系；对于以油酸、亚油酸、亚麻酸的不饱和结构为主的油脂，氧化反应的主要位置不是双键，而是 $\alpha - CH_2$ 活性基；烯丙基 – 游离基共振理论应该是目前解释氧化过程比较合适的理论。周华龙博士的观点是油鞣机理的新发展和补充。

（二）合成油鞣制机理

烷基磺酰氯和胶原侧链氨基反应如下：

$$P-\overset{H}{\underset{}{N}}-H + Cl-\overset{O}{\underset{O}{\overset{\|}{S}}}-R \longrightarrow P-\overset{H}{\underset{}{N}}-\overset{O}{\underset{O}{\overset{\|}{S}}}-R + HCl$$

上式是放出简单 HCl 的缩合反应。如果分子中有两个—SO_2Cl 的烷基磺酰氯和胶原相邻肽链上的氨基作用，则将肽键交联起来，从而产生鞣制作用：

$R-NH_2 + ClO_2S-R-SO_2Cl + P-NH_2 \longrightarrow P-NH-SO_2-R-SO_2-NH-P + 2HCl$

从上式可以看出，除去生成的盐酸，将促使反应进行，因而在实际鞣制中，常加入碱式盐（如碳酸钠），以促进合成油脂与胶原的结合。

三、油 鞣 法

（一）天然油脂鞣法

1. 影响油鞣的主要因素

（1）温度　温度越高，油脂氧化越快，与皮胶原的结合越强烈。但油脂氧化本身是放热反应，易使温度升高，掌握不当会造成皮纤维收缩。所以，一般油鞣初期控制温度在 23~25℃，末期 55~60℃。

（2）pH　油鞣时，裸皮的 pH 在 7.5 左右，效果最好。

（3）催化剂　为加速油脂的氧化作用，常加入钴、镍、铅、锰等金属的松脂酸盐作催化剂。以钴盐为例，用量约为油鞣剂质量的 0.3%。

（4）相对湿度　相对湿度越大，油脂氧化越快，但初鞣时若表面结合过多，会妨碍油脂深入裸皮内层。所以，为保持裸皮表面湿润，一般控制相对湿度在 95%~100%。而裸皮含水分也应在 50%~60%，以利油脂的透入。

（5）油鞣剂用量　大约为裸皮质量的 70%，最低不得少于 50%。

2. 油鞣法举例

裸皮要求充分浸水、脱毛、强浸灰、去粒面、脱灰、酶软化、浸酸、挤水后进行油鞣。

先在裸皮两面涂油后入转鼓，倒入全部油鞣剂，转动 2~3h 后，取出皮张，搭杆阴晾，表面略干后，入鼓再转油，然后再晾，反复几次。取一小样于碳酸钠的热溶液中洗去过量油脂，以拇指指甲刮皮面，若显示痕迹，表示已油鞣好，否则再鞣。

鞣好的皮取出，于 5%~10% 的热碳酸钠溶液中洗涤，并挤油，重复几次。洗净后，搭杆入氧化室，保持相对湿度 95%~100%，初温 23~25℃，氧化 5d，最后温度不得超过 60℃。鞣成的油鞣革收缩温度为 64~66℃。成革含油量在 6%~20%，其中有 2%~5% 的油脂与皮蛋白质结合很牢，不能被任何溶剂所浸提出来。

（二）合成油脂油鞣法

甲醛预鞣，挤水后的革重为用料依据，削匀削去粒面。油状物的配比如下：烷基磺酰氯 15%~18%，鱼油 3%，纯碱 3%，阳离子表面活性剂 0.3%~0.4%。

以上混合物搅均匀后分 3 次，每次间隔 1.0~1.5h，加入鼓内（鼓内有含水分 35%~40% 的用甲醛预鞣的革），温度为 35~40℃，鞣制时间为 5~8h，革 pH 7 左右。搭马陈放 1~2d，然后挂在 45~50℃ 的加温室内彻底干燥，干后革表面应无油渍。随后回软水洗以除去可溶物，调整湿度后拉软。轻度铬复鞣后染色，可制成绒面软革和绒面服装革。

复习思考题

1. 为什么制备芳香族合成鞣剂要进行磺化和缩合？试举一例说明（写出磺化、缩合反应及产物结构）。
2. 辅助性与代替性合成鞣剂在结构与性质上有何差别？
3. 请分析合成鞣剂中酚羟基和磺酸基对鞣剂性能的影响。
4. 树脂鞣法中为什么树脂的用量不能太多？
5. 试分析树脂鞣革耐老化性差的原因。
6. 为什么戊二醛的鞣性比甲醛好？
7. 为什么 pH 的提高有利于醛与胶原的结合？
8. 为什么油鞣法要在一定的温度和湿度下进行？
9. 油脂的碘值与油鞣有什么联系？
10. 简述丙烯酸树脂复鞣革的微观结构与成革的性质。
11. 简述 pH 和电荷状态对丙烯酸树脂复鞣剂的影响。
12. 简述醛与蛋白质作用机理。
13. 试拟某种丙烯酸树脂复鞣剂应用研究方案。
14. 根据氨基树脂鞣剂的结构，预测它的性质及与胶原的反应。
15. 为什么用氨基树脂鞣剂和聚合物树脂鞣剂鞣革会发生浅色效应？
16. 油鞣发生共价结合，而油鞣革的 Ts 只有 65℃，为什么？
17. 铬鞣剂、植物鞣剂和醛鞣剂主要以什么键与胶原结合？请画出结合示意式。
18. 什么是原位鞣制技术？举例说明。

参 考 文 献

[1] 成都科技大学，西北轻工业学院. 制革化学及工艺学 [M]. 北京：轻工业出版社，1982.
[2] 徐士弘等. 合成鞣剂 [M]. 北京：轻工业出版社，1986.
[3] 丹东轻化工研究所. 制革化工材料手册 [M]. 北京：轻工业出版社，1988.
[4] 国拥军等. 改性戊二醛在水溶液中的结构及其鞣革机理 [R]. '92 ICLST. 成都.
[5] 魏世林. 助鞣革纤维结构的研究 [J]. 皮革科技，1986，15（9）：25-28.

[6] 潘津生，常新华，弓太生. 复鞣剂对坯革中铬鞣剂的固定作用及其对革力学性能的影响［J］. 皮革科技，1988，17（2）：9-15.
[7] ［日］荻原长一. 皮革生产实践［M］. 王树生等，编译. 北京：轻工业出版社，1988.
[8] 石碧. 皮革化学品手册［M］. 北京：中国轻工业出版社，1996.
[9] 丁海燕，等. 国外皮革化工材料手册［M］. 北京：中国轻工业出版社，1995.
[10] 李广平. 皮革化工材料化学与应用原理［M］. 北京：中国轻工业出版社，1997.
[11] 巴斯夫公司. 皮革工艺手册［M］. 第3版. 1996.
[12] 乔世琛等. 聚氨酯复鞣剂 APU—I/CPU—I 的应用研究［R］. '92 ICLST. 成都.
[13] K. Bienkiewicz. Physical chemistry of leather making. R. E. Krieger Publishing Company，Florida，USA，1982.
[14] 段镇基. 助鞣剂的研究与应用［R］. '92 ICLST. 成都.
[15] 魏德卿，等. 不同结构的树脂复鞣剂在皮革中形态的电镜研究［J］. 陕西科技大学学报，2004，25（3）.
[16] 周华龙，张新申. 有关不饱和油脂的氧化亚硫酸化加脂剂合成（一）［J］. 北京皮革，2004，4.
[17] 廖隆理. 制革工艺（上册）［M］. 北京：科学出版社，2001.
[18] 马建中. 皮革化学品的合成原理与应用技术［M］. 北京：中国轻工业出版社，2009.
[19] 石碧，王学川. 皮革清洁生产技术与原理［M］. 北京：化学工业出版社，2010.
[20] 杜晓声，陈慧，单志华. 亚铁盐-THPS 二元体系对胶原热稳定性的影响［J］. 中国皮革，2010，39（15）：1-3.
[21] 陈华林，刘白玲，罗荣. 超支化聚合物皮革复鞣剂的合成及应用［J］. 中国皮革，2007，36（15）：13-16.
[22] 陈梦梦，王亚辉，范浩军，等. 三聚氰胺-甲醛树脂鞣剂粒径变化对鞣革性能的影响［J］. 中国皮革，2017，46（9）：10-17.

第五章 复　　鞣

复鞣是对已鞣过的革坯再进行一次鞣制，其过程中使用多种鞣剂，所以，复鞣实质上是一种结合鞣。能单独用于鞣革的鞣剂一般都可以作复鞣剂，如铬鞣剂、植物鞣剂等。由于复鞣是对鞣制作用的一种补充和加强，或者赋予成革某些特殊性能，因此，某些辅助性的鞣剂也常用作复鞣剂，如辅助性合成鞣剂、树脂鞣剂等。

在现代制革生产过程中，复鞣的作用越来越重要，复鞣剂、复鞣工艺以及复鞣机理的研究有了很大的发展。按照复鞣剂的不同性能和结构，可以将其分为以下六大类：无机鞣剂、植物鞣剂、合成鞣剂、醛鞣剂、聚合物鞣剂、树脂鞣剂。

使用不同的复鞣剂，可以获得不同的复鞣效果。一般来说，复鞣具有以下作用：

① 提高革的化学稳定性：如铬复鞣能使革的收缩温度提高；戊二醛复鞣能提高革的耐汗性能等。

② 改善革的身骨与粒面：如植复鞣和树脂鞣剂复鞣能提高革的丰满性和改善革的松面状况；铝复鞣能使革粒面紧密细致；丙烯酸树脂鞣剂复鞣可以提高革的柔软性等。

③ 有利于后工序操作：如无机鞣剂复鞣能增加革与染料的亲和力，有利于染料吸收；有机鞣剂复鞣后有助于匀染和染料渗透；植复鞣能改善磨革性能。

④ 改善皮革的均匀性，减少部位差：如铬鞣剂复鞣可以使整张皮革的含铬量，包括铬鞣剂沿皮革纵切面的分布均匀；选择填充性能好的复鞣剂，使边腹部位得到良好的填充，减少部位差，使整张革的物理性能更为均匀，提高成革出裁率。

⑤ 起漂白作用：如某些合成鞣剂在复鞣时兼有漂白作用。

⑥ 赋予革某些特殊性能：如含氟、硅类的复鞣剂可赋予革防水、防油性能等。

⑦ 毛皮复鞣的主要作用：补充初鞣的不足，满足后续加工要求；进行工艺平衡，满足产品要求。在目前毛皮行业生产模式下，硝制和染整可能不在同一家企业，染整企业需通过复鞣使皮板达到统一的质量标准，提高产品质量。例如初鞣采用油鞣、铝鞣、醛鞣、硝面鞣、合成鞣剂鞣等非铬鞣法，皮板收缩温度比较低，染整中需要在比较高的温度下酸性染色、烫毛或汽蒸拔色，则必须先进行铬复鞣，提高皮板的收缩温度。又比如铬鞣坯革不耐氧化剂作用，若要氧化染色，或氧化漂白退色，就必须进行醛复鞣，提高坯革的耐氧化性。

由于要求合理化生产的趋势不断增长，促使制革准备车间采取最大的转鼓负荷量，以及利用统一的蓝湿革加工工艺，因此，由复鞣工艺控制皮革特性，适应皮革生产多样化，具有十分重要的意义。对于一个制革厂来说，复鞣方案以及复鞣剂的选择，可以认为是成功之路的生命线。

第一节　复鞣与成革性质

一、复鞣对成革理化性质的影响

采用统一的复鞣工艺，使用5%的复鞣剂对蓝湿革进行复鞣，对比复鞣革面积、评价感官质量，分析成革的化学与物理性能。

1. 复鞣革面积得率

把各类复鞣剂复鞣面积与未复鞣的对比样面积进行比较，见表5-1。白色耐光代替性合成鞣剂复鞣面积得率提高最多，无机鞣剂、阴离子型树脂鞣剂复鞣面积得率降低。

2. 感官质量

由具有10年以上工作经验的检验员对表5-2的所有项目逐个评定，每一张革由4名检验员评价求出平均值。标准革为2分，优于标准的最高为3分，次于标准的最低为1分。

表5-1　各种复鞣革的面积得率

复鞣剂类别		对比样总面积/ft²	实验革总面积/ft²	面积产率/%
辅助性合成鞣剂		1727	1758	102
代替性合成鞣剂		1727	1765	102
白色耐光代替性合成鞣剂		1727	1852	107
含铬合成鞣剂		1727	1776	103
阴离子型树脂鞣剂		1727	1715	99
丙烯酸树脂鞣剂		1727	1758	102
无机鞣剂	铬鞣剂	1727	1721	100
	锆鞣剂		1664	95
	铝鞣剂		1511	88
植物鞣剂		1727	1786	104

注：① 1ft² = 9.29dm²。
　　② 无机鞣剂面积得率平均值为95%。

表5-2　复鞣革的感官评价

复鞣剂	柔软度(平均)	丰满(平均)	皱纹(平均)	粒纹粗细(平均)	平滑性(平均)	匀染性(平均)
辅助性合成鞣剂	2.8	3.0	1.7	2.9	2.0	2.5
代替性合成鞣剂	3.0	3.0	2.1	2.7	1.7	2.2
白色耐光合成鞣剂	2.8	3.0	2.3	2.4	1.7	2.1
含铬合成鞣剂	2.6	3.0	2.3	2.8	1.8	2.7

续表

复鞣剂		柔软度(平均)	丰满(平均)	皱纹(平均)	粒纹粗细(平均)	平滑性(平均)	匀染性(平均)
阴离子型树脂鞣剂		2.7	2.9	2.9	2.4	1.8	2.6
阳离子型树脂鞣剂		2.2	3.0	2.1	2.1	1.6	1.7
丙烯酸树脂鞣剂		2.8	3.0	1.7	2.7	1.5	2.8
无机鞣剂	铬鞣剂	3.0	3.0	2.3	2.5	2.0	2.3
	锆鞣剂	1.3	2.9	2.4	2.8	2.1	1.8
	铝鞣剂	1.8	2.5	1.5	2.0	2.0	1.5
植物鞣剂		2.1	3.0	1.3	1.8	1.0	2.8
标准		2	2	2	2	2	2

实验表明，几乎所有的复鞣剂都有使皮革柔软的效果，特别是合成鞣剂的柔软效果较好。而锆鞣剂、铝复鞣剂则使革变硬。

所有的复鞣剂都能使革的丰满度提高。但是对皱纹的影响一般都较小，相比较以含铬合成鞣剂、丙烯酸树脂鞣剂、锆鞣剂复鞣革的粒纹略细。

3. 复鞣革的化学分析

在比较各类复鞣革的化学分析值时，虽然它们之间存在差别，但差别不大。复鞣革中铬在各层的含量分布，以辅助性合成复鞣剂、代替性合成复鞣剂复鞣的革较为均匀。含铬合成鞣剂和阴离子型树脂复鞣的革，肉面含铬较多。用无机鞣剂复鞣的，铬含量分布不均匀。以上事实说明，主鞣结合的铬在复鞣过程中会发生迁移，依复鞣剂种类的不同，迁移情况有异。革内的油脂分布，未复鞣的对比样是粒面和肉面多，皮心少。而复鞣革的油脂分布，随复鞣剂的种类而异。辅助性合成鞣剂、代替性合成鞣剂以及植物鞣剂复鞣的革，油脂在各层的分布倾向均匀化。这是由于用这些鞣剂复鞣以后，铬鞣革正电性下降，油脂易于渗透和均匀分布。

4. 复鞣革的物理性能

一般来说，各种复鞣剂复鞣后，革的厚度都会增加。除无机鞣剂外，复鞣革的视密度都有降低的倾向。这是由于革纤维间隙增加的缘故。各种复鞣剂都能使革的丰满性增加，其增加的程度随复鞣剂的不同而不同。

复鞣革的柔软性取决于所用的复鞣剂。一般来说，铬鞣剂、丙烯酸树脂复鞣剂、含铬合成鞣剂能基本保持复鞣前的柔软情况。而锆鞣剂、氨基树脂、植物鞣剂则一般会降低复鞣革的柔软性。

复鞣革的力学性能因复鞣剂不同相差较大，同类中的不同品种的复鞣剂使复鞣革的性能也有差异。提高撕裂强度的有代替性合成鞣剂、氨基树脂鞣剂、植物鞣剂；降低撕裂强度的有含铬合成鞣剂、铬复鞣剂。同时，撕裂强度还与蓝湿革的削匀厚度和复鞣剂的用量有关，随着削匀厚度的增加和复鞣剂用量的增加而降低。

二、复鞣剂的综合影响

目前，除了少量植物鞣革以外，绝大多数轻革都是采用铬鞣剂进行鞣制。在轻革生产过程中，从浸水开始一直到铬鞣，大量的工序都是统一进行的加工过程。从铬鞣以后，根据需要及蓝湿革本身的条件，进行分类挑选，以备生产不同品种的皮革。

蓝湿革经过分类挑选后，即进行复鞣。复鞣的方法系根据皮革生产的需要而定。在选择皮革的复鞣方法时，简单而又合理是考虑的基本原则。各种复鞣剂复鞣的综合影响如下。

1. 无机鞣剂

选用最多的无机鞣剂是铬鞣剂，一般用量为 1%～2% 的 Cr_2O_3（按削匀革质量计）。用铬鞣剂进行复鞣的特点是：皮革特别柔软，手感良好，表面平滑光洁，粒面细致，并且有良好的染色性能。以上各点对于突出皮革的天然特性是极为有益的。但是，铬复鞣也存在着某些缺点，如结构较为疏松的一些部位（例如腹边部位等），由于未能得到充分的填充，身骨较为空松，甚至产生松面。仅用铬鞣剂复鞣的皮革，延伸率往往过大，不适应多种用途。与植复鞣的皮革相比较，铬复鞣的皮革经目前常用的快速干燥法干燥后，松面率要高 10% 左右。

除了铬鞣剂外，铝鞣剂和锆鞣剂也可以用作复鞣剂。铝鞣剂及锆鞣剂在化学上与铬鞣剂的主要区别是：它们的原子结构和配合物稳定性不同。此外，锆盐和铝盐比铬盐具有更多的阳离子特性，因此，锆鞣剂和铝鞣剂会很快地在皮革的外层沉积。也就是说，它们首先对粒面层中的纤维孔隙具有特殊的填充作用，其次才对皮革的网状层产生填充作用。经过锆鞣剂及铝鞣剂复鞣的皮革，粒面紧密、平滑而细致。

用多种无机鞣剂，尤其是铬鞣剂和铝鞣剂结合起来进行复鞣，可以加工出质量良好的皮革。单一的无机鞣剂，填充性能都比较差，如果将无机鞣剂与合成鞣剂结合起来使用，则成革可以获得特别优良的手感及丰满度。由辅助性合成鞣剂、铝鞣剂和蒙囿剂所组成的充分平衡的混合复鞣剂，与纯铬复鞣相比，能够赋予成革更好的丰满度，而不会影响粒面细致及皮革的柔软度。虽然这种皮革经染色后较纯铬复鞣的皮革颜色浅淡，但是，它的染色均匀度是十分理想的。

铝鞣剂不能与酚类合成鞣剂混合使用，因为它们会立即形成不溶解的沉淀。然而，某些辅助性的萘类合成鞣剂，在一定的浓度及 pH 低于 4 的条件下，可以同蒙囿的铝盐共存。如果两种不同类型的鞣剂在酸性溶液中能共用，则鞣制初期，它们都向革内进行渗透，然后，当 pH 提高到两者不相容的极限时，它们即开始沉淀。利用这一原理，结构特别疏松的皮革腹边及其他部位便可以获得良好的丰满度。采用铝鞣剂复鞣，成革的粒面细致、紧密而坚实，这种皮革很容易进行染色。由此看来，铝鞣剂和某些辅助性萘类合成鞣剂同时复鞣可以使皮革的品质有所提高，即使是有可能产生松面的皮革，也能稍加改善。上述方法的不足之处是，为了避免两种鞣剂共用时过早产生沉淀，对于条件的控制比较严格。在复鞣过程中，锆鞣剂不能和合成鞣剂一起共用。

2. 醛鞣剂

作为复鞣剂使用最普遍的是戊二醛，戊二醛作为复鞣剂具有许多优点，它对皮革具有柔软和填充作用，并能提高成革的耐碱和耐汗性能。此外，戊二醛还能提高皮革的染色均匀性而不降低成革的色泽深度，它对脂肪还具有分散作用。在现行的各种复鞣配方中，加入戊二醛共用也不会增加使用时的复杂性。基于上述原因，戊二醛在皮革生产中是一种很容易被采纳的复鞣剂。

由于戊二醛与无机鞣剂具有十分相似的使用性能,所以,它的使用是很方便的。醛鞣剂与无机鞣剂在化学反应机理上的不同之点在于,前者与皮蛋白质中的氨基发生反应,而后者则主要与羧基发生反应。戊二醛与无机鞣剂的一个共同点是,当 pH 与温度提高时,它的收敛性以及被皮革的吸收程度也增加。戊二醛与无机鞣剂的另一个相似之处是,在较高的 pH 下,它们都能自身发生聚集而形成大分子物质。这种大分子物质将皮革纤维包覆起来,从而对成革产生填充及柔软的效应。

综上所述,只要选择适当的加工条件,皮革经戊二醛复鞣后,便能获得理想的性质。如中和前,在铬复鞣同浴中加 2% ~4% 浓度为 50% 的戊二醛溶液,所获得的成革身骨柔软、粒面细致而又紧实。但如果在中和以后加上述用量的戊二醛溶液,则效果就远不如前者,成革粒面显得较为粗糙。造成这种情况的原因是,在中和以后的 pH 条件下,沉积在皮革表面层的醛鞣剂的数量有所增加。假如醛鞣剂与矿物鞣剂结合使用于复鞣中,这两种鞣剂就会互相竞争去包覆皮革纤维。其结果是,先加的那种鞣剂就会对皮革的特性起主导作用。若先用戊二醛再用铬鞣剂对皮革进行处理,则成革的手感较为紧实,粒面较为细致。而如果先用铬鞣剂,然后用戊二醛进行处理,这时所获得的成革身骨更加柔软,而毛孔显得有些粗糙,但染色色调十分均匀一致。

戊二醛复鞣特别适用于苯胺革生产。加 1.5% 以上,浓度为 50% 的戊二醛溶液,可以明显地提高染色的均匀度,而色调深浅的变化却很小。稍微减少一些戊二醛的用量,而用某些合成鞣剂或植物鞣剂来代替,同样可以取得使成革的粒面细致以及色调饱满的效果。

3. 合成鞣剂和植物鞣剂

在现代皮革生产实践中,应用最广泛的复鞣剂是合成鞣剂及植物鞣剂,这是因为它们的特性可以相互弥补,不同数量的这两种鞣剂结合使用,能赋予成革各种不同的特性。基于环境和经济方面的原因,对这两种复鞣剂的需要量正在逐步增加。在用合成鞣剂代替铬鞣剂进行复鞣方面的研究结果表明,一般倾向于选用低相对分子质量的产品,因为它们向革内的渗透较深,不会使粒面层超载,成革具有良好的耐光坚牢度,并且不会使皮革的色调变浅。

植物鞣剂的使用范围很广,特别是对于要保持皮革天然外观的抛光革生产来说,植物鞣剂更是不可缺少,其用量一般为 10% (按削匀革质量计)。

实践表明,赋予成革的丰满度及粒面强度最好的植物鞣剂是荆树皮栲胶。但是,由于其收敛性较强,且扩散能力较低,所以,在配方中其用量应适当。

用坚木栲胶复鞣所加工成的皮革,身骨较为柔软,但容易造成松面。而用栗木栲胶复鞣时,成革的手感则较为坚实。一个既能促进植物鞣剂渗透,又能避免它们在皮革粒面层里过分沉积的较为适宜的办法是,铬鞣革用少量阴离子加脂剂、具有分散作用的辅助性鞣剂或者是用蒙面的结合鞣剂和合成鞣剂进行处理。加阴离子加脂剂的主要作用是为了促进鞣剂从肉面的渗透。而中性合成鞣剂或合成鞣剂与蒙囿剂的混合物,能促进鞣剂从粒面和肉面两个方向同时进行渗透。它们还能大大减轻对粒面的负荷。

合成鞣剂与植物鞣剂的区别在于，前者的相对分子质量及颗粒大小不取决于溶液的浓度及 pH，而与操作技术及所采用的基本化工材料的性质有关。以萘磺酸为基础的合成鞣剂，通过它们的酸根及缔合力与皮蛋白质进行结合。这种类型的合成鞣剂与铬鞣革所形成的键要比未鞣制的胶原形成的键要强得多，这是因为磺酸基能够从铬配位化合物上取代硫酸根的缘故。萘磺酸类合成鞣剂的另一个优点是它具有优良的分散作用，因此，它可以有效地促进其他鞣剂向铬鞣革中渗透。

代替性合成鞣剂具有良好的鞣性，其主要成分是酚的缩合物，或者是耐光性的酚的衍生物。这种合成鞣剂通过氢键与蛋白质分子形成多点交联键，故可以提高生皮中胶原蛋白质的收缩温度。此外，它们还能与蛋白质分子形成很强的键。这是因为酚类合成鞣剂与蛋白质的肽基发生了键合，而铬鞣剂与肽基通常不发生键合作用。酚羟基只有未离解时才有可能形成氢键，因此，酚类合成鞣剂的鞣制作用与 pH 有密切关系。它们与植物鞣剂十分相似，即当 pH 降低时，其收敛性随之增加。

白色耐光性合成鞣剂在复鞣中的应用不很普遍，这是因为这类合成鞣剂赋予皮革很浅的色泽、明亮的色调，适用于白色革的复鞣。对于加工质量轻、厚度薄的皮革来说，这类合成鞣剂也不太适用。因为经过复鞣后成革的手感会发生改变，而填充作用则显得不够充分。

4. 氨基树脂鞣剂

许多年以前，氨基树脂鞣剂主要有水溶性的含氮有机碱的羟甲基化合物，特别是双氰胺、三聚氰胺及脲类与醛结合的低聚羟甲基化合物。它们进入皮内后，通过降低 pH 而发生沉淀效应。操作过程中必须精确控制 pH。此外，大批量生产时，结果的重复性也不尽理想。在复鞣条件下，大多数氨基树脂鞣剂在革内还没有完全结合，因此，皮革在贮存过程中，氨基树脂鞣剂还会继续作用，尤其是和植物鞣剂发生作用，两者之间互相置换，从而使皮革的粒面发脆。

由于上述原因，目前主要将氨基树脂鞣剂加工成完全缩合的形式，使之不含或仅含有很少量的水溶性基团。这种类型的氨基树脂鞣剂被分散成极细的胶体颗粒，借助于阴离子分散剂的帮助进入到革内。如果分散剂本身也具有鞣性，它们会与皮革内的纤维发生结合，从而失去分散作用，使氨基树脂鞣剂沉积在革内。

氨基树脂鞣剂主要沉积在皮革比较疏松的部位，而在纤维结构比较紧密的背部则很少吸收这种不溶性的材料。由此可见，氨基树脂鞣剂主要是选择性地对皮革的腹边部位发生填充作用。此外，可使粒面层和网状层紧密。经过氨基树脂鞣剂处理后，铬鞣革的性质大部分能够被保留下来。如果皮革先经代替性合成鞣剂作轻微的表面处理，再用氨基树脂鞣剂进行处理，则成革的磨革性能与主要用植物鞣剂复鞣的皮革相类似。然而，这种皮革的毛孔结构、强度及手感更接近于纯铬鞣革。在全粒面革的生产中，氨基树脂鞣剂仍然有广泛的用途，但它的用量则十分有限，一般为 2% ~ 5%。对于那些质量低劣的坯革，氨基树脂鞣剂具有的选择性填充作用是一个突出的优点，因为它可以大大地减轻皮革疏松部位的可压缩性（空松状态）。在压花操作过程中，皮革的腹边部位由于结构疏松，经常出现厚度减少的问题。经氨基树脂鞣剂复鞣的皮革与植物鞣剂 - 合成鞣剂复鞣的皮革相比，前者在熨革或压花过程中，厚度的减少是比较轻微的。

5. 聚合物鞣剂

聚合物鞣剂包括丙烯酸树脂和聚氨基树脂，大多数聚合物鞣剂都具有羧基，它们与未鞣制的生皮有微弱的亲和力。但是，聚合物鞣剂与无机鞣剂能形成配位化合物，其亲和力与合成鞣剂相仿。聚合物树脂鞣剂结合的最适宜 pH 为 4~5，这一 pH 范围正好是在复鞣前用中和剂及聚合物鞣剂处理时即能达到。坯革的性质对聚合物鞣剂与植物鞣剂共同发挥作用有一定的影响。聚合物鞣剂不仅对皮革的疏松部位，而且对背部同样具有选择性的填充作用。如果同样以干物质计，则聚合物鞣剂要超过植物鞣剂的填充效果。而且，聚合物鞣剂的突出优点是，尽管这种鞣剂具有强烈的填充效果，但是，它们不会使皮革的粒面变得粗糙和失去耐光性，因此，这种鞣剂特别适用于苯胺革的复鞣。由于聚合物鞣剂具有良好的填充效果，所以，对那些含铬量较低的皮革很适合选用它们进行复鞣。

经聚合物鞣剂复鞣的皮革，手感丰满而富有弹性，这一点与铬复鞣的皮革相类似。通过调节合成鞣剂及聚合物鞣剂两者的用量比例，便可以使成革的手感产生变化，并使产品与铬复鞣的皮革十分相近。由此看来，将合成鞣剂与聚合物鞣剂结合起来使用，最适合用来代替铬复鞣。

聚合物鞣剂不会削弱涂层薄膜与皮革之间的黏合性能。事实上，在大多数情况下，它们还能改善两者之间的黏合性能。由于聚合物鞣剂带有阴电荷，所以，它能够促进染料向革内渗透。

超支化聚合物皮革复鞣剂是近年来新研发的一类聚合物树脂鞣剂。超支化聚合物是一类重要的具有特殊大分子结构的非线型聚合物，是一种三维立体球状结构的高度无规则多支化聚合物。与一般的皮革鞣剂和复鞣剂相比，超支化聚合物具有高溶解度、低黏度、大量端基官能团和分子内部空穴结构等独特的性质。超支化聚合物独特的结构在于端基带有大量反应活性很高的官能团（如羟基、氨基等），这些端基官能度很大，可与皮胶原纤维上的活性基团结合成牢固的化学键，用作复鞣剂具有特殊的效果，如提高丰满度和力学性能，增强抗水性、耐光性以及改变革的表面电荷，促进染色均匀等。

目前已研发的超支化聚合物复鞣剂主要基于丙烯酸类、丙二酸二乙酯、二乙烯三胺、马来酸单酯、顺丁烯二酸酐和二乙醇胺等反应物。

皮革工业使用的传统丙烯酸类复鞣剂，几乎都是线型分子结构的聚丙烯酸树脂。由于超支化丙烯酸树脂端基官能度大，反应活性强，外观具有独特的球形，分子链结构特殊，有良好的伸缩和流变性能，因此该类复鞣剂可以与皮革胶原纤维全方位多点立体结合，赋予皮革更好的弹性，更丰满、更舒适的手感等，以及在同等固含量下具有低的表观黏度，使用更方便。

超支化聚（胺-酯）复鞣剂是以三羟甲基丙烷为核，N,N-二羟乙基-3-胺基丙酸甲酯为单体为原料研发的复鞣剂。应用实验结果表明，相对传统的复鞣剂，其用作皮革的复鞣剂对皮革的抗裂强度和透气性方面都有明显的改善。

利用准一步法合成的丙烯酸-马来酸酐衍生物超支化复鞣剂，其复鞣成革的规定负荷伸长率、撕裂强度等力学性能得到提高，比普通的线性丙烯酸马来酸酐鞣剂性能更佳，填充性良好。四元羧酸酯与二乙烯三胺超支化聚合的端氨基超支化聚合物 HPC – NH_2 可明显提高成革的撕裂强度。

6. 其他复鞣剂

除了无机鞣剂、植物鞣剂、合成鞣剂、醛鞣剂、聚合物鞣剂和树脂鞣剂这六类复鞣剂外，国内外科技工作者还研发了其他的材料用于铬鞣革及无铬鞣皮革的复鞣，以满足人们对皮革性能不断增长及特殊功能皮革的需求，以及清洁化生产的需要。

（1）以水解蛋白为基础制备皮革复鞣剂　通过对羽毛蛋白、胶原蛋白降解（或提取），对降解产物进一步化学改性研制的复鞣剂，这也是资源化利用制革废弃蛋白质的一个重要途径。如 Quimica Stoever 化工公司的 SYNTAN CCL、Union 公司的 B 粉、TFL 公司的 FSU 粉等。蛋白复鞣剂与其他复鞣剂相比，有独特的优点，其更能保持皮革的真皮感，更好地发挥真皮革透水汽性的卫生性能。蛋白质本身具有两性，其改性产物用于复鞣有助于皮革的染色，而且能降低废水中的 COD、BOD。

（2）以淀粉为基础，通过接枝共聚反应制备的接枝改性淀粉皮革复鞣剂　淀粉是自然界储量非常丰富的可生物降解、环境友好的可再生资源，也是一种重要的绿色化工原料。淀粉接枝共聚是淀粉改性的主要方法之一，其产物可生物降解。研究表明，淀粉接枝改性复鞣剂具有选择填充性，成革手感丰满柔软、粒面细致、着色均匀。

（3）木质素改性皮革鞣剂　木质素是造纸工业的副产物，在自然界的储量非常丰富。Henkel 公司的天然木质素改性系列复鞣剂具有良好的填充性，用于生产丰满紧实的皮革。

（4）利用中空聚合物微球技术制备的中空微球聚合物复鞣剂　如中科院成都有机所研发的 HMP 多功能复鞣剂，能渗透到皮革纤维中，干燥后在革内形成规整的中空微球，能赋予革丝绸般的手感，成革质轻、柔软而不松面，粒面平细。

（5）具有阻燃性能的复鞣剂　目前已研究的有氮－磷－氯皮革阻燃复鞣剂、氮－磷系阻燃型复鞣剂、戊二醛－季戊四醇改性氮磷阻燃复鞣剂和改性氨基树脂阻燃复鞣剂等。

（6）特殊功能的复鞣剂　如防水复鞣剂、复鞣加脂剂、耐水洗聚合物复鞣剂、具有复鞣功能的多氨基聚合物游离甲醛捕获剂，以及具有抗水抗油性的含氟复鞣剂等。另外，利用微胶囊技术等研制的具有控制香味缓慢释放功能之芳香型复鞣剂也在研究和应用过程中。

第二节　复鞣的控制

一、影响复鞣的主要因素

由于各种皮革产品的风格不同，因而皮革复鞣方案的可变性较大。复鞣处理是否恰当，直接关系到成品质量和经济效益。影响复鞣的因素很多，主要有复鞣剂种类、加入次序、用量、复鞣液比、温度、pH、铬鞣革所带表面电荷等。

（一）复鞣剂的选择

在实际生产中，复鞣剂的选择主要是根据坯革质量的优劣、成革品种、成革的性能和风格要求而定。同时还应该考虑使用是否方便、价格的高低以及对废水处理带来的影响。为了有利于铬鞣革性能的改善，可以采用多种鞣剂结合复鞣法。

1. 从坯革角度

一般应考虑坯革的质量、厚度、粒面松紧情况及整张坯革的部位差。如果坯革质量较好，成品拟做成全粒面革，一般选择收敛性比较温和，渗透性、染色性较好的复鞣剂，复鞣后可以得到粒面细致平整、色泽鲜艳均匀的皮革。如果坯革伤残较多，只能做修面革，就需要加强复鞣填充，一般选择收敛性好、分散性强的复鞣剂，并与填充良好的栲胶、树脂鞣剂结合使用。对于粒面较松、但整张质地均匀的坯革，可选用填充性强的树脂鞣剂或聚合物鞣剂复鞣，提高皮革的身骨及粒面的饱满性和弹性；而粒面较紧实的坯革，应选用温和性的复鞣剂复鞣。部位差较大的坯革要达到理想的复鞣效果较为困难，多采用大分子树脂鞣剂复鞣，同时辅以干填充操作加以解决。

2. 从皮革品种角度

全粒面软革对粒面特性要求较高，一般采用铬鞣剂与树脂鞣剂或聚合物鞣剂结合复鞣，复鞣剂的组合应达到收敛性温和，渗透性和匀染性良好，保持铬鞣革的特性。对于绒面革，常常使用铬、锆、铝多金属鞣剂，使皮革粒面紧实、起绒效果良好。需要磨面的皮革，应采用填充性强的复鞣剂，改善皮革的磨革性能、压花性能和干填充性能，有利于生产修饰面革。服装革的复鞣通常采用铬鞣剂或含铬合成鞣剂与改性戊二醛，以及树脂复鞣剂和聚合物复鞣剂搭配复鞣，以提高皮革的柔软性、丰满性和发泡感，得到质轻、粒面紧实细致且平滑的服装革。汽车坐垫革的复鞣，应选用不含游离甲醛，具有良好的耐光、耐热性的复鞣材料，并应考虑到汽车革对阻燃性能的要求。

（二）复鞣剂加入方法

1. 复鞣剂加入顺序

目前，在复鞣工艺中使用多种复鞣剂已非常普遍，不同功能复鞣剂的应用为高档皮革、不同风格的皮革以及要求特殊性能的皮革制造提供了机会。研究表明，由于坯革本身具有的双电性、表面电势、活性基团等化学机构特征及多孔性、表面积大等物理结构特征，使复鞣、染色、加脂工序中复鞣材料及染料、加脂剂等加入的顺序对复鞣结果产生了差异。不同材料加入顺序对复鞣等效果影响及分析有以下几个方面：

（1）与坯革具有相同结合点的材料先与坯革的活性基团结合。研究表明，具有相同结合点的材料之间先入为主的效应十分明显，先加入的材料也较充分地体现了其复鞣效果及特点。

（2）与先加入材料具有相同电荷的复鞣剂等则受排挤。如铬鞣坯革先采用阴离子染料和加脂剂处理后，再用阴离子树脂复鞣剂复鞣则皮革的丰满、弹性较差。

（3）复鞣时先加入的复鞣剂对皮革表面反应性能的影响：当加入与坯革表面带同种电荷的材料时，复鞣对坯革表面电荷影响改变不大，后续加入的材料在坯革中渗透较深。相反，用与坯革带相反电荷的复鞣剂复鞣时，会改变坯革表面电荷，并要在坯革表面上发生反应。

（4）先加入强电荷材料后，后加入的具有相同电性的弱电荷材料受排斥加强。

(5) 从物理学结构分析，先加入材料占据了空间，而后加入的材料受到阻碍。

根据上述原理，当用多种复鞣剂时，开始应加入低分子、低鞣性的助鞣材料或复鞣剂，这些材料先与坯革中的反应点结合，避免了在坯革表面的过分鞣制作用。随后再加入鞣性强、相对分子质量大的复鞣剂，这样复鞣剂在坯革面沉积减少，渗透性能增加。

2. 合成鞣剂对植鞣剂渗透的影响

鞣剂沿皮革横切面渗透程度和分布受到鞣剂加入方法的影响。以黑荆树皮栲胶为例，说明这些影响，如图 5-1 所示。

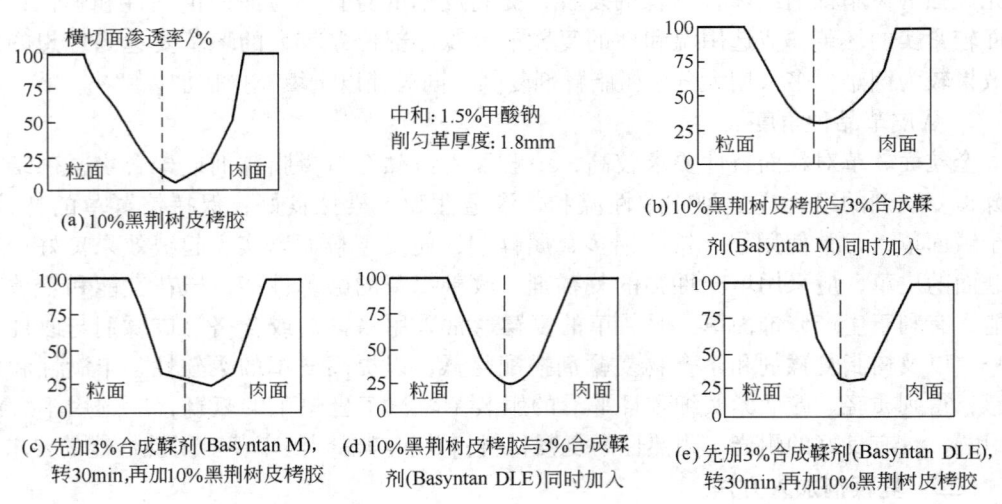

图 5-1　合成鞣剂对黑荆树皮栲胶渗透的影响

由图可见，如果将萘类合成鞣剂或者代替性合成鞣剂与植鞣剂一起加入，无论从肉面或者从粒面，植鞣剂的渗透都获得了改善，因为合成鞣剂对植鞣剂形成自缔合物的倾向有阻止作用，即合成鞣剂能减小植鞣剂的中等粒子的大小而不改变浓度。而在加植鞣剂前 30min，将合成鞣剂加入到浴液中，也会促进渗透作用，但从粒面渗透的程度比从肉面渗透的大，而且在使用酚类的代替性合成鞣剂时，与使用萘类合成鞣剂相比较，粒面渗透效果更加显著。

对实验所得皮革的感官评价表明，由于合成鞣剂促进植鞣剂渗透程度更深一些，粒面平细性和手感柔软性都有了改进。从粒面渗透得较深的那些皮革，与从粒面到肉面均匀渗透的皮革相比较，手感更加柔软，弹性也较低一些。关于粒面的紧密性，它的关系比较复杂，并无显著差别。然而，如果使用渗透较好的萘类合成鞣剂，所得到的皮革粒面紧密性会轻微降低，因为从粒面的渗透度有了很大的改善，沉积在粒面下层的鞣剂比例，与从两面均匀渗透所得的比例相比要小一些。

3. 树脂鞣剂、醛鞣剂、油鞣剂对植鞣剂渗透的影响

图 5-2 中示出了当将植鞣剂与具分散作用的水溶性树脂鞣剂、戊二醛和鱼油类天然加脂剂一起使用时的关系。

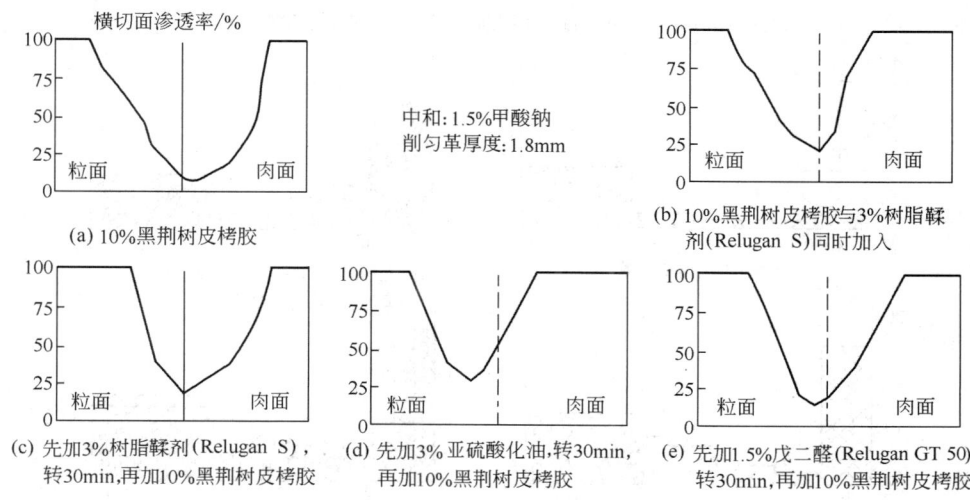

图 5-2 树脂鞣剂、戊二醛及亚硫酸化鱼油对植鞣剂渗透的影响

由图可见，树脂鞣剂对植鞣剂渗透性的影响与合成鞣剂所产生的影响十分相似，当树脂鞣剂与植鞣剂一起加入到复鞣浴液中时，植鞣剂是从肉面和粒面两面渗透[图5-2（b）]。而当皮革采用树脂鞣剂预先处理时，植鞣剂则主要是从粒面渗透[图5-2（c）]。感官评价表明，与同时和合成鞣剂一起加入的相比较，即使预先采用树脂鞣剂处理，皮革手感仍然比较硬挺，而粒面细致性则大致相同。采用剖层皮萃取、光谱分析法测定萃取液的方法，研究这种混合鞣剂的分布形态，结果表明，在使用纯黑荆树皮鞣剂复鞣的情况下，粒面外层所含有的鞣质量，大于平均鞣质分布量的2.5~3.0倍。当皮革已经使用树脂鞣剂预先处理后，这一比例下降到1.2~1.5倍，表明鞣剂在革内的分布趋于均匀，尤其是在粒面区显著。

皮革使用戊二醛预先处理，也可以使植鞣剂的渗透更均匀一些，如图5-2(e)所示。

复鞣前如采用鱼油类天然加脂剂加脂后，植鞣剂从粒面的渗透受到了阻碍，而肉面渗透通畅。植鞣剂会从肉面大量渗透，因此皮革非常柔软，但粒面松弛。由此表明，如果生产粒面紧密的皮革，鞣剂能否从粒面满意地透入皮革中是十分重要的。但是，这一效果与所用的加脂剂种类和用量以及皮革的厚度有明显的关系。混合加脂剂的分散作用力越强，所用的纯油脂比例越少，皮革越薄，效果也就越不明显。

4. 聚合物鞣剂对合成鞣剂和植鞣剂渗透的影响

图5-3示出了使用聚合物鞣剂预处理后植鞣剂与合成鞣剂沿皮革横切面的分布图。

聚合物鞣剂预处理后，可以促进植鞣剂渗透入皮革粒面的下层，从而使皮革更加柔软，而又保留了它的弹性。同时，由于粒面下层形成了支持层，因而皮革粒面的紧实性良好。粒面层充满了聚合物鞣剂，可防止因植鞣剂大量沉积而使粒面粗糙。与植鞣剂情况类似，先用聚合物鞣剂处理后，再用合成鞣剂处理，也能改善合成鞣剂的渗透深度，从而也提高了皮革的柔软性，同时也保持了皮革的弹性。

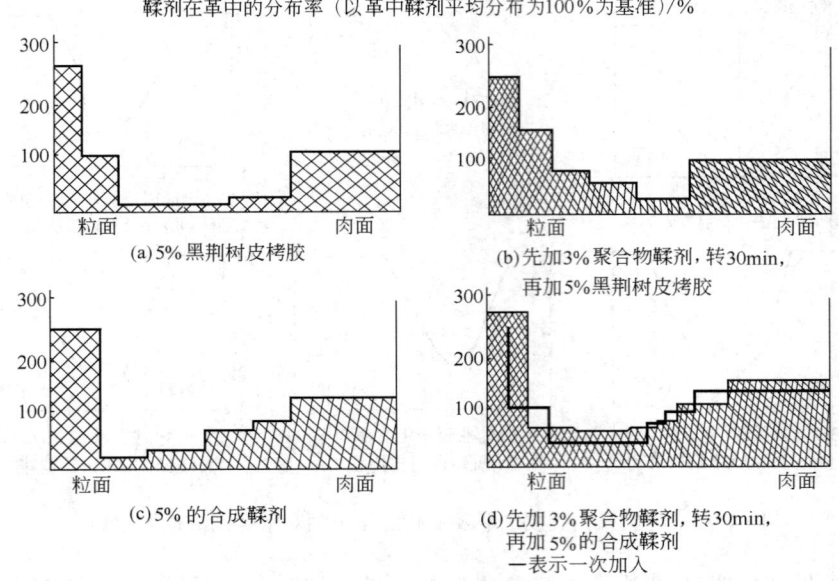

图 5-3 聚合物鞣剂对合成鞣剂及植鞣剂在皮革中渗透的影响

(三) 复鞣剂用量

复鞣剂的用量是一个比较复杂的问题,因为不同的革品种所用的复鞣剂不同,对复鞣的要求不同,用量也就不同。加之,现在较多采用的是多种复鞣剂结合复鞣的方法,需要进行合理的用量搭配。一般来讲,除少数要求重复鞣的品种以外,复鞣剂的用量不宜过大,以免过分掩盖铬鞣革的性能。其他无机复鞣剂用量一般为削匀革质量的 0.5%~1.5%(以金属氧化物计)。有机复鞣剂因种类繁多,鞣制作用不同,鞣质含量不一,用量变化比较大,一般比无机复鞣剂用量更大一些。在确定一个新的复鞣方案时,则必须通过实验,选择合理的配方和适宜的用量。

(四) 复鞣液比

复鞣时的液比较小时,复鞣剂的浓度高,有利于快速渗透,使复鞣剂吸收得既均匀又完全,避免在表面结合过多而造成粗面或皱面,对松软部位的填充作用也更显著,有利于改善松面和减小部位差。但液比太小,则革在鼓内易"打绞",同样影响复鞣效果。因此,复鞣液比应适当,一般为 1.0~1.5。

(五) 复鞣温度

无论使用何种复鞣剂进行复鞣,升高温度都会加速它们与胶原的结合。当温度高至一定程度时,收敛性就会过分强烈,向革内的扩散能力变差,因而造成粗面等缺陷。较低温度下进行复鞣,渗透更深入、更均匀,但需要增加时间,而且革对复鞣剂的吸收率会有所降低。一般复鞣温度在 30~45℃,具体随革的品种要求、复鞣材料的性能而定。对同一革品种,复鞣温度确定之后,生产中应该尽量保持一致,否则,有可能导致批与批之间复鞣效果、染色不一致的缺陷。

(六) 溶液的 pH

溶液的 pH 直接影响阴离子型复鞣剂的收敛性,在大液比的条件下,这种影响更为显著。一般随着 pH 的升高,收敛性减弱,与革纤维结合牢度变差,但渗透能力增加,不会造成鞣剂在表面聚集过多。而降低 pH,会导致结合力增大,甚至造成鞣剂在表面聚集过多。阳离子型复鞣剂则恰好相反,其收敛性随 pH 的升高而增强,但若 pH 过高,鞣质就会在革面结合,甚至生成沉淀而沉积于革的表面,直接影响染色的均匀性。在各种复鞣方法中,都应当避免 pH 过大、过急的变化。调整 pH 时,必须小心谨慎,所用的材料尽量温和一些。同时,应该避免所用材料与革面直接接触,以保持革的粒面细致、平整。

(七) 复鞣时间

与鞣制过程相类似,复鞣时间也是一个综合性的因素,它与复鞣剂的种类及用量、成品革的要求、温度、机械作用等多种因素有关。当用铬盐复鞣时,在用量较大、复鞣温度又较低的情况下,可以延长复鞣时间,或在转鼓中停放过夜。这对革的丰满度的提高、鞣剂的吸收率、废水中铬含量的减少均有好处。当用其他复鞣剂复鞣时,应该在较短的时间内完成。这样,可以避免革中铬盐的损失过大,以及强烈、连续的机械作用带来的缺陷,如粗面、皱面、松面等。

(八) 中和对复鞣的影响

中和的主要目的:一是中和革中的游离酸,使革耐贮存;二是降低革的表面正电性,控制后工序操作时阴离子材料对革的亲和力,减缓其与革的结合速度,促使其深入、均匀、快速地渗透。中和的程度是按所生产的类型而定的,生产软革需要整个横切面的深度中和,对于硬实而又有弹性的革只需中和到一定深度。在某些情况下,不用碱处理革,仅用温和的中和助剂。应避免过度中和,否则成革空松,粒面粗糙。

除了使用中和型合成鞣剂以外,中和的一般原理是酸碱作用。原则上,任何能够释放出 OH^- 的材料都可以作为中和剂。但在实际中,强碱性材料的使用是要谨慎的,因为强碱的中和作用过分剧烈,大量的碱被消耗于革的表面及外层。这样,革面及外层的 OH^- 浓度过大,会在革面产生铬斑,或使革表面纤维脆性增加而产生裂面。同时,革的内外层 pH 差别过大,对染色、加油也将产生不利的影响。因此,中和一般使用的是弱碱性材料。

小苏打是常用的中和剂之一,应用于各种铬鞣革的中和,因其渗透性能较好,中和后革的内外层 pH 较为一致,可以用于要求染色、加油较为深透的革,如软鞋面革、服装革、绒面革等。根据成革要求,用量一般为 1%~2%,如果与其他中和剂混用,可以减小用量。加入时,须用温水化开后由轴孔缓缓加入,切忌将溶液甚至粉状物由鼓门一次倒入。溶解时,温度不可高于 40℃,防止其分解产生碱性更强的碳酸钠。

甲酸钠、醋酸钠等是具有蒙囿作用的中和剂,其中最为常用的是醋酸钠,它不仅能水解释放出 OH^-,降低氨基离子的电荷,而且醋酸根阴离子能够进入铬配位化合物内界,从而降低了铬鞣革的正电荷。对于铬鞣革,由于革外层的电荷多于内层,利用醋酸钠的蒙囿作用,可以更有效地降低革表面电荷。醋酸钠中和时,还具有容易中和深透、革的内外层 pH 一致、作用温和、无中和过度的危险等优点。生产中常常与小苏打结合用于各种铬鞣革的中和。加入时，可以一次倒入鼓内或化成溶液由轴孔加入。

为了测量中和度对合成鞣剂和植鞣剂渗透的影响，将从背部皮心切取厚度为 1.8～2.0mm 的试样，中和 60min，然后使用 10% 鞣剂复鞣过夜，干燥之后，将试样剖层分析。结果表明，使用甲酸钠中和时，与使用碳酸氢钠相比，合成鞣剂的渗透度明显更深一些（图 5-4）。

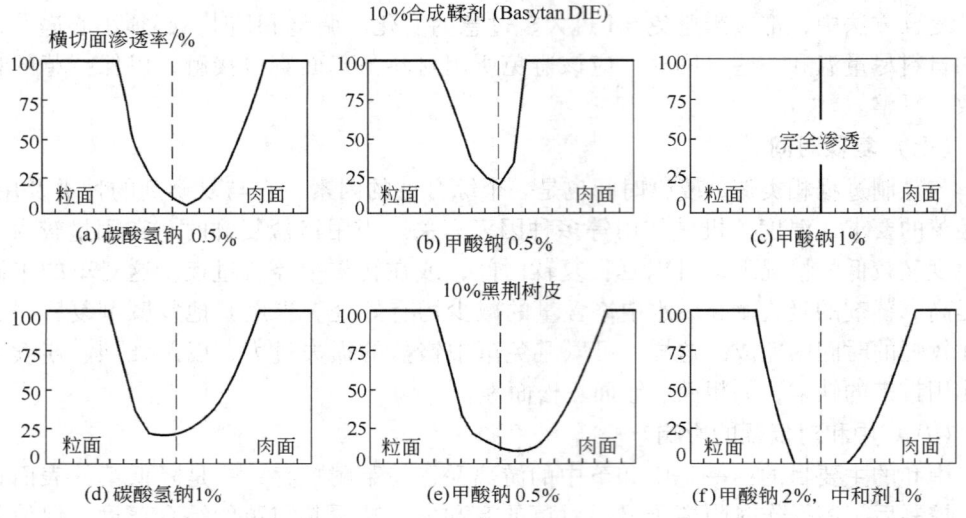

图 5-4 鞣剂沿横切面的分布图

中和作用对合成鞣剂渗透入皮革中的影响比黑荆树皮鞣剂大得多。当使用大量甲酸钠后，最终可以取得鞣剂沿横切面渗透十分均匀的效果。而黑荆树皮的渗透情况则不同，即使是采用这些中和剂深度中和之后，或者是使用具有蒙囿作用的中和剂进行完全中和之后，其分布也不十分均匀。

碳酸氢铵是一种具有特殊渗透与中和能力的中和剂，容易中和深透而且作用温和，不易中和过度。常用于软鞋面革、服装革等要求中和深透的革，其用量比碱性较强的中和剂大一些，加入时可以将固态粉状物直接由鼓门一次性加入。

中和用的合成鞣剂主要是萘、酚磺酸盐类，它们能够与胶原的氨基正离子发生结合，降低革的正电荷，有利于染色、加油的深透。在这类产品中，常常会有一定量的缓冲性盐类，也能起到除去游离酸的作用。用其中和后，染色均匀性很好，特别适用于浅色革和软革类。常用的中和性合成鞣剂有 BASF 公司的塔姆 GA（pH 6.5～7.5）、Bayer 公司的单宁精 PAK（pH 7.0）、广西百色林化总厂的 CT 中和复鞣剂（pH 6.5～7.0）。

表 5-3 中列出的是几种常用中和剂的中和效应，中和剂用量各为削匀革质量的 2%。

中和时的液比不宜过小，因为水量较大时，中和剂与革的接触较为均匀，特别是使用碱性较强的材料时，可以避免其与革的直接接触，不至于引起其他缺陷的出现。

中和的液比一般为 2.0~2.5（以削匀革质量为基准）。

表 5-3　　　　　　　　　　　　　中和剂的中和效应

pH	不洗 不中和	洗后 不中和	NH_4HCO_3	$NaHCO_3$	Na_2CO_3	Na_3PO_4	硼砂	醋酸钠	甲酸钠
革外层的 pH	4.4	4.4	6.2	5.8	6.4	5.6	6.4	5.4	4.6
革内层的 pH	4.2	4.4	6.2	5.8	5.2	3.8	5.0	5.4	4.2

中和所需进行的程度是由成革的要求所决定的。对一般鞋面革，因其不要求非常柔软，加油无须非常深透，染色也可以只染表面，所以中和程度可以小一些。而软面革、服装革等则要求染色、加油要深透，中和程度则要大一些。

一般认为，革内层 pH 大于 4.8 时，染料、油脂才会得到良好的渗透，否则，它们容易被固定在革的表面上。对于一般鞋面革，中和后革内外层的 pH 有一定的差别，而软革类中和后内外层 pH 应均匀一致，即中和深透。中和结束时，可以用甲基红指示剂检查革的切口，一般鞋面革可以留一线红色，而软革类要求全部切口为黄色。但由于一般鞋面革也比过去的产品在柔软度方面的要求有所提高，不少工厂在这类产品中和时也要求中和深透。

中和与复鞣的先后次序主要取决于复鞣方法。用无机鞣剂复鞣的，一般先复鞣后中和；用植物鞣剂、合成鞣剂、树脂鞣剂复鞣的，一般先中和后复鞣；用戊二醛鞣剂时，可以先中和，也可以后中和，但在复鞣前中和的，结合戊二醛的量更大一些，身骨丰满性更好一些，而粒面则可能粗一些。

（九）无铬鞣革的复鞣

应用无铬鞣制技术从源头彻底消除铬污染，是目前制革清洁技术领域的研究热点，也是世界皮革工业可持续健康发展的必然趋势。复鞣、染色和加脂工序直接影响成革的质量、风格等，在此过程中造成的污染物的量虽然没有前工段大，但其排放物的处理和降解也十分困难。因此研发与无铬鞣配套的复鞣剂、现有复鞣剂的合理使用和工艺平衡，对减少污染具有重要意义。

目前已经研究并得到应用的无铬鞣剂有无铬金属鞣剂、醛类鞣剂、植物鞣剂、有机合成鞣剂等，通常采用单独鞣制或结合鞣方式鞣制皮革。由于不同鞣剂与皮胶原鞣制机理不同，坯革的化学性质各异，故应针对不同无铬鞣坯革的化学性质和前工序处理特点选用复鞣材料和制定复鞣工艺，既要评估成革的感官性能和理化性质，也要研究复鞣材料的吸收、结合效率，采用系统工程综合比较复鞣效果。多金属配合鞣剂，如锆-铝混合鞣剂、锆-铝-钛多金属配合鞣剂、铁-锆-铝配合鞣剂等主鞣，坯革呈正电性，可参照影响铬鞣革复鞣的主要因素制定复鞣实验工艺，在此基础上优化。醛类鞣剂、植物鞣剂及有机合成鞣剂以阴离子材料为主，其单独鞣或结合鞣坯革的阴电性强于铬鞣革，如后续大量使用阴离子复鞣材料，复鞣剂吸收利用率低，因此不能完全套用铬鞣革的复鞣工艺。

二、复鞣合理化

在填充效果与铬复鞣相似的情况之下,制革工作者力图尽可能缩短复鞣所需要的总时间。通过进一步提高现有转鼓的加工能力,减少复鞣操作所需要的劳动力,这一目标是可以达到的。例如,可以缩短转鼓转动的时间,限制洗涤的次数,以及减少添加皮革化工材料所需要的时间等。

有两种不同的方法可以减少转鼓的转动时间。第一种方法是仔细选择所需要的化工材料,谨慎决定其加入的次序。这种方法对于用合成鞣剂-植物鞣剂进行复鞣时尤其需要加以考虑。倘若采用低相对分子质量的合成鞣剂以及经强烈亚硫酸化的植物鞣剂对皮革进行复鞣,则首先添加的鞣剂其渗透更为容易,而且大分子的植物鞣剂渗透的速度更快。黑荆树皮栲胶、坚木栲胶与合成鞣剂应该同时加到溶液中去。皮革在用黑荆树皮栲胶复鞣以前,如先用合成鞣剂、亚硫酸化坚木栲胶及预加脂溶液共同进行处理,则渗透所需要的时间就可以大大缩短,成革的物理性质,尤其是抗张强度等也能得到改善。

缩短转鼓转动时间的第二种方法是,把所有的复鞣操作都结合起来进行。例如,可以将中和剂、复鞣剂以及加脂剂一次添加到复鞣溶液中去,如果必要,染料也可以同时加进去。上述复鞣法常常被称作简单复鞣法。作为一种特殊形式,都可以用粉剂状态的中和剂和复鞣剂添加到少量的溶液中去。这种复鞣方法只需要 60~90min,化工材料的吸收情况良好。当化工材料被完全吸收以后,在干燥前将皮革进行充分洗涤,目的是除去皮革上所带的盐类物质。从上面介绍的情况中可以看出,简单复鞣法能大大降低皮革生产的用水量,显著减少操作时间,提高转鼓的利用率。中和、复鞣及加脂一步法,主要适用于剖层革以及修正粒面开边革的复鞣。

对于全粒面革而言,如皮革先要用中和性合成鞣剂进行中和,之后,换浴进行染色。由此而染出的皮革,其色泽比复鞣后直接进行染色者要明亮鲜艳得多。加脂在染色后的同浴中进行。复鞣剂的添加是在转动 20~30min 后,以固态的形式加入到溶液中。转鼓总的转动时间达到 2.0~2.5h,这时,复鞣即可结束。上面所介绍的复鞣,在某种程度上与常规方法是不同的。提前进行加脂的主要优点是可以大大促进阴离子复鞣剂的渗透。

如果考虑到传统鞣制和鞣后处理工艺加入皮化材料的电性,就会发现一个很有意思的现象:只有开始加的铬带正电荷,以后的复鞣填充、染色、加脂材料均带负电荷,加入材料的电性顺序为(正、负、负、负)。这就提出了一个问题,如果把材料电性的顺序调整为(负、负、正、负、负),那么材料的吸收率是否会提高呢?此外,传统工艺的鞣后处理工序繁多,而且几乎每一个操作后都要水洗,大大浪费了水资源。这就提出了另一个问题,在保证成革质量的前提下,如果对后处理工序进行有效地整合,实现同浴操作,水的用量是不是会大幅减少呢?基于以上考虑,四川大学生物质与皮革工程系提出了针对制革湿工段的"预鞣—鞣后一体化处理"工艺,实验工艺(E)和传统工艺(C)的主要操作流程如图 5-5 所示,实验工艺(表 5-4)和传统工艺(参考常规猪正面服装革工艺)所用化料基本相同。

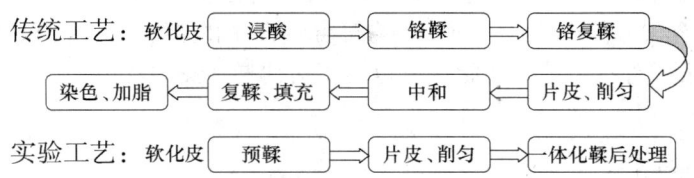

图 5-5　实验工艺和传统工艺流程图

表 5-4　　　　　　　　　　　　实验工艺

操作	用量/%	化料	T/℃	t/min	备注
预鞣	100	水	40		
	+ 10	预鞣剂		6×60	停鼓过夜,次日转 30min, 出鼓搭马,剖皮削匀,称重。剖皮厚度为 1.1~1.2mm,以后化料用量以削匀皮质量记
回水	200	水	25	120	
一体化鞣后处理	80	水	25		
	+ 1.2	酸性黑 NBK			
	+ 1.5	氯化铝	40	40	
	+ 2.0	Basyntan AN		30	
	+ 2.0	Lipoderm A1		60	4~5 倍热水乳化后加入
	+ 6.0	C-2000 铬鞣剂		120	
	+ 1.0	Relugan GTW		60	
	+ 2.0	ART-1		60	
	+ 1.5	小苏打/甲酸钠		30	pH 5.0~5.5
	100	热水			
	+ 2.0	Lipoderm A1	58	60	4~5 倍热水乳化后加入
	3.0	PELASTOL 94 S			
	3.0	PROVOL BA			
	+ 0.5	甲酸			10 倍水稀释,pH 4.0
水洗	200	常温水			洗液澄清

注:工艺中所使用的商品皮革化料:Basyntan AN(复鞣剂)、Relugan GTW(改性戊二醛)和 Lipoderm A1(加脂剂)来自德国 BASF 公司;加脂剂 PELASTOL 94S 和 PROVOL BA 由德国司马公司提供;丙烯酸树脂复鞣剂 ART-1 由中科院成都有机所提供;铬鞣剂 C-2000 由广东盛方化工有限公司提供;酸性黑染料 NBK 属于上海韩雄染料化工有限公司。

对比实验结果表明,两种成革总体感官性能相当,对比工艺成革柔软度较好,而实验成革的丰满度较好,表面颜色浓厚,如图 5-6 所示。实验工艺坯革的各项物理力学性能均有所提高,抗张强度、撕裂强度和崩裂强度分别提高了 4.89%、19.07% 和 39.39%,见表 5-5。铬的吸收率明显高于对比工艺,这主要是在铬鞣前,裸皮经过具有较强鞣性的氨基树脂预处理，胶原纤维得到一定程度的固定，铬鞣剂的渗透和结合都得到较大提高。成革 Ts 大于 100℃，均符合鞋面革的要求，见表 5-6。铬在成革中的分布均匀度高于对比工艺，油脂含量也高于对比样，见表 5-7。

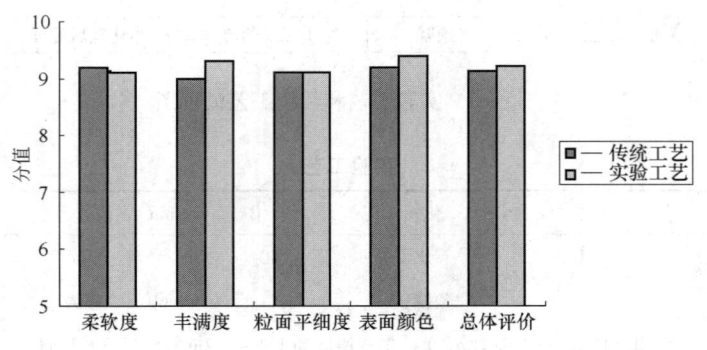

图 5-6 成革的总体外观评价

表 5-5 实验工艺成革物理力学性能

样品	撕裂强度 kN/m		抗张强度 /MPa		断裂伸长率 (10N)/%		颜色耐擦牢度/级		崩裂强度 /MPa
	平行	垂直	平行	垂直	平行	垂直	干	湿	
传统工艺	68.61	55.32	28.16	18.09	64.35	82.34	4.5	4.5	2.88
实验工艺	74.28	55.72	28.43	26.63	70.16	75.34	4.5	4	4.02

表 5-6 实验工艺成革化学分析

项目	铬的加入量 /%	成革 Ts/℃	铬的吸收率 /%	废液铬含量 /(g/L)	水分含量 /%
传统工艺	11	114.0	82.48	1.54	18.38
实验工艺	6	107.5	96.21	0.15	18.59

表 5-7 两种工艺成革各层中油脂和铬的含量及分布情况 单位：%

项目		粒面层	中间层	肉面层	平均含量	分布均匀度
油脂含量	C	7.21	5.90	7.11	6.74	58.35
	E	8.20	6.04	7.01	7.08	56.84
铬含量	C	3.99	3.27	4.37	3.88	78.23
	E	3.74	3.52	4.12	3.79	89.57

在保证成革质量的前提下，实验工艺总化料和水的消耗分别减少了 40% 和 45.2%，时耗也从原来的 43.3h 减少为 29.2h，废水总排放量、悬浮物、COD 负荷和 BOD_5 负荷分别减少了 53.84%、39.42%、58.04% 和 55.04%，废水的色度也减小为原来的 1/10，大

大降低了污染负荷，减轻了污水处理难度，生态环境效益非常显著，见表5-8和表5-9。

表5-8　　　　　　　　　　　两种工艺总废水混合分析

项目	COD		BOD$_5$		悬浮物/(mg/L)	色度	废水体积/L
	原值/(mg/L)	负荷/%	原值/(mg/L)	负荷/%			
传统工艺	5643.75	51.21	285	2.58	312	200	33.8
实验工艺	5132.05	21.49	278	1.16	189	20	15.6

表5-9　　　　处理1t软化皮两种制革工艺对水、化学材料和时间消耗量的比较

项目	水/t	化学材料/kg	时耗/h
传统工艺	13.7	489	43.3
实验工艺	7.5	292	29.2
减少率/%	45.2	40.3	32.6

三、复鞣的生态问题

由于复鞣剂与皮革反应和吸收在一定条件下达到平衡，因此复鞣剂不能完全被皮革吸收，一般吸收率为60%~80%，因此复鞣废液中或多或少总会有复鞣剂残留在溶液中，从而造成环境的污染。据资料介绍，复鞣、染色和加脂废液的化学耗氧量（COD）约占制革厂废液的50%。由于复鞣废液和加脂废液往往是同一浴液，所以复鞣和加脂的生态问题需综合在一起考虑。

正鞋面革需要强复鞣，家具革这样非常软的革要彻底加油，都会使浴液的COD超标。

在复鞣时可能产生生态问题的物质有：能导致COD值升高的不完全吸收的化学药品和植物鞣剂中所含的非鞣质物质；合成鞣剂和聚合鞣剂中所含的残余单体；从蓝湿革中浸出的铬盐；合成鞣剂和染料中所含的无机盐；来自各类加脂剂的可吸收的有机卤素等。针对这些问题所采用环保型产品有高吸收性复鞣剂、聚合鞣剂、低酚和低甲醛合成鞣剂、低盐液体复鞣剂、低甲醛树脂鞣剂、醛鞣剂。采取的工艺措施有：①选择化工材料高吸收的最佳条件（液比、温度、pH和鞣质用量）。例如，在保证质量的前提下，尽量少用复鞣剂，鞣液温度应尽可能的高，液比应为1.0左右等。②结合使用不同种类的复鞣剂可提高废液的吸收，如聚合物鞣剂比植物鞣剂、合成鞣剂容易吸收，浴液的COD值更低。

四、复鞣对皮革燃烧性能的影响

皮革燃烧性能是指皮革燃烧或遇火时所发生的一切物理和化学变化，这项性能由皮革表面着火性和火焰传播性、发热、发烟、炭化、失重以及毒性生成物的产生等特性来表征。目前，广泛应用的皮革燃烧性能表征方法为氧指数法（American Society for Testing and Materials D 2863-77）和垂直燃烧法（American Leather Chemists Association

Method E 50)，其中氧指数法测试指标为极限氧指数（OI，%）；垂直燃烧法测试指标为有焰燃烧时间、无焰燃烧时间、炭化长度和失重率。

影响皮革燃烧性能的因素很多，包括皮革加工过程所用材料的燃烧性能、皮革的厚度、皮革内部孔隙大小及其分布、皮革表面涂饰层燃烧性能等。由于复鞣方法和复鞣剂均会改变上述影响皮革燃烧性能的因素，因此复鞣对皮革的燃烧性能有很大的影响。四川大学陈武勇等人系统研究了7种常用复鞣剂（铬鞣剂、栲胶、合成鞣剂 Basyntan AN、丙烯酸树脂 R-83、改性戊二醛、氨基树脂 Relugan D、聚氨酯 Levotan C）对皮革燃烧性能的影响规律，得到如下结果：

（1）铬复鞣不会明显影响革的燃烧性能，其有焰燃烧时间、无焰燃烧时间、炭化长度和 OI 值几乎没有变化（表5-10），这是因为铬复鞣对蓝湿革的理化性能，特别是皮革内部的孔隙大小及分布影响不明显。

表5-10　　　　　　　　铬鞣革和铬复鞣革的燃烧性能

革样	有焰燃烧时间/s	无焰燃烧时间/s	炭化长度/cm	失重率/%	OI/%
铬鞣革	0.7	192.13	1.21	1.72	37.9
铬复鞣革	0.8	190.09	1.14	1.72	37.7

（2）与铬鞣革空白样相比（OI 值为37.9%），其他6种复鞣革的阻燃性能均有所下降，具体表现为革的氧指数下降，氧指数为29%~35%（表5-11），无焰燃烧时间大大延长（表5-12），甚至不能自熄。随着复鞣剂用量的变化，复鞣革的燃烧性能也有变化，但规律性不强：与用量为0时比较，随着复鞣剂用量的增加，杨梅栲胶复鞣革的氧指数提高；戊二醛和丙烯酸树脂复鞣剂用量对革的氧指数影响较小；而合成鞣剂和树脂类复鞣剂，包括 Basyntsn AN、Levotan C 和 Relugan D，在用量大于2%时，随用量的增加氧指数维持在较小的范围内波动。

表5-11　　　　　　　　复鞣革的氧指数测定结果

复鞣剂	用量/%	OI/%	复鞣剂	用量/%	OI/%
Basyntan AN	0	34.7	Levotan C	0	32.4
	2	31.7		2	30.0
	4	31.8		4	29.9
	6	31.9		6	31.2
	8	31.2		8	31.0
改性戊二醛	0	31.9	Relugan D	0	33.1
	2	32.2		2	32.3
	4	32.5		4	32.4
	6	32.5		6	32.4
	8	32.5		8	32.5

续表

复鞣剂	用量/%	OI/%	复鞣剂	用量/%	OI/%
杨梅栲胶	0	29.8	R-83	0	32.4
	2	32.5		2	32.5
	4	33.8		4	32.1
	6	34.5		6	32.7
	8	35.0		8	32.5
			铬鞣革空白样	—	37.9

（3）复鞣剂用量变化对革的阴燃速度（炭化长度/无焰燃烧时间）也有影响，但除栲胶和丙烯酸树脂外，其他复鞣剂在用量为2%~4%时（复鞣剂通常用量水平），对阴燃速度影响不大（表5-12）。

表5-12 垂直燃烧实验结果

复鞣剂	用量/%	厚度/mm	有焰燃烧时间/s	炭化长度5cm时无焰燃烧时间/s	最终燃烧情况
Basyntan AN	0	0.800	0.10	457.28	
	2	0.773	0.11	391.30	
	4	0.775	0.22	394.74	燃尽
	6	0.773	0.19	401.79	
	8	0.829	0	491.80	
改性戊二醛	0	0.733	0.27	428.57	
	2	0.742	1.67	319.24	
	4	0.779	1.10	329.41	燃尽
	6	0.754	1.40	379.50	
	8	0.706	2.35	502.79	
Levotan C	0	0.750	0.15	473.68	
	2	0.748	2.51	335.82	
	4	0.710	1.99	347.49	燃尽
	6	0.728	1.40	552.15	
	8	0.725	1.40	578.15	
Relugan D	0	0.718	1.26	379.75	
	2	0.831	0.5	450.00	
	4	0.855	0.6	476.20	燃尽
	6	0.831	0.1	545.45	
	8	0.854	0.9	567.29	

续表

复鞣剂	用量/%	厚度/mm	有焰燃烧时间/s	炭化长度5cm时无焰燃烧时间/s	最终燃烧情况
杨梅栲胶	0	0.739	0	459.13	燃尽
	2	0.776	0	585.37	
	4	0.813	0	688.89	
	6	0.840	0	553.00	
	8	0.859	0	465.12	
R-83	0	0.753	0	479.13	燃尽
	2	0.875	0	434.78	
	4	0.851	0	356.22	
	6	0.856	0	377.36	
	8	0.887	0	590.12	

皮革燃烧的过程包括加热、易挥发物挥发、裂解和分解、氧化和阕火等过程。皮革密度高,则其抗燃性能好,反之加疏松而透气性好,则皮革容易燃烧。杨酶栲胶的填充作用明显,复鞣后,革粒面收紧,革身紧实,且有增厚的效果,这些因素都影响皮革内部填塞物的迁移,减少皮革内部的空气流通或接触,不利于燃烧的持续发生,阻燃性较好;不同合成鞣剂、聚合物鞣剂和树脂鞣剂对成革燃烧性能的影响不同,取决于复鞣剂的成分和复鞣革的理化性质。阻燃皮革复鞣应视不同成革用途的要求,选用合适的复鞣剂和复鞣工艺,甚至在复鞣时添加适当的阻燃剂,以满足皮革阻燃性能与手感、成本之间的合理平衡。

五、复鞣对皮革静电性能的影响

静电是一种存在于物体表面的电能,是正负电荷局部失衡后产生的一种现象。静电会给人体带来一定的危害,也会对发生静电的产品的性能和质量产生影响。皮革除广泛应用鞋类、服装、箱包生产外,近年来在高档轿车、家庭装饰装修、民用飞机等领域应用越来越广泛。为了防止静电产生的危害,皮革的抗静电性能研究受到人们的关注。

四川大学但卫华等研究了用三聚氰胺、双氰胺、氨基树脂 RAC、合成鞣剂 MM51、丙烯酸树脂 A18、丙烯酸复鞣剂 970、树脂复鞣剂 R7、脂肪醛 PF 等复鞣黄牛坯革对皮革静电性能的影响,实验结果见表 5-13。

表 5-13　　　　　　　　复鞣后皮革样品抗静电性能测试结果

复鞣剂	空白对照	三聚氰胺	双氰胺	氨基树脂 RAC	合成鞣剂 MM51	丙烯酸树脂 A18	丙烯酸复鞣剂 970	树脂复鞣剂 R7	脂肪醛 PF
体积电阻率 $(\rho_v)/(\Omega \cdot m)$	4.91×10^2	2.28×10^4	2.63×10^4	5.73×10^4	8.55×10^4	1.53×10^4	6.24×10^4	3.01×10^4	7.07×10^4
皮革肉面吸附纸片数/张	5	4	6	4	4	4	5	4	4

实验结果表明，复鞣处理对皮革的抗静电性影响较小。不同复鞣剂处理后样品体积电阻率增大了 1~2 个数量级，为 $10^3 \sim 10^4 \Omega \cdot m$，而吸附纸片数没有增多，复鞣材料以结合或填充的方式进入皮革后，对样品的抗静电性能影响较小；这也从另一方面说明，常用复鞣剂为半导体材料。

六、复鞣对皮革热解特性的影响

随着皮革行业的发展，消费者对皮革制品阻燃性的要求也越来越高。皮革材料在加工和使用过程中，耐热性能和阻燃性能是两项重要的指标，这两项性能与皮革的热解特性紧密相关。皮革在燃烧过程中，包含着热解过程，鞣剂的种类不同，鞣制的方法不同都使得成品皮革的热解特性有很大差别。复鞣工序对坯革既有鞣制效应也有填充作用，因此也对其热解性能产生影响。四川大学陈武勇等应用 TG、DSC 等热分析技术研究了不同复鞣剂对皮革热解性能的影响。表 5-14 是常规铬鞣牛蓝湿革经过 6 种不同类别的复鞣剂复鞣后的 TG 数据。

表 5-14　　　　　　　　　各复鞣革样的 TG 数据

项目	空白	铬粉	荆树皮栲胶	改性戊二醛	Relugan RE	Basytan AN	Cranofin F-60
复鞣剂所属类别	—	铬鞣剂	植物鞣剂	醛类复鞣剂	丙烯酸树脂复鞣剂	芳族合成鞣剂	有机磷鞣剂
$T_{10\%}$/℃	294.3	267.7	250.2	254.3	266.3	237.6	247.1
$T_{50\%}$/℃	400.3	402.8	392.7	392.1	394.4	391.7	396.8
$CR_{600℃}$/%	31.43	31.62	30.06	29.70	29.85	29.27	30.79

注：$T_{10\%}$、$T_{50\%}$ 分别表示失重率为 10%、50% 时的温度，$CR_{600℃}$ 为 600℃下的残留率。

表 5-14 结果表明，芳族合成鞣剂 Basytan AN 复鞣革热失重达 10% 时的温度最低，为 237.6℃，铬鞣剂复鞣革相对较高，为 267.7℃，其次是丙烯酸树脂 Relugan RE 复鞣革，为 266.3℃。当失重率为 50% 左右时，此时各革样质量损失最快，可见此温度下纤维正迅速分解。铬鞣剂复鞣革快速分解时的温度最高，其次是有机磷 Granofin F-60 复鞣革，Basytan AN 和改性戊二醛复鞣革较低，分别为 391.7、392.1℃。皮革的快速分解温度受复鞣剂与胶原之间交联强度的影响，交联强度越大，分解温度越高。铬鞣剂对皮胶原的交联作用主要是通过 Cr^{3+} 和胶原侧链羧基的两点或多点配位实现的，作用力较强；戊二醛主要是以共价键与赖氨酸的 ε 氨基结合，共价键强度大，但这种有效结合的共价键数目较少；Basytan AN 属于芳香族合成单宁，是通过酚羟基和胶原的肽基、侧链羟基、侧链氨基以及侧链羧基发生氢键结合的，强度相对较弱。分解温度越高，革的耐热性能越好。从 $CR_{600℃}$ 数据可知，分解物残留率也有这样的规律。根据 TG 和 DSC 曲线可知，牛皮蓝湿革经不同复鞣剂复鞣后，初始分解温度较对比试样有所降低，耐热性能下降。复鞣剂对皮革热解特性的影响与复鞣剂的种类有关，在所选用的 6 种复鞣剂中，铬与革纤维交联作用最强，其复鞣革热稳定性最好，有机磷鞣剂能促进皮革热解过程中纤维的炭化，且在分解过程中吸热量最多，耐热性较好。

第三节 复鞣机理及其应用

一、复鞣的一般原理

通常复鞣主要是指铬鞣革的复鞣,复鞣前的坯革经过准备、鞣制及其他一些处理,如中和、染色加脂等,实质上是胶原蛋白质的变性产物。胶原的等电点和表面电势已发生了改变(表5-15)。

表5-15　　　　　　　　　　皮或坯革的等电点和表面电势

皮或坯革	pI	表面电势 φ(pH 6.5 时)/mV
生皮	7.5~7.8	
鞣前裸皮	5.2~5.6	-31
铬鞣坯革	6.7~7.0	+25
甲醛鞣坯革	-4.6	-41
黑荆树皮栲鞣坯革	-4.0	-85
酚类合成鞣剂鞣坯革	-3.2	-119

铬鞣革实质上是胶原蛋白质与铬配合物结合变性的产物,坯革表面带正电荷。根据铬鞣革表面电荷状态,可用图5-7来说明用阴离子型复鞣剂复鞣铬鞣革的一般原理。

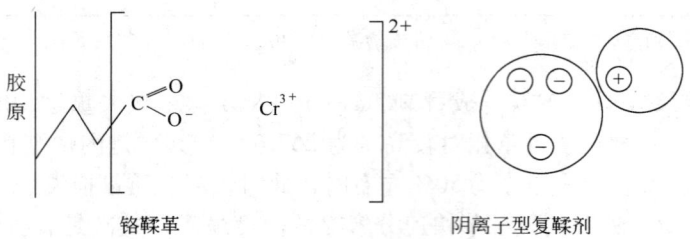

图5-7　阴离子型复鞣剂与铬鞣革结合的示意图

用阴离子型鞣剂进行复鞣,不仅能够削弱铬鞣革的正电性,而且也可以使铬鞣革显负电性。在复鞣过程中,复鞣剂的负电性基团可以和胶原侧链羧基单点结合的铬配位化合物结合,使胶原除与铬结合外,还带上其他分子。这种分子可以是具有某些特性的鞣剂,或者是强负电性分子。通过这种方法,铬鞣革可以与碱性染料结合。

植鞣革实质上是胶原蛋白质与鞣质多点氢键结合而变性的产物,坯革表面带负电荷。

植鞣革是通过引入鞣剂聚集体来复鞣填充的,这些聚集体填充在纤维空间,而不是与革结合。一般不希望过分填充,因为这样会使革变得过分脆硬,革的耐磨性能下降。一般认为水溶物约为20%时,革的耐磨性最大。使用的鞣剂相对分子质量要适当,

第五章 复 鞣

因为相对分子质量太大的鞣剂不能很好地渗透。为了防止已经结合的鞣剂被洗出来,填充所用鞣液浓度应该大于前面所用鞣液的浓度。

有些填充剂表面上看来只起填充作用,但实际上其作用远非如此。如硫酸镁除填充外,还能够与鞣质生成不溶性沉淀物,能够更好地将鞣质固定在革内。一般来说,鞣质在革中的结合是由于鞣质转变成了不溶性的物质。

在铬鞣时,胶原的羧基进入铬配位化合物中配位,而其他基团,主要是赖氨酸的 ε - 氨基和组氨酸的咪唑基尚未结合。皮与铬交联后,不仅不会降低它与植物鞣质结合的能力,与裸皮相比,还能增加这种结合能力。例如纯植鞣的不可逆结合鞣质为35%,同样的裸皮经铬鞣后再植鞣,则不可逆结合鞣质上升为61%。要解释这种效应,必须考虑几个因素:革等电点的改变,铬配位化合物交联作用而使纤维孔隙固定,胶原碱性基的暴露,植物鞣质的基团作为配位基进入铬配位化合物内界配位等。

二、复鞣剂在革内的分布与皮革性质

复鞣工艺以及由其改进的皮革特性,例如丰满性、柔软性、粒面紧实性、表面结构等之间的关系,在实际应用中具有重要的意义。德国 BASF 公司的 Magerkurth 以系统性模型实验方法深入地研究复鞣,并将研究所得到的各种知识用以阐明一些能最佳控制各复鞣工艺的途径与方法。

1. 复鞣剂吸收率与转动时间

研究酚类或萘类合成鞣剂复鞣过程的最简单方法,是用紫外分光光度仪测定 280~285nm 下的消光度,以确定浴液中鞣剂浓度降低的情况。以这种方法可以获得如图5-8所示的吸收曲线。实验所使用的皮革试样,是从轻度中和后的皮心部分切取的。

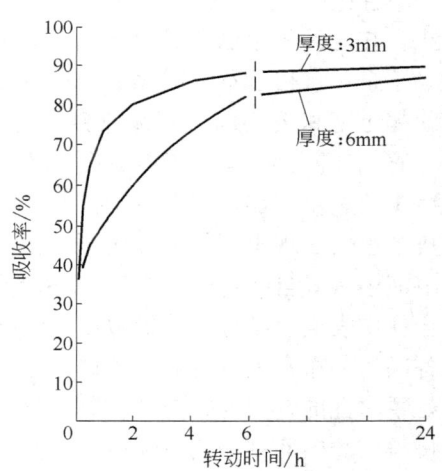

图5-8 铬鞣革吸收合成鞣剂的曲线图
液比:2.0,合成鞣剂用量:10%(以削匀革质量计)

由图5-8可见,在前30min内,铬鞣革吸收鞣剂的速度比较迅速,然后明显减慢,而且经过20h的转动后,仍然未能吸尽。吸收曲线说明,开始时的吸收速度是由鞣剂在表面上的快速吸收过程决定的,以后,复鞣速度在很大程度上是由鞣剂粒子渗透入皮内层的速度决定的。吸收曲线的走向与复鞣的皮革厚度之间的依赖关系,支持了这一解释的正确性。如果皮革的厚度从3mm增加至6mm,在开始阶段,由于厚皮的比表面积比薄皮的小,鞣剂的吸收率相差很大。经过长时间的转动后,这一差别逐步缩小。利用铬鞣革阳离子活度,容易说明曲线的这种走向。由于一部分鞣剂在皮革表面上被迅速吸收,大大降低了皮革的阳离子活度,使鞣剂粒子能够顺利渗透入更深一层的皮革内部。因此,经过长时间转动后,厚皮与薄皮吸收率的差别逐步缩小。

2. 复鞣剂吸收率与铬鞣革含铬量

采用了 Cr_2O_3 量为 0.75% ~ 2.25%铬鞣剂鞣制的铬鞣革,并将从这些铬鞣革皮心部分切取的试样,使用碳酸氢钠均匀中和,使沿整个横切面的 pH 为 4.2~4.6,再用 15%合成鞣剂及植鞣剂(黑荆树皮栲胶)复鞣,经过 1h、4h 及 20h 之后,测定复鞣浴液的耗尽量并计算吸收率。测定结果如图 5-9 所示。

出乎意料的是,在使用合成鞣剂的情况下,吸收曲线几乎与皮革中的 Cr_2O_3 量无关。可是,用少量铬鞣制的皮革,与使用大量铬鞣制的皮革相比,在初始阶段,能够更大量地吸收

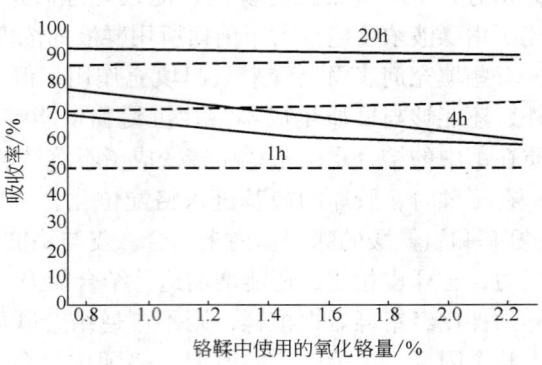

图 5-9 不同含铬量铬鞣革吸收合成鞣剂及植鞣剂的曲线图
实线—植鞣剂 虚线—合成鞣剂
合成鞣剂与植鞣剂用量均为削匀革质量的 15%

植鞣剂,在延长转动时间之后,才消除了这一差别。只有假设鞣剂一层层地渗透入纤维结构中,才可以解释这种曲线走势。这意味着,当外层被鞣剂分子饱和之后,便产生了一中性电荷区,鞣剂分子能够顺利渗透这一区域,直到达到它们被固定的阳离子区为止。在这一区域也变成中性电荷区之前,鞣剂不会再更深一层地渗透入皮革横切面中。于是,含铬量不同但比表面积(削匀厚度)相同的铬鞣革,当含铬量最低的皮革达到或超过饱和度之前,其吸收鞣剂的动力学方面,彼此之间是不会有任何区别的。但是,它们在复鞣剂渗透深度方面,彼此之间会有明显差别,而且将随皮革中 Cr_2O_3 含量的减少而逐步增加。如果分子扩散不因鞣剂被铬鞣革吸收而受阻的话,含 Cr_2O_3 量不同的皮革也会表现出同样的动力学行为。但是,这一点不适用于植鞣剂,因为植鞣剂在水溶液中具有自缔合的倾向,能够凝聚形成粒子更大的凝聚体。由于这些微粒的凝聚体会在皮表面上结合,使扩散作用受到阻碍。因此,皮革中 Cr_2O_3 的含量越高,植鞣剂在各层的分布密度也越大,渗透性越差,因而吸收率就越小。但是,扩散作用的阻碍只是暂时性的,因为铬与植鞣剂之间的结合力显著高于自缔合的倾向力,致使凝聚体慢慢解体。因此,经过 20h 后,植鞣剂的吸收率几乎与皮革中含铬量无关。

3. 复鞣剂吸收率与鞣剂加入量的关系

鞣剂的吸收率与鞣剂的加入量之间的关系,如图 5-10 所示。可以看出,在使用植鞣剂的情况下,其扩散作用会暂时受到阻碍,而且将随着浓度的增高而增加;然而,在使用合成鞣剂的情况下,鞣剂的吸收率与鞣剂的加入量之间呈线性关系,因此,看不出有受阻碍的现象。

4. 复鞣剂渗透、吸收与皮革感官性能

将实验中所得的皮革进行感官评价,它们的手感、丰满性和粒面紧实性的差别更加明显。使用少量铬鞣制的皮革,其手感与使用大量铬鞣制的革比较,当合成鞣剂的用量较小时,比较柔软一些。但是,随着合成鞣剂加入量的不断增加,手感逐渐变为

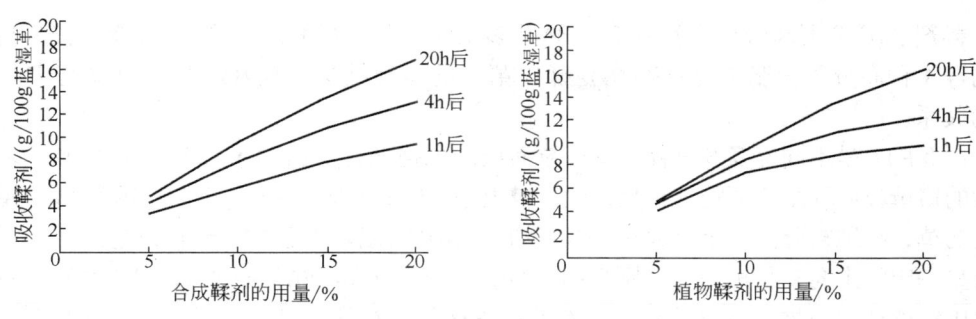

图 5-10 鞣剂的吸收率与鞣剂的加入量之间的关系
削匀革厚度：1.8mm 铬鞣中氧化铬含量：2.25%

硬挺，弹性也下降。相比之下，Cr_2O_3含量较高的皮革，即使合成鞣剂加入量较高，手感依然保持其优美风格并富有弹性。采用植鞣剂复鞣后，虽然差别很不显著，但与合成鞣剂复鞣的十分相似。研究皮革横切面的结果表明，使用少量铬鞣制的皮革试样横切面上充分渗透了合成鞣剂；而含大量Cr_2O_3的皮革试样横切面上，复鞣剂大部分都集中在皮的外层。皮革的手感基本上取决于鞣质沿皮横切面分布的程度。

由此可见，阴离子型鞣剂若能深深透入皮革横切面中，会使成革柔软。若不完全渗透，却能保持弹性和丰满的手感。而粒面紧实性与这一方面的关系比较复杂。最初，在加入少量鞣剂时，粒面紧密性下降，随着鞣剂加入量的增加，粒面会重新变紧实。一般来说，如果鞣剂已经从粒面良好渗透，但还没有全部沿横切面分布，则可以得到粒面紧实性良好的皮革。

复鞣过程的控制实际上就是控制鞣剂沿铬革横切面作某种分布的过程。目前，已经有两种不同方法可以测量鞣剂的分布效果。最简单的方法就是将复鞣皮革试样剖开成尽可能多的层数，将每一层皮革称量，找出每一层皮革的质量与每一条皮革试样的总质量之间的关系。用肉眼观察每一层皮，看是否已经充分渗透到皮革内部。这种方法极适合用于研究合成鞣剂与植鞣剂复鞣的效果，因为它们的渗透程度可以用肉眼很好地辨别，对复鞣剂的渗透深度能够得到大约的结果。但是，这种方法不能给出鞣剂在各层上分布的比例。鞣剂在皮革横切面各层的分布图形，可以由另一种方法得到。先按上述方法制备剖层革，在称量之后各层加以均化（切碎，混合均匀），然后用二甲基甲酰胺萃取过夜，再用光谱分析法测定被萃取的鞣剂量。以未剖层但已均化的革试样在相同条件下萃取的鞣剂量，作为对比，以此计算出鞣剂在各层的分布率。

5. 复鞣剂在皮革中的形态与成革性质

皮革的很多物理力学性质和感官性能都与其微观结构的变化有密切关系。通过扫描电镜（SEM）观察复鞣剂复鞣后皮革的微观组织结构，可以观察复鞣剂的形态，判断复鞣剂对皮革纤维分散程度，分析不同复鞣剂复鞣与皮革性能的关系。SEM在研发新型复鞣材料中发挥了重要作用，采用SEM法研究鞣革过程、分析鞣制机理是一种很有效的测试手段，也有助于设计复鞣方案。

（1）复鞣与皮革粒面形态 魏德卿等人用扫描电镜观察了SCC丙烯酸皮革填充树

脂复鞣剂、ART 丙烯酸树脂复鞣剂、HMP 多功能皮革复鞣剂以及 RTM 三聚氰胺树脂复鞣剂等 4 种高分子树脂类复鞣剂在复鞣皮革中的微观结构，较好解释了复鞣与皮革性质的关系。

图 5-11 是不同复鞣剂复鞣后皮革粒面层的电镜照片。由图 5-11（a）可知，未经复鞣的铬鞣粒面纤维呈颗粒堆积状，没有被很好分散。而图 5-11（b）显示用 SCC 树脂填充的革，纤维被分散成朵朵絮状，但不均匀。ART 复鞣剂复鞣的革纤维被分散、疏松，纤维呈一定的走向，长短均匀 [图 5-11（c）]，再经 HMP 树脂复鞣后，可以清晰地看到不少中空微球"镶嵌"在纤维束上，有的微球被包裹在纤维束中，而且均匀分布在纤维空隙中，微球撑开纤维束后使粒面形成均匀而细密的网状结构 [图 5-11（d）]。用 RTM 氨基树脂复鞣的革纤维明显被分散，而且有一些树脂颗粒填在其中 [图 5-11（e）]。

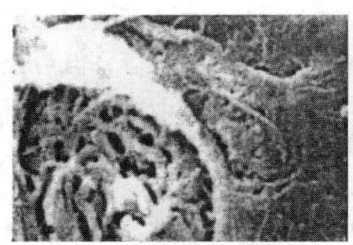  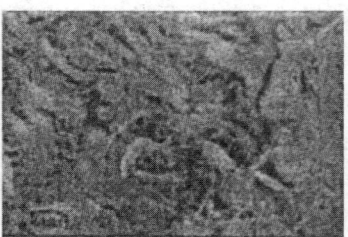

(a) 未复鞣铬鞣革　　　(b) 用SCC填充树脂处理的革　　　(c) 用ART复鞣剂处理的革

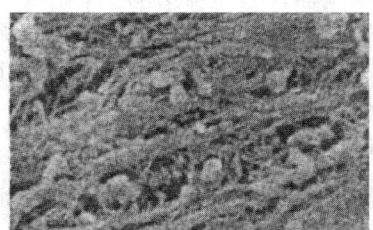 

(d) 用ART+HMP处理的革　　　(e) 用RTM复鞣剂处理的革

图 5-11　皮革粒面层的电镜照片

从图 5-11 电镜观察结合所得成革性质可以认为：

① SCC 树脂对铬鞣革有较好的填充作用，对解决皮革松面有一定贡献，但牺牲了正面革的天然粒面，因此适合做修面革、压花革。

② ART 复鞣的铬鞣革既保持了皮革天然粒面的美感，又能使纤维得以很好分散，手感柔软，适合制造全粒面革。

③ HMP 树脂处理皮革后，固定在皮纤维上的中空微球由于外壳较硬，将分散开的纤维进一步撑开成网状（图 5-12）。微球粒子结合在纤维上，在皮革受力时，犹如小球在皮革中滚动，较低的滚动摩擦因数使皮革粒面更感柔软、滑爽。

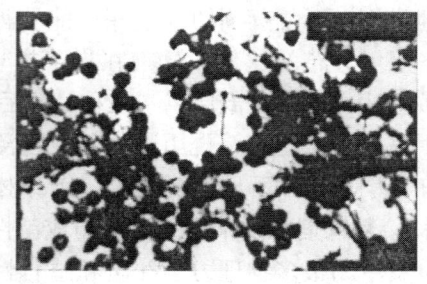

图 5-12　HMP 树脂在皮革纤维中的形态

④ RTM 复鞣的革，有较多的树脂沉积在皮纤维中，使皮革粒面紧实，手感丰满。

（2）复鞣与皮革断面形态　皮革断面粒面层和网状层的电镜照片如图 5-13 和图 5-14 所示。由图 5-13（a）可以清楚地看出，未经复鞣的铬鞣革粒面层的织态不是网状结构而是层状堆积结构，铬鞣革网状层的纤维束紧实，纤维束间距较大，纤维束得到充分分散，粒面扁薄，织态疏松。

通过对不同复鞣剂复鞣后皮革断面形态分析，可以得到以下微观结构与皮革性能的关系：

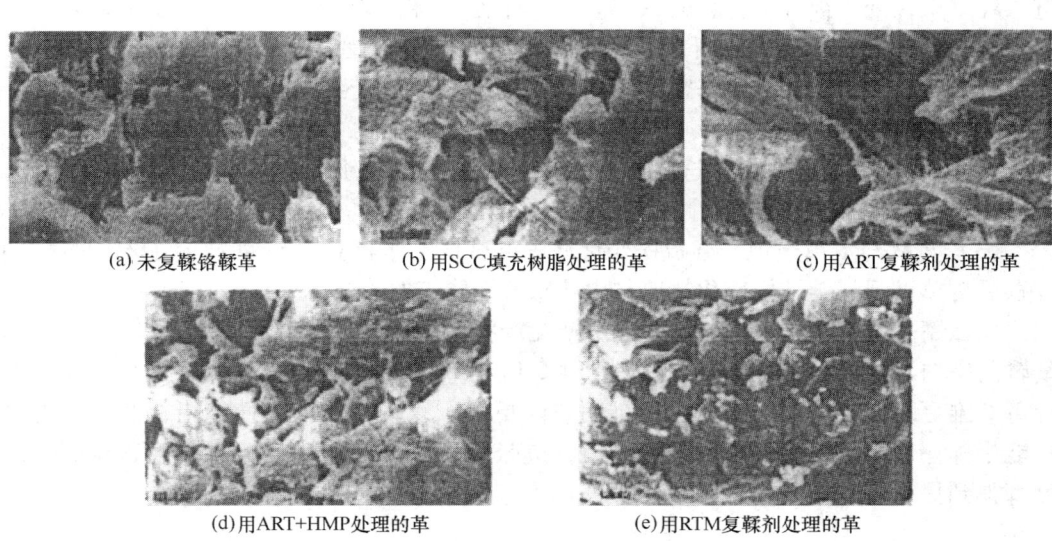

(a) 未复鞣铬鞣革　　(b) 用SCC填充树脂处理的革　　(c) 用ART复鞣剂处理的革

(d) 用ART+HMP处理的革　　(e) 用RTM复鞣剂处理的革

图 5-13　断面粒面层的电镜照片

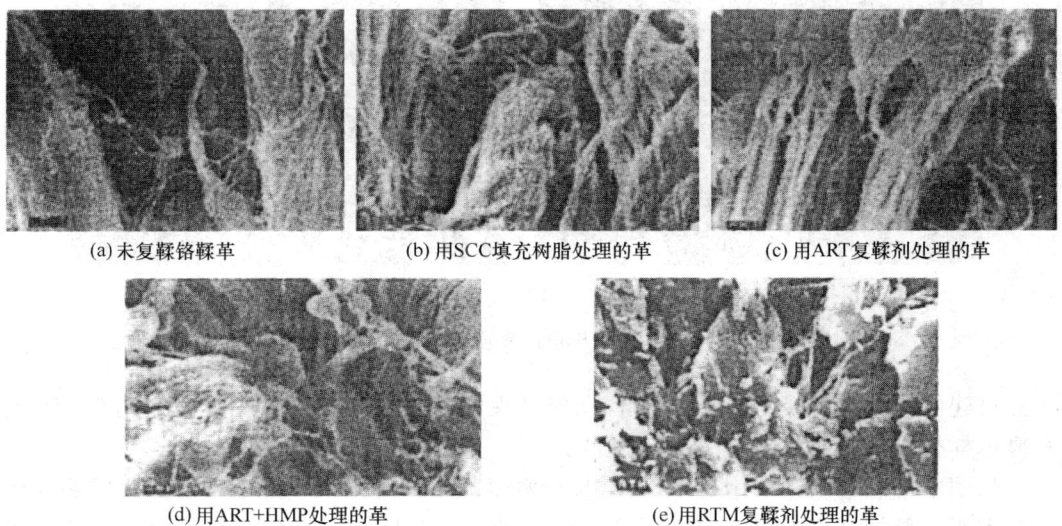

(a) 未复鞣铬鞣革　　(b) 用SCC填充树脂处理的革　　(c) 用ART复鞣剂处理的革

(d) 用ART+HMP处理的革　　(e) 用RTM复鞣剂处理的革

图 5-14　断面网状层的电镜照片

① SCC 树脂填充革的粒面层和网状层纤维粗大、结实，但孔隙较小，表明填充树脂已进入纤维束，沉积在原纤维间，因此填充效果好。但由于树脂的黏结性使纤维束较为紧实，原纤维活动空间小，致使皮革板硬。

② ART 复鞣剂则能使纤维很好地分散、疏松，在缩小纤维束之间距离的同时扩大了纤维束原纤维的间距，因此原纤维不可能黏结，使复鞣后的革柔软、有弹性。值得注意的是这些被分散开的纤维仍保持直线取向。

③ 用 HMP 树脂复鞣皮革后，中空微球并非简单被吸附在纤维束之间的空隙中而是进入纤维束，处于被纤维包裹的状态。由于中空微球的外壳较硬，不易变形，因此皮革在受力时每个微球使周围纤维强烈变形，其应力的传递使得整个粗纤维完全变形，使纤维束更粗、短，形成织态密集的网状结构，在皮革受到外力发生动态变形时，纤维之间的相对运动不会受到影响，因而制得的革特别丰满、柔软。

④ RTM 复鞣的革，树脂进入纤维束中，沉积在原纤维间，具有很好的填充作用，能使皮革粒面平细、紧实。

（3）复鞣与皮革微观纤维疏松变化　皮革科技工作者应用 SEM 研究了不同复鞣剂复鞣后皮革微观纤维结构变化情况与皮革感官性能等的关系。

兰云军等研究了苯乙烯-马来酸酐酯化产物 SMAH 复鞣铬鞣革。图 5-15 是 SMAH 复鞣与空白对比样的 SEM 图片（放大 5000 倍）。对比可知，SMAH 复鞣铬鞣革比空白样革纤维更疏松，分散更充分，纤维间空隙更大。复鞣革的物理性能指标测试和感官性能指标评价结果表明，复鞣革的撕裂、抗张强度等以及丰满度、柔软度、粒面平细度都得到提高。

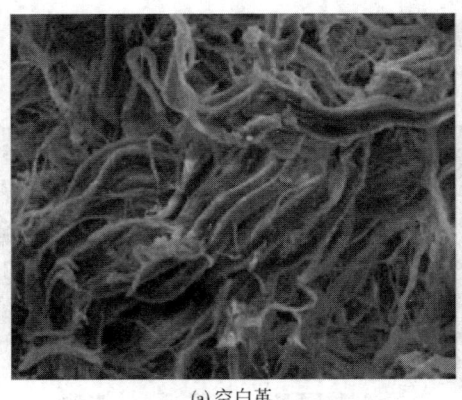
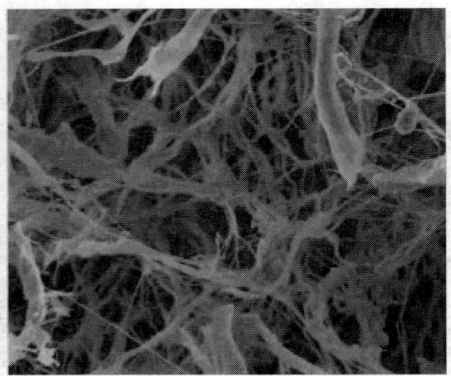

(a) 空白革　　　　　　　　(b) SMAH 复鞣

图 5-15　空白革与 SMAH 复鞣后皮革扫描电镜图片

马建中等研究了聚丙烯酸/丙烯酸丁酯共聚物（AA/BA）复鞣铬鞣革。图 5-16 是复鞣革样扫描电镜照片（放大 1500 倍）。

从图中可以看出，采用 AA/BA 共聚物复鞣的革样纤维束空隙多，纤维束间距离较大，表明共聚物已进入纤维束间，纤维束得到充分分散。而采用铬粉复鞣的革样纤维粗大，饱满，空隙少。

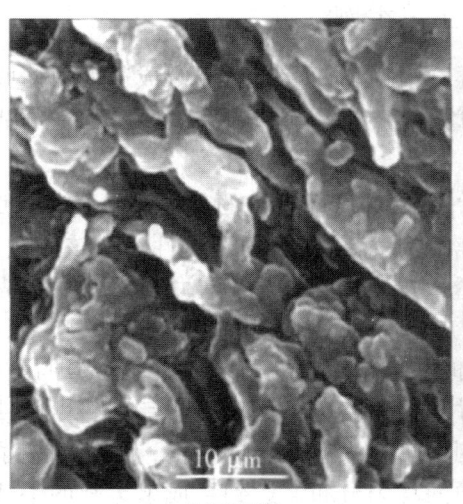 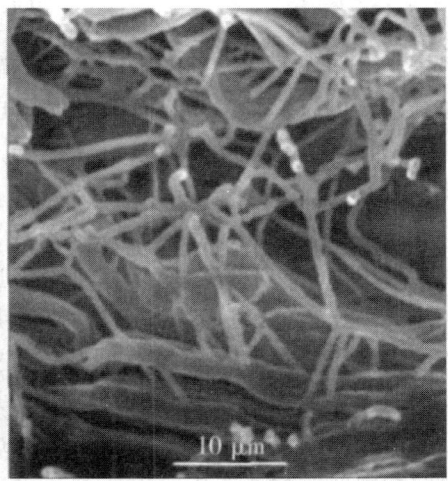

(a) 铬鞣剂复鞣　　　　　　　　　　　(b) AA/BA复鞣

图 5-16　复鞣革样扫描电镜照片

吕生华等研究发现，经过乙烯基聚合物复鞣剂复鞣后的皮革纤维分散状态比较好；未复鞣皮革纤维编织紧密，其切面纤维束的结构完整。复鞣后皮革纤维比较分散，其切面已经看不出纤维束的完整状态，说明乙烯基聚合物复鞣剂渗透分散纤维的能力比较强。沈一丁等研究测试了苯乙烯马来酸酐共聚物复鞣坯革的微观组织结构，复鞣后皮革的纤维束较细且编织疏松，说明复鞣剂可以渗透并填充于胶原纤维之间，以减少内摩擦力，链段运动具有更大空间和更强的内旋转运动能力。兰云军等对胶原蛋白基聚氨酯复鞣填充剂复鞣坯革的研究结果表明，复鞣革皮革纤维结构比较松散，纤维束内纤维比较分散，网状层纤维结构松散均匀，革身的增厚较明显，边腹部增厚能力也较强，复鞣革较丰满柔软。闫小亮等对比了降解淀粉-丙烯酰胺接枝共聚物复鞣前后皮革断面层的电镜照片，可以看出未复鞣皮革纤维编织紧密，其切面纤维束的结构完整，经复鞣后的皮革纤维分散状态比较好，皮革柔软。兰云军等用多元醇和马来酸酐直接单酯化合成具有多臂结构的烯类支化单体，再与丙烯酸烯类单体共聚合成的支化共聚物皮革复鞣剂。复鞣结果表明，纤维编织疏松，间距较大，表明共聚物进入了纤维间，纤维得到了明显分散。沈一丁等研究了咪唑封端水性聚氨酯复鞣剂与铬鞣剂复鞣后沿背脊线方向和垂直于背脊线方向的皮革纤维分散状况，指出铬粉复鞣后的革样虽纤维束间隙较大，但细小纤维黏结在一起；咪唑封端水性聚氨酯复鞣剂对胶原纤维有明显的分散作用，纤维束断面呈蓬松状，断头不平整，细纤维轮廓清晰，间距明显，因此其复鞣后的成革呈现丰满柔软的手感。

通过对不同复鞣剂复鞣后皮革微观结构的纤维分散、疏松变化与成革感官性能关系的研究，可以总结如下：使用能使皮革纤维充分分散、疏松、纤维间空隙增大的复鞣剂复鞣皮革后，成革在宏观上表现出柔软、丰满的感官性能。

三、复鞣工艺举例

根据已经获得的复鞣剂的吸收率、复鞣剂沿横切面分布量以及成革性质之间关系的研究结果，可以解释各种不同风格皮革的复鞣工艺，指导各种皮革复鞣工艺的制定。

（一）油变色革

表 5-16 列出了适用于生产油变色革（pull-up leather）的基本工艺。为了使皮革与大量加脂的植鞣革相似，它们应该有柔软的手感及较小的延伸性。从该工艺可见，采取了一些措施，使混合鞣剂能尽量深地透入皮革横切面中。在加工过程中，先用醛鞣剂和亚硫酸化油处理，然后进行中和，使皮革切口的 pH 达到 4.8~5.0。随后，在同样的浴液中使用合成鞣剂、植鞣剂和分散剂的混合鞣剂进行复鞣。在给定的条件下，合成鞣剂能深深地透入到皮革横切面内，并降低了铬鞣革的阳离子活度。由于使用了具有分散作用的高分散鞣剂，阻止了植鞣剂聚集成大凝聚体的倾向，从而加速了植鞣剂从粒面和肉面的渗透作用。植鞣剂在革中的均匀分布，达到了成革柔软的手感和延伸性小的要求。

表 5-16　　　　　　　　　油变色革的复鞣工艺

复鞣关键：合成鞣剂与植鞣剂应彻底渗透并均匀分布在皮革横切面

削匀革厚度：2.0~2.5mm

中和：	50%	水	
	1.5%~3.0%	醛鞣剂	
	0.5%~1.0%	亚硫酸化油	30min
	+2%	中和剂	60~90min
		横切面全透，pH 4.8~5.0	
复鞣：	+3%~6%	代替性合成鞣剂	
	+3%	高分散合成鞣剂	
	+8%~12%	植鞣剂	
	+0.5%~1.0%	亚硫酸化油	
	+1%	甲酸钠	60~90min
		横切面全部渗透后水洗，换液	

染色—加脂

醛鞣剂：戊二醛（Relugan GT50/GTW）

代替性合成鞣剂：Basyntan DLE/N/S

高分散合成鞣剂：Basyntan M/GA/Relugan S

（二）摔纹软鞋面革（粗皱纹粒面型）

表 5-17 列出了生产经摔纹整理的软鞋面革的基本工艺。摔纹后，应该使粒面上

具有清晰可见的粗皱纹,并且有外观均匀一致的花纹。工艺要点是先将未经中和的蓝湿皮,使用天然加脂剂、中性油和高渗透性合成加脂剂深度加脂。在这一阶段中,加脂只在表面上进行,在随后的中和与复鞣过程中,才能分散深透入皮革横切面内。以这种方式可使复鞣剂主要从肉面渗透,而刻意造成松面。在中和时,加入碳酸氢铵,也会使厚皮松面,并使随后成革横切面的pH均匀达到6。复鞣主要采用合成鞣剂进行,在这些条件下,能够均匀沿着横切面逐步渗透,而不会使粒面紧实,在复鞣中,能够使整张皮的粒面松弛。为了在摔纹时获得均匀的花纹,每一个步骤,尤其是复鞣使用的混合鞣剂成分,都必须适应于蓝湿皮的来历和原料皮的种类。干燥的方法也起着一定的作用,用湿绷板干燥法,可以得到最佳的结果。

表5-17 摔纹软鞋面革(粗皱纹粒面型)

复鞣关键:只用合成鞣剂,并刻意造成粒面松弛,经摔软起皱

削匀革厚度:2.0mm

加脂:	50%~100%	水	
	3%	亚硫酸化鱼油	
	1.5%	合成油	30min
	+2%	合成加脂剂	30min
	+0.3%	甲酸	20min,pH 3.2
中和:	+1%	甲酸钠	
	+1.5%	碳酸氢铵	1h,pH 6
复鞣:	+9%	合成鞣剂混合物	1h
		排液,水洗	

染色—加脂—湿绷板

合成油:Immergam A

合成加脂剂:Lipoderm Liquor SLW 或溶剂型加脂剂

合成鞣剂混合物:Basyntan DLE/N/Relugan S

(三) 摔纹鞋面革(细皱纹粒面型)

表5-18列出了生产摔纹鞋面革的基本配方。与表5-17所示的皮革相比较,在摔纹后,皮革的粒面褶纹较细。中和前的复鞣方法,是整个复鞣过程中的关键步骤,复鞣时须防止鞣剂均匀渗透,仅在粒面下部的乳头层进行填充,便可生产出这样的皮革。由于中和之后,鞣剂会过深地渗透入皮革中,因此,中和前使用的混合复鞣剂中合成鞣剂的比例,应按要求正确加入。为此,最好使用有代替性鞣剂以及具分散作用的树脂鞣剂的混合鞣剂。混合鞣剂必须与所用的蓝湿革种类相适应,以避免粒面的负荷过大。预处理后,将皮革轻微中和,此种皮革的风格需要柔软而且粒面紧实,故需在皮革的横切面上彻底均匀中和,但不能过度强烈。为此,可以将转动时间适当延长,但

中和剂的用量不要太多。在中和后,可以用聚合物鞣剂和树脂鞣剂复鞣,因为这两种产品即使皮革已经完全中和,仍然具有在皮革中分层积聚的倾向。

(四) 黄牛软鞋面革

黄牛软鞋面革要求身骨柔软丰满,弹性好,粒面细致。在黄牛软鞋面革加工工艺中最容易出现成革松面问题,特别是在牛皮的边腹部和肷部更易松面。因此,在制造黄牛软鞋面革时,需要很好地处理柔软和松面的矛盾,使黄牛软鞋面革软而不松。在化学与生化处理以及机械作用时尽量温和均匀,减少粒面层的损失;在加工过程中温度、pH 的改变应尽可能缓和。在鞣制后应该采用恰当的复鞣材料和复鞣工艺以保证成革粒面紧实,软而不松。表 5-19 所示为黄牛软鞋面革复鞣工艺。中和时,加入专用中和剂及中和复鞣剂,使中和全透而又缓和,以利于代替性合成鞣剂的均匀渗透,并均匀分布在整个横切面上。树脂鞣剂(利鞣丹 D)在粒面层和粒面层与网状层连接处以及在松软的边腹部的选择性填充作用,使成革柔软而粒面紧实,边腹部不松面。阴离子型混合复鞣剂复鞣以后,铬鞣革的阳离子活度降低,使阴离子型染料和油脂易于均匀渗透与分布。

表 5-18　　　　　　　　　摔纹鞋面革(细皱纹粒面型)

复鞣关键:合成鞣剂、聚合物鞣剂、树脂鞣剂复鞣,柔软而粒面紧实,树脂鞣剂、聚合物鞣剂仅在粒面上部的乳头层填充			
削匀革厚度:1.5mm 以下			
复鞣1:	50%~100%	水	
	4%~6%	合成鞣剂混合物	
	1%	亚硫酸鱼油	60min,排液
中和:	+0.5%	甲酸钠	
	+0.5%	中和剂	60~90min,pH 4.2~4.4
复鞣2:	+3%~4%	聚合物鞣剂	40~60min
	+0.5%	弱阳离子型树脂	30min
	+4%	阴离子型树脂鞣剂	30min,排液,水洗
染色—加脂—真空干燥—挂晾干燥			
合成鞣剂混合物:Basyntan DLE, Relugan S			
中和剂:Neutrigan			
聚合物鞣剂:Relugan RE			
阳离子型树脂:Bastamol K			
阴离子型树脂:Relugan D、Relugan S			

表 5-19　　　　　　　　　　　　黄牛（全粒面）软鞋面革

复鞣关键：均匀中和，合成鞣剂深透，树脂鞣剂粒面填充

削匀厚度：1.1~1.2mm

水洗：	300%	水（40℃）	10min，换浴
中和：	150%	水（35℃）	
	1%	利的碱 P4	
	2%	塔姆 AW	10min
	2%	碳酸氢钠	
	分2次加入，每次相隔30min，再转1h，浴液pH 6，用溴甲酚绿试验时，皮革切口呈蓝色，排液		
复鞣：	150%	水（40℃）	
	5%	巴斯丹 AN	
	4%	利鞣丹 D	1h，pH 5.8，换浴
染色：	300%	水（40℃）	
	1%	氨水（稀释1:10）	10min
	2%~3%	露甘尼染料	1h，染透，排液
加脂：	100%	水（80℃）	5min
	8%	利宝定加脂剂 FR–IC	
	2%	利定定加脂剂 FR–SN	40min
	2%	85%甲酸（稀释1:10）	
	分2次加入，每次相隔20min，转40min，冷水洗		

挤水—伸展—真空预干燥—挂晾干燥

（五）汽车坐垫革

汽车坐垫革是一种高品质、高性能、高技术含量的汽车内饰材料，要求外观自然，粒面紧实，丰满柔软，压花定型好，厚度均匀，利用率高；除了基本的理化指标外，还要具有抗水性、耐磨性、阻燃性、耐溶剂腐蚀、耐黄变、低雾化、对人体无害等。根据汽车坐垫革对性能的要求，通过复鞣改善成品的丰满性和粒面的紧实性，提供良好的压花定型性等性能。

表 5-20 是黄牛汽车坐垫革复鞣参考工艺。用铬鞣剂复鞣可以改善耐热性，减少松面，增加成品革丰满性。加阳离子油 Catalix L 有助于铬复鞣时铬鞣剂的渗透和均匀分布。中和材料选用具有显著渗透和缓冲作用的耐光型阴离子复鞣剂 PAK–N，与甲酸钠、碳酸氢钠结合使用，希望完全中和，以利于染料和复鞣剂的渗透。在复鞣工序中选用了丙烯酸类复鞣剂，这些材料不含游离甲醛和酚，有很好的耐光、耐热性。利鞣丹 RE 可改善粒面的丰满性和致密性，Tergotan PMB 改进紧实性，具有填充性能。选择低甲醛、填充和耐光性能好的合成鞣剂，能赋予皮革柔软的手感和良好的丰满性。最

后选择耐光性的刺云石植物鞣剂复鞣，不仅能使皮面平整细致，还能有效防止六价铬的形成。

表 5 – 20　　　　　　　　　　　黄牛汽车坐垫革

复鞣关键：铬复鞣均匀，丙烯酸类复鞣剂配合合成鞣剂和栲胶复鞣

削匀革厚度：1.1~1.2mm。称重

酸水洗：	150%	水（温度40℃）	
	0.2%	甲酸	40min
铬复鞣：	150%	水（温度35℃）	
	2.0%	戊二醛	30min
	1.0%	阳离子油 Catalix L	
	6.0%	铬粉	60min
	1.0%	甲酸钠	60min
	0.8%	碳酸氢钠（分3次）	60min；停鼓过夜
中和：	150%	水（温度35℃）	
	3.0%	中和单宁 PAK – N	
	1.5%	甲酸钠	30min
	0.6%	碳酸氢钠	60min，pH = 5，水洗
复鞣填充染色：	200%	水（温度35℃）	
	4.0%	丙烯酸 RE	
	5.0%	丙烯酸聚合物 Tergotan PMB	30min
	2.0%	染料	
	8.0%	合成鞣剂	
	6.0%	刺云石栲胶	90min
	0.8%	甲酸（分2次）	50min，pH = 3.8

加脂，后期干燥整饰

（六）黄牛压花摔纹沙发革

沙发革是装饰家具革的一种，要求耐久性好，具有粒面光滑平整、美观，手感柔软、丰满、舒适的特点；在物理性能方面，要求力学强度好，整张革应厚薄均匀，无明显部位差，卫生性能优良并且易于清洁和保养。黄牛压花摔纹沙发革的特点是轻涂饰，真皮感强，成革纹路均匀，外观自然，手感舒适。根据沙发革的特点，在鞣前处理中应充分松散胶原纤维，打开皮纹，以确保成革粒面平整和柔软；加强复鞣、填充、加脂，选择性填充腹部、减少部位差，使整张革手感趋于一致，内外一致。

表 5–21 是黄牛压花摔纹沙发革复鞣参考工艺。醛－铬结合复鞣中 Tergotan TSP 复鞣剂能充分松散纤维、舒展粒面，使皮板柔软，同时降低延伸性、提高得革率。Granofin PL 脂肪聚合醛渗透性强，能加速和改善铬鞣剂的渗透和均匀分布，同时改善皮革丰

满度，其多孔性使得湿绷板后皮革不易变硬。含铬合成鞣剂 Tanicor CSD 和阳离子加脂剂 Catalix U 与铬鞣剂搭配使用，可获得较好的复鞣效果。Tanicor CSD 渗透性好，容易被皮革吸收，而且能得到均匀明亮的染色效果。通过 Catalix U 的润滑作用，可防止皮革在转鼓里缠绕，增强皮革的抗张强度和缝口耐撕裂强度。

黄牛沙发革要求柔软饱满，所以中和一定要均匀、透彻，中和时间要足够长，确保后续的复鞣、染色、加脂等工序中材料的充分吸收、均匀渗透和牢固结合。采用中和复鞣剂、甲酸钠和小苏打结合进行中和。为了皮内外中和均匀一致，先慢速转 2h，测 pH。若 pH 稳定在 6.5 左右，可停鼓过夜。

在复鞣填充工序第二次采用 Tergotan TSP 进一步使整张皮板纤维松散均匀，部位差降低；使用 Tergotan ARF（低甲醛的氨基树脂）、Syncotan MRL（酚类合成鞣剂）、Tanicor CRF（低游离甲醛产品），填充疏松部位，提高皮板的圆润手感。然后再加入 Tanicor SCU（砜类合成鞣剂）进一步填充，同时固定其他化料。最后甲酸固定。

表 5-21　　　　　　　　　　黄牛压花摔纹沙发革

复鞣关键：应保证充分复鞣时间，铬复鞣结束后在原液中缓慢提碱；中和均匀、深透。			
削匀革厚度：1.6~2.2mm。称重			
醛-铬结合复鞣：	100%	水（温度35℃）	
	3.0%	TergotanTSP	30min
	2.0%	GranofinPL	30min
	2.0%	TanicorCSD	
	4.0%	铬粉（$B=33\%$）	
	1.0%	Catalix U	120min
	1.0%	甲酸钠	30min
	0.8%	碳酸氢钠（分2次）	每次间隔30min
			pH=4.2，水洗
中和：	150%	水（温度35℃）	
	2.0%	中和单宁 Tanicor KNB	30min
	1.5%	小苏打	
	2.0%	碳酸氢铵 90min，pH=6.0~7.0，停鼓过夜	
复鞣填充染色：	100%	水（温度35℃）	
	2.0%	Derminol NLM	
	2.0%	Derminol CFS	
	2.0%	Tergotan TSP	30min
	2.0%	荆树皮栲胶 FS	
	3.0%	Tergotan ARF	
	2.0%	Tanicor CRF	

续表

	4.0%	Syncotan MRL	40min
	2.0%	染料	
	1.0%	Coralon OT	60min
	3.0%	Tanicor SCU	60min
	0.5%	甲酸（分2次）	30min，pH=4.5左右
换液水洗，加脂，后期干燥整饰			

复习思考题

1. 简述复鞣的主要目的。
2. 复鞣剂有哪些类型？
3. 合成鞣剂与植物鞣剂在作为复鞣剂使用时，有何异同？
4. 树脂鞣剂与聚合物鞣剂作为复鞣剂使用的突出优点是什么？为什么会具有这些优点？
5. 为什么要进行中和？中和程度对阴离子型树脂复鞣剂的渗透有何影响？
6. 试举一例说明在制定复鞣工艺时，应考虑的基本原则。
7. 为什么铬鞣后再植鞣，比纯植鞣革的不可逆结合鞣质高？
8. 简要叙述研究复鞣剂渗透与吸收的方法。
9. 若要使成革柔软，阴离子型鞣剂在革中应如何分布？若要成革保持弹性而丰满的手感，它们又将如何分布？
10. 用小苏打、甲酸钠和中和复鞣剂中和时的作用有什么不同？
11. 树脂鞣剂、聚合物鞣剂、戊二醛、亚硫酸化鱼油对植鞣剂和合成鞣剂的渗透与吸收有什么影响？
12. 举例说明复鞣机理在制定复鞣工艺方面的指导作用。
13. 试拟黄牛软鞋面革的复鞣工艺，要求成革丰满、柔软、弹性好。
14. 用不同树脂复鞣剂复鞣后，皮革粒面层和断面纤维形态有哪些变化？各适用于哪些皮革？
15. 设计多种复鞣剂结合使用工艺时应注意哪些问题？
16. 复鞣填充材料在皮革表面沉积过多，对粒面产生的最明显影响是什么？
17. 复鞣剂加入顺序对复鞣效果的影响有哪几方面？

参 考 文 献

[1] 成都科技大学，西北轻工业学院. 制革化学及工艺学 [M]. 北京：轻工业出版社，1982.
[2] 吴兴赤. 制革工艺 [M]. 成都：四川科学技术出版社，1985.
[3] K. Bienkiewicz. Physical chemistry of leather making [M]. R. E. Krieger Publishing Company. Florida, USA, 1982.

[4] B. Magerkurth. Concepts of mechanism of retannage [M]. BASF 制革技术研讨会资料,1989.

[5] [日] 荻原长一. 皮革生产实践 [M]. 王树声等,编译. 北京:轻工业出版社,1988.

[6] 吴恩培. 制革工艺学 [M]. 北京:中国轻工业出版社,1995.

[7] 巴斯夫公司. 皮革工艺手册 [M]. 第4版. 2004年.

[8] 轻工部科研司. 美国专家论现代制革 [M]. 北京:轻工业出版社,1981.

[9] 单志华. 制革工艺学——制革的染整 [M]. 北京:科学出版社,1999.

[10] 魏德卿,张新民,孙静,等. 不同结构的树脂复鞣剂在皮革中形态的研究 [J]. 陕西科技大学学报,2004,20(3).

[11] 马建中. 现代制革技术与实践 [M]. 北京:化学工业出版社,2004.

[12] Gerhard wolf, Brigitte Wegner. 制革生态学 [J]. 皮革科学与工程,2003,13(1-6);2004,14(3).

[13] 张涛、陈武勇、孙宏斌. 一种清洁制革水场处理工艺:预鞣—鞣后一体化处理 [J]. 中国皮革,2010,39(19):22-26.

[14] Chen Wuyong. Influence of tanning on the flammability of leather. J. Soc. Lea. Tech. Chem.,2007,91(4):159-161.

[15] Huang Zan, Li Lixin, Lin Yunzhou, et al. Performance of flame retardants on leather [J]. J. Soc. Leather Technol. Chem.,2005,89(6):225-231.

[16] 黄瓒,陈武勇,李立新,等. 复鞣对皮革燃烧性能的影响 [J]. 中国皮革,2005,34(3):1-4.

[17] Gong Ying, Chen Wuyong. Influence of finishing on the flammability of leather [J]. J. Soc. Lea. Tech. Chem.,2007,91(5):208-211.

[18] 陈华林,刘白玲,罗荣. 超支化聚合物皮革复鞣剂的合成及应用 [J]. 中国皮革,2007,36(15):13-16.

[19] 吕玲洁,王国伟,庄玲华,等. 超支化聚合物在皮革领域的应用研究进展 [J]. 皮革科学与工程,2012,22(5):32-36.

[20] 王学川,刘俊. 超支化聚(胺-酯)的合成及在皮革中的应用 [J]. 高分子材料科学与工程,2009,25(9):125-127.

[21] 刘军海,李志洲,王俊宏. 超支化丙烯酸-马来酸酐皮革复鞣剂的合成与应用 [J]. 中国皮革,2012,41(11):47-49,53.

[22] 魏冬,王岩,王国伟. 超支化聚合物的制备及复鞣性能研究 [J]. 中国皮革,2014,43(3):15-18,27.

[23] 王亚楠,石碧. 制革工业关键清洁技术的研究进展 [J]. 化工进展,2016,35(6):1865-1874.

[24] 肖湾,卢仕,柴玉叶,等. 苯乙烯-马来酸酐共聚物酯化及产物应用 [J]. 皮革科学与工程,2016,26(3):30-34.

[25] 马建中,路华. 丙烯酸/丙烯酸丁酯共聚物用作弹性皮革复鞣剂的研究 [J]. 精细化工,2008,25(7):681-685.

[26] 相巧明,柴玉叶,万祥祥,等. 超支化聚合物皮革复鞣填充剂的制备及应用 [J]. 中国皮革,2012,41(13):32-35,40.

[27] 闫小亮,吕生华,侯明明,等. 固定化 HRP/H_2O_2/ACAC 酶促体系引发下降解淀粉接枝丙烯酰胺共聚物的合成与表征 [J]. 化工进展,2011,30(12):2708-2713.

[28] 兰云军,庞晓燕,丁志文. 胶原蛋白基聚氨酯复鞣填充剂的研究 [J]. 中国皮革,2012,41(21):38-42.

[29] 银召霞, 沈一丁, 李刚, 等. 咪唑封端水性聚氨酯复鞣剂的应用及机理研究 [J]. 中国皮革, 2009, 38 (23): 3-6.

[30] 万祥祥, 柴玉叶, 兰云军. 支化聚合物皮革复鞣填充剂的制备及应用 [J]. 精细化工, 2010, 27 (10): 1026-1030.

[31] 张保坦, 刘白玲, 陈华林, 等. 支化型有机硅-丙烯酸酯水性聚合物 BAS 在皮革中的应用 [J]. 中国皮革, 2010, 39 (3): 5-9, 26.

[32] 郭松, 张笑东, 刘萌, 等. 鞣制、复鞣及加脂处理对皮革抗静电性能的影响 [J]. 中国皮革, 2015, 44 (13): 5-8.

[33] 程凡, 姜凌云, 龚英, 等. 不同复鞣革热解性能 TG-DSC 分析 [J]. 皮革科学与工程, 2012, 22 (3): 17-20.

[34] 李朝辉. 黄牛汽车坐垫革生产技术 [J]. 西部皮革, 2010, 32 (19): 36-39.

[35] 王定巧, 李朝辉. 高档黄牛压花摔纹沙发革的鞣后湿加工工艺 [J]. 西部皮革, 2009, 31 (21): 3-5.

[36] 程凤侠, 王学川. 现代毛皮工艺学 [M]. 北京: 中国轻工业出版社, 2013.

第六章 鞣制机理的多元化应用

鞣制是将皮转化为革的基本化学反应。植鞣、醛鞣和无机鞣等鞣法,已有数千年的历史。近几十年,这些鞣法的主要化学机理被揭示出来,极大地提升了皮革制造技术。同时,这些机理所涉及的科学实质也激发了人们将鞣制方法多元化应用,来创造出一系列基于皮胶原新型功能材料的灵感。本章介绍了一些基于鞣制机理的巧妙应用及应用原理。首先,基于植鞣原理,通过将皮加工成有适当尺寸的胶原纤维,制备从植物提取物中选择性去除鞣质的新型吸附材料,相较于常用的聚酰胺和网状树脂,这种吸附剂除去鞣质的效果更好,表明其在天然饮料、植物医药等行业中有很大的应用潜力。第二,基于植-醛结合鞣机理,将鞣质固定于胶原基质,制备出固定化鞣质的吸附材料和膜材料,它们对水溶液中的 Hg^{2+}、Pd^{2+}、Au^{3+}、UO_2^{2+} 和 Cu^{2+} 等重金属离子表现出较高的吸附能力,因此,可用于去除废水中的有毒金属离子或从其他金属离子混合溶液中分离稀有金属。第三,基于无机金属鞣机理,通过将金属离子,如 Zr^{4+}、Fe^{3+} 和 Pt^{4+} 加载到胶原纤维上,制造一系列功能性材料:载 Zr^{4+} 材料,对水溶液中无机阴离子,如 F^-、PO_4^{3-}、CrO_4^{2-} 和 $V_2O_7^{4-}$ 有强的吸附性,显示其在环境保护中的应用潜力;载 Fe^{3+} 和载 Pt^{4+} 材料,是具有高催化活性的非均相催化剂。同时,人们还研究了特殊的载金属胶原纤维和含铬皮革废料对水中有机化合物的吸附行为,结果表明,其对阴离子染料和表面活性剂有较高的吸附能力。第四,基于多功能无机-有机结合鞣原理,以胶原纤维为模板制备了可控介孔结构的新型金属纤维和碳纤维材料,它们在选择性吸附、化学传感器和催化剂载体等方面有重要应用价值。第五,基于胶原与鞣质结合的抑制原理,将鞣质与蛋白质溶液巧妙混合而不发生沉淀,溶液经喷雾干燥,获得植物多酚蛋白复合皮革填充剂。

皮是世界上最丰富的生物质之一,传统上被用作皮革制造的原料。这种可再生自然资源具有广泛应用于功能材料领域的巨大潜力,利用皮胶原制作新材料的探索将有利于我们以更广阔的视野理解皮革制造的机理。

第一节 植鞣机理的应用

一、背景和构想

植物鞣质在植物界分布广泛,约80%的木本植物和15%的草本植物中都发现了植物鞣质。在众多植物提取物的商品中也含有鞣质,如葡萄酒、果汁饮料和中草药。有些鞣质成分对健康有益,也有的鞣质会对动物体和人体会产生不良影响。因而,如何从植物提取物,特别是药用植物提取物中去除鞣质引起了人们的广泛关注。

实际上,选择性地从植物提取物中去除鞣质很困难,因为提取物中许多有价值的活性成分都含有类似于鞣质的酚类结构，并且它们在水和有机溶剂中的溶解度几乎与鞣质相同，这在一定程度上阻碍了植物提取物相关产业的发展。然而，对制革工作者而言，运用植鞣机理，从植物提取物中去除鞣质并非是一个难题。我们知道，植物鞣机理主要是基于鞣质与胶原纤维之间的多点氢键作用，要达到这种稳定的结合，鞣质必须有足够大的分子和足够多的酚羟基。植物提取物中大多数活性成分由于没有足够的酚羟基或缺乏相邻的酚羟基，不能与胶原纤维形成多点氢键结合，它们是所谓的"非鞣质"。这一事实强烈地表明，适当处理过的胶原材料可用于选择性地从植物提取物中除去鞣质。

二、胶原纤维吸附剂的制备

依据皮革加工方法对牛皮进行清洗、脱毛、浸灰、剖层和脱灰处理，以去除非胶原成分。然后用乙酸溶液（16g/L）处理皮坯3次，以除去矿物质。接着用乙酸-乙酸钠缓冲溶液将pH调节至4.8~5.0。然后以无水乙醇脱水，真空干燥至皮坯含水量在10%以下。研磨并筛分，得到粒径为1.0~2.5mm、含水量<12%、灰分含量<0.3%的胶原纤维。

将15g胶原纤维和1.5g戊二醛加入300mL蒸馏水中，在室温下反应4h，再在45℃下进一步反应4h。反应结束后用蒸馏水洗涤，并在50℃下真空干燥，获得具有良好热稳定性和化学稳定性的轻醛处理的胶原纤维吸附。

三、应用案例

1. 胶原纤维吸附剂在鞣质和药物成分混合溶液中的吸附行为

药用植物中5种典型的、含有酚羟基的活性成分（图6-1）：黄芩苷（1），柚皮苷（2），染料木苷（3），染料木黄酮（4）和白藜芦醇（5），用于研究吸附剂选择性的材料。它们分别与落叶松、黑荆树皮和杨梅鞣质混合，制备一系列活性成分-鞣质的水溶液，其中鞣质含量为1000mg/L，活性成分含量为20mg/L。将0.5g胶原纤维吸附剂悬浮于100mL混合液中，并在25℃条件下振荡24h。

高效液相色谱（HPLC）分析表明，混合溶液中的落叶松鞣质完全被胶原纤维吸附剂所吸附，如图6-2所示；对含有黑荆树皮鞣质和杨梅鞣质混合溶液的研究，也获得了类似的结果（图略去）。总的来说，所有缩合鞣质的去除程度均达到100%，即使其浓度为每种活性成分的50倍。而活性成分的平均吸收率仅为21.5%。该吸附剂对鞣质的选择性明显高于聚酰胺，在相同的条件下，聚酰胺对鞣质和活性成分的平均吸收率分别为75.4%和33.3%（图6-3）。

2. 原花色素（非鞣质）的分离

低分子质量原花色素的生物活性，如抗氧化和自由基清除性能，引起了许多研究者的兴趣，然而它们通常与有负面作用的聚原花色素（鞣质）共存，所以许多研究集中在低分子质量原花色素和聚原花色素的分离。

黄芩苷 Baicalin(1)

柚皮苷 Naringin(2)

染料木苷 Genistin(3)

染料木黄酮 Genistein(4)

白藜芦醇 Resveratrol(5)

儿茶素C Catechin+C(6)

表儿茶素EC Epicatechin-EC(7)

原花青素B1 Procyanidin B1(8)

原花青素B2 Procyanidin B2(9)

噁唑烷E (10)

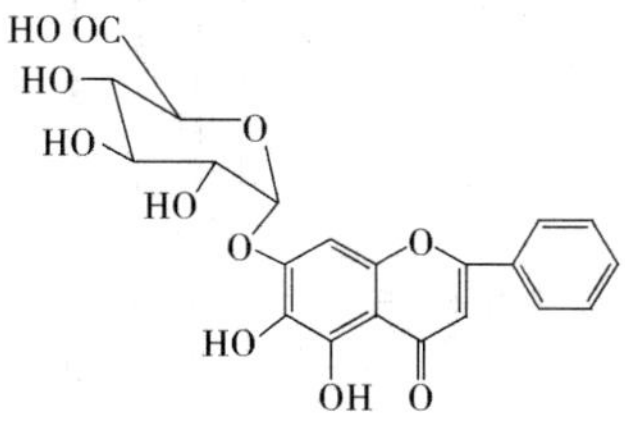

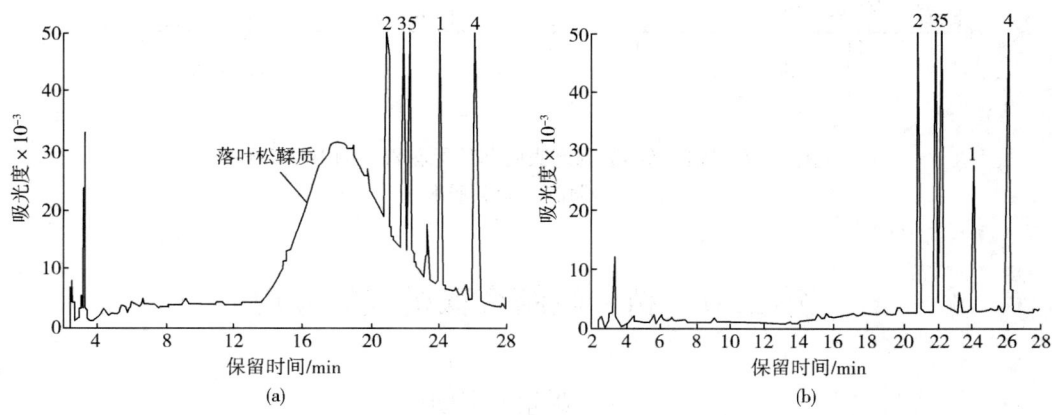

图 6－1 实验用化合物的结构

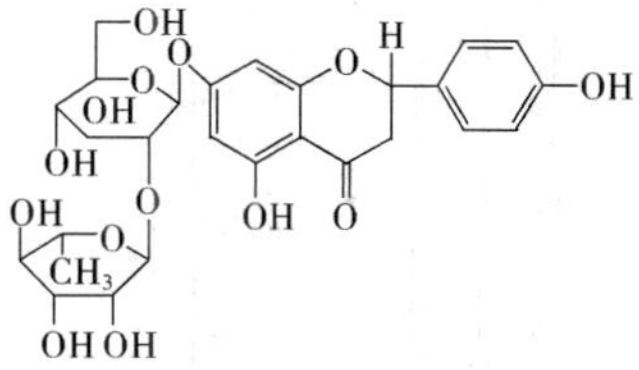

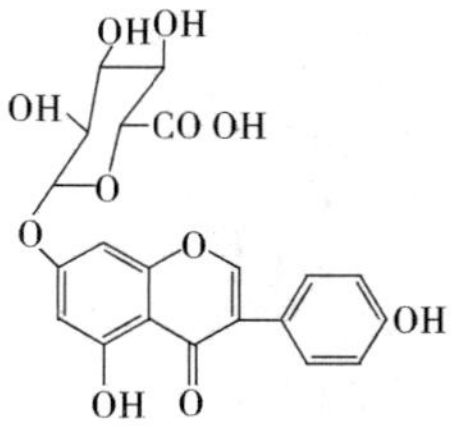

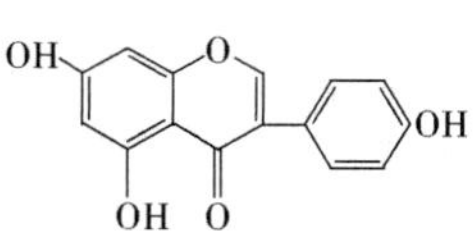

图 6－2 胶原纤维吸附的落叶松鞣质活性成分溶液的 HPLC 图谱

（a）吸收前 （b）吸收后

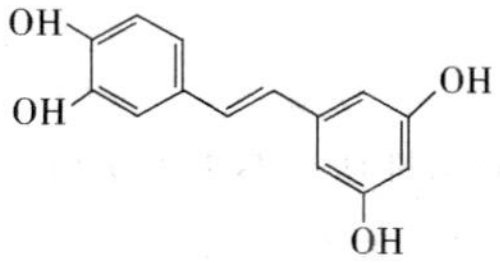

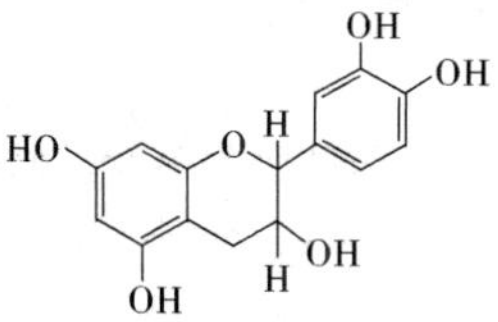

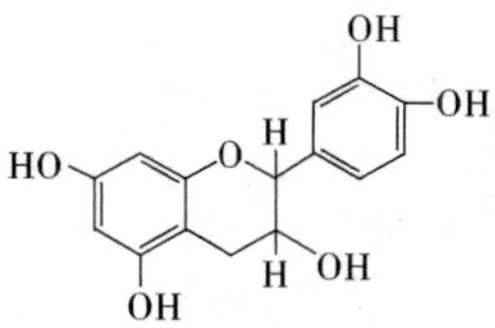

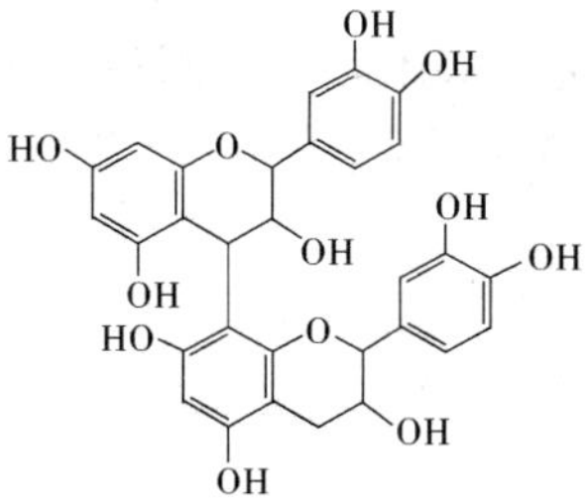

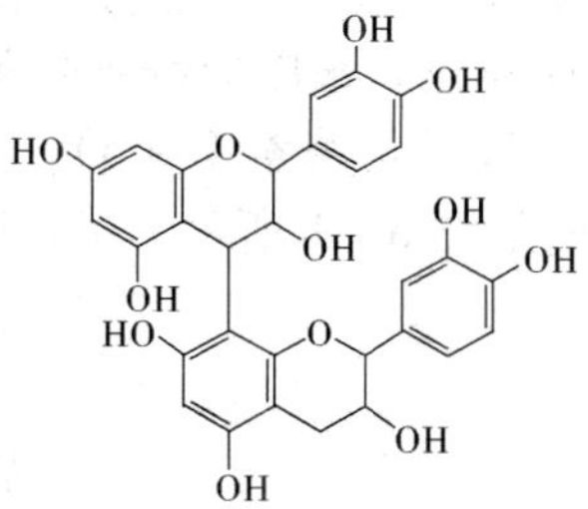

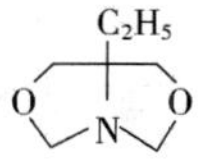

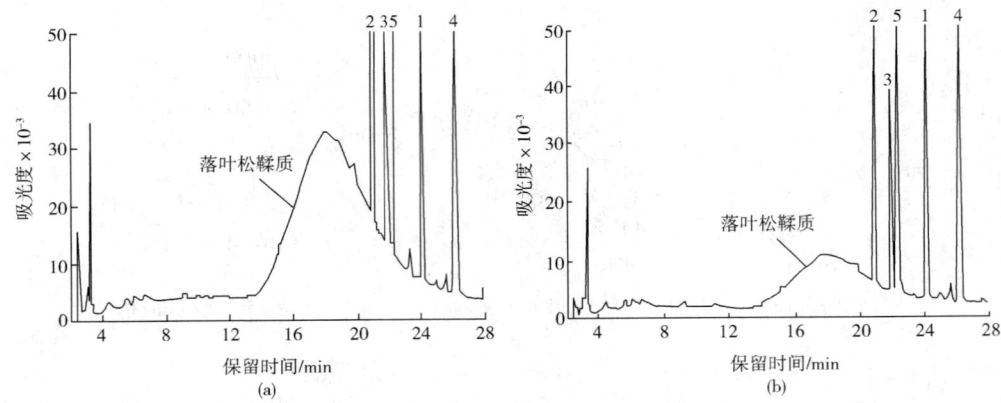

图6-3 聚酰胺吸附落叶松鞣质活性成分溶液的HPLC图谱
(a) 吸收前 (b) 吸收后

图6-4展示了胶原纤维吸附剂对葡萄籽中提取的原花色素的分离效果。先将0.5g吸附剂置于100mL浓度为1000mg/L原花色素溶液（乙醇：水=30：70）中，然后在30℃条件下振荡24h。聚原花色素被胶原纤维吸附剂完全吸附除去，而得到了纯化的小分子原花色素（非鞣质），包括儿茶素C（6），表儿茶素EC（7），原花青素B1（8）和原花青素B2（9），结构如图6-1所示。

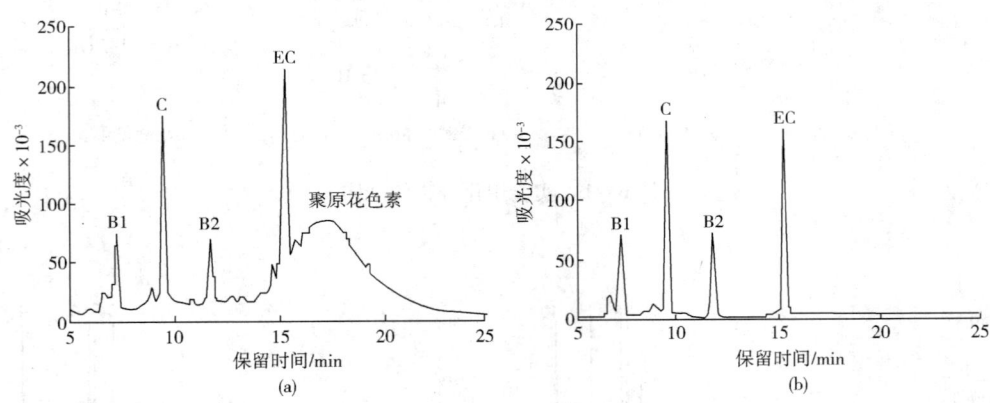

图6-4 胶原纤维吸附剂吸附前后原花青素的HPLC图
(a) 吸附前 (b) 吸附后

第二节 植-醛结合鞣机理的应用

一、背景和构想

从水溶液中去除或回收重金属是环境保护和资源充分利用的一项重要任务。植物鞣质具有多个相邻的酚羟基，对金属离子表现出特殊的亲和力。因此，它们被认为是从废水中去除或回收金属离子的有效试剂。然而，鞣质是水溶性化合物，限制了其在这一领域的实际应用。

受植-醛结合鞣机理的启发，通过噁唑烷交联反应将鞣质固定在胶原基质上，制备了一系列固定化鞣质材料。根据植物鞣质的化学性质，缩合类鞣质容易发生此类反应（图6-5），且反应后鞣质的酚羟基仍可与金属离子螯合。这意味着通过鞣质-噁唑烷反应制备的固定化鞣质材料，可用于废水里去除或回收重金属。

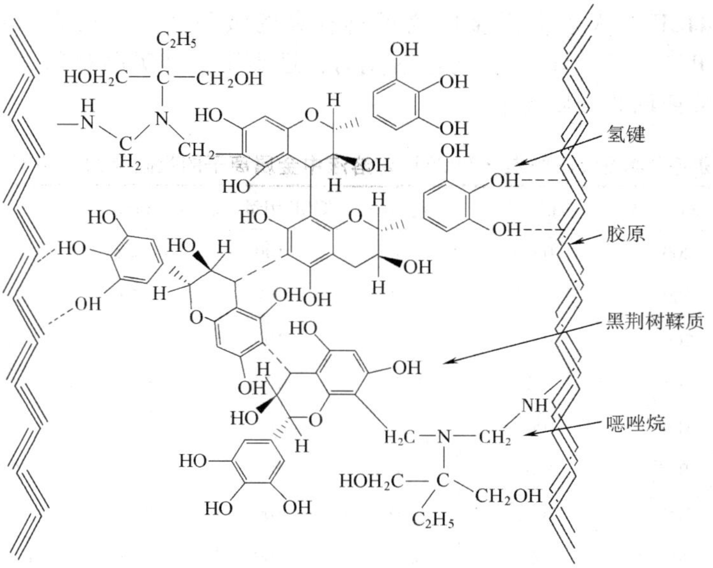

图6-5 胶原-缩合鞣质-恶唑烷反应机理示意图

二、固定化鞣质材料的制备

1. 固定化鞣质胶原纤维

将15g胶原纤维和9g杨梅鞣质提取物（鞣质含量为75.4%）加入到300mL蒸馏水中，并在25℃条件下搅拌24h。在过滤、蒸馏水洗涤后的中间产物中，加入pH 6.5、浓度为2%的噁唑烷溶液300mL。将混合物在25℃条件下搅拌1h，然后在50℃下连续搅拌4h。产物用蒸馏水洗涤后，在50℃下真空干燥12h，得到固定化鞣质胶原纤维（TICF），如图6-6所示。

2. 固定化鞣质胶原膜

采用植-醛结合鞣方法，将浸酸山羊皮去酸至pH 5.0~5.2，然后用15%的杨梅栲胶溶液200%，在25℃条件下鞣制4h。

图6-6 固定化鞣质胶原纤维（TICF）

所得植鞣羊革用蒸馏水充分洗涤，并在55℃下用3%噁唑烷用量为200%复鞣3h。蒸馏水洗后，干燥并削匀至厚度为0.70mm，得到固定化鞣质胶原膜（TICM）。实际上，它们是均匀的植-醛结合鞣的皮片。

三、应用案例

1. 应用TICF去除或回收重金属

对水溶液中有毒重金属和稀有金属的吸附能力、吸附机理和最佳吸附条件的系统性研究发现，TICF对大多数重金属离子具有高的吸附能力，见表6-1。特别是对Au^{3+}、Hg^{2+}、Pd^{2+}、Pt^{2+}和UO_2^{2+}的吸附能力，远高于其他吸附材料，表明TICF可用于从废水中去除或回收金属离子。

表6-1 固定化鞣质胶原纤维（TICF）对溶液中金属离子的吸附能力（30℃，24h）

金属离子	浓度/(mg/L)	体积/mL	最佳pH	TICF用量/mg	qe/(mg/g)	吸附机理
Pb^{2+}	200	100	3.0	100	78.8	物理化学吸附
Cd^{2+}	200	100	3.0	100	23.9	主要通过物理吸附
Hg^{2+}	200	100	7.0	100	198	主要通过物理吸附
Mo^{6+}	100	100	2.0	100	82.4	随pH变化
Cr^{6+}	100	100	2.0	100	78.5	氧化还原吸附
Cu^{2+}	63.5	100	6.0	500	6.9	主要通过化学吸附
Bi^{3+}	100	100	2.0	100	73.0	多种吸附机制
Au^{3+}	287	100	2.5	100	1400	氧化还原和络合吸附
Pd^{2+}	100	50	5~6	50	80.4	化学吸附
Pt^{2+}	100	50	5~6	50	72.6	化学吸附
UO_2^{2+}	595	100	5.0	500	106.9	化学吸附
Th^{4+}	69.6	100	3.6	100	55.0	化学吸附

注：qe为平衡时的吸附能力。

研究还发现，TICF适合作为柱吸附材料去除或回收金属离子。将1.5g TICF浸泡在蒸馏水中并填充到直径为11mm的柱中，吸附床高度约为200mm。图6-7和图6-8是当以恒定速度通过时，柱中Au^{3+}和U^{6+}（UO_2^{2+}）溶液的穿透曲线。可以看出，Au^{3+}和U^{6+}的突破点分别为223BV和250BV（BV为床体积），表明Au^{3+}和U^{6+}都可以被TICF柱极大程度地吸附。在突破点后，流出物

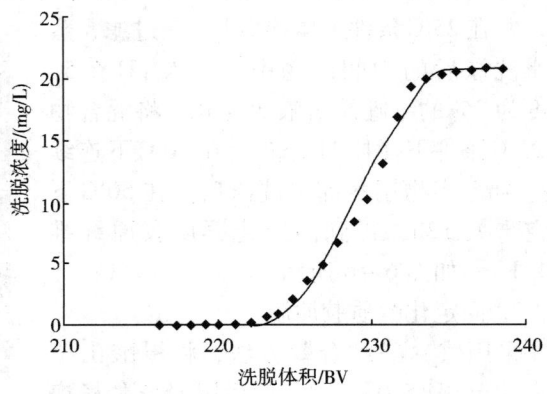

图6-7 TICF柱上Au^{3+}的突破曲线

中 Au^{3+} 和 U^{6+} 的浓度迅速增加，意味着吸附柱具有高的可用性。

2. 应用 TICM 去除或回收重金属

通过使用由泵、吸附设备和自动收集器组成的连续吸附系统，进行固定化鞣质胶原膜（TICM）的连续吸附回收稀有金属实验（图6-9）。TICM 膜固定在吸附设备的筛板上，膜的直径为 90mm，膜间距为 50mm。

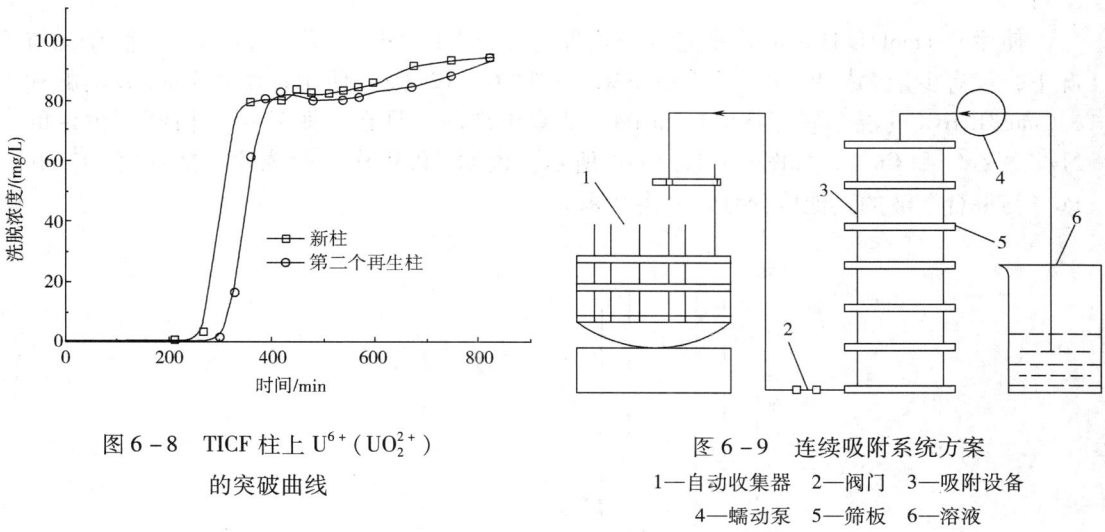

图 6-8　TICF 柱上 U^{6+}（UO_2^{2+}）的突破曲线

图 6-9　连续吸附系统方案
1—自动收集器　2—阀门　3—吸附设备
4—蠕动泵　5—筛板　6—溶液

图 6-10 是 Pt^{4+} 和 Pd^{2+} 在单层和 3 层膜连续吸附系统上的穿透曲线。对于单层膜反应器，开始时废水中 Pt^{4+} 和 Pd^{2+} 的含量会迅速增加，但是对于 3 层膜反应器，直到 Pt^{4+} 和 Pd^{2+} 的离子流出体积分别达到 700mL 和 1000mL，流出物中才检测到相应的金属离子。由此可见，多层膜能有效去除或回收水溶液中的金属离子。除 Pt^{4+} 和 Pd^{2+} 外，多层膜回收水溶液中 U^{6+} 的实验有效性也得到了证实。

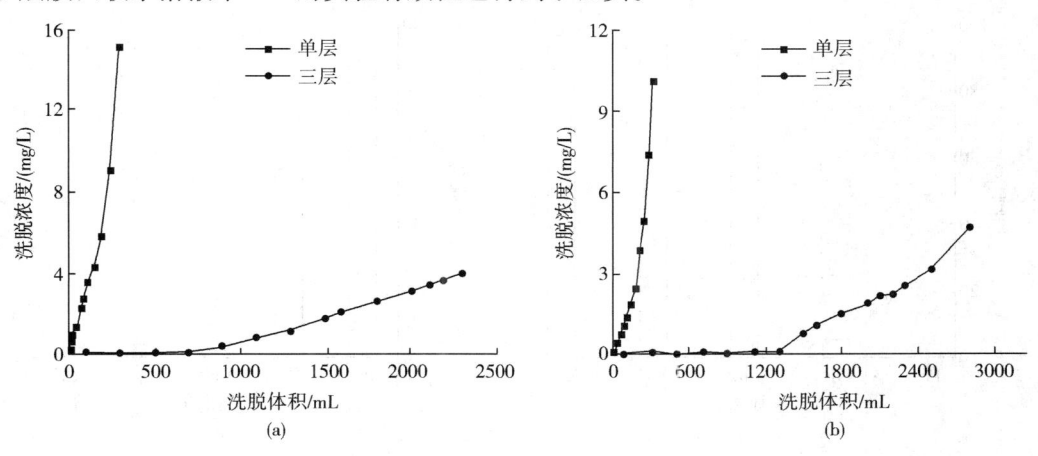

图 6-10　单层和 3 层膜上 Pt^{4+} 和 Pd^{2+} 的穿透曲线
（a）Pt^{4+} 的投料浓度：58.3mg/L（pH=3）　（b）Pt^{4+} 的投料浓度：48.8mg/L（pH=4）

TICM 可用于分离在一定的 pH 范围内与膜具有不同亲和力的金属离子，例如，从混合溶液中回收稀有金属 Pt^{4+} 和 Pd^{2+}。将含有 Pt^{4+}（29.2mg/L），Pd^{2+}（24.4mg/L）、Mg^{2+}（5.0mg/L）、Zn^{2+}（5.0mg/L）和 Cu^{2+}（5.0mg/L）的混合溶液泵入单层膜连续吸附系统（图 6-9），当吸附达到饱和时，绝大部分 Pt^{4+} 和 Pd^{2+} 被膜保留，而大部分的 Mg^{2+}、Zn^{2+} 和 Cu^+ 则流出，显示了 TICM 对 Pt^{4+} 和 Pd^{2+} 有显著的选择性吸附（图 6-11）。

使用 0.1mol/L HCl 可几乎完全洗脱吸附在膜上的 Mg^{2+}、Zn^{2+} 和 Cu^{2+}，而在此情况下，仅有少量 Pt^{4+} 和 Pd^{2+} 被洗脱下来，如图 6-12（a）所示；用 0.1mol/L 硫脲和 1.0mol/L HCl 的混合液可将 Pt^{4+} 和 Pd^{2+} 从膜中洗脱，且在洗脱液中仅检测到少量的 Mg^{2+}、Zn^{2+} 和 Cu^{2+}，如图 6-12（b）所示。说明 TICM 作为分离膜，能够将 Pt^{4+} 和 Pd^{2+} 与混合溶液的其他成分有效分离开来。

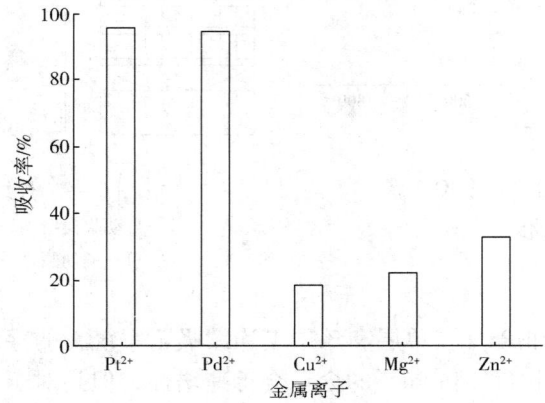

图 6-11　单层膜的连续吸附体系中 Pt^{4+}、Pd^{2+}、Cu^{2+}、Mg^{2+} 和 Zn^{2+} 的吸附程度
流出物体积：210mL　温度：20℃　溶液 pH：3.0

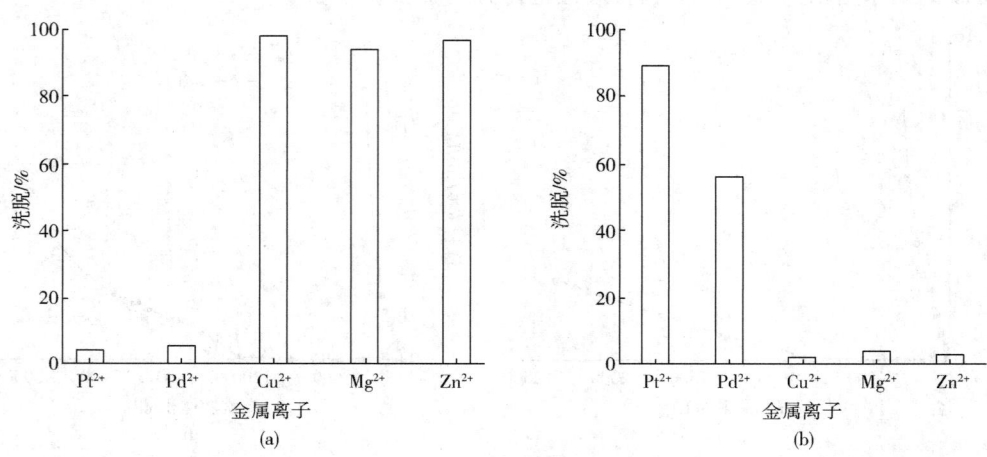

图 6-12　吸附在膜上的金属离子的两步洗脱
（a）用 40mL 0.1mol/L HCl 洗脱　（b）用 50mL 0.1mol/L 硫脲和 1.0mol/L HCl 混合溶液洗脱

第三节　无机金属鞣机理的应用

一、背景和构想

去除废水中的无机阴离子，如 F^-、PO_4^{3+}、CrO_4^{2-} 和 $V_2O_7^{4-}$，对环境保护至关重要。通过化学沉淀除去这些无机阴离子受到成本限制和存在污泥处理的问题，且在浓度低的情况下难以沉淀。相比之下，吸附法是经济而实用地从水中去除阴离子的方法。近年来，已经发现载金属离子（如 Zr^{4+} 和 Fe^{3+}）吸附剂对无机阴离子如氟化物、磷酸盐和砷具有特异性亲和力。基于这些事实的启发，制革工作者自然会联想到通过金属鞣法获取载金属离子的吸附剂，用于去除废水中的无机阴离子。既然通过金属鞣法制备的吸附剂可以用于去除无机阴离子，那么也可以直接使用含铬皮革废料（载 Cr^{3+} 胶原纤维），作为吸附剂去除废水中的阴离子化合物。

二、金属负载胶原纤维的制备

1. 载 Zr^{4+} 胶原纤维

将15.0g 胶原纤维浸泡在 400mL 蒸馏水（pH = 1.7 ~ 2.0）中，加入 36g $Zr(SO_4)_2$（ZrO_2 31.5%），在3℃条件下搅拌反应6h。前2h内逐渐加入适量的$NaHCO_3$溶液（15%，质量分数），将溶液的 pH 提升至4.0 ~ 4.2，然后在45℃下连续反应4h。反应完成后，过滤收集产物，用蒸馏水洗涤并在50℃下真空干燥12h，最后得到载 Zr^{4+} 的胶原纤维（Zr – ICF）。

2. 含铬皮革废料吸附剂（载 Cr^{3+} 胶原纤维）

从制革厂获得铬革屑，用蒸馏水洗涤后于60℃下干燥 6h，然后研磨成粒径为 0.1 ~ 0.2mm的颗粒，得到含铬皮革吸附剂。经原子吸收分光光度法测定，该吸附剂含有 14.3% 的水和 3.21% 的 Cr_2O_3。

3. 载 Pt 纳米粒子胶原纤维

胶原侧链基团难以与铂离子良好结合，因此选择了表没食子儿茶素 – 3 – 没食子酸酯（EGCG）作为桥接分子。主要桥接方法包括：①通过交联戊二醛将 EGCG 接枝到胶原纤维上；②将 Pt^{4+}（K_2PtCl_6）加载到 EGCG 接枝的胶原纤维上；③使用 $NaBH_4$ 将 Pt^{4+} 还原成 Pt^0，如图6 – 13所示。

从图6 – 13可看出，负载在胶原纤维上的 Pt 处于纳米颗粒的状态，Pt 纳米粒子的平均直径为 2.1nm，且尺寸分布很窄（$\sigma = 0.7$nm），说明其催化活性较高。

三、应用案例

1. 应用 Zr – ICF 去除或回收无机阴离子

载 Zr^{4+} 胶原纤维（Zr – ICF）对有毒无机阴离子的吸附能力，吸附机理和最佳吸附条件见表6 – 2，Zr – ICF 表现出对无机阴离子的高吸附能力。无机阴离子的化学性质随着 pH 的变化而变化，因此吸附能力很大程度上受溶液 pH 的影响，然而，作为一种新型吸附剂，Zr-ICF 有望用于从水溶液中除去无机阴离子。

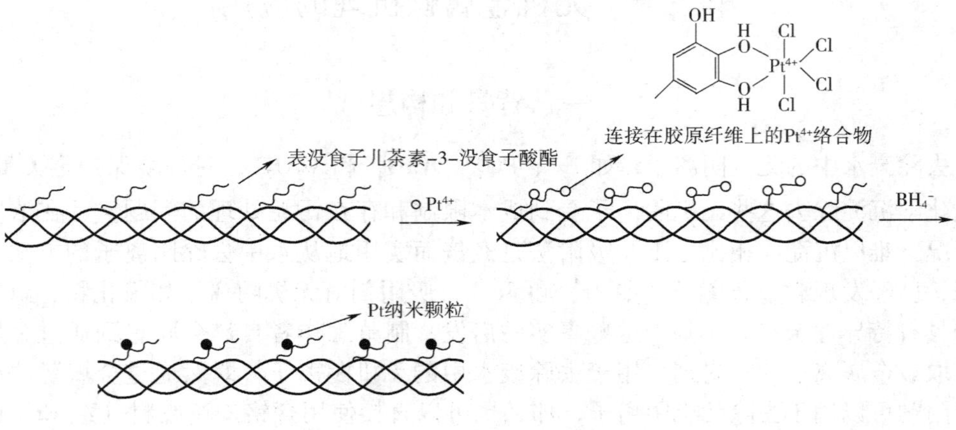

图 6-13 通过 EGCG 将 Pt^{4+} 结合到胶原纤维上并形成 Pt 纳米颗粒

表 6-2　　Zr-ICF 对水溶液中无机阴离子的吸附能力（30℃，24h）

非金属离子	浓度/(mg/L)	体积/mL	最佳 pH	Zr-ICF 剂量/mg	qe/(mg/g)	吸附机理/吸附主要化学物质
F^-	90	100	5~7	100	41.2	单层化学吸附
PO_4^{3-}	94	100	3~8	100	86.4	离子交换/$H_2PO_4^-$
CrO_4^{2-}	224	100	6~9	100	58.2	离子交换/CrO_4^{2-} 和 $HCrO_4^-$
$V_2O_7^{4-}$	408	100	5~8	100	391.7	离子交换/$H_2VO_4^-$

注：qe 为平衡时的吸附能力，下同。

2. 应用含铬皮废料吸附剂去除有机化合物

含铬皮革废料吸附剂对废水中常见有机化合物的吸附行为见表 6-3。这些有机化合物包括阴离子染料（酸性黄 11 和直接红 31），表面活性剂十二烷基苯磺酸钠（SDBS），阳离子表面活性剂十二烷基三甲基溴化铵（DTB）和阳离子表面活性剂 Triton X-100（TX-100）。实验表明，该吸附剂可显著吸附阴离子染料和表面活性剂，这是因为这些阴离子化合物对氨基和结合于吸附剂胶原上的 Cr^{3+} 具有高的亲和力，说明含铬皮废料有望成为废水中去除阴离子的经济而有效的吸附材料。

表 6-3　　铬皮废料吸收剂对水溶液中有机化合物的吸附能力（20℃，24h）

化合物	浓度/(mg/L)	体积/mL	最佳 pH	吸收剂量/mg	qe/(mg/g)	吸附机理/主要吸附位点
酸性黄 11	2000	100	3~4	100	803	化学吸附/Cr，—NH_2
直接红 31	2000	100	3~4	100	798	化学吸附/Cr，—NH_2
SDBS	2000	100	4~8	200	375	化学吸附/Cr，—NH_2
DTB	800	100	4~8	100	75	静电作用
TX-100	500	100	4~8	200	25	氢键和疏水键

3. Pt-ICF 对氢化反应的催化活性

以烯丙醇的氢化作为反应模型，载 Pt 胶原纤维（Pt-ICF）的催化活性表明，丙烯醇在 25min 内可完全转化，1-丙醇在反应中的选择性高于 99%。催化活性有良好的可再循环性，周转频率（TOF）值为 2988mol/(molPt·h)，约为固定化 Pt 纳米粒子聚苯乙烯 [TOF = 312mol/(molPt·h)] 催化能力的 10 倍。这是因为 Pt-ICF 处于纤维状态，可以显著增强底物对活性位点的可及性。同时，与其他载金属纳米粒子催化剂相比，Pt-ICF 即使在暴露于环境条件下一个月后也表现出较好的贮存稳定性。

第四节 金属-有机结合鞣机理的应用

一、背景和构想

应用有机基质作为模板的无机材料的结构设计受到越来越多的关注，特别是具有纤维或管状结构的有机基质用于合成纤维或管状无机材料。尽管有许多独特结构的无机材料已经通过这种方法合成出来，然而，发现新的可以作为结构导向剂的有机基质来合成新的无机纤维材料仍然具有挑战性。胶原纤维是高度有序的胶原分子，可以作为新的有机基质模板，然而，生皮胶原纤维表现出较差的热稳定性和较弱的机械强度，并且在酸、碱和加热处理过程中，结构容易破坏。因此，在用作模板时，胶原纤维需要进行化学改性固定其独特的结构，以提高其机械和热稳定性能。通过使用不同的金属-有机结合鞣可以实现这样的目标。实际上，多种方法结合鞣制使调节胶原纤维的结构参数并作为有机基质模板，获得精细结构的无机材料成为可能。

二、应用案例

1. 中孔金属纤维的制备

中孔金属纤维制备即以有机质纤维为原始模板，通过醛-金属结合鞣或植鞣-金属结合鞣，将金属离子附着在胶原纤维上，然后通过高温、干燥、洗脱等手段，将胶原纤维除去，留下中孔的金属纤维。具体操作如下：将 15.0g 胶原纤维用 20mL 戊二醛（浓度为 50%）充分鞣制，然后与 30.0g $Zr(SO_4)_2$（以 ZrO_2 计，31.5%）反应得到 Zr-胶原纤维复合材料（ZrCFC）。反应在戊二醛-金属结合鞣的常规条件下进行，反应结束后，过滤和洗涤；ZrCFC 被逐步干燥，先在 100℃ 下空气中干燥 2h，然后在真空中加热（4℃/min）至 800℃ 并保持 2h，最后在该温度下空气中干燥 6h。除去有机质后，得到外径为 1~4μm、长度 0.5~1mm 的氧化锆纤维 [图 6-14（b）]，通过场发射扫描电子显微镜（FESEM）观察到氧化锆纤维的玉米棒状多孔结构 [图 6-14（c）]，表明使用胶原纤维作为模板合成氧化锆纤维可以保持胶原纤维的精细结构。

类似地，基于荆树皮鞣剂-铝结合鞣技术，得到 Al-胶原纤维复合材料（AlCFC）[胶原纤维：荆树皮鞣剂：$Al_2(SO_4)_3·18H_2O$ = 10:10:30]。通过上所述热处理去有机基质后，也得到了几种结构水平的氧化铝纤维，如图 6-15 所示。

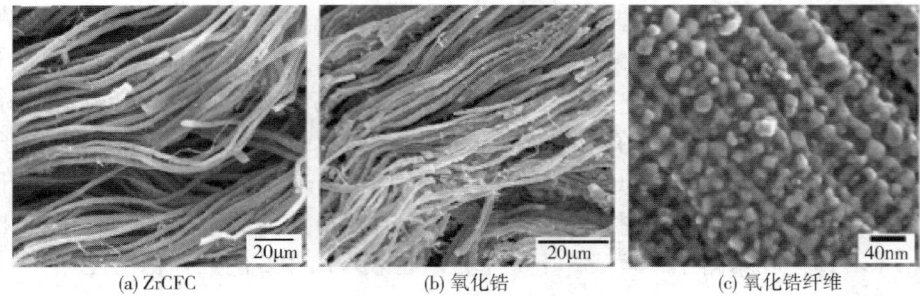

图6-14 ZrCFC和氧化锆的SEM图像与氧化锆纤维的FESEM图像
(氧化锆纤维中的碳含量<0.2%,没有检测到H、N和S;没有金属涂层的FESEM图像)

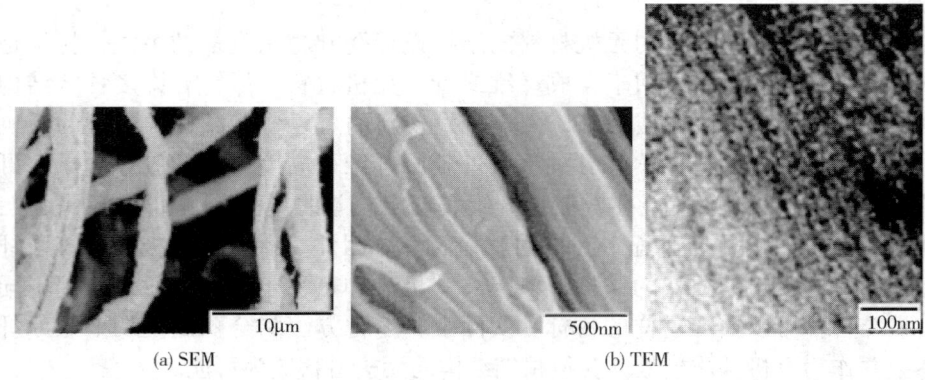

图6-15 氧化铝纤维的SEM图像及TEM图像
[(a)中碳<1%,检测不到H、N和S]

N_2吸附技术的测定表明,氧化锆纤维是一种孔径分布在5~30nm间的介孔材料,如图6-16所示,该方法合成的金属纤维的孔径在一定程度上是可控的。例如,如图6-17所示,氧化铝纤维的孔径随AlCFC中Al^{3+}和胶原纤维质量比的变化而改变,表明具有多层次超分子结构的胶原纤维,可作为理想的模板,以制备可在化学传感器、选择性催化和催化剂载体中具有很大应用潜力的多孔金属纤维。

2. 可控多孔碳纤维的制备

将15.0g胶原纤维用5g荆树皮

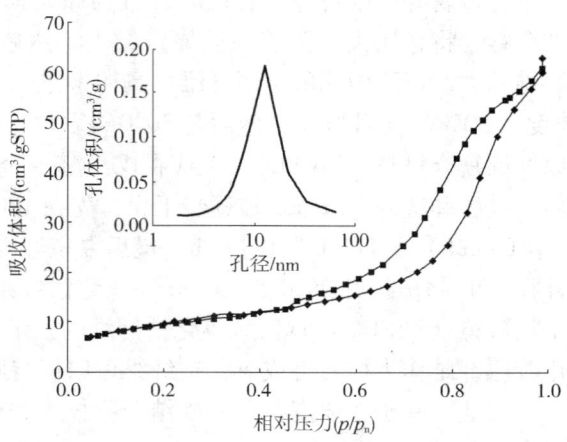

图6-16 氧化锆纤维的N_2吸附-解吸等温线和孔径分布图

鞣剂或 5mL 戊二醛（50%浓度）充分鞣制。植鞣后的胶原纤维与 10g $Al_2(SO_4)_3$ 反应，戊二醛鞣制的胶原纤维分别与 10g $Zr(SO_4)_2$ 或 $Fe_2(SO_4)_3$ 反应。该反应在金属-有机结合鞣常规反应条件下进行，得到了前体 Al-鞣质-胶原纤维，Zr-戊二醛-胶原纤维和 Fe-戊二醛-胶原纤维复合材料（AlTCFC，ZrGCFC 和 FeGCFC）。将前体材料逐步热处理，首先在空气中 100℃下放置 2h，然后在真空中加热（4℃/min）至 800℃并保持在此温度 6h。热处理后，将 AlTCFC 和 FeGCFC 悬浮在 60℃的稀硝酸中 6h

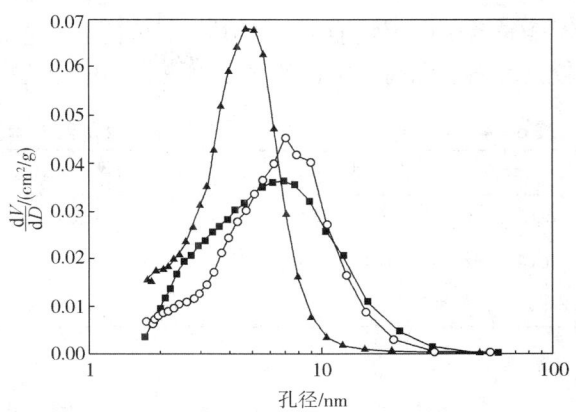

图 6-17 氧化铝纤维的孔径分布图
$Al_2(SO_4)_3 \cdot 18H_2O$：胶原纤维（质量比）
■—30:10　○—20:10　▲—10:10

以除去 Al_2O_3 和 Fe_2O_3，将 ZrGCFC 在 60℃下悬浮于 $H_2SO_4 \cdot (NH_4)_2SO_4$（2mL:1g）缓冲溶液中 6h 以除去 ZrO_2。通过过滤，洗涤和真空干燥获得多孔碳纤维（图 6-18）。

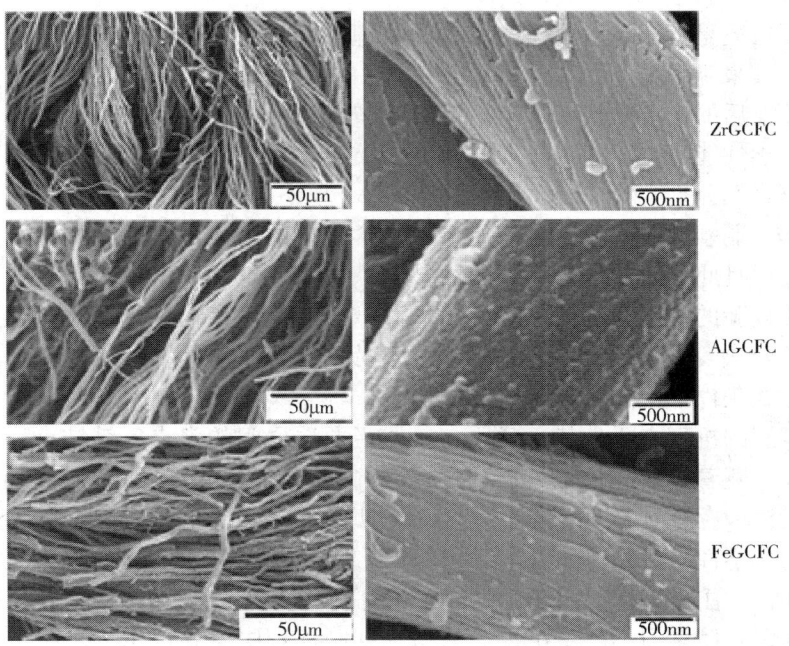

图 6-18 由 ZrGCFC、AlGCFC 和 FeGCFC 获得的碳纤维的 SEM 图像
[C (85±5)%，O (8±2)%，N (4±1)%，Zr<0.4%，无 Al 和 Fe]

在这些材料制备实验中，胶原纤维先与有机鞣剂反应，以稳定其纤维结构并增强其对金属离子的固定能力，否则，不可能获得组织有序的碳纤维。碳纤维是一系列具有较大表面积和高孔隙比的多孔材料，可用于选择性吸附剂和催化剂载体（表6-4）。

表6-4 碳纤维的结构参数

样品	介孔表面积/(m^2/g)	孔体积/(cm^3/g)	平均孔径/nm	介孔比/%
ZrGCFC 碳纤维	972	0.68	2.25	80
AlGCFC 碳纤维	193	0.36	2.65	34
FeGCFC 碳纤维	335	0.61	4.61	63

第五节 蛋白质与植物鞣剂结合逆反应的应用

一、背景和构想

栲胶是制革中常用的天然鞣剂，主要用于底革、带革、箱包革的鞣制和鞋面革的复鞣，其中的主要成分为植物多酚，在制革工业中又被称为植物鞣质，其含量约占70%。当用单一的栲胶作为填充剂填充皮革时，虽能使填充后的皮革紧实，但粒面较粗，革身板硬，易吸水，有败色效应。

水解蛋白质是天然蛋白质经过化学和物理作用后所形成的相对分子质量较小的蛋白质产品，其来源十分广泛和丰富。水解蛋白质可用于皮革的填充，而一般的单一蛋白填充剂填充后的皮革虽比较柔软、粒面比较细，但与皮纤维的结合力差，还会使成革的物理力学性能变差。能否将栲胶和蛋白质复鞣填充的优点结合起来，制备栲胶和蛋白质的复合填充剂呢？

在制革工业领域中，由于蛋白质溶液与含鞣质的溶液混合后，立即会发生反应并生成沉淀，而且此反应非常灵敏，因而被人们用来鉴定某些溶液中是否含有鞣质，该实验为鞣质检验的明胶实验法。正因为如此，人们普遍存在着蛋白质与鞣质混合即会发生沉淀的看法。蛋白质与鞣质混合肯定会发生反应并产生沉淀吗？答案是否定的！那么，在什么条件下不发生沉淀呢？

植物鞣制的机理主要是基于鞣质与胶原蛋白质之间的多点氢键结合。从鞣质的化学性质可知，随着溶液 pH 的升高，鞣质胶体微粒趋于分散，当 pH 升高到一定时，鞣质溶液以真溶液存在或以鞣质阴离子存在，此时与蛋白质的作用变小或不发生作用；从蛋白质的化学性质可知，随着溶液 pH 升高到大于等电点时，蛋白质带负电荷；当溶液 pH 达到某一值时（pH 大于9），鞣质与蛋白质之间不会发生多点氢键结合，两者可形成均匀的混合体系而不产生沉淀。从植物鞣制机理中得到启示，发明了植物多酚-蛋白复合填充剂及其制备的新方法。

二、植物多酚-蛋白复合填充剂的制备

将水解蛋白质和杨梅栲胶分别配制成浓度为30%的水溶液，用稀酸和氢氧化钠溶

液调节其 pH 为 9.0 左右，然后将水解蛋白质溶液置于三颈瓶中，开动搅拌器，按比例缓慢加入栲胶溶液，常温下搅拌 30min，即获得植物多酚－蛋白复合皮革填充剂液状产品，再经喷雾干燥，得粉状产品。该产品的基本性质见表 6-5。

表 6-5　　　　　　植物多酚－蛋白复合填充剂的基本性质

外观	固含量/%	pH(10%溶液)	沉淀 pH	溶解性	电荷
浅棕色	95.3	9.01	3.6±0.2	易溶于水	阴电性与阴离子材料相容

三、应用案例

山羊蓝湿革削匀后按常规工艺进行铬复鞣及中和，植物多酚－蛋白复合填充剂在中和水洗后加入，工艺如下：水 100%，常温，填充剂 4%，转动 60min 后加入甲酸调节 pH 至 3.6~3.8。然后再加入适量的醋酸钠和小苏打，调节 pH 至 5.0~5.5。填充剂为植物多酚－蛋白复合填充剂（TPCF）和商品蛋白填充剂（Unifyl-B）。填充结束后，进行常规的有机复鞣和染色、加脂、整理，评价成革感官性质等，见表 6-6。由于在制备时采用了高 pH 和低温条件，填充剂所含的植物多酚（鞣质）与水解蛋白质几乎不发生反应，而只是简单的物理混合。在皮革填充时，皮革处于酸性条件，鞣质因其酚羟基可与水解蛋白质链上的肽键、侧链上的羟基、胺基、羧基发生有效的非共价键的结合（氢键、疏水键和物理吸附），从而使水解蛋白质的分子变大而发生沉淀。由于复合填充剂中的鞣质还能与皮胶原发生有效的结合，从而起到良好的填充效果。填充剂兼具栲胶和一般蛋白填充剂的优点，成革柔软丰满，粒面平细，颜色浅淡。

表 6-6　　　　植物多酚－蛋白复合皮革填充剂（TPCF）的填充效果

填充剂	吸收率/%	增厚率/%	面积变化/%	色泽	柔软性	丰满性	粒面状况
空白	—	0.53	—	4.8	4.0	4.0	3.8
TPCF	87.3	8.59	5.58	4.5	4.6	4.8	4.6
Unifyl-B	62.8	1.48	1.29	4.5	4.3	4.5	4.4

注：感官性能由 3 名有经验的工程技术人员评价，取平均值，5 分为满分。

复习思考题

1. 胶原吸附剂制备及应用涉及鞣制化学的哪些原理？
2. 解释图 6-2 胶原纤维吸附的落叶松鞣质活性成分溶液的 HPLC 图谱。
3. 植－醛结合鞣机理还可以有哪些创新应用？
4. 为什么通过金属鞣法可以获取载金属离子的胶原基吸附剂？它们有哪些应用？
5. 通过铬革屑获得载铬胶原吸附剂的案例，获得了哪些启示？举例说明。
6. 查阅文献资料，提出无机金属鞣机理应用的其他新构想。
7. 查阅文献资料，在总结金属－有机结合鞣机理应用基础上，提出金属－有机结合鞣机理应用的新构想,并设计可能的案例。

8. 在中孔金属纤维的制备中,用到了哪些技术?

9. 在可控多孔碳纤维的制备中,涉及哪些鞣制机理和应用技术?

10. 通过蛋白质与植物鞣剂结合逆反应的学习,提出蛋白质与其他鞣剂结合逆反应及应用的新构想,并提出可能的案例。

参 考 文 献

[1] Shi Bi. Diversified applications of tanning principles. Journal of the American Leather Chemists Association, 2008, 103 (8): 270 - 282.

[2] 陈武勇, 林亮, 辜海彬. 植物多酚-蛋白复合皮革填充剂及其制备方法 [P]: 中国, 1450175A. 2005 - 02 - 23.

[3] 辜海彬, 陈武勇, 许春树, 等. 植物多酚-蛋白复合填充剂的性能及应用研究 [J]. 中国皮革, 2004, 33 (7): 10 - 13.